智慧光网络

关键技术、应用实践和未来演进

范志文 吴军 马俊 朱冰 邱晨 等／著

INTELLIGENT OPTICAL NETWORK

Key Technology, Application Practice and Future Evolution

人 民 邮 电 出 版 社
北 京

图书在版编目（CIP）数据

智慧光网络 : 关键技术、应用实践和未来演进 / 范志文等著. -- 北京 : 人民邮电出版社, 2022.4（2022.12重印）
ISBN 978-7-115-58654-4

Ⅰ. ①智… Ⅱ. ①范… Ⅲ. ①光纤网－研究 Ⅳ. ①TN929.11

中国版本图书馆CIP数据核字(2022)第018601号

内 容 提 要

本书提出了智慧光网络的架构——三层三面四特征。本书共分为 7 章，包括智慧光网络、智慧光网络的连接层技术、智慧光网络的网络层技术、智慧光网络的计算技术、云网协同技术、智慧光网络的应用实践、智慧光网络面向未来的演进。

本书适合运营商技术人员和高层管理人员阅读，也可作为 ICT 领域的科研人员，以及高校 ICT 相关专业师生的参考书。

◆ 著　　　范志文 吴 军 马 俊 朱 冰 邱 晨 等
责任编辑　李 强
责任印制　马振武

◆ 人民邮电出版社出版发行　　北京市丰台区成寿寺路 11 号
邮编 100164　　电子邮件 315@ptpress.com.cn
网址 https://www.ptpress.com.cn
固安县铭成印刷有限公司印刷

◆ 开本：787×1092　1/16
印张：21　　　　2022 年 4 月第 1 版
字数：474 千字　　　　2022 年 12 月河北第 6 次印刷

定价：119.80 元

读者服务热线：(010)81055493　印装质量热线：(010)81055316
反盗版热线：(010)81055315
广告经营许可证：京东市监广登字 20170147 号

编委会成员

序

1966年，高锟博士发表了关于光纤可以作为通信传输介质的论文，此论文奠定了现代光纤通信的理论基础。1970年，世界上第一根光纤问世，自此光通信的发展日新月异，无论是光纤、光缆、光器件、光模块领域，还是光网络的组网和应用等方面，均经历了不断地创新和升级。

几十年来，光网络的容量提升了几十万倍，光网络在满足了海量数据传输需求的同时，还持续降低了每比特的传送成本。光网络除具有高带宽、大容量、长距离的传统优势外，还具有高可靠、抗干扰、高安全性、低时延、绿色低碳等优势，这些优势不仅使得光网络成为信息通信基础设施最坚实的底座，还推动了人类通信历史发展的重大社会转型。光网络的发展推动了固定宽带、移动互联网、4G/5G和云计算等一系列业务、应用和技术的蓬勃发展。随着IT与CT的深度融合、网络的云化和智能化，光网络进入了以智慧光网络为发展目标的新阶段。

烽火通信科技股份有限公司（以下简称“烽火通信”）的多位资深专家基于历年来在光纤通信领域的技术研究、产品开发、组网应用和运营维护等方面积累的经验，编写了本书。本书在编写思路上进行了大胆创新，具有以下几个特点。

- 在内容方面，本书创新地将光网络自身技术发展与SDN、人工智能、数字孪生、云计算等技术进行融合与创新，为光网络的多学科交叉融合发展开创了新思路。
- 在架构方面，本书系统地提出了智慧光网络“三层三面”的立体架构，即智慧光网络由连接层、网络层、服务层和算法算力面、人工智能面、数字孪生面构成，三层与三面之间相互协作与赋能，对光网络后续的全方位发展进行了全面描述。
- 在应用方面，本书全面地描述了近期业内高度关注的光网络在跨省ROADM/OXC区域网、5G承载网、OTN政企专网、数据中心光网络、工业光网络、家庭光网络和海洋光网络的建设与应用，证实了光网络是信息通信基础设施的坚实底座。
- 在发展方面，本书介绍了未来网络在国内外的研究概况、未来智慧光网络的关键场景和需求、全光网络的技术趋势和面临的挑战等，从多个维度对智慧光网络的发展进行了展望。

烽火通信的前身是武汉邮电科学研究院，这里曾创造了光通信领域的若干国内第一，包括中国第一根光纤、第一套商用光通信系统等，它不仅是国内光通信技术和产业的发源地，也是我国光通信产业的领军企业。本书的问世，标志着烽火通信一大批中青年专家从以赵梓森院士为代表的老一辈专家手中接过光通信产业发展和创新的重任，为继续推动我国光通信事业的发展贡献力量。本书编写成员有着丰富的技术研究、产品开发和工程实践经验，对光通信领域产业现状和技术发展趋势有着深刻的理解和认识，力求将理论与实践紧密结合，从技术发展、系统架构、应用实践、未来演进等多个角度对智慧光网络进行全面描述。光网络凭借高带宽、大容量、长距离、高可靠、抗干扰、高安全性、低时延和绿色低碳等特性已走过了50多年的辉煌发展历程，当前及未来光网络将与SDN、人工智能、数字孪生、云计算等技术进行深度融合创新，期待更多的行业专家投入智慧光网络的研究、创新和应用推广中，共同助力光网络的发展开启新的篇章。

韦乐平
工业和信息化部通信科学技术委员会常务副主任
中国电信科学技术委员会主任
2021年12月

前言

自20世纪60年代激光器和光纤发明以来，光纤通信的研究和发展已走过了近60年的历程。在这期间，光纤通信从实验室的理论研究走向广泛应用，先后支撑了固定话音业务、移动通信业务、固定宽带业务、移动互联网业务和云计算业务的应用与发展。光网络从早期点到点简单连接发展至立体化大规模组网。光网络历经了从Mbit/s向Tbit/s及Pbit/s提速，从基础配套网络向全场景运营网络转变，从刚性管道到开放、柔性网络，从单一网络到云边网协同，从封闭到解耦，从人工配置网络到智能网络6个方面的转变，为信息通信和数字经济的发展奠定了基础。光网络的建设受到全球各发达国家的普遍重视，其发展和演进是业内研究的热点。

总体而言光网络的发展和演进有两条脉络，一条是光网络技术（如光器件、光模块、光纤光缆、调制与接收、管理与控制等技术）自身的发展与演进；另一条是光网络与SDN、人工智能、数字孪生、云计算等技术的融合。在这两条脉络的牵引下，光网络实现了从提供带宽和连接的基础管道到支持泛在连接、云网协同和算网一体的综合业务承载网络的转型。作者所在单位烽火通信于2019年5月在业内首次提出智慧光网络概念并发布《智慧光网白皮书》，在业内获得了广泛的认同与共鸣。

自2019年智慧光网络概念提出以来，经过与业内同行广泛交流、大量实践和系统性思考，作者所带领的智慧光网络研究团队于2021年系统性地提出了智慧光网络“三层三面”的立体构架，即智慧光网络由连接层、网络层、服务层3个主要层次，以及算法算力面、人工智能面、数字孪生面3个赋能面构成。智慧光网络的三层三面是一个有机整体，连接层、网络层、服务层3个层次的关系分别是：下层资源和功能为上层所调用。算法算力面、人工智能面、数字孪生面则贯穿了智慧光网络的三层，为三层赋能。通过三层与三面之间的相互协作，智慧光网络总体上具备泛在、超宽、开放、随需四大关键特性。

智慧光网络下层资源和能力由上层调用，连接层提供资源融合供给，网络层实行策略协同，服务层的用户可实现体验感知。三面之间相互协同，为三层赋能，提升智慧光网络整体能力。具体实现上，智慧光网络涵盖光接入网、光传送网和IP承载网，融入SDN、NFV、人工智能、数字孪生、云计算、大数据等技术，未来会向泛在光网、云网协同、算网一体演进。

本书共包括7章，对智慧光网络关键技术、典型应用和发展趋势进行了全面阐述。第1章回顾了光网络的发展历程，根据业务和技术发展总结了光网络面临的挑战，分析了光网络发展的趋势，介绍了智慧光网络的概念及其特性与目标。第 2 章和第 3 章分别介绍了智慧光网络的连接层技术和网络层技术。第 4 章对智慧光网络的算法算力面、人工智能面和数字孪生面的技术及应用场景进行了介绍。第 5 章介绍了智慧光网络面向云网协同的组网方案并深入分析了关键技术。第 6 章介绍了智慧光网络在跨省 ROADM/OXC 区域网、5G 承载网、OTN 政企专网、数据中心光网络、工业光网络、家庭光网络和海洋光网络的建设与应用。第 7 章讨论了智慧光网络面向未来的演进趋势，包括未来网络在国内外的研究概况、未来智慧光网络的关键场景和需求，从多个维度对智慧光网络的未来发展进行了展望。

本书编写成员均来自烽火通信，他们长期从事光网络标准、技术研究和产品开发工作，对光纤通信技术和光网络发展与应用有深入的研究，对该领域产业现状和技术发展趋势有着深刻的理解和认识。

在本书的编写过程中得到了中国工程院余少华院士以及工业和信息化部通信科学技术委员会常务副主任、中国电信科学技术委员会主任韦乐平先生的关心和指导，中国信息通信科技集团有限公司、烽火通信各级领导与专家的支持，在此一并表示衷心的感谢！2022 年即将迎来“中国光纤之父”赵梓森院士的九十华诞，借此机会也将本书作为敬献给赵梓森院士九十大寿的礼物，希望通过本书观点和研究成果在业内的传播推动光纤通信事业继续前行。

由于光网络技术发展日新月异及编写成员的知识视野和理解的局限性，书中不足或待商榷之处，敬请广大读者批评指正。

范志文
2021 年 10月于武汉

目录

智慧光网络

本章简介：

本章回顾了光网络的发展历程，根据业务和技术的发展总结了光网络面临的挑战，分析了光网络发展、演变的趋势，并在此基础上系统性地提出了智慧光网络的“三层三面”架构。我们认为智慧光网络具备泛在、超宽、开放、随需四大特性，并将面向泛在连接、云网协同、算网一体三大目标持续演进。

1.1 智慧光网络产生的背景

光网络已经历了几十年的发展，为信息化社会的构建奠定了坚实的网络连接基础。如同交通网络是人们日常生活中高度依赖的基础设施一样，光网络已成为信息社会的基础设施，人类社会正依托光网络向智能化和万物互联的时代迈进。随着“宽带中国”战略的发布、智慧城市的发展及5G网络和应用的规模部署，网络和信息服务的领域不再局限于普通公众用户，越来越多的行业和应用依靠通信网络获得新的发展。为应对网络流量、连接的快速增长及网络规模的不断扩大，万兆无源光纤网络、Wi-Fi 6、超100Gbit/s光传输、可重构光分插复用器/光交叉连接（ROADM/OXC，Reconfigurable Optical Add/Drop Multiplexer/Optical Cross-Connect）、软件定义网络（SDN，Software Defined Network）、网络功能虚拟化（NFV，Network Functions Virtualization）、云计算、大数据、人工智能（AI，Artificial Intelligence）、数字孪生等技术不断涌现，驱动光网络开始新一轮的大变革。

与此同时，全球主流运营商为拓展新业务、提升用户体验，均依托新技术并结合理念上的革新进行网络转型，如业内广泛提及的云网协同、算网一体等。运营商如何整合自身在基础资源上的优势，提升跨域、跨层资源为用户按需调用的能力，在服务上进行快速创新；如何让传统网络更加智能化，从而提升外部用户感知和内部运营效率等是业内普遍关注的问题。光网络发展到现在，已从作为底层基础资源的幕后走向推动业务创新的台前。依托光网络实现连接资源的融合、策略协同和用户体验感知的服务创新，构建一张泛在、超宽、开放、随需的智慧光网络，正成为业内研究和关注的重点。

1.2 光网络的发展历程

自20世纪70年代光通信商用以来，光网络先后经历了若干发展阶段。以移动通信网络的发展作为参照，到目前为止，光网络的发展历程可以划分为4个阶段，如图1-1所示，分别是固定光网络、自动光网络、智能光网络和智慧光网络。

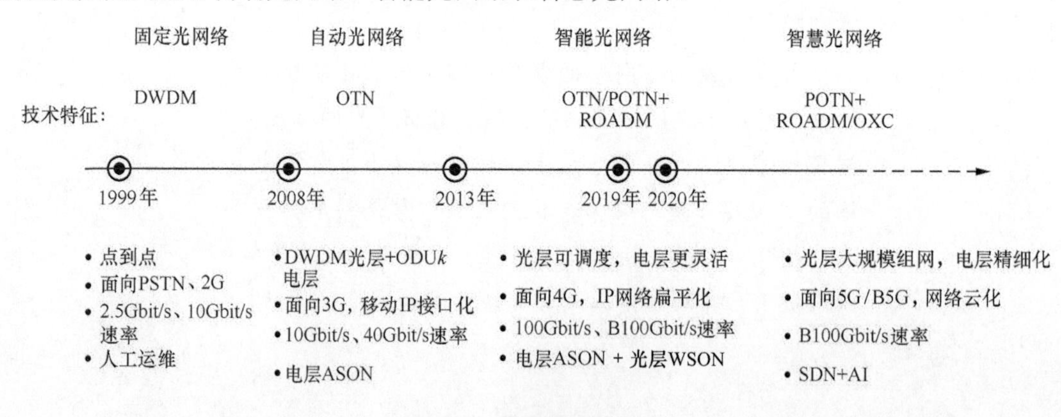

图1-1 光网络发展历程

（1）固定光网络阶段：出现在 20 世纪 90 年代末，用户接入网由窄带拨号方式转向非对称数字用户线路等方式，用户接入方式仍以铜线或双绞线为主；城域光传输主要是 2.5Gbit/s 和 10Gbit/s 同步数字体系 / 多业务传送平台，满足固定电话和 2G 移动回传需求；长途干线采用 2.5Gbit/s 或 10Gbit/s 波分复用（WDM，Wavelength Division Multiplexing）系统，主要以点到点或环网方式提供传输链路；此阶段的网络运维方式主要是基于网管控制下的人工运维方式。

（2）自动光网络阶段：出现在 2008 年前后，用户接入网开始转入宽带光纤接入网，采用以太网无源光网络（PON，Passive Optical Network）/ 千兆 PON 的方式覆盖光纤接入网的若干场景；城域光传输面向 3G、移动互联网协议（IP，Internet Protocol）接口化的需求，分组传送网等分组化移动回传设备开始广泛部署；长途干线层面基于光传送网（OTN，Optical Transport Network）的光电两层设备开始部署，线路速率主要为 10Gbit/s 或 40Gbit/s ；基于通用多协议标签交换协议技术的电层自动交换光网络控制平面开始商用，网络由人工控制逐步转向自动化控制。

（3）智能光网络阶段：出现在 2013 年前后，光纤接入方式开始规模化进入普通用户家庭；城域光传输为满足 4G 和 IP 网络扁平化的需求，普遍采用分组传送网或 IP 化移动承载网结合光传送网的方式进行部署，基于分组的增强型光传送网的综合业务承载技术开始商用；长途干线层面广泛部署 80×100Gbit/s WDM 系统，光交叉技术和设备开始规模化商用，满足了光层组网和业务调度需求；控制平面开始支持“自动交换光网络 + 波长交换光网络”光电两层控制，基于软件定义的集中式控制开始在网络中进行试点和应用。

（4）智慧光网络阶段：由烽火通信于 2019 年首次在业内提出，该阶段会持续覆盖 5G 及后 5G 阶段。预计 50G PON 会在宽带光纤接入网中应用，普遍支持家庭用户千兆接入，光纤接入覆盖至千行百业；城域和干线光传输将普遍采用超 100Gbit/s WDM 系统进行部署，随着业务流量和流向的增加及光纤、光缆资源的丰富，OXC 会部署在网络的大型节点；基于软件定义的集中式控制开始规模化商用，AI、数字孪生技术将在网络中进行部署和应用。光网络将会和云计算、算力网络进行协同或融合。

1.3 光网络面临的挑战

随着新业务的开展、光网络服务对象的扩展、连接数量的增加和覆盖规模的扩大，光网络的持续发展面临着业务发展、网络转型、用户体验持续提升和自动化运营维护 4 个方面的挑战。

1. 业务发展的挑战

当前移动互联网、云计算、大数据、物联网（IoT，Internet of Things）的广泛应用和蓬勃发展，都成为推动网络服务转型的新生力量。随着 5G 的规模部署和广泛应用，连接已变得无处不在，现有人与人的连接将发展成为海量的物与物的连接。移动宽带流量将有数十倍的增长，家庭千兆及个人百兆接入成为普遍服务，而一些新业务 [如 4K/8K 视频、虚拟现实（VR，Virtual Reality）游戏、自动无人驾驶等] 对网络丢包率、时延等指标提出了更苛刻的要求。与此同时，运营商出于建设、运营和维护成本的考虑，无法延续传统的、按照不同专业建设专用网络来满足不同用户和业务的需求。如何整合连接资源、提供泛在连接和差异化服务等问题受到运营商的普遍关注。

2. 网络转型的挑战

随着网络承载业务的丰富，通信技术与信息技术正在进行深度融合，运营商在当前网络运营中面临着网络连接数量和流量增长推动网络规模的快速膨胀、业务云化和终端虚拟化颠覆网络全局的流量模型、专有网络和专有设备极大增加网络经营的压力、互联网业务创新加快驱动网络智能化的转型等一系列挑战。网络的转型和重构成为全球电信运营商关注的重点，国内外运营商纷纷制订了网络转型和重构的计划。网络是电信运营商的基石，是形成连接的基础，网络重构工作的成效将决定着电信运营商今后的竞争力和发展潜力。如何在网络架构方面进行创新、在管理和控制层面进行策略协同、打破专业之间和厂家之间的壁垒，实现资源融合、进行统筹调用，从而快速响应服务需求及降低部署和维护成本，是运营商网络转型必须面对的重大抉择。

3. 用户体验持续提升的挑战

进入智能化时代，光网络的价值不是只提供带宽和连接服务，而是转向用户价值的提升，从而创造新的商业模式。当前光网络不仅面向传统的个人业务，还面向企业用户提供专线类业务，用户关注的焦点除带宽和连接外，还有确定性时延、敏捷化服务等方面。移动回传、家庭宽带、政企专线、视频业务、互联网云专线等业务的用户体验和品质提升均依赖于光网络在带宽、时延、可靠性等方面的优势。如何丰富应用的种类、快速推出服务为网络运营创造价值，并让用户对服务进行体验、感知是运营商在服务层面的重要研究课题。

4. 自动化运营维护的挑战

长期以来，虽然网络的规划、建设、运营和维护的全生命周期在网元运行、网络管理和控制等领域局部引入了自动化优化等功能，但高度依赖于人工策略的制定和执行。随着用户数量、设备数量、网络复杂度和业务种类的增加，以及用户需求、可靠性、保障性、响应速度等要求的提升，包括网络运行过程中海量数据的产生，传统的人工介入的管理运营方式力不从心。如何在连接、网络和服务层面依托算力的提升、算法的优化，全栈引入 AI 并具备数字孪生能力，以实现在网元层面性能的提升、网络规划阶段最优方案的形成、运营阶段最优策略的提供和维护阶段最大效率的提升，是在全生命周期内获得网络最佳总拥有成本（TCO，Total Cost of Ownership）和提升用户体验的关键所在。

1.4 光网络演变趋势

为满足多种业务的灵活承载并降低网络的建设和运营维护成本，如图 1-2 所示，光网络正在经历从 Mbit/s 向 Tbit/s 及 Pbit/s 提速，从基础配套网络向全场景运营网络转变，从刚性管道到开放、柔性网络，从单一网络到云边网协同，从封闭到解耦，从人工配置网络到智能网络 6 个方面的转变。

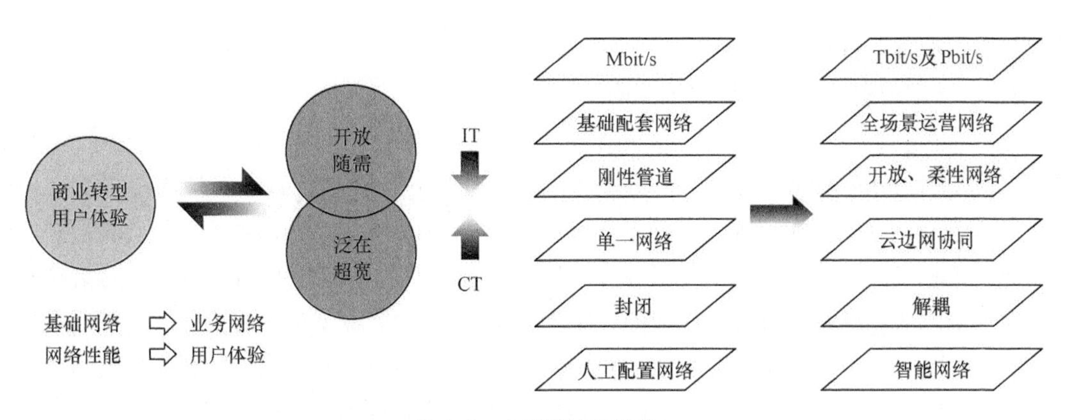

图 1-2　光网络演变趋势

1. 从 Mbit/s 向 Tbit/s 及 Pbit/s 提速

光网络先后支撑了固定话音业务、移动通信业务、固定宽带业务、移动互联网业务和云计算业务的应用与发展。伴随着业务的发展，光网络持续提升通道速率和系统容量以满足业务的持续发展需求。在过去的 30 年里，无线频谱中传送的信息量每两年半翻一番，互联网上每秒比特的传送量每 16 个月翻一番，骨干网光纤的传输带宽每 9 ～ 12 个月翻一番，连接带宽呈指数型增长趋势。光纤通信网络作为网络信息传输的基石，承载了全球 90% 以上的数据传输。其传输容量从 8Mbit/s 到 96×100Gbit/s，提升了 120 万倍；传输距离从 10km 到 3000km，扩大了 300 倍。

如图 1-3 所示，以当前广泛应用的以太网业务为例，以太网接口速率从早期的 10Mbit/s 发展到如今的 400Gbit/s，未来继续向 Tbit/s 进行提升。光网络服务于以太网业务，其通道速率也从最初的单波长 2.5Gbit/s 发展到如今的 400Gbit/s，未来继续向 Tbit/s 演进。

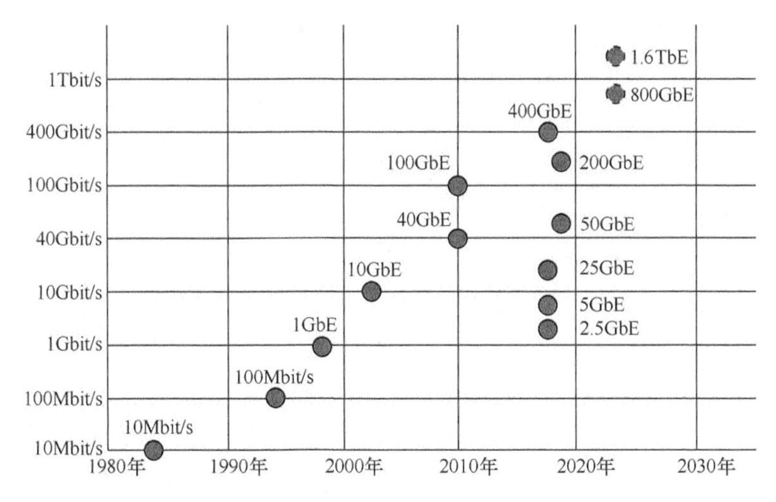

图 1-3　以太网接口速率的发展与演进

伴随着业务需求的增长和波分复用光传送网络（WDM / OTN）系统单波长速率的提升，WDM / OTN 系统在单根光纤上的传输容量也在持续攀升。早期 32×10Gbit/s WDM / OTN 系统在单根光纤上的传输容量为数百 Gbit/s，当前 80×100 Gbit/s WDM / OTN 系统在单根光纤上的传输容量为数 Tbit/s，未来通过单波长提速、波段扩展等技术，WDM / OTN 系统在单根光纤上的传输容量将提升至 Pbit/s。

2. 从基础配套网络向全场景运营网络转变

随着 5G 的商用部署，经济社会各个领域的数字化转型进一步加速，推动了整个信息通信技术（ICT，Information and Communication Technology）行业和数字经济的并行发展，同时带来了通信领域的巨大变革。从设备和网络到业务和运营，运营商都在进行全面重构，以适应数字化时代的挑战。光网络也正在通过网络架构的重构来推进光网络由基础网络向业务网络的转变，从而更好地服务于企业的数字化转型。

数字经济的存在和发展需要光网络的支撑，运营商的光网络转型首先需要解决云网融合问题。企业客户随着上云业务的发展会产生各种各样的数字化应用，这些应用都需要运营商提供一站式快速开通服务，并且要更加安全。与此同时，针对上云业务的日常业务调度，需要光网络支持弹性部署、按需调整、毫秒级时延、分钟级开通、管道可视及安全可靠等各种特性。

3. 从“刚性管道”到“开放、柔性网络”

传统网络的建设思路是垂直建网，为满足不同业务需求而建设不同的网络，而且各网络自身的结构和功能常常是固化和紧耦合的，网络资源和能力难以按需调用，网络调整不灵活。

长期以来，光网络更多地关注网络底层的传送能力（如带宽、容量、传输距离等），对网络的上层应用和业务的开放能力并未关注，网络无法随业务灵活变化。一张物理网络支持多业务综合承载，以及根据不同业务需求支持网络资源的灵活调配是能力开放的体现。以数据中心为中心构建扁平化网络，实现云边网之间资源的高效配置和协同是网络开放的体现。网络开放，尤其是网络能力的开放是推动光网络从“刚性管道”到“开放、柔性网络”这一根本性转变的关键。

构建开放、柔性的光网络有利于产业链和技术的创新，同时也降低了运营商的建设和运营维护成本，并可通过提供差异化的服务来创造新的价值。

4. 从“单一网络”到“云边网协同”

当前云服务正在成为信息通信服务的主体，为云服务提供更好的支撑是光网络发展的新使命。5G 时代，随着边缘计算的大量部署，云边网的协同对于服务质量和用户体验的保障至关重要。云边网协同涵盖布局协同、管控协同、业务协同 3 个方面。

（1）布局协同，即实现云数据中心与光网络节点在物理位置布局上的协同。光网络布局调整要从传统的以用户通信为中心向以数据传送为中心迁移。5G 时代，如何考虑光网络在站址、带宽连接提供能力与大量边缘计算节点间的协同是当前业内关注的重点。

（2）管控协同，即实现网络资源与计算/存储资源的协同控制。云化的网络资源池通常集中部署，在提供计算、存储等虚拟化资源的同时，网络资源也可以随云资源池的需求而动，支持计算、存储和网络资源的统一、动态分配和调度，实现资源效率的优化。

（3）业务协同，即实现互联网运营商应用与网络服务的相互感知和开放互动。网络要具备对业务、用户和自身状况等的多维度感知能力，同时业务也要将其对网络服务的要求和使用状况动态地传递给光网络。光网络的智能化是实现业务协同的关键。

云边网协同的发展、演进推动了光业务网的快速发展。长期以来，光传送网作为基础网络，形成了运营商的底层传输平台，主要呈现出光网络的基本属性，例如对带宽、可用性等

技术指标和维护指标的考核；而随着云网协同业务的发展，光网络面向政企领域的业务属性得以发挥，即服务于最终企业客户，根据客户的需求来建设和发展光网络。

5. 从“封闭”到“解耦”

传统的光网络是刚性、“烟囱式”的网络，新业务、新功能的支持和加载需要开发新的设备和协议，造成了设备种类繁多，难以满足快速灵活的业务部署需要；并且网元采用软硬件垂直一体化的封闭架构，导致网络建设被单一厂商“绑定”，设备功能扩展性差、价格昂贵且易于被生产厂商锁定。未来光网络将通过解耦实现网络开放。光网络的解耦包括网络资源解耦、设备解耦和管理控制解耦 3 个方面。

（1）网络资源解耦，通过采用分组增强型 OTN 设备实现多业务承载，基于一张物理网络在波长、时隙（TS，Time Slot）、端口层面通过“切片”实现业务的资源分配和区隔，从而实现业务与网络资源的解耦，避免一类业务一套网络。

（2）设备解耦，采用归一化的平台和硬件设计，实现设备和板卡种类的减少，加强通用化。在网络的不同层次、不同域、不同厂商之间通过标准化接口实现互联互通。

（3）管理控制解耦，在网络的管理控制层，通过引入互通性、一致性较好的接口协议屏蔽基础资源的差异性，简化对底层设备的管理和配置要求，从而解除单一厂商的绑定。

6. 从“人工配置网络”到“智能网络”

刚性和封闭的网络注定只能采用效率低且容易出错的人工配置方式。无论是前期的网络规划，还是后期的网络运维均高度依赖人工，效率低下。这不仅导致网络建设和运营维护成本居高不下，而且网络的规划、建设、维护、运行和优化环节也是相对“割裂”的。

电信产业一直在探索数字化、自动化和智能化，从转型前期聚焦客户服务、产品业务层，逐步延伸到内部管理运营层，再到网络层。SDN 技术的引入在提升业务和网络敏捷性的同时，降低了运维成本和复杂性。未来智能网络根据业务需求和网络资源状况进行实时、自动化的网络资源分配和调整，实现了网络资源在不同地域及业务之间的共享。通过 AI 和大数据分析实现故障预警、告警信息的智能化过滤和关联及故障的跨层、跨域定位与根本原因分析，降低网络建设运营成本，并提升用户体验。

基于 SDN 技术的网络自动化仍无法完全解决未来各种应用大规模部署、网络新技术引入与扩张带来的问题。如何大规模、全流程地提升效率，并持续快速地迭代、引入新技术仍然是产业共同面临的难题。网络自动化和智能化正是诞生于这一背景下，通过引入 AI 和数字孪生技术，发挥融合优势，驱动电信行业从数字化迈向智能化，将为电信产业的生产方式、运营模式、思维模式和人员技能等方面带来全方位的深远影响。

1.5　智慧光网络的概念

1.5.1　智慧光网络是什么

如图 1-4 所示，智慧光网络由连接层、网络层、服务层 3 个主要层次，以及算法算力面、人工智能面、数字孪生面3个赋能面构成，也称作“三层三面”。智慧光网络的三层三面是一个有机的整体，连接层、网络层和服务层3个层次的关系分别是下层资源和功能为上层所调用，算法算力面、人工智能面和数字孪生面则贯穿了智慧光网络的三层，为三层赋能。通过三层与三面之间的相互协作，智慧光网络在整体上具备泛在、超宽、开放、随需四大关键特性。

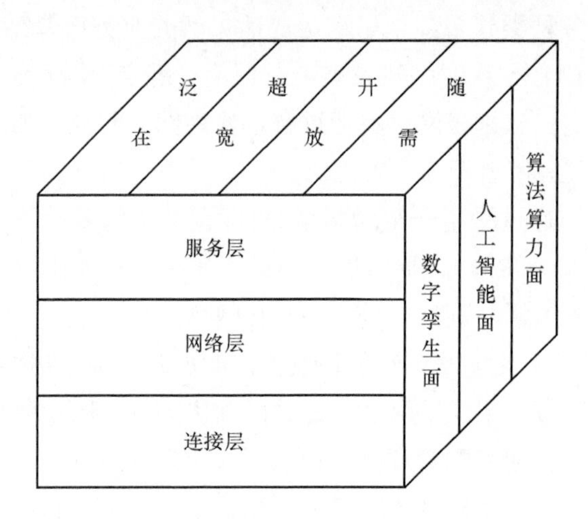

图1-4 智慧光网络的“三层三面”

智慧光网络的“三层”是网络功能与服务的构成主体，三层之间的下层资源和功能为上层所调用，各层具备不同的功能和特性，通过相互协作为用户提供服务。

1. 连接层：融合资源供给

智慧光网络连接层涵盖媒质层、光器件、传送层、段层、隧道层等子层。媒质层由光纤、光缆资源构成，提供物理传输通道。光器件主要包括合波、分波单元，OADM/ROADM，光放大单元，光监控单元等，是构成系统的基础组件。传送层在电域主要是以太网或OTN帧结构电信号，光域采用灰光或彩光接口。段层包括灵活以太网（FlexE，Flexible Ethernet）、灵活光传送网（FlexO，Flexible OTN）等。隧道层则包括多协议标签交换（MPLS，Multi-Protocol Label Switching）、段路由（SR，Segment Routing）、虚容器（VC，Virtual Container）、光业务单元（OSU，Optical Service Unit）和低阶光通路数据单元（LODU*k*，Low Order Optical Channel Data Unit-*k*）。基于以上各子层可以支持二层虚拟专用网（L2VPN，Layer2 Virtual Private Network）、三层虚拟专用网（L3VPN，Layer3 Virtual Private Network）和时分复用（TDM，Time Division Multiplexing）业务接入。智慧光网络连接层提供融合资源供给，供网络层根据不同的服务策略进行调用。

2. 网络层：路由、控制策略协同

智慧光网络的网络层对连接层融合资源进行统一抽象、统一管理和统一编排，可屏蔽连接层在物理硬件、设备等底层基础设施的差异，将其抽象为通用的能力与服务，支持网络能力对外开放，支撑服务层应用实现实时、按需、动态化的部署。网络层通过单域控制器、多域控制器和协同编排器的层次化部署实现多个不同区域、不同层次在策略上进行协同，实现对连接层融合资源的调度。如通过光传送网络设备和IP路由设备的SDN控制器协同来实现

“IP+光”的跨层协同，对业务的转发效率、成本、时延和功耗进行优化。智慧光网络的网络层从全局的角度对连接层资源进行全域资源感知、快速部署、弹性伸缩和灵活编排，满足上层业务对网络能力的按需定制、快速开通等要求。

3. 服务层：用户差异化体验感知

智慧光网络服务层在连接层和网络层的基础上，通过节点间的相互协作、节点内部资源的灵活组合，为用户提供应用和服务，并从用户或业务的视角具备让用户感知到服务差异化体验的能力。服务层可提供包括智能化、可保障、可编排的网络连接服务，光网络与云服务相结合的云网协同和网络与算力深度融合的算网一体的融合服务。网络用户所感知的差异化体验表现在传统的基于服务合同的上下行带宽、网络时延和抖动等固化指标的差异上，还可随时随地按需动态调整这些参数。例如对时延敏感业务，尽量在光传送网光层按指定路径进行穿通和低时延转发。对要求高可靠性的业务，则通过多径分担、主备路径、资源优先抢占、IP层和光层多层协同联动等方式，增强业务路径的稳健性。对服务层来说，只需要专注于用户需求，而不必关心具体的实现，应用的支持不再受限于复杂的协议与网络交互及海量数据的处理能力。

智慧光网络的三面是指算法算力面、人工智能面和数字孪生面，三面贯穿于三层并对其赋能，以支撑智慧光网络的泛在、超宽、开放、随需特性。

1. 算法算力面：网元和网络智能化的基础

智慧光网络连接层、网络层和服务层在运行过程中对数据处理算法和算力的需求日益增长，需要在云、网、端侧部署算力并运行对应的算法。算法和算力在连接层以网元为单位采用分布式的部署和运行方式，如在各网元设备的主控单元部署算力以支撑相应网元的数据处理，在光传送网线路侧相干光模块内置的数字信号处理器（DSP，Digital Signal Processor）中部署相应算法以提升线路性能。在网络层采用云化集中式的部署和运行方式，如在控制器、协同编排器部署相应算力提升数据的处理能力，针对某些特定应用场景，如为“IP+光”的跨层协同提供相应算法以提升效率。在服务层则根据不同应用的需要采用集中式与分布式的运行方式相结合的方式调用连接层和网络层资源，要依据不同的应用场景提供相应的算法和算力。

2. 人工智能面：贯穿网络的“规划、建设、维护、优化”全环节

智慧光网络通过全方位地引入AI技术，构建了统一的网络智能大脑，服务于连接层、网络层和服务层，贯穿于网络的“规划、建设、维护、优化”全环节。连接层各网元以边缘智能的形式实现设备侧数据的本地智能推理和轻量级训练。网络层基于大规模AI集群实现网络智能分析和决策，支持网络的灵活、高效和自动化。服务层引入AI技术分析业务属性，提供差异化资源及策略匹配，提升用户体验。

在网络的规划和建设阶段，传统的规划软件基于业务流向和带宽需求、光纤资源、站点资源等信息进行静态规划，智慧光网络可根据光纤长度、链路质量、业务等级和需求等因素合理地进行动态模拟和优化。在维护阶段，传统运维一般是被动响应式运维，智慧光网络依托AI可支持主动预防式运维，如预测某个设备、链路未来有多大概率发生故障，然后对其进行针对性的维护。在网络优化阶段，可以自动识别网络中节点及链路的资源利用率，并且通过对未来业务增长等进行预测，给出合理的配置建议，实现光网络的自优化配置，降低网络中某些节点和链路的拥塞概率，减少资源浪费。如ROADM节点的“波长碎片”、线路波长的剩余时隙等，从而有效提升资源利用率和用户体验。

3. 数字孪生面：为用户和网络运行提供决策依据

智慧光网络数字孪生面基于仿真技术实现物理实体在信息空间的数字化建模，实现连接层、网络层、服务层的历史数据回放、当前状态呈现、未来趋势预测，支持各项指令的精准验证、测试，支持“以虚控实”。连接层通过感知、采集相关信息及运行状态，将物理资源数字化并动态映射为数字孪生体，可实现器件、模块、单盘、网元、网络、业务等元素运行规律的精准仿真。网络层可实现对性能、趋势、告警、隐患、故障、配置等关键参数的数字化、智能化闭环管理。服务层感知客户需求和业务质量，将其自动转换为相应的网络连接和资源配置，通过实时的网络验证与优化，实现面向客户与业务服务的动态保障。这些数字孪生实体与数据流和物理实体进行交互，实时获取物理实体的状态数据，并将各项指令下发至物理实体，实现“以虚控实”，支撑智慧光网络的自优、自愈、自治。

智慧光网络的算法算力面、人工智能面和数字孪生面通过利用若干关键技术在连接层、网络层和服务层进行部署，实现了3个层次的贯穿。在连接层，通过AI技术引入算法和算力，将网元升级为数字化的智能网元，由此可以让每个网元具备多维实时感知能力（如业务流、资源、拓扑状态、运维事件、能耗等），这样整个网络就可以更加敏锐地执行感知、处理和推理。在网络层，利用AI技术并结合算法、算力提升网络的分析和决策能力，实现网络的灵活、高效和超自动化，如自动部署、故障事前仿真、事后校验、预防预测及主动优化等，实现运维从被动到主动的能力提升，并能够在云端和网络管控平面实现更高效的协同能力。在服务层，通过数字孪生的模拟仿真让用户体验并感知网络的质量、服务的等级。

智慧光网络通过“三层三面”的相互协作和赋能提升了整体能力。在具体实现上，在智慧光网络涵盖光接入网、光传送网和IP承载网，融入SDN、NFV、AI、数字孪生、云计算、大数据等技术，推动向泛在光网、云网协同、算网一体的目标演进。

1.5.2 智慧光网络的特性

智慧光网络具备泛在、超宽、开放、随需的特性，实现了从带宽资源的提供到用户体验的转变，充分提升了网络的价值，从业务提供的全环节及网络的全生命周期为用户带来新感知。

1. 泛在

智慧光网络的泛在特性体现在向用户提供泛在连接和泛在服务。在智慧光网络的连接层，宽带接入光纤在光纤到户（FTTH，Fiber To The Home）已规模覆盖的基础上持续向末端延伸，未来光纤到房间（FTTR，Fiber To The Room）实现超千兆接入到房间、光纤到机器（FTTM，Fiber To The Machine）支持光纤延伸至机器、光纤到桌面（FTTD，Fiber To The

Desk）支持光纤延伸至桌面。IP 承载领域，已从移动回传、IP 城域网、云数据中心互联等单场景应用发展至智能城域网综合承载，未来继续向多业务综合承载网演进。在 OTN 领域，分组增强型光传送网支持多业务灵活接入，支持 TDM、分组、ODU*k* 和波长级业务处理，并可在端口、时隙、波长层面实现业务的切片与隔离，推动 OTN 从基础网络向泛在接入的业务网络转型。未来面向多业务的灵活封装的 OSU，可以实现小颗粒低速业务的高效承载，进一步推动 OTN 向靠近用户和业务的网络边缘进行部署。

智慧光网络通过网络层对连接层融合资源的统一调度和管控，构建了松耦合、高扩展、易维护的泛在化服务型网络。网络层通过跨域、跨层编排将网络能力（如带宽、时延、业务路径、业务可靠性等）转换成服务，并提供给客户。对服务层来说，只需要专注自身的需求，而不关心具体的实现，不再需要支持复杂的协议与网络交互，因此智慧光网络服务层可将网络能力开放给各类用户和各个行业。目前智慧光网络已在政企、电力、交通、教育、医疗等行业提供广泛的服务。

未来智慧光网络将持续增强泛在连接并通过开放网络能力为更多行业提供泛在化服务，提升用户体验并驱动光网络由基础网络向业务网络转型。

2. 超宽

超宽是光网络的基石，智慧光网络的超宽特性体现在超高速率、超大系统容量和超强节点调度 3 个方面。

宽带光接入网已进行 10G PON 和 Wi-Fi 6 的部署，实现了千兆入户的接入能力，未来将继续向 50G PON 和 Wi-Fi 7 演进。WDM/OTN 技术的发展先后经历了 2.5Gbit/s、10Gbit/s、40Gbit/s、100Gbit/s 时代，目前已进入超 100Gbit/s 时代，单波传输速率也从 100Gbit/s 提升至 400Gbit/s、800Gbit/s 及 1.2Tbit/s。

目前 WDM/OTN 系统容量已提升至 32Tbit/s 及以上，光网络在业务接口、传输速率和容量上已充分具备超宽特性。容量拓展一方面可通过提升单波速率实现，另一方面可通过扩展传输波段来实现。在 10Gbit/s、100Gbit/s 时代，光波长信号在光纤的 C 波段以 50GHz 的信道间隔进行复用；在 400Gbit/s 时代，支持长距离传输的单载波偏振复用正交相移键控信号谱宽为 150GHz，如何继续支持 80 波的光波长复用受到广泛关注。在 400Gbit/s 时代，基于 C+L 波段的拓展实现 80 波及以上光波长复用，提升容量并降低非线性效应是业内关注和研究的焦点。

在节点调度方面，采用“ROADM+OTN”光电混合交叉在大型网络节点同时对波长级业务和 ODU*k* 子速率业务进行调度已是国内运营商建网的主流选择。ROADM 光交叉可在网络站点的不同光方向之间直接对波长级业务进行调度，无须采用“光-电-光”方式进行转换，因此对于波长级业务而言，具备容量、成本、时延和功耗等方面的优势。OTN 电交叉可以满足站点对于中小颗粒业务灵活调度和上下的需求。采用“ROADM+OTN”光电混合交叉的方式使得网络节点同时具备交叉容量和业务调度灵活性等多方面的优势。OXC 可视为 ROADM 的升级版本，是在常规 ROADM 基础上采用波长选择开关、光背板等技术的全光交叉设备，可以实现站内零连纤、即插即用、灵活调度、平滑扩容、超大容量波长调度，从而大幅节省机房空间和功耗。OTN的发展则聚焦在采用分组增强型OTN和OSU技术实现分组、TDM和ODU*k*业务的灵活接入，并在“刚性管道”内统一进行承载。

智慧光网络的超宽特性为用户和连接数量的增长、新业务的发展、用户体验的提升奠定了坚实基础，也是构建“全光底座”的关键所在。

3. 开放

智慧光网络的开放体现在网络开放、能力开放和服务开放3个层面。传统网络的建设思路是垂直建网，不但新业务的提供依赖于新网络的建设，而且各专业领域内的网络设备也十分封闭，因此在对新业务上线的快速支持和网络运行方面效率都十分低下。智慧光网络通过连接层、网络层和服务层对网络开放进行全面支持，并在算法算力面、人工智能面和数字孪生面的赋能下，系统地支持网络开放、能力开放和服务开放。

智慧光网络连接层支持多业务综合承载，根据不同的业务需求支持网络资源的灵活调配是能力开放的体现。连接层设备网元采用标准化开放接口，具备集中化、自动化配置、调用和运维的能力，支持开放式网络的构建。网络层通过域控制器和协同编排器的联动实现了集约化编排，使得用户可以按需调用资源并灵活定义策略，充分实现了网络能力的对外开放。服务层面向业务运营开放，既支持新业务的快速上线，又支持用户或第三方基于服务层开放能力进行业务的定制化调用，充分实现了服务能力的对外开放。通过算法算力面、人工智能面和数字孪生面贯穿三层的全面赋能，用户能全面感知并获取智慧光网络在网络、能力和服务上的全面开放能力，提升用户体验。

智慧光网络的开放充分提升了网络的效能和服务，推动了光网络从“刚性管道”向“开放、柔性网络”的根本性转变。网络的开放有利于产业链和技术的创新，同时也降低了运营商的建设和运营维护成本，并可通过向用户提供差异化的服务来创造新的价值。

4. 随需

一直以来，网络的封闭使得用户无法根据需求来获得网络资源和服务，严重限制了业务的发展和用户体验的提升。SDN的商用推动了控制面与转发面的分离，并实现了集中控制，最终实现了对网络资源的统一管理与分配，通过网络让用户按需获得网络资源和服务。AI的兴起则进一步推动了光网络的数字化，通过海量数据的收集、处理可实现光网络的数字孪生，进一步强化了智慧光网络的随需特性。

智慧光网络的随需特性在整个三层三面架构中都有充分的体现。连接层实现了不同专业和领域资源的融合供给，实现了用户对不同种类资源组合的随需获取。网络层通过SDN控制器和协同编排器屏蔽了连接层中不同厂家和专业间的技术细节，摆脱了基于场景的“烟囱式”接口模型，实现了跨层、跨域、跨厂家的随需编排和调度。服务层将客户意图转换成网络执行策略，无须关注下层技术实现细节，实现了服务的随需特性。与此同时，算法算力面、人工智能面和数字孪生面的赋能，提升了网络敏捷性、可用性和扩展性，降低了网络运营维护过程中的不确定性和不可预测性，确保了服务等级协定（SLA，Service Level Agreement）的实施和网络稳健性，减少了网络运营维护成本并提升了用户体验。

智慧光网络的随需特性可为用户提供更多的定制化服务，可有效提升用户的体验和黏性，

为运营商创造更多的价值。

1.5.3　智慧光网络的目标

随着数字经济的蓬勃发展，以“连接 + 计算”为根基的数字基础设施的重要性进一步凸显。泛在光网、云网协同和算网一体是智慧光网络的三大目标。泛在光网的目标是构建信息基础设施的坚实底座，关注的是连接与覆盖；云网协同的目标是云与网的相互协同，提供云网一体化的综合服务，关注的是用户体验；算网一体的目标是网络与算力的融合，将算力相关的能力组件注入网络框架中，关注的是网络加计算资源的按需调用。

1. 泛在光网

当前的光网络支撑了 5G 应用和行业市场的发展；FTTR 等家庭网络技术开辟了智慧家庭物联网，机器连接还将逐步扩展到工业生产、家庭生活、社会生活等更多方面；OTN 专线承载为高品质业务和运营商业务的增收提供了新的路径；用户入云、云内和云间网络的连接均离不开光网络的支撑；海洋光网络的快速发展拉近了世界各国、各大经济体之间的距离，促进了全球经济的共同繁荣。

泛在光网之所以能成为信息基础设施当之无愧的“坚实底座”，是因为其提供了高可靠、确定性的连接服务，具有确定性时延、超高可靠性、多样隔离性、高精度时间同步、服务和资源可视化等优势。

（1）确定性时延。在 3G 的演进阶段，业务对时延的要求普遍在 100ms。在 5G 阶段大量新业务将对时延的要求提升到了 10ms，高可靠、低时延业务对时延的要求已经达到毫秒级。政企业务对时延的敏感度已经达到毫秒级，某些金融交易类客户愿意为降低时延至毫秒级支付更高的费用。客户对时延的稳定性要求也随之提升，信号传输过程中的时延抖动将明显影响到用户对实时性业务的体验。光网络提供上述服务时业务端到端时延可根据传输链路长度、历经节点数量进行精确计算，从而获得确定性时延服务。

（2）超高可靠性。网络连接数量的增加、分布式计算能力的部署，大大提升了网络的复杂度，网络服务的可靠性尤为重要。光网络由于在信号传播、物理媒介等方面抗干扰能力强，在网络保护和恢复方面可根据业务等级提供相应的保护措施，从而具备“刚性”的高可靠连接特性。

（3）多样隔离性。行业用户对自身数据有着强烈的安全诉求，隔离是保障客户数据安全的最基本手段。基于切片理念的多种隔离技术及其组合将为客户提供端到端的、灵活多样的业务隔离服务，保证客户的带宽和时延等网络性能不受其他切片的影响。

（4）高精度时间同步。多数确定性网络应用要求终端站之间的时间同步，一些队列算法还要求网络节点同步，对业务的精准时间同步要求更多的网络设备和主机采用精确网络时间协议，将网络端到端的时间精度同步到微秒级。

（5）服务和资源可视化：基于海量网络实时数据采集、集成 AI 的数据处理，通信网络将向实时、可视化运营和服务模式演进。网络的拓扑、性能、故障，业务的带宽、路由，客户的带宽、拓扑、路由、性能，网络的现状和历史，网络和业务的部署、配置、维护、管理等，

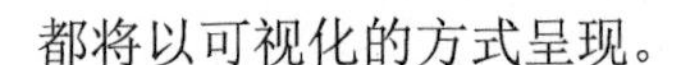

都将以可视化的方式呈现。

未来随着 B5G 技术和产业的发展，空天连接技术逐步成熟，空天地一体化信息网络形成立体网络结构，泛在光网将突破地表覆盖的限制，向“空天地海一体化”演进。

2. 云网协同

云网协同是智慧光网络的网络层在策略协同上的典型应用。当前云作为数据载体，逐渐向中心云、区域云、边缘云多级部署架构演进，满足数字化转型在算力、存储、可靠性、安全性、性能等方面的差异化应用需求。网络则需要在各类云、站点和终端之间提供差异化、敏捷化、智慧化的连接服务。云网协同的目标是云与网相互协同，提供云网一体化的综合服务。云和网的资源无缝对接，资源池化；云和网形成统一的资源视图，网络的拓扑、带宽、流量和云的计算、存储能力等可实时呈现。能对网络设备与云网元进行统一纳管，实现自动化的开通、故障定位和排除。为用户提供一体化云网业务及服务等级的质量保障服务，资源抽象并支持开放应用程序接口（API，Application Programming Interface）及北向接口。云网协同以网间协同和云间协同为基础，实现对用户和业务的就近灵活入云，通过云和网的能力向用户开放，为用户提供差异化服务并让用户获得电商化服务的体验。

（1）网间协同。当前网络的建设是按照不同专业、不同行政区域进行建设的，这导致不同专业、不同行政区域间的网络是割裂的，在云网时代，要求能够实现“云下一张网”，这就要求网与网之间能够无缝衔接，能力互相开放。例如，SRv6 技术可以实现网络之间的无缝衔接，再结合 SDN 进行网络能力的开放，实现网间能力互调，真正实现云网时代的“云下一张网”的要求。

（2）云间协同。多云协同支撑业务的融合创新，有效地控制负载和成本，多云共管，提高运维效率，提升数据的可移植性和互操作性，精细化管理，统一监控，生态互补，充分利用不同云服务提供商的能力为企业提供一致的管理、运营和安全体验。多云协同的基础是多云统一管理及运维，通过云服务 API 的标准化，实现不同云的统一管控；整合多云资源，助力企业的业务创新，提升云服务的协同能力，丰富云服务生态。多域协同的智慧决策平台、统一的开发模板、管理工具、服务接口能够实现跨域协同。跨云网络互通，需保障多云服务商和云资源池的多种接入和互联能力，保障不同云之间的网络互通，实现云网无缝对接。跨云连接需要保障网络连接的高度确定性，基于云业务要求达到确定性网络连接的关键指标要求。云间连接具备自动化开通能力。

（3）云网协同。通过云网协同可以进一步充分和有效地利用网络与云端资源，提升用户的使用体验。网络提供与不同等级云业务相匹配的资源，并面向高等级业务提供高质量的保障。云和网可在管理平台上无缝对接，能对异构网元和设备进行统一纳管，初步实现自动化的开通、故障定位和排除。云和网形成统一的资源视图，网络的拓扑、带宽、流量和云的计算、存储能力等可实时呈现。云网协同依赖于云网操作系统提供云网协同的智能调度机制和策略算法，实现系统的最优化，另外，面向行业业务能确保数据安全。

云网协同是一个长期的、不断演进的过程。以云网协同为核心的 ICT 的创新将强有力地推动未来信息基础设施的转型。随着 AI、大数据、区块链等技术的演进，智慧城市、智

能制造、智慧生活、增强现实（AR，Augment Reality）/ VR、自动驾驶等业务的发展，以内生安全、云网切片、云网大脑等为代表的关键核心技术的自主掌控，将为云网协同目标的实现注入更强大的动力。与此同时，云网协同的发展和应用将推动智慧光网络相关技术的持续发展。

3. 算网一体

算网一体是未来智慧光网络在服务层的典型应用。随着 5G、移动边缘计算和 AI 的发展，对算力和智能的需求将快速增加，网络需要为云、边、端算力的高效协同提供更加智能的服务，计算与网络将深度融合。运营商网络云化的加速和以算力基础设施为代表的新基建给数据中心算力资源的社会化共享提供了商业机遇。算力经营将成为运营商一个重要的业务抓手，使运营商不再是纯粹的管道服务商。

算网一体的关键在于如何通过管理控制器、编排协同器的协作在网络资源层面和算力资源层面实现算网资源的一体化供给和应用，从而实现一切即服务。从协议层面看，传统网络仅通过优化路径等方式满足不同等级业务传送的需求，未考虑算力层面的负载均衡等因素。未来算网融合方式下的网络需要综合考虑网络和算力两个维度的性能指标，通过联合优化的方式来实现用户体验最优化。另外，还需要考虑和数据面可编程技术的结合，如利用 SRv6 技术的可编程性实现算网信息的协同，以实现控制面和数据面的多维度创新。从度量方面看，网络体系的建模已经很成熟，但算力体系还需要综合考虑异构硬件、多样化算法及业务算力的需求，以及形成算力的度量衡体系和建模体系。

从云网协同到算网一体，网络的作用和价值将发生变化。对于云网协同，网络是以云为中心的。从云的视角看，一云多网对网络的主要需求是连通性、开放性，网络起到支撑作用。对于算网一体，网络是以用户服务为中心的。从用户的视角看，一网多云需要网络支持低时延、安全可信的通信，用户对服务的质量要求是确定性，网络成为价值中心。这两个阶段是相辅相成的，云网协同为算网一体提供必要的云网基础能力，算网一体是云网协同的升级。

1.6　小结

智慧光网络的三层三面是一个体系化的有机整体，通过新技术和新协议的引入，三层与三面之间的相互协作和赋能提升了智慧光网络的整体能力。连接层涵盖光纤光缆、光器件、OTN 协议、FlexE、FlexO 和 SR 等资源和技术实现资源供给融合。网络层主要包括网络南向驱动、融合网络管控、跨域编排协同、数智融合分析、北向能力开放和管控架构等，实现对连接层融合资源进行统一抽象、统一管理和统一编排。服务层在连接层和网络层基础上，通过节点间相互协作、节点内部资源灵活组合，为用户提供应用和服务，并从用户或业务视角具备让用户感知服务差异化体验的能力。三面则通过引入算法算力、AI、数字孪生等技术，并通过这些技术的相互协作共同促进了光网络的智慧化，支撑了光网络“规划、建设、维护、优化”全生命周期运营。后续章节将围绕以上关键技术和应用进行展开，并对智慧光网络的目标和未来展望进行介绍。

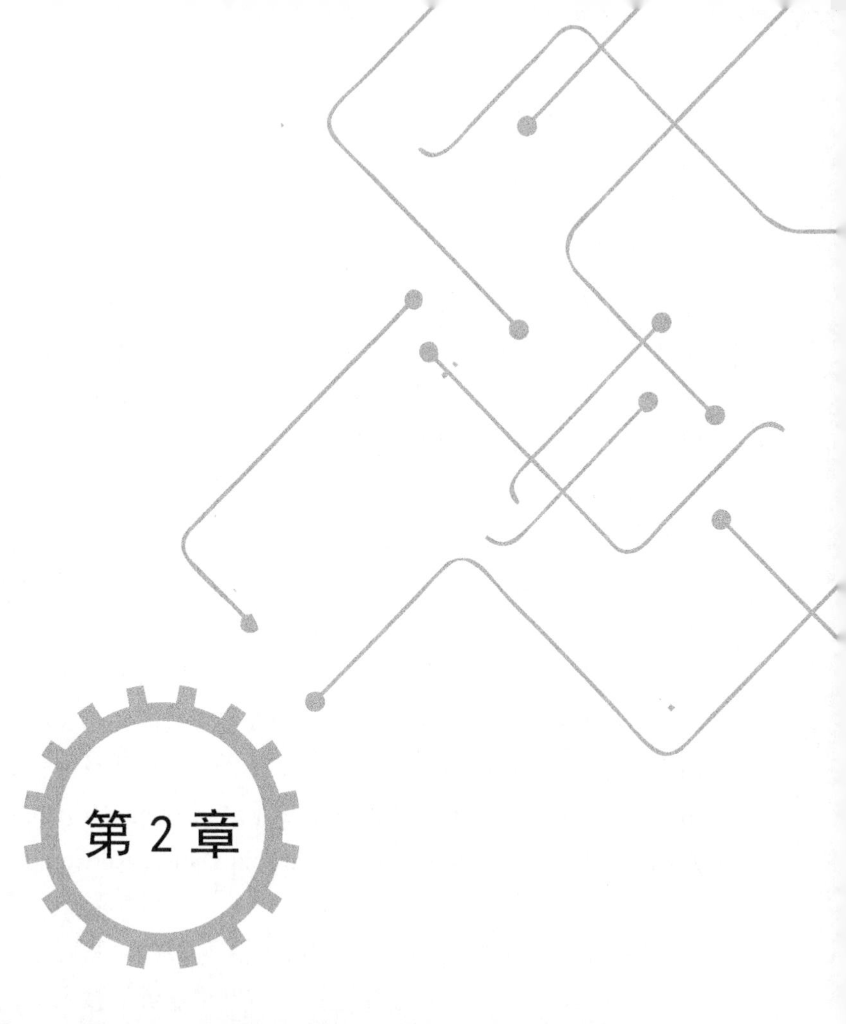

第 2 章

智慧光网络的连接层技术

本章简介：

第 1 章介绍了智慧光网络的“三层三面”，其中对连接层的功能定义是网络数据平面的转发和传输，为智慧光网络的其他层面提供一体化的资源供给。因此连接层技术具体包括：（1）光纤传输介质技术；（2）处理光信号传输所使用的光模块技术和光器件技术；（3）处理以太网、同步数字体系（SDH，Synchronous Digital Hierarchy）、OTN 等电信号的电芯片技术；（4）完成业务隔离及与物理端口解耦的 FlexO 和 FlexE 等技术；（5）各层网络中的隧道技术；（6）光接入网相关的技术。

本章将从网络服务和业务价值的角度思考智慧光网络对连接层技术的发展要求，紧密围绕泛在、超宽、开放、随需四大特性，构建连接层的整体技术架构，分别阐述其对各技术领域的要求。针对连接层拆解后的技术领域，一方面简明扼要地阐述其在现有网络架构中的技术原理、特征、应用、发展规律；另一方面介绍这些技术的发展趋势，以及其是如何配合网络技术变革的，从而实现智慧光网络走近千家万户、服务千行百业的最终目标。

前面介绍了固定光网络、自动光网络、智能光网络、智慧光网络发展的 4 个阶段，虽然连接层技术在这几个阶段的发展过程中都起到了至关重要的作用，但其技术角色、和其他层次技术的关联关系都发生了转变，每个阶段有其各自的特点。

（1）固定光网络以通信基础设施的连接能力为核心，其发展历程是设备特性叠加、规格提升的物理反应，因此固定光网络以连接层技术为核心，附带简单的网络层的网络管理技术。比如 SDH 平台与 TDM、异步传输模式（ATM，Asynchronous Transfer Mode）、以太网等业务的接入、处理、传送等技术的叠加，完成向多业务传送平台（MSTP，Multi-Service Transport Platform）的演进发展；又或是波分系统的引入及 10Gbit/s 向 40Gbit/s、100Gbit/s 的带宽提升、演进。

（2）自动光网络和智能光网络在固定光网络的基础上叠加软件自动化管控，提升网络业务的全面联通性和业务可靠性，属于设备传输能力和控制能力的化学反应，因此智能网络是连接层技术叠加网络层管控层技术。比如 OTN 从环网、链状网向 Mesh 网演进，并结合通用多协议标签交换（GMPLS，General Multi-Protocol Label Switching）动态协议在自动交换光网络（ASON，Automatically Switched Optical Network）的广泛应用，最终达到业务的智能倒换和自动恢复。

（3）智慧光网络是面向最终用户服务构建的一张网络，既包括面向服务的网络应用体系和生态建设，又包括网络基础设施面向网络服务的技术迭代。这种技术迭代不是相关技术的简单组合和堆叠，而是从网络服务出发，构建和审视网络技术体系中的每一个环节，做到各层、各面技术的发展与最终网络服务的价值相关联，形成各种技术互相贯穿的立方体。因此智慧光网络是核变，是基于智慧光网络三层三面技术树中每一个基础技术螺旋提升的原子级变换。

2.1 智慧光网络连接层的技术要求

虽然连接层技术在网络发展的不同阶段和其他技术层级的关联关系在转变，但其地位和作用始终是“基础”的。

1. 连接层基础地位的具体体现

智慧光网络阶段，连接层和其他层面的关联和交互千丝万缕，但经过总结归纳，其“基础”特性可以从以下 4 个方面来具体体现。

（1）连接层内生的能力发展，是整个智慧光网络传输能力的基石，是整个网络能够承载业务转发信号的基础。如在超大带宽、超长距离、超大交叉容量 3 个方面的持续技术突破。

（2）具备对器件、芯片、模块、连接运行状态的充分感知能力，如各个单元模块的性能告警状态数据、感知能力是网络产生智慧的数据来源。

（3）具备灵活调度的能力，包括对波长、时隙、报文等各层次业务的调度，这种灵活调

度能力为光网络的智慧决策提供了执行手段。

（4）具备面向网络和业务的可软件定义的能力，包括连接层针对业务的硬切片定义，以及标准的连接层接口。这种可软件定义能力是智慧光网络数字化开放发展的前提。

上述的这些连接层的基础地位体现和与其他技术层级的关联关系可以通过图 2-1 来概括体现。

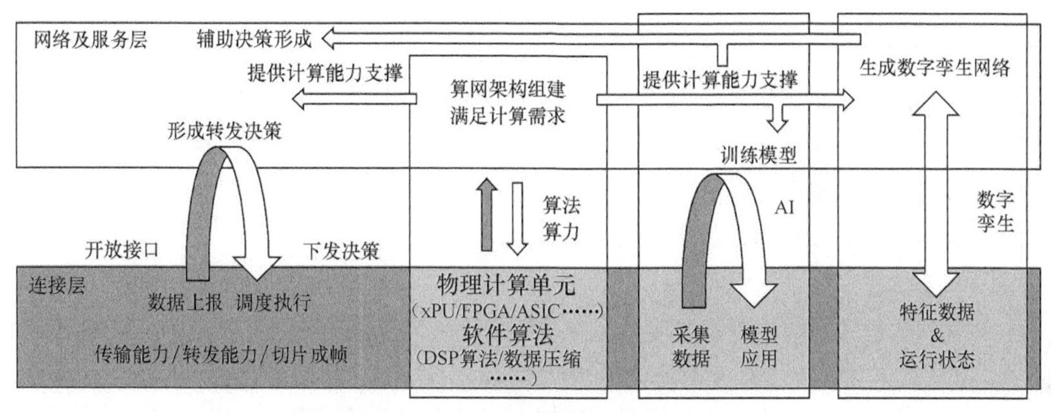

图 2-1　连接层在网络中的基础地位

2. 连接层的基础地位支撑智慧光网络的特性

分析连接层技术基础地位和对智慧光网络的重要性时，还需要考虑它与智慧光网络泛在、超宽、开放、随需 4 个特性的具体联系。

（1）从固定电话到移动终端，从人与人的交流到人和物、物和物之间的全面互联，当前的网络连接可以是无处不在的。这种网络的泛在特性主要体现在光传输技术从干线向末端延伸，具体表现为多业务综合承载、光接入网技术的全面部署。

（2）信息爆炸来自于人类相互交流的原始需求，尤其是互联网技术的发展使得信息的采集、传播的速度和规模达到空前水平。信息交互的发展速度决定了超宽特性是网络发展的永恒话题，而所有信息的交互都离不开几个关键环节：信息的接收和发送、信号的传输和放大，这些过程包含了光纤光缆、光器件、光放大器、光线路等几个组件，它们的发展趋势必将迎合智慧光网络超宽特性的发展要求。

（3）光传输系统在几年前还倾向于一个封闭的专有系统，各种硬件和器件紧密耦合，并且和其控制及管理软件紧密联系，更是和网络业务紧密联系。而智慧光网络的开放特性表达了运营商和互联网对极简架构、极简协议、网络切片、业务解耦等方面与日俱增的诉求——最终提高网络的运营效率，降低资本性支出（CAPEX，Capital Expenditure）和运营成本（OPEX，Operating Expenditure）。这种开放的特性不是一蹴而就的，分为不同阶段和不同级别，涉及网络切片、管控接口、光系统开放等几个技术方面。

（4）随需特性是网络建设者和网络用户的持续追求，最终体现在网络业务对最终用户所需的服务随时响应。这种网络服务的可定义和可变现能力主要体现在对智慧光网络连接层的充分感知和灵活控制，涵盖了连接层的遥测技术、各层业务的灵活调度技术、IP/MPLS 转发技术。

2.2　光纤技术

光纤是光传播的基本媒介，是光网的物理基础之一。了解光纤的发展历程，掌握光纤的技术原理和技术特性，将帮助我们更好地理解光纤光缆的技术发展是如何匹配智慧光网络的整体发展需求的。

2.2.1　光纤通信的发展历程和技术特性

光纤通信的原理是光导纤维内外介质的光学性质差异让光信号始终在光导纤维中持续全反射行进，最终达到传输光信号的目的。在实际应用中，光纤通信系统使用的不是单根光纤，而是将许多根光纤聚集在一起组成的光缆。

光纤通信的发展极其迅速，体现在光纤应用的数量、光纤传输能力、光纤应用场景 3 个方面。

（1）全球敷设光缆的长度和覆盖的面积逐年呈几何式增长。以我国为例，2010—2016 年，全国光缆线路总长度从 996 万 km 增长到 3041 万 km，仅 2016 年新增铺设长度 554 万 km。

（2）传输信息的带宽能力快速提升。2019 年，中国信息通信科技集团在光通信技术上再次取得突破性进展，科研人员在国内首次实现 1.06Pbit/s 超大容量 WDM 及空分复用（SDM，Space Division Multiplex）的光传输系统实验，可以实现近 300 亿人在一根光纤上同时通话。

（3）光纤应用场景逐渐扩展。最典型的光纤接入（FTTx，Fiber To The x）就是实现以“窄带 + 铜缆”为主的网络向以“宽带 + 光纤”为主的网络转变的具体实践，这就是网络发展历史上著名的“光进铜退”。

光纤快速发展的背后，是其具有体积小、重量轻、含金属少、抗电磁干扰、抗辐射、保密、频带宽、抗干扰、价格便宜等众多技术优势。

1. 光纤构造和光纤模式

光在跨越不同介质交界面时一般会同时发生折射和反射，即能量一部分进入新介质折射传播，一部分重新反射到原始介质中传播。但当光从光密介质（折射率较高的介质）射向光疏介质（折射率较低的介质）时，当入射角超过某一临界角度时，折射光线完全消失，只剩下反射光线。

人们根据光的全反射原理设计和制造光纤，光纤一般由纤芯、包层两种不同折射率的材料组成，通过全反射技术使光的所有能量在纤芯中持续以最小的信号衰耗传输。

光的本质是一种频率极高（波长极短）的电磁波，如果我们把每一种能在光纤中传播的光信号入射角称为一种模式，并通过麦克斯韦方程组探究光信号在光纤中传播模式的可能性，一种传播模式就是光在光纤中的一种可能的能量分布状态，代表着光的一个传播角度。传播角度越小，模式的级数也就越低。严格按照光纤中心传播的光纤（也就是传播角度为 0°）模式被称为基模。抛开复杂的推导公式，从最终呈现的效果来看，需要记住两个定性的结论。

（1）当光纤纤芯直径远大于光波波长时，对于这个波长范围的光，光纤会存在着几十种

传播模式，这种光纤被称为多模光纤。如一般多模光纤的纤芯径为 50μm 左右，而光纤中传播的波长一般为 850 ～ 953nm。

（2）当光纤纤芯直径与光波波长为同一数量级时，只允许一种模式（基模）的光纤在其中传播，其他所有高阶的次模全部被截止，这种光纤称为单模光纤，它的纤芯径为 8.5 ～ 9.5μm，传播的波长一般为 1310nm 或 1550nm。

单模光纤从原理上屏蔽了光信号的模式色散，因此非常有利于长距离、大带宽的信号传播。在单模光纤中，光能量不可能完全集中在纤芯的一个“点”上传输，而是大部分在纤芯内传输，少部分在包层中传输。因此纤芯直径并不完全等效于光能量的分布。我们一般用模场直径（MFD，Mode Field Diameter）描述单模光纤中光能量的集中程度。MFD 越小，光的能量密度也就越大，后面将专门阐述光纤中光能量密度过大时会引起光纤的非线性效应问题。

光纤构造和光纤模式是光通信技术工作者最熟悉的基本技术，也是智慧光网络阶段多种新光纤发展的技术路径。后面将介绍针对长距离传输研发的超低损、大有效面积光纤，以及提升单模光纤传输容量使用的模式复用技术。

2. 光纤损耗

光纤损耗是光信号经光纤传输后，由于吸收、散射等原因引起光功率的减小，它直接决定了光纤通信的传输距离。按照机理分类，其可分为吸收损耗、散射损耗、辐射损耗和弯曲衰耗等。本节将介绍在智慧光网络中最关注的两类光纤损耗：光纤材料原子的本征吸收损耗、非线性的散射损耗。

（1）本征吸收是制造光纤的基础材料（如纯的 SiO_2）所引入的吸收效应，它是决定光纤在某个频谱区域具有传输窗口的主要物理因素。本征吸收发生在两个区域：短波长紫外区域的电子吸收带、长波长近红外区域的原子振动吸收带。

早期的光纤预制棒中存在的 OH^- 离子浓度很高，在波长 1380nm、1240nm、950nm 处产生了大的吸收峰。当前商用的单模光纤通过掺杂等手段已经能把 OH^- 离子的浓度降到 1ppb 以下，进而大幅降低了多个波段的损耗系数。如图 2-2 所示，这可以将多个波段进行复用，最终提升光纤的传输容量。在后面多个章节中，都将提到目前智慧光网络如何从使用传统的 C 波段到使用 C 扩展波段，再到使用 C+L 波段一起完成长距离光信号的传输。

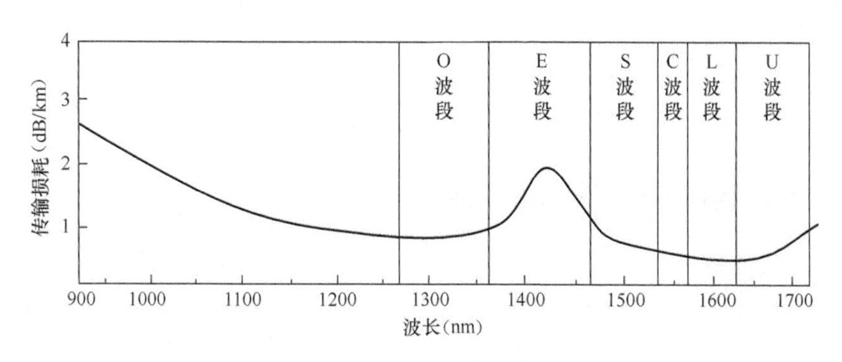

图 2-2　光纤在不同波长的衰减特性

（2）光纤介质的非线性效应来自光纤的非线性极化效应。入纤光功率超过一定数值后，由于光纤有效截面积较小（50 ～ 80μm²），光纤芯径中的光功率密度过高，从而诱导了光纤材料的非线性极化。在早期的同步传输网中，进入光纤的光功率不大，但在波分系统中，WDM 技术使一根光纤中有了数十条甚至上百条光波道，大功率、多波长光信号被耦合进一根光纤很小的截面上，光纤开始表现出非线性特性。如图 2-3 所示，列出了光纤介质的非线性效应种类。

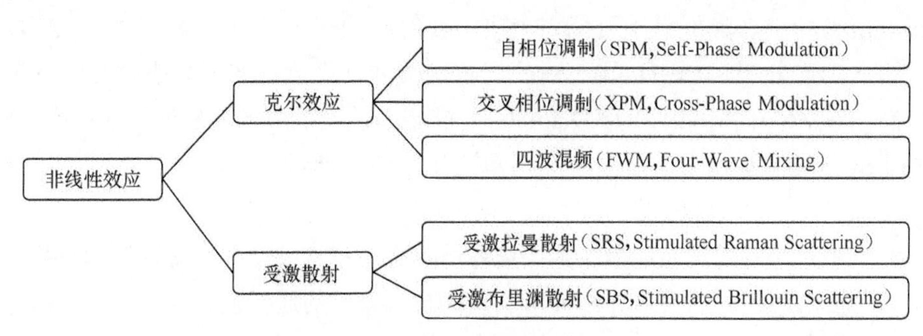

图 2-3　光纤介质的非线性效应种类

值得一提的是，光纤的非线性效应属于限制光纤传输的不利因素，但有时又可以发挥积极的作用。如在后续章节中，我们将介绍一种利用受激拉曼散射原理制作的拉曼光纤放大器（FRA，Fiber Raman Amplifier），相比其他光纤放大器它具备一些独特的优势，并在智慧光网络中被广泛应用。

3. 光纤色散

光纤中传输的光信号脉冲的不同频率或不同的模式分量会以不同的速度传播，到达一定距离后必然产生脉冲展宽，这种现象被称为光纤色散。光纤色散分为色度色散、偏振模色散和模式色散等。其中模式色散只出现在多模光纤中，指每种光纤模式对同一频率的光波有着不同的传播速度，它不是本书讨论的重点。

（1）色度色散（CD，Chromatic Dispersion），它包括材料色散和波导色散，两者虽然在原理上存在差异，但都造成了不同波长在光纤中传输时所引起的光脉冲展宽。

（2）偏振模色散（PMD，Polarization Mode Dispersion），波长在单模光纤中占用两个正交的偏振态，这两个偏振态在光纤传输过程中受材料、温度、压力等因素干扰变得逐渐不同步，最终造成脉冲展宽。

光纤色散的特性对光信号传输而言都是不利的，因此其需要一些补偿技术。补偿技术既有物理层面的色散补偿技术，又有数字层面的光模块 DSP 数字补偿技术。

2.2.2 面向传输容量的光纤技术的发展

在智慧光网络连接层中，光纤对传输容量和传输距离起着至关重要的作用，它是直接影响超大容量和超长距离传输的关键技术因素。因此光纤在通信网络中的技术发展趋势聚焦于传输容量和传输距离这两个技术指标。

增加传输容量属于光纤技术中的“开源”方向，一般通过各种复用技术增加单根光纤的传输带宽总容量，包括空间复用的多芯光纤（MCF，Multi-Core Optical Fiber）、模间复用的少模光纤（FMF，Few Mode Optical Fiber）、轨道角动量（OAM，Orbital Angular Momentum）复用光纤等。

1. MCF

如图 2-4 所示，MCF 是在一根光纤的包层中同时包含多个单模纤芯的光纤。MCF 的工作原理是，同一根光纤中的多个纤芯同时并行传输多个光信号，通过物理空间实现多路并行传输，以达到提高光纤传输系统的传输容量的目的。与单芯光纤相比，使用 MCF，利用 SDM 技术，可以使系统的传输容量提高 N 倍。当 MCF 用于 SDM 通信传输时，每个纤芯都是一个独立的物理通道，两端借助多芯耦合器（Fan In/Fan Out 器件）分别与输入端和输出端的多根单模光纤相连。这样，接收端每根单模光纤收到的信号都是可以直接利用的，避免额外使用多输入多输出信号处理技术（MIMO-DSP）对接收端的信号进行解码恢复，因而深受人们的青睐。

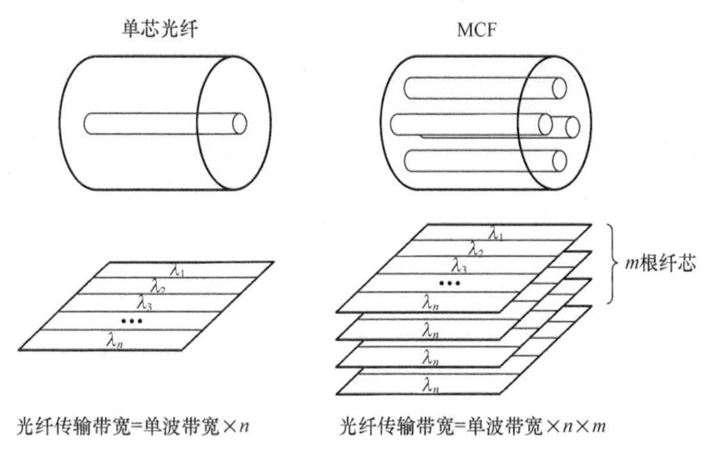

图 2-4　单芯光纤与 MCF 传输带宽示意

2. FMF

FMF 在一个纤芯中支持多种模式的传输，利用不同的模式作为相互独立的信道来同时传输多路信号，以达到扩展带宽容量的目的。FMF 的纤芯半径比单模光纤略大，因而具有更大的有效模场面积，可以有效降低光纤中非线性效应的影响，可以容忍更高的输入信号光功率，对提高信道的光信噪比（OSNR，Optical Signal Noise Ratio）及增加传输距离起到有益的作用。FMF 的制备工艺和熔接技术可以直接借鉴单模光纤的相关经验，由于单模光纤在兼容性方面存在着天然的优势，因此基于 FMF 的模分复用系统成为当前最引人瞩目的研究方向之一。目前的 FMF 稍微增大了单模光纤的芯径，使得光纤中仅有少数几种模式传输，以便于控制模式间的串扰和时延。

3. SDM

MCF 和 FMF 都是通过增加空间信道的方式来提升系统容量的，被称为 SDM 技术。

SDM 技术虽然可以成倍地提升传输宽带容量，但在低串扰高密度的复用和解复用、增益均衡、DSP 等技术领域还面临着挑战。因此近年来世界各国科研机构都对 SDM 的相关技术开展了深入研究。目前业内 SDM 光通信系统使用的多芯少模光纤达到了 38 芯 3 模，将 368 个载波传输了 13km。可以预见，SDM 技术将成为智慧光网络中超大容量光纤通信的重要解决方案之一。

4. OAM

OAM 复用技术最早源于无线通信中的电子自旋角动量的概念，后来被引入自由空间光通信（FSO，Free Space Optical Communication）中来实现多路复用，近年来 OAM 被引入光纤通信中。在传输距离上，并行单模、MCF、模式复用在传输理论上都支持短距接入和长途传输，甚至超长距的跨洋通信。但对于光纤中的 OAM 复用，采用常规的 FMF 或涡旋（Vortex）光纤。当前实验中能支持的 OAM 数量一般小于 6 个，传输距离也小于 10km。因此，OAM 在光纤通信中其实并不算主流的 SDM 技术。

在物理本质上，OAM 其实是高阶模式的复用，OAM 是光纤模场分布的另一组正交基，区别于当前我们所熟知的线偏振模和矢量模。

2.2.3 面向传输性能的光纤技术的发展

光纤技术在提升传输性能方面的发展，主要是降低光纤传输中一些损坏信号质量的技术特性影响，如降低光纤衰耗、降低非线性效应、降低光信号在单位长度光纤中传播的时延等。这些技术是光纤技术中的“节流”，一般是通过降低光纤介质对光信号的损耗来延长光信号在光纤中的传输距离。

1. 超低损、大有效面积光纤

前面章节中谈到，当入纤光信号的功率超过一定数值时，纤芯中的光功率密度过高，导致了光纤材料的非线性极化效应。在 100Gbit/s 及超过 100Gbit/s 的系统中，为了追求传输距离和传输带宽，人们尝试着不断增加单纤传播的波长数目，并提高光纤的入纤功率，因而系统对非线性效应更加敏感。光纤的非线性效应与信号的光功率密度成正比，和光纤的有效面积成反比。大有效面积的光纤可以确保光纤在较高的入纤功率下减小传输系统的非线性效应。

另外，光纤技术在降低衰耗方面有了突破。以常规评估的 80km 跨段距离为例，普通 G.652D 光纤损耗约 0.2dB/km，即光纤损耗为 16dB；而 G.654E 光纤损耗可以低于 0.17dB/km，同在 16dB 光纤损耗下，跨段距离可以提升至 94km，相比之前提升 17.5%。因此，光信号在低衰耗光纤中传输时，只需要更少的放大器即可获得更好的信号质量。

超低损、大有效面积光纤的物理特性可以通过光纤折射率剖面图进行对比，如图 2-5 所示。对比芯区掺杂 GeO_2-SiO_2 的 G.652D 光纤折射率分布结构可知，G.654E 光纤采用纯 SiO_2 纤芯，减小了瑞利散射损耗，确保了光纤获得超低损耗，并通过增大纤芯直径，扩大了光纤的有效面积，减小了光纤非线性效应，同时引入下陷内包层，有效抑制了光场泄露，改善了光纤的弯曲性能。

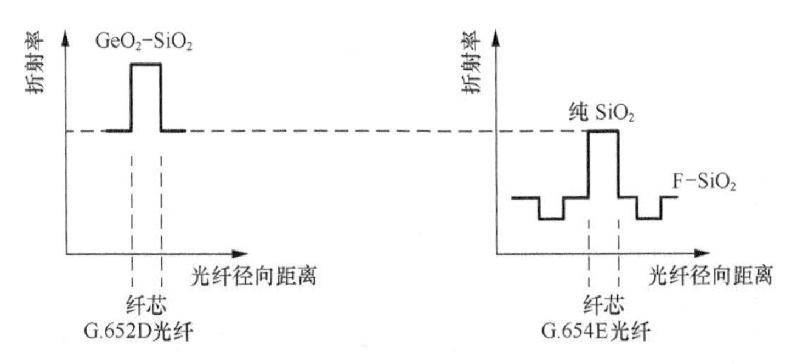

图 2-5　G.652D 光纤与 G.654E 光纤的折射率分布结构示意

超低损、大有效面积光纤因为其显著的技术优势，正逐步进入商用阶段，中国电信上海—广州的 G.654E 光纤骨干工程于 2021 年竣工，全长 2000km，基于 90G 波特率的 400Gbit/s 传输性能能达到 1500km，对比 G.652D 中约 900km 的传输距离，其优势更加明显。

2. 空芯光纤

顾名思义，空芯光纤引导光信号在空心区域传播，而不像传统光纤在其玻璃内传播。虽然目前空芯光纤在制造工艺、熔接难度、成本控制等方面还面临着巨大的技术挑战，但其技术优势非常明显。

（1）超低时延是空芯光纤的最大优势，近乎空气孔的芯区折射率比实芯玻璃低，理论上空芯光纤是传输光信号时延最低的方式，端到端的光纤传输时延相比于现有光纤低 30% 以上。

（2）大模场直径和超低非线性，空芯光纤即便在保证单模传输的情况下，其模块直径也可达 30μm，远大于普通单模光纤，其非线性效应比常规光纤材料的非线性效应低 3 ～ 4 个数量级。

（3）低色散，空芯光纤在上千纳米的超宽频谱范围内提供约 2ps/（nm · km）的低色散，是现有光纤色散的 1/10，几乎不用进行色散补偿。

（4）超宽工作波段，通过设计空芯光纤可以提供从中红外到 3μm 的超宽传输波段，波段范围超过 1000nm，轻松支持普通光纤的 O 波段、S 波段、E 波段、C 波段、L 波段、U 波段等。

（5）潜在的超低损耗，虽然目前实际能实现的空芯光纤的损耗还比较大，但理论上，空芯光纤在通信窗口的最小损耗极限可在 0.1dB/km 以下，这比普通石英光纤的 0.14dB/km 要低 30% 以上。

（6）可控的偏振态，由于包层中的光子晶体很容易形成比较大的双折射，因而空芯光纤中的偏振态比较容易保持，即具有偏振保持的作用。

以上这些优势组合起来，空芯光纤还将在降低 DSP 功耗和提高功率预算等方面提供比常规光纤更好的性能。2020 年的光纤通信展览会及研讨会（OFC）上就有 3 篇关于空芯光纤的 PDP（Post-Deadline-Paper）论文，其中两篇是关于通信的，一篇是 OFS 公司基于可现场部署的空芯光纤光缆进行的 31 波 WDM 的 10Gbit/s 不归零（NRZ，Non Return to Zero）系统实时光传输，在无前向纠错（FEC，Forward Error Correction）的情况下实现 3km 无误码超低时延实时光传输。另一篇文章展示了在 618km 的低损耗空芯光纤上，传输 61 个 C 波段 32G 波特率偏振模复用四相移相键控（PM-QPSK，Polarization-Multiplexed Quaternary Phase Shift Keying）信号和 L 波段噪声信号，证明了 100Gbit/s 相干信号在空芯光纤上具有进行近 1000km 的长距传输能力。

2.3 光模块技术

在光通信系统中，光模块负责光信号的发射和接收。发射端的主要作用是将电信号转化为光信号，并注入光纤中进行传输，一般由光源、驱动器、调制器等器件组成。接收端主要是将光纤中的光信号转化为电信号，一般由光电检测器、解调器等器件组成。

光模块作为光域信号的起始点和终结点，在智慧光网络中直接决定了信号的容量和传输距离，其成本、体积、功耗、标准化又决定了光网络泛在和随需的发展速度。

2.3.1 光模块的分类和发展历程

根据光模块使用的调制解调技术的不同，可以将光模块分为直接检测光模块和相干光检测光模块两大类。

1. 直接检测光模块

直接检测光模块的技术原理较简单，在发送部分通过强度调制（又称幅度调制）的方式，将电信号通过驱动器放大后加载到光发射组件（TOSA，Transmit Optical Sub-Assembly）上，并输出到光纤进行传输。接收部分通过光接收组件（ROSA，Receiver Optical Sub-Assembly）将接收到的光信号转为电信号，通过低噪声放大器（LNA，Low Noise Amplifier）对电信号进行放大并使用，整个逻辑如图 2-6 所示。

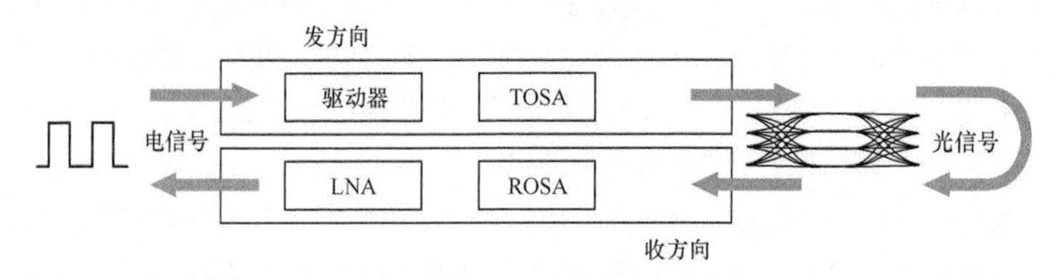

图 2-6　直接检测光模块收发结构示意

直接检测光模块由于组成结构非常简单、成本较低，已经得到普遍应用。但直接检测技术受光电器件的带宽、色散、灵敏度等技术瓶颈的限制，已经无法满足光通信系统对容量和传输距离急剧增长的需求。正是因为这些技术特性，目前直接检测光模块更多地被应用在 40km 及以下的客户侧短距离对接中。

2. 相干光检测光模块

相干光检测技术从 20 世纪 80 年代就开始应用于光通信系统，但受限于早期模拟系统和器件的工艺水平，其传输性能优势并不突出。到了 21 世纪，受益于 DSP 的引入和器件水平的发展，相干光检测技术大幅度地简化了结构，并在光传输系统中的多个性能指标上都展现出巨大的优势，如灵敏度高、抗光噪声能力强、通信容量大、对光信道损伤的补偿能力强等。

相干光检测光模块（以下简称相干光模块）的核心技术要点是利用相干调制和外差检测技术。相干调制利用要传输的信号来改变光载波的频率、相位和振幅，这就需要有确定频率和相位的相干光，比如激光。外差检测基于相干参考光和入射信号光在光敏面上混频形成拍频信号，通过光电探测器对拍频信号的响应得到调制信号，如图 2-7 所示。

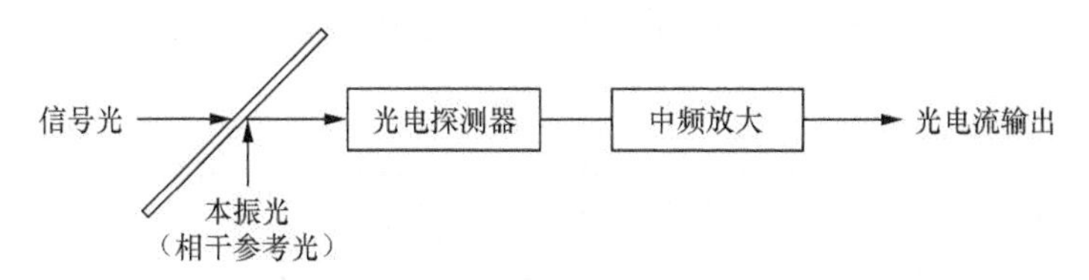

图 2-7　相干光检测技术的原理示意

基于相干光检测技术原理，相干光模块内部结构包括发射和接收两大部分。发射部分由光源、驱动器和调制器组成。接收部分由集成相干接收机（ICR，Integrated Coherent Receiver）和相干光 DSP 组成。

整个发射和接收部分的基本结构如图 2-8 所示。后文在阐述相干光模块集成时，需要将以上发射和接收的 5 个核心器件进行分组集成。

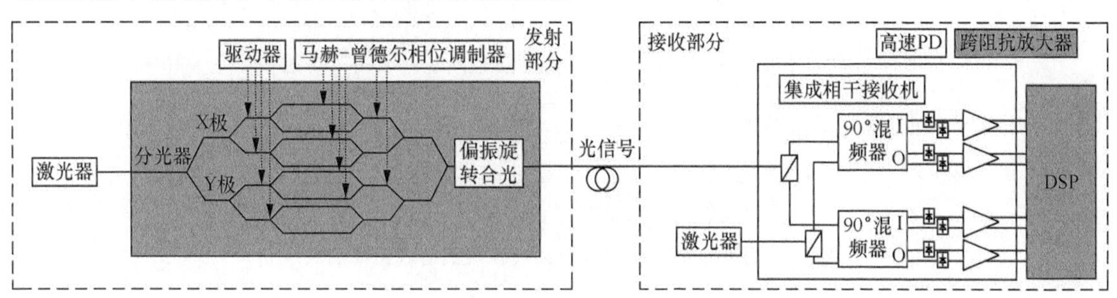

图 2-8　相干光模块发射和接收部分示意

相干光检测混频后光信号的中频信号功率分量带有信号光的幅度、频率和相位信息，使得发射端不管采用哪种调制方式，均可以在中频功率分量中反映出来，所以相干光接收方式适合于所有调制方式的通信。不同编码格式意味着编码信号的密度存在差异，其决定了波道间隔和传输距离，也决定了单光纤最终的传输系统容量，图 2-9 所示的是几种常见的调制编码格式，并将其中 QPSK 和正交振幅调制（16QAM，16 Quadrature Amplitude Modulation）两种编码格式进行了对比，展示其传输距离与波特率的关系。

3. 光模块技术的比较和技术发展

如前文所述，两种光模块的技术特征比较明显。直接检测光模块的最大优势是结构和原理简单，因此成本低、功耗小。相干光模块的最大优势是 OSNR（光信噪比）性能好，多样的调制方式可以提升传输频谱的利用效率，数字补偿技术和高灵敏度的接收机可以支持无中继的长距离传输。

两种光模块的发展历程和趋势恰好符合这些技术特征。直接检测光模块由于成本低、功耗小，被大量部署在短距离光纤互联场景，覆盖距离从几百米到 40km，而相干光模块的成本则较高，无法满足这种场景需求。相干光模块依靠优异的传输性能被应用于长距离传输，覆盖距离从 80km 到 2000km，这是直接检测光模块的传输性能所不及的。正因如此，40 ～ 200km 这个范围是两种光模块技术重叠的区域。近年城域网、接入网、数据中心等短距离互联场景大量出现，直接检测光模块通过新的调制和编码技术提升带宽，增加传输距离，相干光模块则通过提高集成度和标准化 FEC 等技术向更低成本和互联互通方向突破。

几种调制编码格式及其传输距离与波特率的关系如图 2-9 所示。

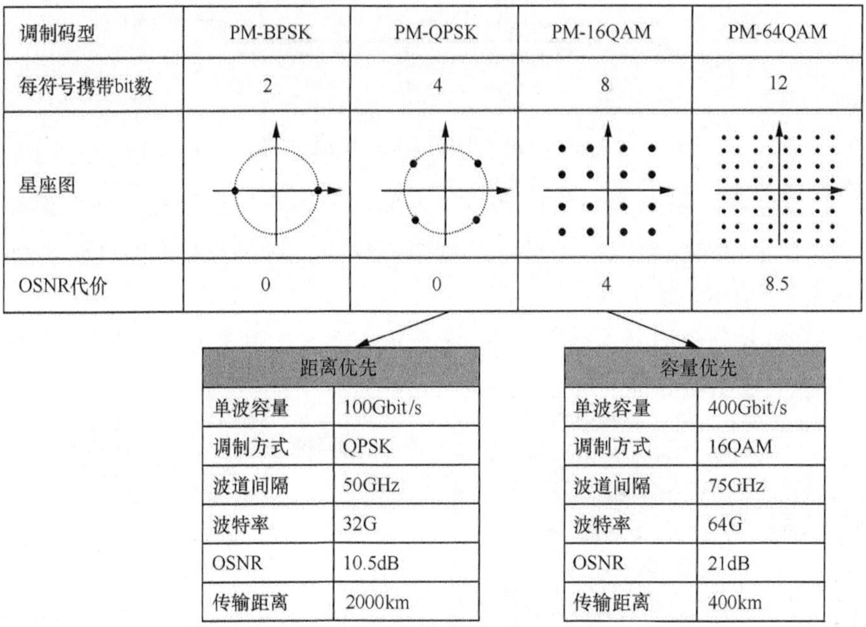

调制码型	PM-BPSK	PM-QPSK	PM-16QAM	PM-64QAM
每符号携带bit数	2	4	8	12
星座图				
OSNR代价	0	0	4	8.5

距离优先	
单波容量	100Gbit/s
调制方式	QPSK
波道间隔	50GHz
波特率	32G
OSNR	10.5dB
传输距离	2000km

容量优先	
单波容量	400Gbit/s
调制方式	16QAM
波道间隔	75GHz
波特率	64G
OSNR	21dB
传输距离	400km

图 2-9　几种调制编码格式及其传输距离与波特率的关系

2.3.2　直接检测光模块的调制技术的发展

从早期的 155Mbit/s 光模块到当下的 400Gbit/s 光模块，直调直检光模块伴随着光通信发展了 50 年。为了覆盖更高速率、更长距离的应用场景，其在发射端的调制技术也在不断演进，其中主要是激光器、调制器及调制码型。其中激光器和调制器根据模块使用的场景，在结构、成本、传输性能、距离上进行平衡。表 2-1 对直接检测光模块使用的 3 种激光器的优缺点进行了比较。

表 2–1　激光器类型

类型	波长(nm)	优点	缺点	应用场景
VCSEL	850	成本低，(RMS) 谱宽 <0.45nm；阈值低，功耗低，耦合效率高	线性度较差，输出功率低	从 155Mbit/s 到 6Gbit/s、25Gbit/s、40Gbit/s，短距
FP	1310; 1550	工艺成熟，(RMS) 谱宽 <5nm，成本较低	耦合效率低，线性度较差，多纵模，色散严重	155Mbit/s ～ 10Gbit/s，小于 10km
DFB	1270 ～ 1610	(–20dB) 谱宽 <1nm，单纵模，谱线窄，调制速率高，波长稳定好	耦合效率低，成本高	2.5 ～ 100Gbit/s，长距

调制器可分为激光器直接调制和激光器外调制。激光器直接调制方式简单、经济，但啁啾大、光谱宽、色散受限，一般用于 25Gbit/s 速率以下的短距场景。

激光器外调制需要在激光器外使用额外的调制器，实现方式复杂、成本高，但能达到

较高的速率和较长的传输距离。激光器外调制根据调制器类型的不同又分为电吸收调制器（EAM，Electro Absorption Modulator）和马赫－曾德尔调制器（MZM，Mach-Zehnder Modulator），两者分别被应用于 10Gbit/s 和 40Gbit/s 速率的长距场景、40Gbit/s 和 100Gbit/s 速率以上的超长距场景，成本也是递增关系。

以太网技术从 20 世纪 80 年代问世以来，基本都在使用 NRZ，采用高低两种信号电平分别表示数字信号的 1 和 0，每个时钟周期可以传输 1bit 信息。

发展到 100GE 后，以太网技术遇到了带宽提升的瓶颈，主要是物理层技术在低成本驱动下面临挑战。在 400GE 的 IEEE802.3bs 标准方案讨论时，有厂家提出了采用 4 电平脉冲振幅调制（PAM4，Pulse Amplitude Modulation 4）技术替代 NRZ 用于物理层调制码型。PAM4 信号采用 4 个不同的信号电平来进行信号传输，每个时钟周期可以传输 2bit 信息，因此波特率是 NRZ 的 2 倍，即传输效率提高了一倍。两种信号的波形和眼图对比如图 2-10 所示。

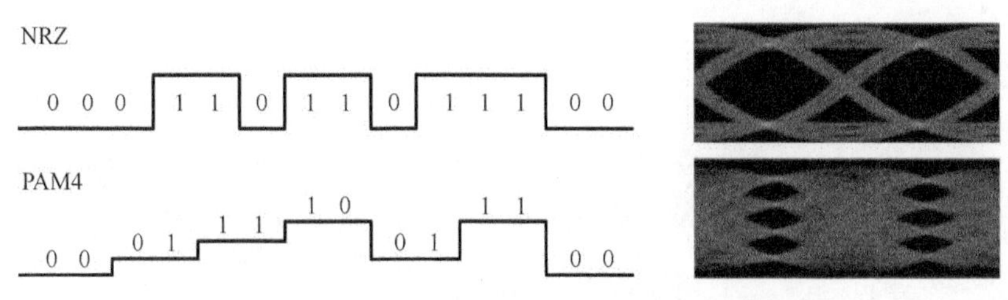

图 2-10　NRZ 信号与 PAM4 信号的波形和眼图对比

除了提升电信号的速率，还可以在光模块中引入多波长传输方案，如并行光纤或合分波芯片，使多个波长光通路信号同时在一个光模块中进行处理，达到提升光模块容量的目的。这种方式成倍地增加了 TOSA 和 ROSA 的数量，所含波长的光通路越多，成本也越高。因此可以根据目标场景的需求，结合使用 PAM4 技术和多通道技术来选择光模块种类。目前 400Gbit/s 光模块主要的类型有 7 种，如表 2-2 所示。

表 2-2　400Gbit/s 光模块主要类型

种类	传输距离	光通道对数	调制码型	多通道技术
400Gbit/s-SR8	100m	8	50Gbit/s PAM4	并行光纤
400Gbit/s-SR4.2	300m	4	250Gbit/s PAM4	并行光纤
400Gbit/s-DR4	500m	4	100Gbit/s PAM4	并行光纤
400Gbit/s-FR4	2km	1	4 × 100Gbit/s PAM4	合分波芯片
400Gbit/s-2FR4	2km	2	4 × 50Gbit/s PAM4	并行光纤 + 合分波芯片
400Gbit/s-LR8	10km	1	8 × 50Gbit/s PAM4	合分波芯片
400Gbit/s-LR4	10km	1	4 × 100Gbit/s PAM4	合分波芯片

智慧光网络的超宽特性直接推动了直调直检光模块的速率逐步提升，400Gbit/s 以上速率的技术研究已提上日程，如当前 IEEE Beyond 400Gbit/s 标准正在讨论制定 800Gbit/s 和 1.6Tbit/s

物理层标准，除了考虑每个通道的速率，也在考虑引入更高阶的调制方式（如 PAM6/8 等）。

2.3.3 相干光模块的光电器件技术的发展

在 2.3.1 节中，我们提到了一个典型的相干光模块，主要由发射和接收的 5 个核心器件组成，分别是光源、驱动器、调制器、ICR 和 DSP。

相干光模块内部器件数量多且结构复杂，早期尺寸一般较大且不可插拔；而同期客户侧光模块的封装尺寸小，标准成熟且可插拔。因此，ICR 相干光模块在从不可插拔向可插拔演进后，封装的演进路线受到客户侧光模块的影响较多。相干光模块在 CFP 之后原计划向 CFP4 发展，但由于数据中心早已大量使用 QSFP28 模块（与 CFP4 尺寸较接近），因而演进路线直接跳过了 CFP4/8，转向双密度四通道小型可插拔（QSFP-DD）封装，整体演进趋势如图 2-11 所示。

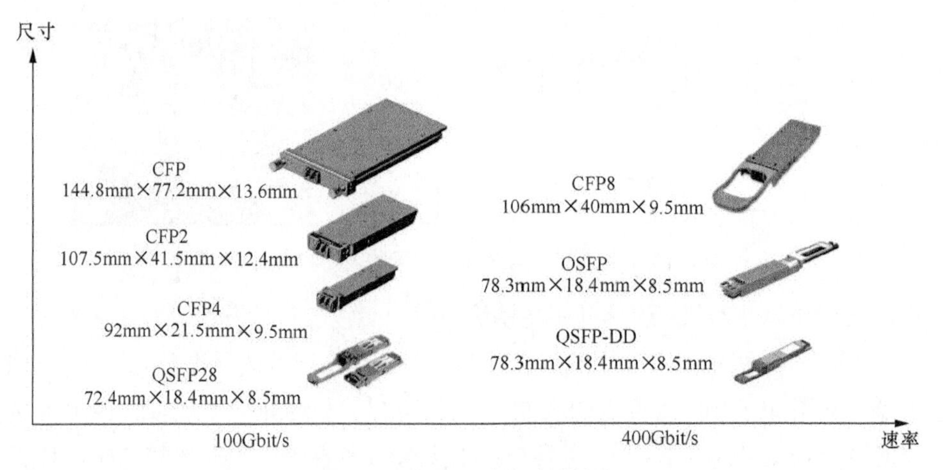

图 2-11　相干光模块演进趋势

相干光模块变为可插拔后，尺寸不断减小，功耗不断降低，传输效率不断提升，但对所使用的光电器件的集成度提出了更高要求，这包含了对每一个器件集成度的要求，以及对多器件进行集成光电的要求。

在早期的分离光器件中，调制器一般使用铌酸锂（$LiNbO_3$）或磷化铟（InP）材料，均具备出色的调制带宽、高线性度和很小的啁啾效应。但铌酸锂器件需要较高的驱动电压，制约了相关集成度，仅在不可插拔或 CFP 可插拔等大尺寸光模块中应用。磷化铟调制器只需较低的驱动电压，其具备同样出色的高频特性，因此可将调制器和驱动器集成在一起，提高集成度和降低封装成本。

随着模块向着 CFP2、QSFP-DD 等更高集成度演进，进入集成光电器件技术阶段，光模块的尺寸进一步减小，高频衰减损耗和模块整体成本降低，模块的波特率水平提升，光电器件封装得以简化，如图 2-12 所示。

当前受到业界关注的集成光电技术平台大致有 3 个：磷化铟集成光电技术平台、硅基集成光电技术平台、薄膜铌酸锂混合光电集成技术平台。

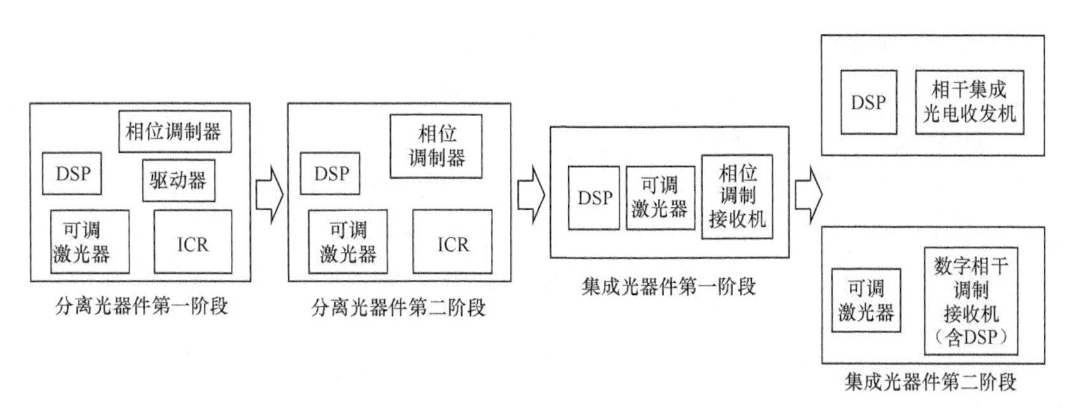

图 2-12 相干光模块提升集成度的两个阶段

1. 磷化铟集成光电技术平台

磷化铟是最早被制备出来的 III-V 族化合物半导体之一，其有两个物理特性非常适合应用于光通信：（1）它是一种直接带隙半导体，可以直接实现价带电子到导带的跃迁，因此可以实现发光功能，且能带宽度非常合适；（2）它具有很高的载流子迁移速率，因此具备更小的载流子渡越时间及更高的频率响应，其制成的调制器可以实现 100G 以上的波特率。

磷化铟集成光电技术平台也有不足：（1）其晶圆尺寸主要以 4 英寸（1 英寸≈25.4 毫米）为主，相比 12 英寸的硅基晶圆衬底材料，单位面积上磷化铟集成光电技术平台具有更高的成本；（2）它对工艺非常敏感，厂家需采用集成器件制造（IDM，Integrated Device Manufacturing）模式，且因为材料生长特性，加工制造过程中的良率难以控制，增加了芯片制造成本；（3）其需要采用气密和金属管壳的封装形式，在高芯片成本的基础上叠加封装成本，进一步增加了器件的整体成本。

2. 硅基集成光电技术平台

硅在电芯片领域是一种非常成熟的材料，它经历了电子行业半个世纪的发展历程。硅基光电集成为一种新型光电子半导体材料，1967 年开始应用于通信领域。硅基光电集成是指利用硅材料实现光学调制、接收、WDM 等多种光电功能的集成技术，其主要优势是集成度高、成本低。

（1）硅波导可以用于光调制、探测、偏振处理和分光等，硅基材料折射率差更大，使硅基光芯片拥有较小的尺寸和较高的集成度优势，甚至还可以将光芯片与电模拟芯片、数字芯片进行更多维度的集成。

（2）硅基材料的制备工艺成熟，可以借助成熟的互补金属氧化物半导体（CMOS，Complementary Metal Oxide Semiconductor）平台技术，采取无晶圆制造模式，形成规模效应并带动成本降低。另外得益于 12 英寸硅基晶圆衬底材料已经规模化应用，且硅材料硬度、可靠性等特性支持非气密封装，硅基集成光电器件体现出较大的成本优势。

硅基集成光技术面临的挑战主要是带宽受限、光源集成、损耗较大等。

（1）硅的载流子色散效应使硅光调制器的调制效率较低，需要很高的驱动电压。

（2）硅是一种间接带隙半导体，无法发光，模块内部必须使用一个磷化铟基的可调激光器，因此制约了集成度。

（3）材料损耗和调制损耗使硅光模块在使用时需要结合一个小型化的掺铒光纤放大器（EDFA，Erbium-Doped Fiber Amplifier），增加了整体的功耗和成本。

3. 薄膜铌酸锂混合光电集成技术平台

前面提到分离器件阶段的铌酸锂材料具备超高的带宽水平，近年来人们通过工艺的改善制备了质量良好的铌酸锂薄膜材料，并实现了低损耗的铌酸锂薄膜光波导。它与传统的铌酸锂材料相比，器件尺寸缩小、功耗降低，如制成的调制器成品的尺寸缩小到原来的 1/10，半波电压缩小到原来的 1/3。

薄膜铌酸锂材料对工艺的稳定度要求较高，必须使用气密封装，另外，其无法实现诸如光发射、光探测、光放大、光能量衰减等光学特性，因此在相干光模块中，必须与其他技术平台进行混合集成。

4. 多种集成光电技术平台的比较和发展趋势

在不可插拔相干光模块阶段，光器件以分离的形式存在，各自实现最佳的光发送、光调制及光接收等功能，无须过多考虑器件的封装尺寸和整体功耗。

CFP*x*、QSFP 等可插拔光模块在保持模块性能的同时向小型化封装的方向演进。近年来随着磷化铟集成和硅基集成光电技术逐渐成熟，借助器件集成平台的优势，以 CFP2 为代表的光模块被广泛应用于运营商网络。

QSFP-DD、OSFP 等超小封装相干光模块在数据中心互联（DCI）及相干光下沉等场景中具有竞争力。采用超小型的磷化铟集成可调光发射机、接收机或者硅光数字收发机集成 DSP 等方案是对应场景下的主流光电器件集成方案。

然而，对于超高速（100G 波特率以上）相干光模块来说，不同平台调制的电光速率水平将决定技术方案的选择。硅光、磷化铟、薄膜铌酸锂等材料均展示出各自的优点和缺点，面对智慧光网络超宽、泛在的大规模应用需求，对成本、产业链和良率的控制水平，在一定程度上决定了其产品的竞争力。

2.3.4 相干光模块的 DSP 技术的发展

图 2-13 所示的是相干光传输 DSP 发送和接收链路的典型功能框图。

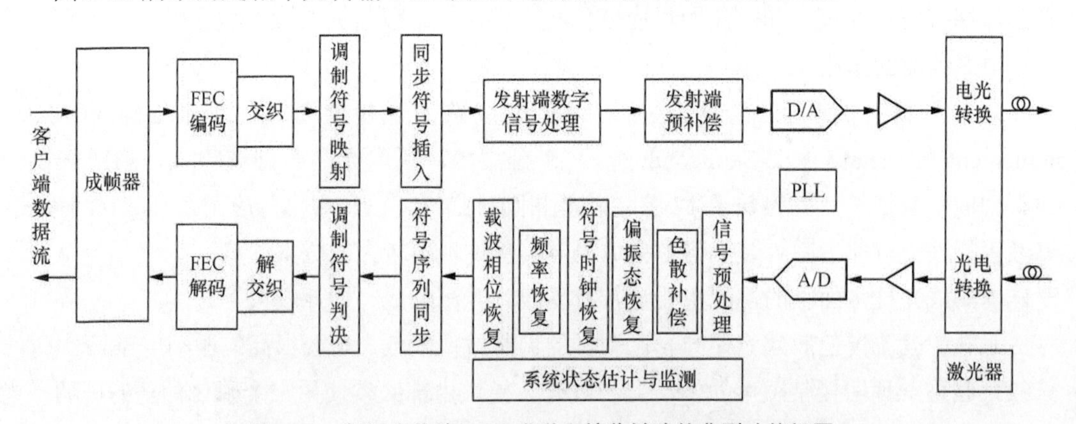

图 2-13　相干光传输 DSP 发送和接收链路的典型功能框图

发送方向，电信号在经过 FEC 编码和顺序交织重排之后，分 4 路生成 QAM 符号序列，并在符号序列中插入必要的辅助符号，用于辅助接收机的同步功能，如相位同步和 FEC 编码同步等。随后，将发射端的 DSP 调制符号序列转化为发射信号波形。数字域的发射信号波形经过 D/A 变成模拟波形，经线性放大后驱动光电调制器，调制发射端激光，形成入纤光信号。

接收方向，来自光纤的光信号携带光场的完整信息，经过光电转换形成 4 路电信号，由接收端 DSP 再对接收信号进行处理、恢复及对信道中的各种损伤进行补偿。随后，调制符号判决模块对接收符号完成判决。

相干光传输 DSP 技术主要包括调制解调、信道 FEC 编码解码、光线路损伤补偿等关键技术。

1. 调制解调技术

调制解调技术是提高频谱效率和传输速率的关键。第一代的相干光传输 DSP 产品采用偏振模复用差分四相移相键控（PM-DQPSK）调制，在偏振模和信号相位两个维度上频谱效率加倍，每个调制符号承担 4bit 数据。后续又加入了更高阶的 QAM 格式，包括 8QAM、16QAM 等。

新的调制技术主要有概率星座整形（PCS，Probabilistic Constellation Shaping）调制、时域混合调制、多维调制、多独立子载波复用调制等。

（1）PCS 调制的原理是让较小功率的星座点比较大功率的星座点具有更高的发生概率，以此降低平均功率，提升性能（理论上比均匀星座概率分布调制高 1.53dB）。概率星座整形的主要优势是更有效地填补了 QPSK 和 16QAM 之间、16QAM 和 64QAM 之间数据率的空隙。

（2）时域混合调制是填补上述数据率间隙采用的方法。如为了在 8QAM 和 16QAM 之间实现每个符号 3.25bit 或者 3.5bit 的效率，而相应地按照 3：1 和 2：2 的比例交替使用 8QAM 和 16QAM。这个方法的优点在于实现简单，但性能和灵活性比概率星座整形调制差。

（3）多维度调制是在正交、时间、偏振态等多维度空间中实现调制。数字子载波调制是在 DSP 中实现多个子载波调制，保持基本调制格式不变，利用数字子载波传输方案将频带划分为 N 个子载波，每个子载波的波特率则相应地为单载波方案的 $1/N$。

2. 信道 FEC 编码解码

FEC 的作用是确保通信系统在噪声和其他损伤的影响下，依然能够实现无差错传输。本质上 FEC 是一个编码、解码的过程，其算法的结果与发送端的数据一起发送，通过在远端重复相同的算法完成错误识别和纠正，而无须重新传输数据。

在非相干光传输时代，采用传统的代数分组码及其级联组合，其净编码增益（NCG，Net Coding Gain）都在 9dB 以下。得益于 CMOS 工艺技术的发展，相干 DSP 产品采用增益更高同时实现复杂度更高的新型码型和解码技术。码型包括 Turbo 乘积码（TPC，Turbo Product Code）、低密度奇偶校验码（LDPC，Low-Density Parity-Check），它们都能在 20% 左右的冗余度代价下通过软解码达到 11dB 以上的 NCG，基本满足了相干长传的需要。之后在 TPC 基础上发展的 FEC 码型，被推广为行业标准，它能满足 15% 的低冗余度的系统需要，其较高的 NCG 可以满足中等

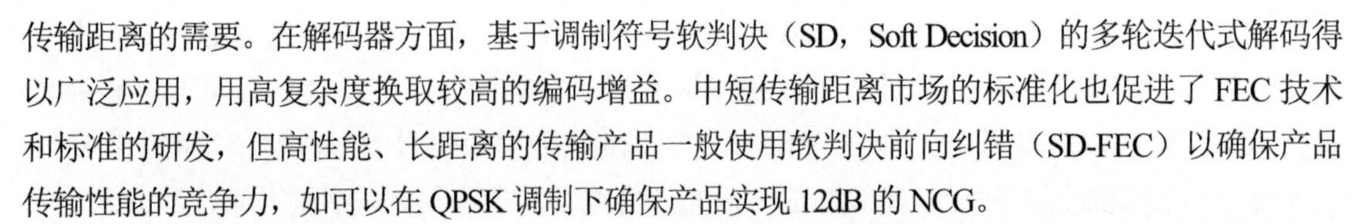

传输距离的需要。在解码器方面，基于调制符号软判决（SD，Soft Decision）的多轮迭代式解码得以广泛应用，用高复杂度换取较高的编码增益。中短传输距离市场的标准化也促进了FEC技术和标准的研发，但高性能、长距离的传输产品一般使用软判决前向纠错（SD-FEC）以确保产品传输性能的竞争力，如可以在QPSK调制下确保产品实现12dB的NCG。

3. 光线路损伤补偿

DSP在进行光线路数字补偿方面，主要考虑CD、PMD、非线性效应等三类损伤。

（1）CD补偿

在非相干光传输时代，采用CD补偿光纤在光域直接补偿；而相干传输采用DSP在电域实施补偿，具有时延低、成本低、性能稳定等优点。

光网络进入智慧光网络阶段之后，传输路径可能随时根据业务服务需求发生改变，采用DSP进行CD补偿可以自动检测不同路径长度的光纤残余色散并灵活配置CD补偿参数。

（2）PMD补偿

PMD补偿是对光信号的两个偏振分量产生的不同时延进行补偿。PMD导致信号脉冲展宽、码间串扰和误码，成为10Gbit/s系统之后非相干光传输提高传输速度和增大距离的主要限制因素。

光信号的偏振态一直处于随机变化之中，因此DSP在处理PMD时需要具有动态自适应的特征。在任意时刻，对PMD损伤的均衡处理都可以描述为对光场信号矢量的线性变换和对信号函数的线性滤波。因此可以使用MIMO的自适应滤波器完成PMD均衡，该自适应滤波器利用已知的调制格式的信号特征进行自我学习或盲学习，比如QPSK符号具有恒定幅度值、16QAM符号具有多重幅度值，对应地使用恒模算法和多模算法等自适应盲均衡算法。

（3）非线性补偿

非线性效应限制了入纤功率和光线路末端的OSNR，非线性补偿技术将会提高在给定的传输速率和频谱效率下的传输距离，具体方法包括信道内的自相位调制、偏振间非线性串扰，以及信道间非线性串扰等。这些算法都有不错的补偿效果，但算法复杂度高。如最早的数字后向传输算法在已知其他信道信号的前提下可以补偿信道间光纤非线性串扰，但这种算法需要已知光纤信道的参数，也需要很高的计算复杂度。目前相关科研聚焦于降低计算复杂度，有基于微扰理论的方法、有使用非线性滤波器的方法，近年来还有大量使用机器学习和神经网络的方法。因此，应用DSP在非线性补偿领域的关键是找到低计算复杂度的方法，从实验室走进实际应用中。

（4）其他补偿

偏振复用技术的损伤需要DSP补偿，包括偏振态旋转（RSOP，Rotation of State of Polarization）和偏振模衰减（PDL，Polarization Dependent Loss）。正交调制解调过程中发射端激光和接收端解调激光存在相位噪声，也需要DSP进行预估、跟踪和补偿。

4. 智慧光网络对DSP技术的要求

智慧光网络对DSP技术的要求体现在两个方面：一是DSP持续提升传输的性能和容量；二是网络层需要DSP向其提供大量光参数数据。

（1）持续深挖数字补偿技术：在色度色散补偿方面，可能需要进行的改进包括有效缩短

CD 补偿量的估计和搜索所需时间；在偏振模恢复方面，需要改进算法以适应高阶调制和新的调制格式；在非线性补偿方面，需要找到低计算复杂度的算法。

另外，在智慧光网络服务的千行百业中，某些特殊行业或技术领域需要 DSP 与数字补偿技术相结合。例如，在电力系统广泛使用的架空地线光缆环境中，当遇到雷击天气时，光缆内的地线会产生瞬间的强大电流，并由于法拉第磁光效应造成光纤内光信号的偏振态（SOP，State Of Polarization）瞬间快速变化。烽火通信对自适应偏振恢复算法——恒模算法进行改进，提高了信号估计的收敛速度，解决了传统恒模算法基于盲均衡对信号进行收敛估计所带来的收敛速度较慢的问题，提升了对 SOP 变化的快速感知和补偿能力，从而达到高速跟踪 SOP 的效果。该技术已取得数项重要专利，并同步在考虑自适应偏振恢复算法的收敛上限和高阶 QAM 下的算法应用。未来抗 SOP 扰动的相干 DSP 算法是向着与调制格式无关和高稳定性的方向发展的，如北京邮电大学的张晓光教授主张将 SOP 与通常的 PMD 进行解耦，基于卡曼滤波方法实现大 PMD 与快速 SOP 的联合补偿。

（2）数字信息为智慧光网络提供数据基础，如 DSP 可以完成时延、CD、PMD 等数据的测量；可以完成电域 SNR 的测量并预估 OSNR；可以感知和检测信道内部的损伤、误码率（BER，Bit Error Ratio）、PDL 等。这些数据有的可以提供给网络层 AI 完成损伤建模和学习，并用于故障预测、信号测量等领域；有的可以提供给数字孪生面，进行真实模块、链路、网络的参数孪生。

2.3.5　光模块的发展趋势

新兴应用场景的需求是推进光模块发展的根本动力，5G 网络和云数据催生了大量带宽密集应用，如 VR/AR、云计算、移动互联、自动驾驶、远程医疗、视频会议等，网络流量将继续以指数级增长。这些应用场景主要分为两大类：以数据中心领域和直接光纤上拉汇聚为代表的点到点场景，距离覆盖 40 ～ 100km；环网场景，主要以 800 ～ 200km 环链路为主，支持 4 ～ 12 波或更多。现有的 100Gbit/s 光模块在 40 ～ 200km 的光传输场景下存在成本与性能无法兼顾的问题，直调直检光模块无法满足这种远距离光传输场景，相干光模块无法压缩成本。为了完美匹配这个巨大的新兴市场，直接检测和相干光检测技术各自在寻求新的技术突破口。

（1）直接检测增强高阶调制技术。当前商用的 NRZ、PAM4 模块已经在数据中心和传输网络中大量使用，下一步将向更高阶 PAM6、PAM8、离散多音频调制（DMT，Discrete Multitone Modulation）等调制格式迈进。例如，从 4×25Gbit/s 的 NRZ 100Gbit/s 到 2×50Gbit/s PAM4 100Gbit/s，再到 1×100Gbit/s PAM4，至更高阶的 100Gbit/s+PAM6、PAM8。

（2）简化相干技术。相干技术分两类，一类是在现有架构上重新调整传输性能以平衡成本和功耗，如支持多进制调制格式来提高传输效率，使用较低容量 DSP、低波特率光器件和低成本激光器以降低模块的综合成本；另一类是利用技术革新来降低收发光器件的复杂度，这类技术被称为简化相干技术。

当前业内简化相干技术的路径很多，主要有自零差相干、斯托克斯矢量直接检测（Stoke Vector DD）、单载波时间交织（Single Carrier Time Interleaved）等。

这几个技术路径各有优势和劣势，目前都处于研究阶段，但所有技术路径的目的均是降低光模块内的器件或者电芯片的复杂度。例如:（1）省去接收侧的本振激光器;（2）简化光源，可以使用低质量的光源，无需热电制冷器（TEC，Thermo Electric Cooler）;（3）简化电域处理，降低 DSP 算法复杂度，同时可以降低功耗;（4）简化接收侧接收机等。

此外，光模块的标准化工作也从未停止。城域网、接入网、数据中心等较短距离的光传输系统已经在朝着标准化的方向发展，包括实现互联互通的调制格式、FEC 编码码型、有限开放的 FEC 解码算法和仿真模型代码。由国际标准组织光互联网论坛（OIF，Optical Internetworking Forum）主导的 400Gbit/s ZR 和 OpenZR+MSA 组织主导的 ZR+ 标准就是该方向发展的产物。随着这些标准的制定，不同厂家的光模块和设备在光层连接上实现了互联互通，将在一定程度上降低智慧光网络连接层组网的复杂度和成本，最终促进智慧光网络的繁荣发展。

2.4 光放大技术

光放大技术是一种在没有将信号进行光电光转换的前提下，直接放大光信号的技术。这种直接放大光信号的技术一方面在信号的格式和速率上具有很强的透明性，另一方面可以放大一个特定的波长区间，这两个特征使整个光纤通信传输系统更加简单和灵活。

根据光放大信号所使用的技术原理，光放大器主要分为半导体光放大器（SOA，Semiconductor Optical Amplifier）和光纤放大器（FOA，Fiber Optical Amplifier）两大类。目前应用更广泛的是 FOA。

FOA 又可以细分为掺稀土离子光纤放大器和非线性光纤放大器。

（1）掺稀土离子技术是指泵浦光刺激掺稀土离子的光纤后产生受激辐射，从而放大光信号。掺稀土离子光纤放大器常见的有 EDFA 和遥泵光放大器（ROPA，Remote Optical Pump Amplifier）。

（2）非线性光纤放大器是利用光纤中非线性效应来进行光信号的放大，比如利用拉曼效应的 FRA。

光放大器的分类如图 2-14 所示。

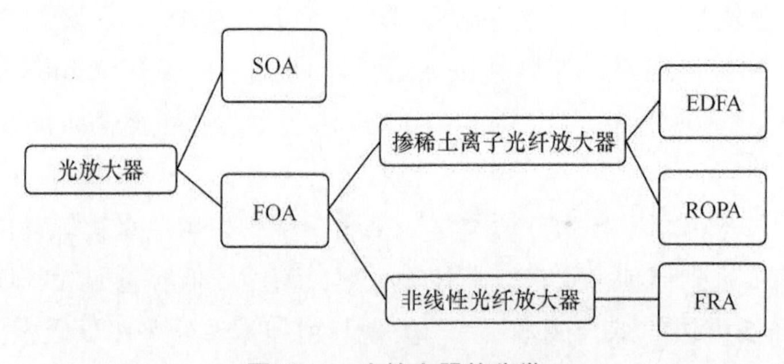

图 2-14　光放大器的分类

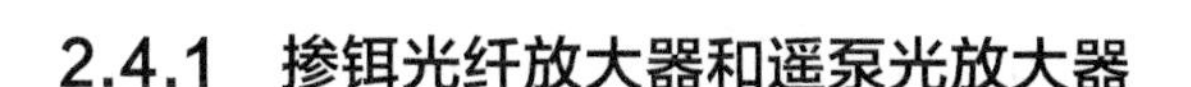

2.4.1　掺铒光纤放大器和遥泵光放大器

（1）掺铒光纤放大器

掺铒光纤放大器顾名思义是使用高能泵浦激光器激励掺铒光纤。如图 2-15 所示，在泵浦光的激励下，粒子以非辐射跃迁的形式聚集到 E2 能级，实现了粒子的反向分布，即 E2 水平上的离子数多于 E1 水平上的离子数。当波长为 1550nm 的光信号通过掺铒光纤时，E2 级粒子以受激辐射的形式传递到 E1 级，受激辐射的光子频率与输入信号光子恰好相同，最终实现在传输过程中的光放大过程。

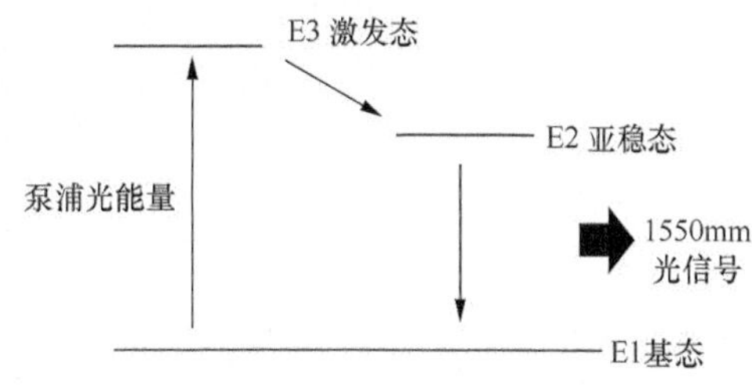

图 2-15　EDFA 原理示意

在掺铒光纤中，大多数受激的铒离子被迫回到 E1 能级，但其中一部分会自发地回到 E1 能级并自发地发出光子。自发发出的光子和信号波长光子在相同的频率范围内，因此会在信号频谱范围内产生噪声。

铒离子在光纤芯中的浓度和分布对 EDFA 的性能有很大的影响，在掺铒光纤中加入适量的铝可以使铒离子更均匀地分布，从而获得平滑的带宽增益。在相同的掺杂半径和泵浦功率下，掺杂浓度越高，最佳增益长度越短。

泵浦激光为放大器提供能量，EDFA 一般使用输出波长为 980nm 或 1480nm 的泵浦激光器。泵浦光功率关联增益系数描述了泵浦光功率的转换能力。

（2）ROPA

ROPA 是一种特殊的 EDFA，或者说是 EDFA 的一种特殊部署形式。它将泵浦源和掺铒光纤分离（普通 EDFA 的泵浦源和掺铒光纤是在一起的），通常在发射端或接收端，通过光纤传输到遥泵。

在长跨距无中继光纤通信系统中，为了进一步延长传输距离，可在光纤链路中间部分对光信号进行预先放大。在传输光纤的适当位置熔入一段掺铒光纤，并从单段长跨距传输系统的端站（发射端或接收端）发送一个高功率泵浦光，经过光纤传输和合波器后注入铒纤并激励铒离子。信号光在铒纤内部获得放大，并可显著提高传输光纤的输出光功率。由于泵浦激光器的位置和增益介质（铒纤）不在同一个位置，因此称为“遥泵”。遥泵在光缆线路中插入铒纤作为增益介质，这些点不需要供电设施，也无须维护，适合沙漠、高原、湖泊、海峡等地形复杂的环境。根据传输距离的需要，给定铒纤在线路中的长度和位置，调整泵浦激光器的功率，得到预期的放大增益值。

遥泵放大系统一般由两个核心部件组成，分别是远端光放大器和远端增益单元。

远端增益单元（RGU，Remote Gain Unit）的内部主要是增益介质（掺铒光纤）和合分波器件，属于无源器件，一般放在远端的光纤中间。增益单元通过合分波器将远端泵浦源的泵浦光输入到掺铒光纤中，完成放大过程。

远端光放大器（ROA，Remote Optical Amplifier）的主体是一个泵浦光模块，通过在端站配置进行泵浦功率的控制，其光波长在 1440nm 附近，和业务波长差别较大。因此遥泵放大系统在工程应用中，有同纤随路方案和异纤旁路方案两种部署方式。

泵浦光的功率强度较大，考虑到非线性的影响，一般使用异纤旁路方案的较多。图 2-16 所示为单向异纤旁路方案，ROA 单盘放置在 OTM 站点，ROA 单盘的泵浦光通过专门光纤向位于线路中间的 RGU 模块提供泵浦能量。

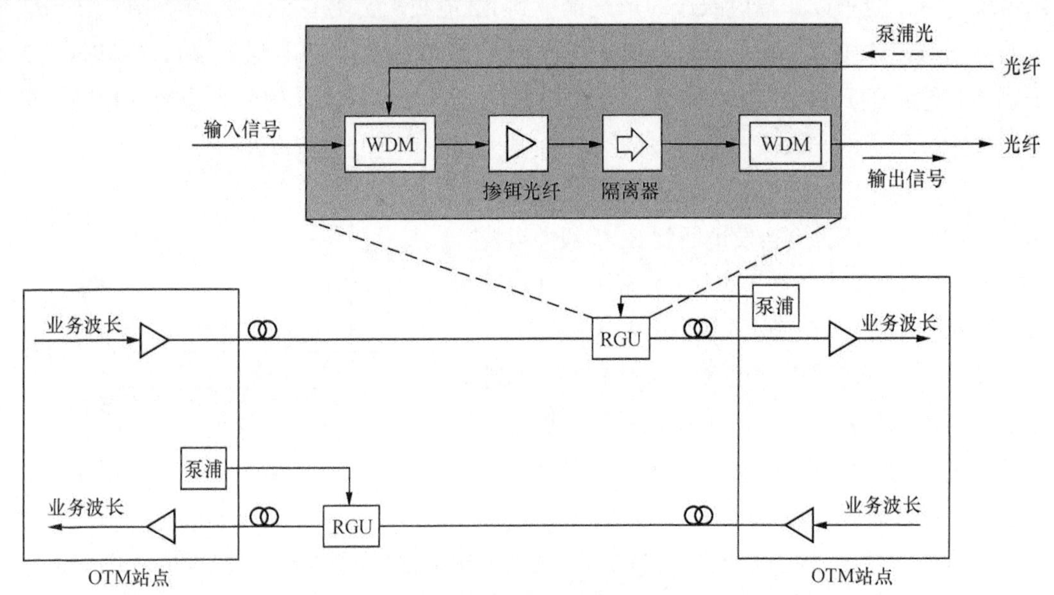

图 2-16　泵浦异纤旁路应用示意

如使用同纤随路方案，一般也将泵浦部署在信号下游的端站，这样泵浦光和信号光的传输方向相反，也可以减少非线性的影响。如图 2-17 所示，泵浦单盘放置在业务波长的下游站点，通过线路光纤向位于线路中间的 RGU 模块提供泵浦能量。

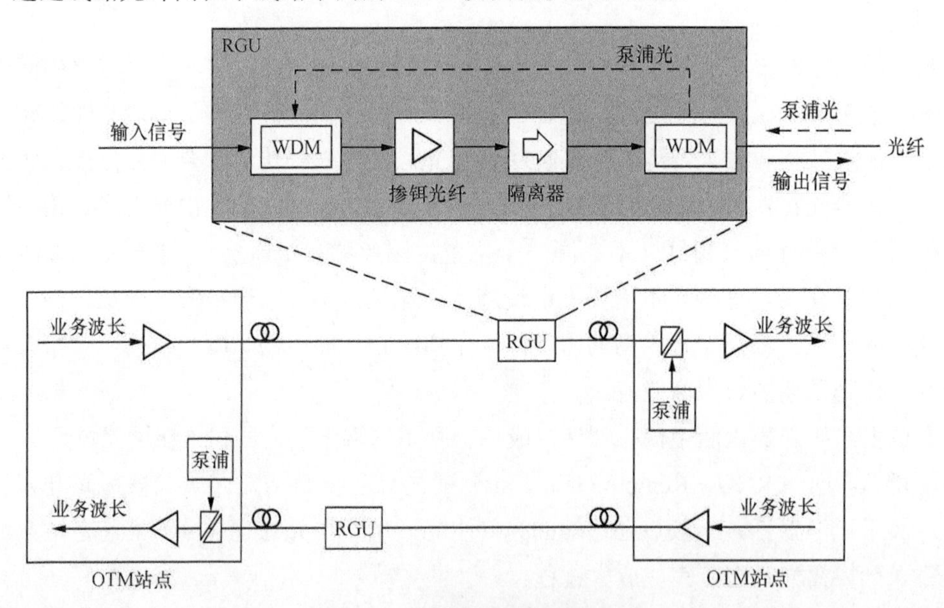

图 2-17　泵浦同纤随路应用示意

ROPA 及组成的放大系统，可以大大延长单跨段无中继的传输距离，满足超长距无中继

传输的需要，尤其在沙漠、海底等无法设立中继站的情况下，无须建设机房，大大节省了组网成本。线路中间的 GU 可以免维护，系统可维护性得到提升。

2.4.2　拉曼光纤放大器

FRA 和 EDFA 的技术原理存在着本质差异。在前面光纤技术章节中我们提到，强激光在光纤中传输时存在 SRS 效应，FRA 的技术原理正是利用光纤的 SRS 效应完成光信号放大过程的。

SRS 是由光纤物质中原子振动参与的光散射现象，是入射光子和声子相互作用的结果。高强度激光频率为 ν_0 的入射光子与光纤介质的分子相互作用时，可能出现斯托克斯现象或反斯托克斯现象。在日常温度下，分子更多地分布在基态，因此主要表现出斯托克斯过程：当入射光子与光纤介质的分子相互作用后，可能发射一个频率为 ν_s 斯托克斯光子和频率为 $\Delta\nu$ 的光学声子。根据能量守恒原理，$h\nu_0=h\nu_s+h\Delta\nu$（h 为普朗克常量），因此斯托克斯光子频率 ν_s 会低于入射光子的频率，这种现象称为 SRS 光波下移。

根据波长和频率对应的关系，对于波长为 1450nm 的泵浦，频率位移峰宽相当于 100nm；在波长为 1550nm 下给出的增益谱带宽大约为 48nm，并且还可以使用掺杂剂（如硼或磷）使增益谱向其他频率移动，如图 2-18 所示。

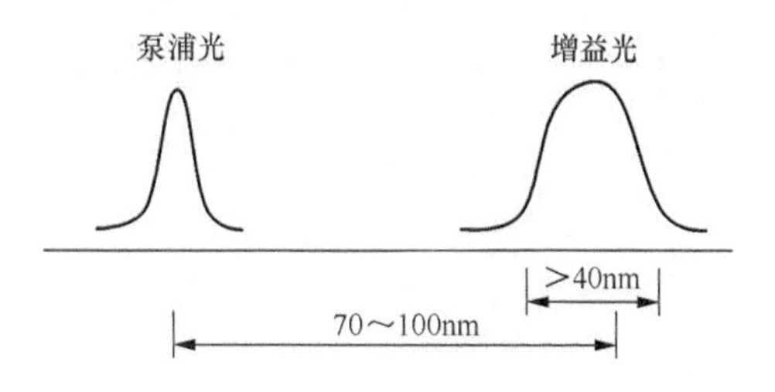

图 2-18　泵浦光和增益光的波长关系

因此通过变化泵浦波长（频率）就可以简单地调整增益谱的位置，只要在所需放大波长上有可选用的高功率泵浦激光器，FRA 就可以在光纤工作窗口的任意波段实现光放大。一般在实际应用中，还会使用多个不同波长的泵浦光源，这样可以获得更宽、更平坦的增益谱，如图 2-19 所示。在光放大新技术及发展趋势章节中，我们也将介绍 FRA 在 C+L 波段宽谱放大的优势，一个 FRA 可以同时放大多个波段的光信号。

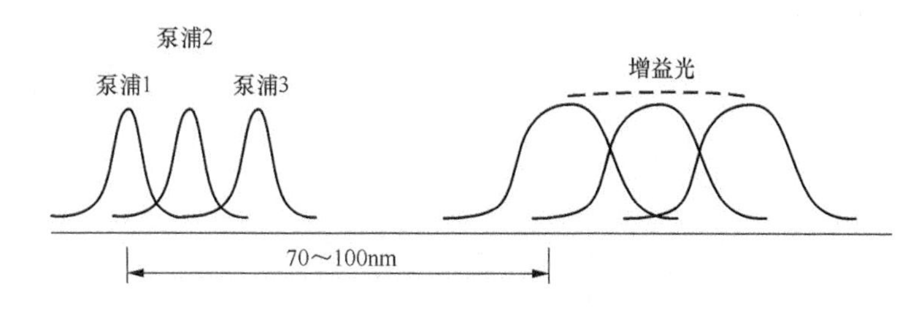

图 2-19　多泵浦光拉曼放大

需要注意的是，拉曼效应在不同偏振方向上的放大效果有较大区别。如图 2-20 所示，在拉曼效应曲线峰值附近，同偏振方向（共极化）的增益几乎比正交极化增益大一个数量级。

因此一般的FRA会部署两个偏振正交邻近波长的泵浦，以同时在信号光的两个偏振方向上都产生拉曼效应。

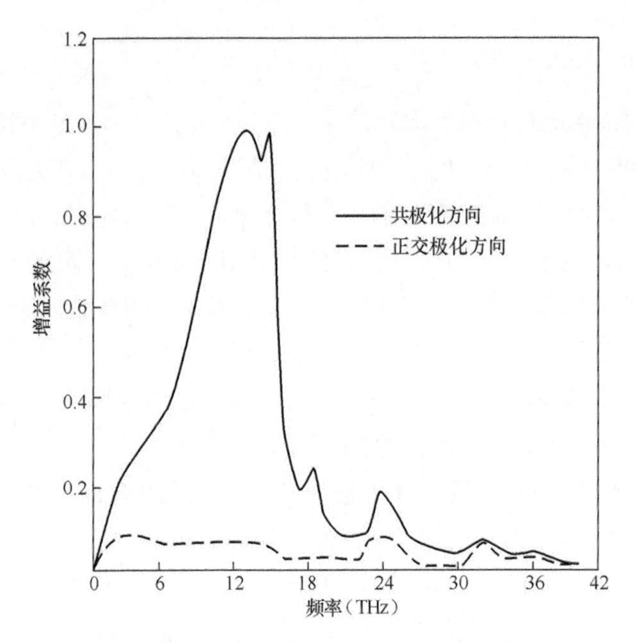

图 2-20　不同偏振方向上的拉曼效应曲线

在长距离波分传输系统中，FRA是直接利用光路系统中业务传输的光纤作为放大介质，即FRA泵浦光源的高功率激光在光纤传输过程中，通过非线性效应对几十千米光纤中的光信号进行持续放大，也就是常说的FRA分布式放大的技术特性。FRA的这种放大特性和EDFA有两点不同。

（1）EDFA是在端站提前进行放大，业务的信号光在进入长距离光纤传输之前就已经被抬高到一定的功率，并在传输过程中慢慢被衰耗。

（2）FRA是在长距离光纤传输过程中沿途放大，因此业务信号光并不需要过高的入纤光功率。

FRA的结构组成也正是充分利用以上这些技术特性，如图2-21所示，FRA系统会使用若干个不同波长的泵浦，这些泵浦光合波之后输入到波分系统，进入线路光纤，通过SRS效应在光纤沿路完成放大功能。

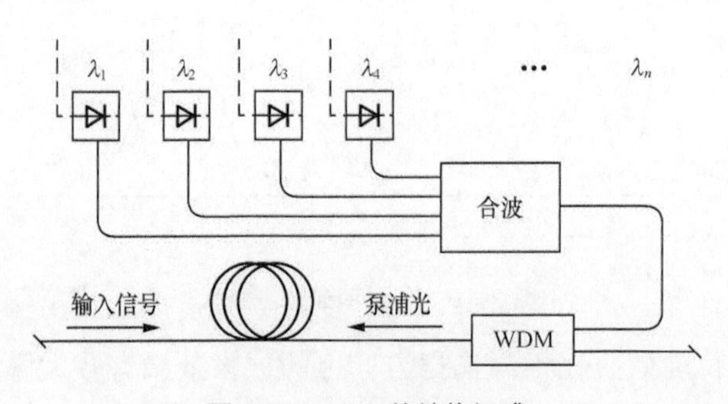

图 2-21　FRA的结构组成

FRA 泵浦光进入光系统的方向，可以和业务光前向（同向）、后向（反向）或者双向。在同等的泵浦功率下，后向泵浦方式比前向泵浦方式可实现的增益更大，且偏振影响较前向模式更小，因此后向泵浦拉曼是目前最广泛的商用模式。

FRA 在实际应用时有一些限制，最主要的是泵浦功率高，一般达到几百毫瓦，对安全性造成挑战。但其技术优点很多，包括如下几点。

（1）拉曼增益谱比较宽，全波段光放大 FRA 的增益波长由泵浦光的波长决定。只要泵浦源的波长适当，理论上可以对任意波长进行放大。FRA 的平坦增益范围可达到 13THz（约 100nm），覆盖了石英光纤 1550nm 波长区的 C+L 波段，远大于 EDFA 的放大带宽。

（2）FRA 的噪声系数极低，由于放大是沿光纤分布而不是集中作用，光纤中各处的信号光功率都比较小，从而可以降低非线性效应。

（3）分布式 FRA 的增益介质为传输光纤本身，不需要特殊的放大介质。由于光纤本身就是放大器的一部分，可以降低成本，尤其适合于海底等不方便设立中继器的场景。

（4）FRA 的饱和功率高，增益谱的调整方式直接而且多样，拉曼放大的作用时间是飞秒级，可实现对超短脉冲的放大。

2.4.3　半导体放大技术

SOA 的结构和工艺作用原理与半导体激光器非常相似。它由有源区和无源区构成：有源区为增益区，使用磷化铟这样的半导体材料制作，其放大原理主要取决于有源层的介质特性和激光腔的特性。

SOA 的结构相当于一个处于高增益状态下的无谐振腔的半导体激光器，放大器在泵浦电流或泵浦光作用下，粒子数反转获得光增益。以半导体材料为增益介质，利用受激辐射对进入增益介质的光信号进行直接放大。发光的媒介是非平衡载流子（电子空穴），它是以粒子数的反转来实现放大发光的。

SOA 因其噪声大、非线性强、饱和输出功率小、偏振敏感及波间串扰等固有缺点，在 O 波段单波长光信号放大场景中应用较为广泛。在多波光纤传输系统中被 EDFA 替代。目前对于多波系统的 C 波段、C 扩展波段及 L 波段的 DWDM 系统，业界均在关注，目前也有研究机构进行了实验模型的尝试性研究与验证。

2.4.4　光放大领域的新技术及发展趋势

光放大领域的新技术主要是在超低噪声系数、放大增益谱两个方面进行提升，目前有如下几个具体的方向和路径。

1．超低噪声系数方向

噪声系数是光放大技术领域的核心制约因素，并在行业内面临着 3dB 的理论极限挑战，因此，超低噪声系数的放大技术一定是智慧光网络在连接层进行技术突破的主要方向。

（1）超低噪声系数的掺杂光纤

目前基于掺铒光纤及 980nm、1480nm 波长泵浦激光器开发的 EDFA 的应用已经非常成熟。

噪声系数的理论极限在 3dB，批量应用的 EDFA 产品的噪声系数大多也在 5dB 左右。由于高波特率器件日益成熟，超 400Gbit/s 的传输也越来越多。高速率信号对于系统 OSNR 的要求更高，对光放大器也提出了更高的要求。

近几年的研究发现，采用氟化物光纤制成的掺铒氟化物光纤放大器（EDFFA）具有更大的平坦增益带宽，其增益平坦性优于掺铒石英光纤放大器（EDSFA）。EDFFA 和 EDSFA 的典型放大自发辐射（ASE，Amplified Spontaneous Emission）光源谱对比证实，EDFFA 在 1532 ～ 1560nm 波长范围内展示了较平坦的增益。然而，氟化物光纤的制造及其可靠性方面还存在一些问题，特别是受噪声系数的限制，EDFFA 不能被 980nm 波长泵浦光激发，而掺铒石英光纤在 980nm 泵浦时，噪声系数却可以达到量子极限值。因此，为使 EDFFA 具有较低的噪声系数，还需解决泵浦问题。现已提出的方案包括多级多泵浦结构和加入泵浦反射器等，虽然解决了部分问题，但其代价是复杂的结构和较高的成本。

（2）高阶拉曼放大

前文在 FRA 章节所介绍的内容主要是采用一阶多泵浦源的结构。而随着传输距离的不断增大，噪声会被不断地积累、放大，进而严重影响传输的质量。采用高阶结构的 FRA 可以解决上述问题，减少传输噪声，改善 SNR。高阶 FRA 一般为二阶或三阶结构。国外对高阶 FRA 展开的研究较早，其中二阶略早于三阶，20 世纪初已有相关研究。2005 年出现三阶 FRA 相关的研究，2015 年后出现三阶 FRA 应用的报道。国内目前已有二阶 FRA 产品的应用，三阶 FRA 尚无成熟产品问世。高阶 FRA 是一种接力放大，在已有一阶泵浦光的前提下，在高于一阶泵浦光频率的一个斯托克斯频移位置，即波长为 1300nm 处加入二阶泵浦光，二阶泵浦光对一阶泵浦进行放大，被放大后的一阶泵浦光再对信号光进行放大。图 2-22 所示的是典型的三阶后向分布式 FRA 设计。

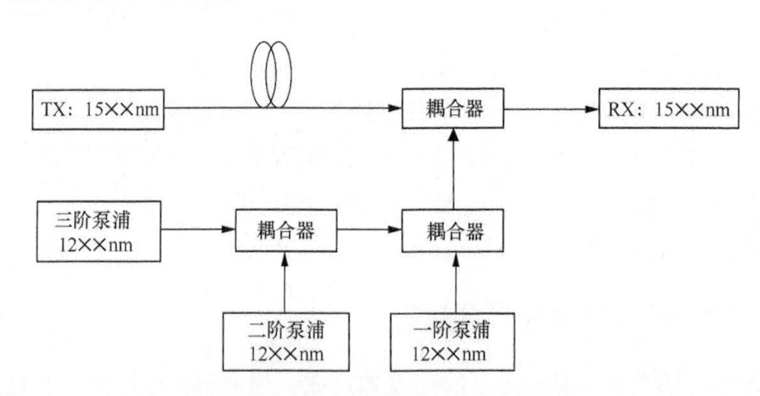

图 2-22　三阶后向分布式 FRA 示意

高阶 FRA 的优势主要是在实现更高增益的同时，具有更低的等效噪声系数和更高的系统 Q 因子。需要注意的是，由于高阶 FRA 利用的是低频率高阶泵浦光的多次斯托克斯频移，而泵浦光需要超过一定阈值才能产生 SRS 效应，这就要求泵浦阶数越大，泵浦功率越大，三阶泵浦源功率可高达几瓦。

随着高速率、大容量光纤通信技术的迅速发展，以及一些长距传输网络需求的增长，如

电力专网、海缆通信这种长距离网络的需求，高阶 FRA 将有更广阔的发展空间。后续可寻求体积更小、寿命更长、价格更低廉的泵浦激光器，将更有利于高阶 FRA 的应用和推广。也可在泵浦控制对系统性能的影响上多进行研究，实现更智能、更高效的泵浦控制。

（3）相位敏感放大器

根据量子力学中的不确定理论，前文所述的各种放大器（如 EDFA）都属于相位不敏感放大器，噪声系数都不可能低于 3dB。而相位敏感放大器可以实现超低噪声线性放大，根据光的平均相位进行放大，理论上有 0dB 的噪声系数。相位敏感放大器对相位很敏感，它只对和泵浦光同相的光进行放大，而对其他的光，不但没有放大作用甚至会对它们进行衰减，其中对与信号光正交的光的衰减最为强烈。

连续信号光由掺铒光纤激光器产生，通过脉冲波形发生器（PPG）驱动铌酸锂马赫－曾德尔调制器来调制，而后输入到非线性光纤环镜（NOLM，Nonlinear Optical Loop Mirror）中。NOLM 是在频域内转换参量的放大单元，通过相位提取单元使泵浦光与信号光同步。

与 EDFA 中对光信号在铒纤中进行放大所不同的是，相位敏感的放大是由 NOLM 来实现的。它主要利用了 NOLM 中的 FWM 效应。用一段光纤将光纤耦合器的两个输出端口连接起来形成一个环，这样就可以构成一个 NOLM。其中非线性光纤是这种放大器的关键。近年来出现了强非线性效应的色散位移光纤，采用这种光纤作为 NOLM 的作用介质，可以大大减少所需的光纤长度。

目前阶段，相敏放大器相比现在广泛应用的 EDFA，它的实现原理和构成复杂度显著提高，传输容量相对较小，对于光信号也有要求，离工程实用还有较大的距离。

2. 放大增益谱技术

放大增益谱直接描述了放大器的增益特性，一般包括整体增益谱宽和增益谱平坦度等。在前面的光纤技术章节介绍的多波段光传输中提到，目前真正商用的光传输波段只占所有波段中有限的一部分，因此在光放大技术领域，也需要匹配对应的技术。

对于掺杂稀土元素的放大器而言，增益平坦带宽由基质中掺杂离子的吸收和发射系数决定。随着宽带需求的提高，对更大增益带宽的放大器提出了更高的要求。目前 L 波段放大器的研究已逐渐成熟，L 波段 EDFA 是在 C 波段 EDFA 的基础上进行了增益位移，为了实现增益位移，L 波段 EDFA 通常使用较长的掺铒光纤，稀土掺杂光纤的非线性系数较大，需要减小铒纤长度，同时为了满足泵浦吸收率来实现增益位移，需要更高掺杂浓度来减小铒纤的长度。

高掺杂浓度会引起浓度猝灭现象，浓度猝灭会造成能量的浪费。通过掺入不同元素可以实现浓度猝灭的抑制。磷元素的掺入，可以使铒离子更容易掺入，不容易发生浓度猝灭。铝元素的掺入，使得增益谱宽和平坦度增大。

掺铒光纤目前可以实现 C+L 波段的增益放大，依然有大部分光纤通信窗口的低损耗波段没有被充分利用，为了进一步增大增益带宽，最近，有铋离子掺杂玻璃和铋离子掺杂光纤研究的报道，在 976nm 泵浦光激励下，掺铋光纤的荧光光谱范围为 1000 ～ 1400nm，在 793nm 和 808nm 泵浦激光激励下可以产生 1000 ～ 1700nm 的超宽带荧光。虽然最近关于掺铋光纤取得的研究成果为开发工作波长位于 1100 ～ 1600nm 波段范围的新型宽带光纤放大器和激光提供了基础，但是在这些光纤激光器被实际应用之前，仍有许多基础的科学问题和关键的技术问题亟待解决，比如铋元素近红外辐射中心的本质仍有争议，对掺铋光纤的光谱特性、光增益及激光激射的基本机理了解得还很少。对于如何进一步提高掺铋光纤器件的性能，特别是如何实现全波段的光放大和激光激射等，仍需进行大量的研究工作。

2.5 无源波分复用器件

光分插复用器（OADM，Optical Add / Drop Multiplexer）是在纯光域中实现支路信号的分插和复用的一种设备，其分插复用的支路信号以波长为单位，被称为光通道。OADM 设备是全光网络的关键节点设备之一。

由于 OADM 器件是在纯光域中实现的，因此对电信号有着完全透明的属性，即理论上来说，OADM 中的每一个波长可以承载任何业务类型的电信号（一般为将从 10Gbit/s 到 100Gbit/s 的光转换为单元电信号）。

OADM 器件最直接的功能就是将一根光纤中的若干波长分配到不同的光纤中，或者将不同光纤中的不同波长合并到同一根光纤中。这个过程类似于电交叉芯片的部分功能，将需要进行交叉的内容（电交叉为时隙颗粒，光交叉为波长）打散后，进入到交叉矩阵。

OADM 器件根据其使用光学模块的不同，分为固定式光分插复用器（FOADM，Fixed OADM）和 ROADM，下面将分别进行介绍。

2.5.1 FOADM 器件和 AWG 技术

阵列波导光栅（AWG，Arrayed Waveguide Grating）是利用平面光波导（PLC，Planar Lightwave Circuit）技术制作的器件，将输入的 DWDM 信号通过阵列波导衍射到不同角度的输出波导中。

利用 AWG 技术制作的 OADM 器件被称为 FOADM 器件，可以将输入光纤中的多个波长逐一分开，并输出到每一个对应的物理子接纤口。每一个物理子接纤口中只包含一个单一的波长。

FOADM 设备上一般有数十个子接纤口，它能将一根光纤中不同波长的光差分到这些子接纤口上。但由于其使用的是固定式光学模块，因此每个子接纤口都只能输出一个固定的波长。FOADM 器件虽然可以将光纤中的波长分开和合并，但很明显，其波长与物理端口的绑定关系是无法满足智慧光网络对业务随需灵活调度的需求的。

2.5.2 ROADM 器件和 WSS 技术

ROADM 概念提出的初衷是增强 WDM 的灵活性，以实现不同节点间交叉调度的可灵活配置的属性。初期人们尝试使用基于光交叉连接器、光电光再生器、环行器等完成相应的功能，这些系统是用分立元件构成的，插入损耗大、性能不够稳定，不具备商用价值。

第一代 ROADM 器件使用波长阻断器，使用功率分光把全部波长的信号都按功率分为两

束，每一束按需求进行逐个波长阻断并传输至下一个节点。

第二代 ROADM 器件使用 PLC 集成波导技术将解复用器（通常是 AWG）、1×2 光开关、光可变衰减器（VOA，Variable Optical Attenuator）、复用器等集成在一块芯片上，具备二维自由度。这两代技术在波长串通、调度方向等方面的灵活度有很大的限制，仍然无法满足智慧光网络对业务随需灵活调度的要求。

第三代 ROADM 器件使用波长选择开关（WSS，Wavelength Selective Switch），其最大的特点是每个波长都可以被独立地交换，能独立地将任意波长分配到任意路径，具有多个自由度，不再像波长阻断器或 PLC 那样需要对网络互联架构进行预先设定。

WSS 也出现过多种技术实现方式，如微机电系统（MEMS，Micro-Electro-Mechanical System）、液晶（LC，Liquid Crystal）、硅基液晶显示器（LCoS，Liquid Crystal on Silicon）等几种，目前最常用的是 LCoS。

如图 2-23 所示，LCoS 通过液晶来控制反射基片反射的光线，达到波长分离和选择的功能。它采用涂有液晶硅的 CMOS 集成电路芯片作为反射式液晶显示器（LCD）的基片，用先进工艺磨平后镀上铝作为反射镜，形成 CMOS 基板，然后将 CMOS 基板与含有透明电极之上的玻璃基板相贴合，最后注入液晶进行封装。其中液晶起着“阀门”的作用，控制到达反射面的光线的数量。特定像素的晶体接收到的电压越高，该晶体允许通过的光线也就越多。

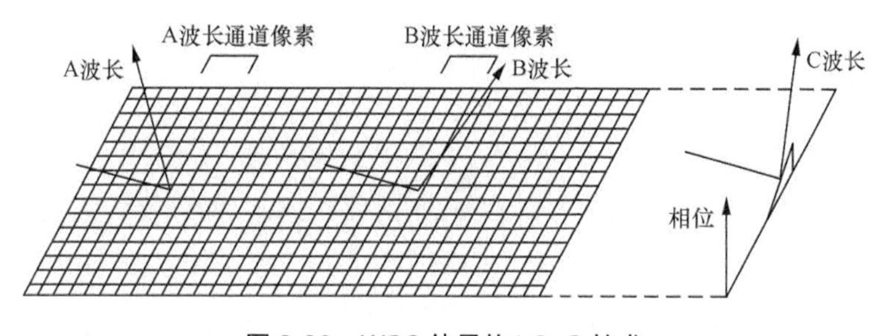

图 2-23　WSS 使用的 LCoS 技术

ROADM 器件利用 WSS 技术可将一根光纤中的不同波长的光根据需要发送到指定的端口。每个物理子接纤口中，也可以包含多个波长。FOADM 与 ROADM 器件的最大区别在于波长调度灵活性和器件成本这两个方面。

2.5.3　新技术及发展趋势

1. 多端口 WSS

目前，智慧光网络骨干交换节点的 WSS 主要以 20 维或 32 维为主，未来网络对于高维 WSS 的需求更加明显，如电信运营商的一干和二干 ROADM 网络的架构融合，就需要高维 WSS 组成大交叉容量的光交叉系统。

因此，提高 WSS 端口数量是研究的重点之一，目前很多光器件厂家将目标放在 64 维甚至 128 维 WSS，但目前多端口 WSS 仍面临自身技术成熟度的挑战。

2. $m \times n$ WSS

2.6 节中将会介绍传统的 1×*n* WSS 需要较复杂的组合逻辑来完成复杂 ROADM 光交叉调度的技术需求，而新 *m*×*n* WSS 技术可以在波长上下话时提供集成度更高的方案。当前 *m*×*n* WSS 技术方案有两种，一种是基于 MEMS+LCoS 的方案，另一种是基于 LCoS+LCoS 的方案。

（1）MEMS+LCoS 方案

一个 8×24 的 WSS 内部光路设计如图 2-24 所示，每个 Add/Drop 端口的光信号都耦合到一个可倾斜的 MEMS 反射镜，通过 MEMS 将衍射光栅和球面镜分离出的不同波长的光谱条纹引导到 LCoS 面板的 8 个独立部分之一。

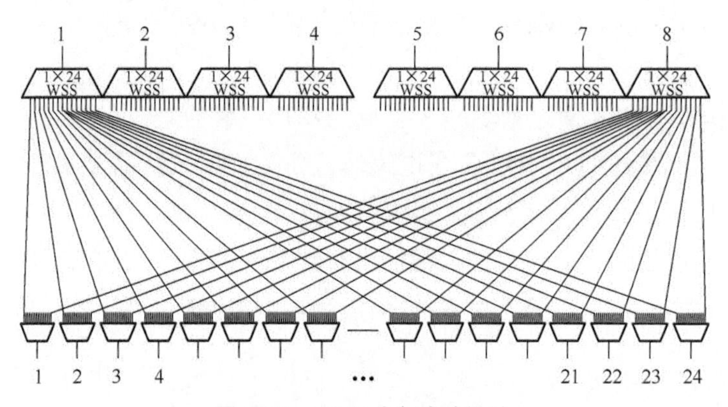

图 2-24 WSS 内部光路设计

（2）LCoS+LCoS 方案

在图 2-25 中，光路采用两个 LCoS 芯片实现全无竞争的 *m*×*n* 波长调度。其中一个 LCoS 芯片控制输入端口的匹配，另一个 LCoS 控制输出端口的匹配。通过精密的空间光设计和光束对准工艺，输入端口每个波长都可以精确对准并耦合到指定的输出端口所在的位置。

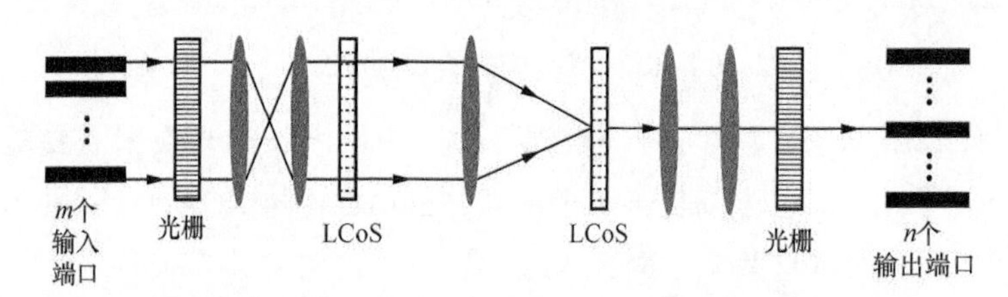

图2-25 LCoS+LCoS $m \times n$ WSS光路

在 MEMS+LCoS 方案中，输入侧 *m* 个端口接收的光信号中的所有波长只能通过 MEMS 全部切换到同一个输出侧的端口中，而 LCoS+LCoS 方案没有这种限制，应用更加广泛，既可以在 Add/Drop 和本地组使用，也可以在方向组上使用。

2.6 光波长选择及交叉技术

本节将组合前面章节的模块、器件，达到在整个光层组网调度光信号的目的。

2.6.1　传统波分复用技术

传统的波分复用系统主要就是将前面章节的各个技术点组合在一起，完成多个波长信号在同一个系统中的传输过程。

1. WDM 系统

在发射端，利用 WDM 器件（合波器件）将不同波长的光信号合并到一根光纤中进行传输，并使用光放大器件和光纤介质完成长距离的传输。在接收端，使用一个光信号解波分复用器件（分波器件）再将光纤中不同波长进行分离，并将每个波长上承载的信号分别解出。上述整个 WDM 的原理示意如图 2-26 所示。

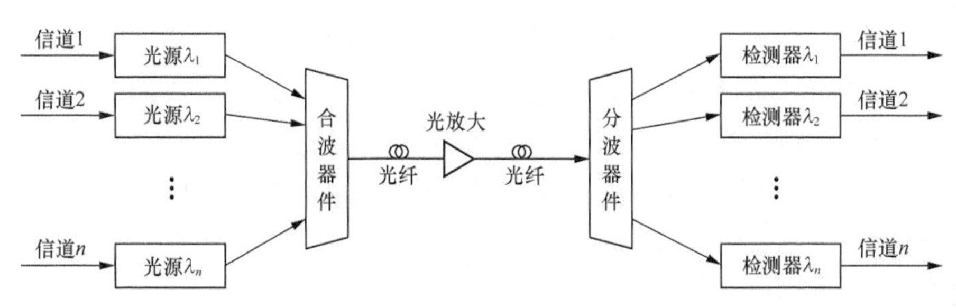

图 2-26　WDM 系统原理示意

WDM 系统是用光信号的不同波长（频率）分插复用的方式来传输的，其最大的技术特征和技术价值主要有以下两点。

（1）波分系统极大地扩展了光纤系统的整体传输容量，在单波容量一定的前提下，通过多个波段内的上百个波长进行复用并传，极大地提升了单根光纤的传输容量。

（2）波分系统完成了光信号的长距离传输，通过光域的光纤传输特性和光信号放大技术，让业务信号可以在几千千米的范围内进行无电中继传输。

因此，智慧光网络的超宽特性在波分系统上得到了很好的体现。

2. WDM 系统中的光监测信道

在上述系统中，我们可以根据站点和网元的类型，将波分系统分成光终端复用网元（OTM，Optical Terminal Multiplexer）和光线路放大网元（OLA）。

在电层系统中，各网元之间使用开销和帧结构来进行系统的管理和监测。WDM 系统中的 OTM 和 OLA 也需要使用特定的方法进行光通道的管理和监测。常用方法是在每一段光纤中，增加一个波长信道对光纤进行监测，这个信道就是光监控信道（OSC，Optical Supervisory Channel），它负责监控系统内各信道的传输情况，信道内传输着帧同步字节、公务字节和网管所用的开销字节等。

通过 OSC 物理层传送开销字节到其他节点或接收来自其他节点的开销字节，网络管理系统和网络控制系统（如后面章节介绍的网络层控制平面）要完成对 WDM 系统的管理，并实现配置管理、故障管理、性能管理和安全管理等功能。需要注意的是，业务信号在 OTM 站点之间传输时，OSC 信号需要监测所有站点之间的各段光缆的状态，因此 OSC 信号是逐站点终结，如图 2-27 所示。

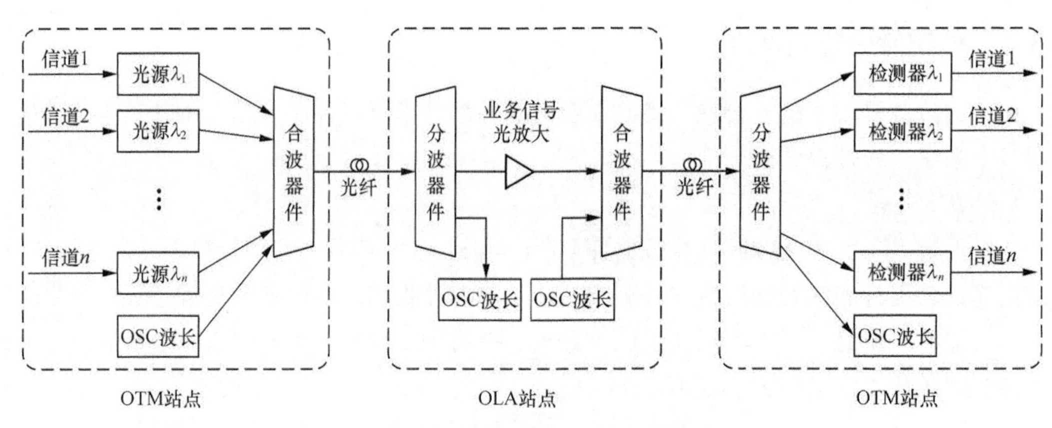

图 2-27 OSC 信号逐站点监测

值得注意的是，OSC 的引入主要是监测物理层逐段光纤的状态，但并不感知光纤中有多少承载业务的波长，以及这些波长光学参数的状态，进而也无法感知业务信号包括信号质量、功率、BER 等在内的实时状态。因此后面在进行 ROADM 新技术发展趋势介绍时，还将介绍波长标签技术，它可以细致地监控每一个波道的具体的信号质量参数，这些参数的采集是智慧光网络产生智慧的数据来源。

3. WDM 系统的常见组网方式

传统 WDM 系统一般使用链状组网或环形组网。图 2-28（a）所示的链状组网可以应对点对点的大容量、长距离传输需求，图 2-28（b）所示的环状组网可以完成多点之间的大容量传输，每个 OTM 站点可以根据业务需求选择终结波长或是串通波长，并通过光开关器件对波长业务进行环网保护。

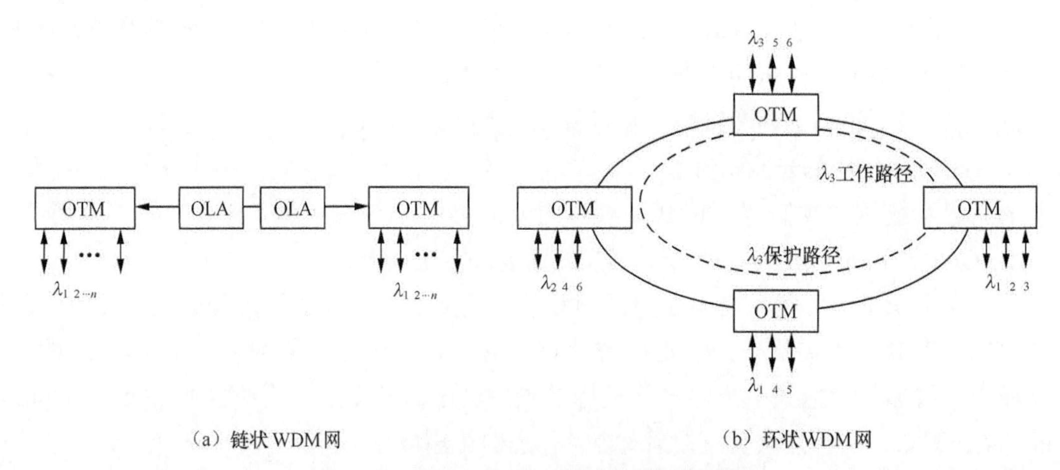

图 2-28 WDM 系统的链状组网和环状组网

在这些传统的 WDM 系统中，所有业务沿着规划的固定路径传播，只能完成点对点的信号传播或是简单的 1+1 保护，大大限制了网络业务的丰富性（组网灵活性），制约了智慧光网络的其他网络特性（如随需、泛在）的发展。因此，后面介绍的 ROADM 相关技术也将详细展开介绍传统 WDM 系统在灵活业务调度技术领域的发展。

2.6.2 ROADM 光交叉矩阵技术

前面章节提到的 OTM 站点虽然可以同时进行波长的上下话和串通，但每一个波长的调度方式都是直接绑定物理光纤和端口连接。ROADM 组网技术的核心技术特征就是可重构，即可根据业务连接需求去打破业务和物理光纤、物理端口的绑定关系，通过网络层管理程序或控制软件去灵活创建、调度、监控光通道。具备这种特性的站点，一般被称为 ROADM 网元。相比 OTM，只有 ROADM 网元构成的 WDM 网络才能满足智慧光网络随需调度的需求。ROADM 网元中有两方面的核心技术。

（1）ROADM 网元内的光交叉矩阵，即在网元内将不同方向光纤中的波长逐一解复用，并分别进行调度。其展示出来的灵活调度波长方向的特征，被称为方向无关（Directionless）特征，此特征将在 2.6.3 节中展开介绍。

（2）承载业务的光波长灵活地在 WDM 系统中实现波长的上下话，除第（1）点内解耦业务和方向调度外，还需要解耦业务和波长、业务和上下话端口、业务和传输码型等，这些特性分别被称为波长无关（Colorless）、竞争无关（Contentionless）、灵活栅格（Flexible Grid），它们分别将在 2.6.4 节～ 2.6.7 节中展开介绍。

在电芯片传输网元内，一般通过成帧和交换芯片将所有网络侧接口（NNI，Network to Network Interface）和用户 - 网络接口（UNI，User Network Interface）内的业务颗粒进行打散、交叉、重新映射。

如图 2-29 所示，光交叉矩阵的处理逻辑和电交叉芯片类似，它们都需要一个“光交叉矩阵”将若干接口内的所有波长打散，并按业务需求调度到接口，完成基于每个波长的光信号方向调度。

光交叉矩阵的处理逻辑虽然和电交叉芯片趋同，但在调度能力上存在差异，在内部组成上都具备自己的特点。

（1）调度能力的差异

光交叉矩阵与电交叉调度的最大区别在于，光交叉矩阵只能改变光波长的传播方向，无法改变承载业务的波长、频率。对于后面提到的智慧光网络的网络层控制技术，电交叉可以调度不同接口中的不同标签，而光交叉矩阵调度同一业务时，标签在光交叉前后必须保持一致。

（2）内部组成的特点

光交叉矩阵无法像电芯片一样由单体芯片完成整体业务调度，需要若干 WSS 器件进行内部端口连接，通过多器件“拼接”组成光交叉矩阵。每个 1×n 的 WSS 板卡提供 1 个外部接口和 n 个内部接口，这 n 个内部接口与另外 n 块 WSS 板卡的内部端口互联。

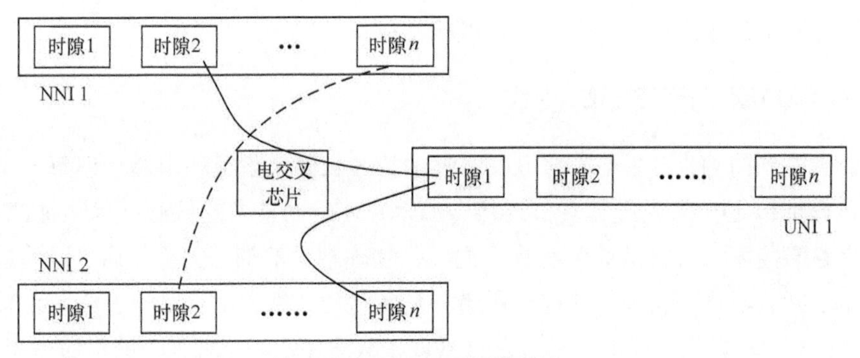

（a）电交叉芯片在网元内调度时隙

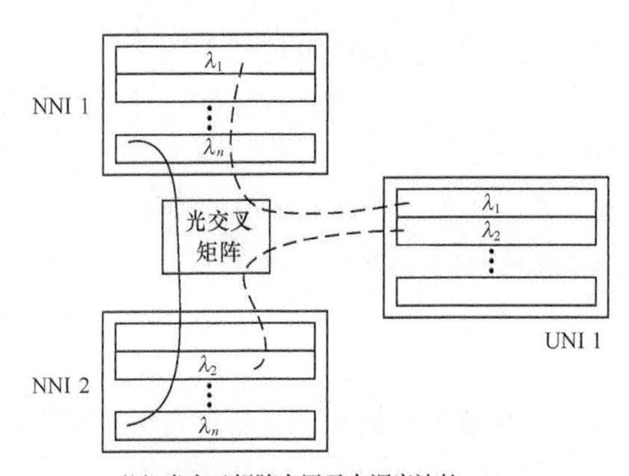

（b）光交叉矩阵在网元内调度波长

图 2-29　光交叉矩阵的处理逻辑和电交叉芯片类似

2.6.3　从方向相关（Directioned）到方向无关（Directionless）

2.6.1 节中介绍了早期 WDM 系统，那时 WSS 器件成本昂贵，并且人们对网络的调度要求不高，因此 OTM 内本地上下话的波长根据要去的方向进行光纤连接，波长和光纤连接一一对应，也就是波长和端到端路径一一对应。这种网络我们无法通过动态配置去调整波长传输的方向，因此叫作方向相关。例如在 2.6.1 节中 OTM 环形组网的例子，如果展开到 OTM1 网元内部，如图 2-30 所示。

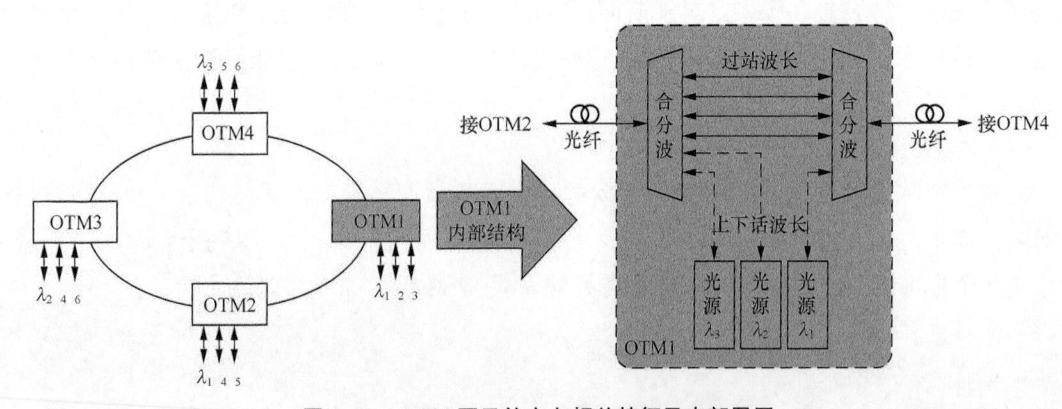

图 2-30　OTM 网元的方向相关特征及内部展开

随着智慧光网络的引入和发展，我们对波长业务的诉求除大容量、超高速外，还有就是承载业务的波长随需调度，此时需要利用 ROADM 网元的方向无关特征，即在每一个 ROADM 网元内通过给光交叉矩阵中的每一个 WSS 器件下发动态的配置来确定不同波长通过的路径，也可以下发配置动态地更改这些波长路径。

在光交叉矩阵内部，根据波长传输路径需求去动态配置 WSS 器件的过程如图 2-31 所示，只需要通过分析 WSS 之间光纤连接的关系，将端口和波长对应关系的配置下发到目标机盘，就完成了波长串通过程。

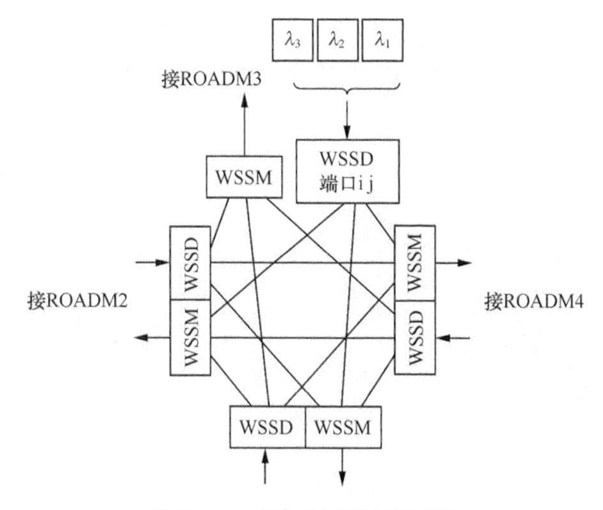

图 2-31 光交叉矩阵内部连纤

ROADM 网元的方向无关组网方式和特性主要可以提升网络对每个波长所走路径的调度能力，这增强了智慧光网络随需灵动的特性。无论是使用波长交换光网络（WSON，Wavelength Switched Optical Network）还是路径计算单元（PCE，Path Computation Element）、SDN 等控制面，无论是割接时的主动运维还是光纤中断时的被动倒换恢复，都需要利用方向无关的特性完成波长在网络中路径的切换。

2.6.4 从波长相关（Colored）到波长无关（Colorless）

方向无关主要是将承载业务的波长和路径解耦，但波长和业务仍然是一一对应的，这主要是因为使用 AWG 器件来进行光波长的耦合和分波时，需要将光转换单元（OTU）输出端口固定连接在 AWG 器件对应波长的物理端口上。比如在 ROADM 网络发展起步初期，使用 AWG 器件上下话波长，虽然每一个波长在网络中仍然可以调度方向，但锁定了业务和波长的对应关系。

随着 WDM 网络的发展，WDM 网络需承载的业务数量的急速增加与系统波长总数之间存在着突出的矛盾。如图 2-32（a）所示，使用 AWG 进行波长上下话时，无论网络发生什么变化，或者是业务需求发生什么变化，OTU 的波长都无法变换。当需要对网络中的 OCh 更换波长时，就必须人为去机房更换 OCh 到 AWG 器件的连纤，将光信道业务的收发光转换单元的尾纤更换到 AWG 器件的新目标波长对应的端口上。这种网络被称为波长相关（Colored）网络，它需要人为地去更改物理连纤的运维方式，它和智慧光网相去甚远。

在图 2-32（b）所示的场景中，ROADM 网络经常需要同时调整承载业务的波长和波长使用的路径，此时就必须同时使用方向无关和波长无关组网。

如图 2-32（c）所示，使用 WSS 器件替代 AWG 器件完成波长的合分波过程，并将业务端口逐一连接合分波 WSS 器件的内部端口，通过 WSS 器件动态配置来设置每一个 WSS 可以透过的波长，从而解绑波长和业务的固定联系。这种将业务和波长解耦的 ROADM 网络被称为波长无关网络，波长无关网络再面对图 2-32（b）所示的应用场景时，只需要对 WSS 更新透过的波长配置，并同步配置 OCh 的收发光波长，即可最终打通整个波长业务，而不需人工进行光纤连接的更改。

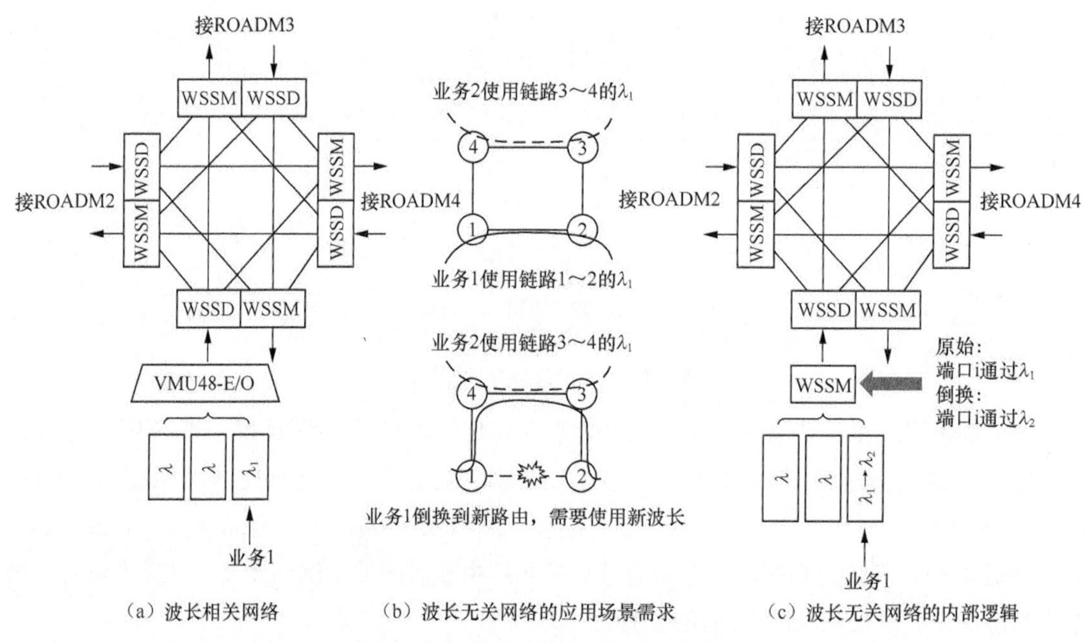

图 2-32　波长无关网络特性及应用场景

2.6.5　竞争无关（Contentionless）

波长无关与方向无关组网方式，已经足够应对一般的 ROADM 组网应用，比如“十三五”时期，国内运营商在一二干部署的一些 ROADM 网络，基本都是波长无关叠加方向无关（CD）网络。

但 CD 网络并不是完全无阻塞的。CD 网络每一个本地上下话 WSS 对同一个波长只能上下话一次，当一条 OCh 业务占用了一个波长时，其他上下话的业务就无法再使用相同的波长，因此，这两条业务针对同一个目标波长形成了竞争关系，如图 2-33 所示。此时，要解决这种场景，达到多个业务无须通过竞争波长的使用来完成上下话，就需要竞争无关组网了。

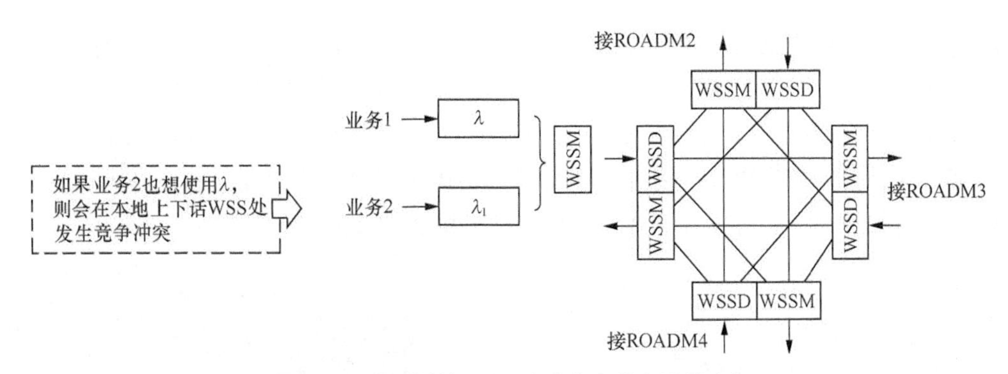

图 2-33　上下话的 WSS 中产生多业务波长竞争

竞争无关组网的核心技术要求相同波长可以同时上下话，为了达到这个目标，几种不同器件可以使用不同的组合方式，它们的效果也有一些差异。

1. 多个 WSS 本地组构建竞争无关网络

传统 CD 网络架构的 ROADM 网络随着波长业务的增多，会遇到上述波长竞争的场景。这种既存网络不会进行大规模的改造，因此最简单的方法就是通过扩容去增加本地上下话方向，由早期的一个本地上下话 WSS 组变为多个，如图 2-34 所示。

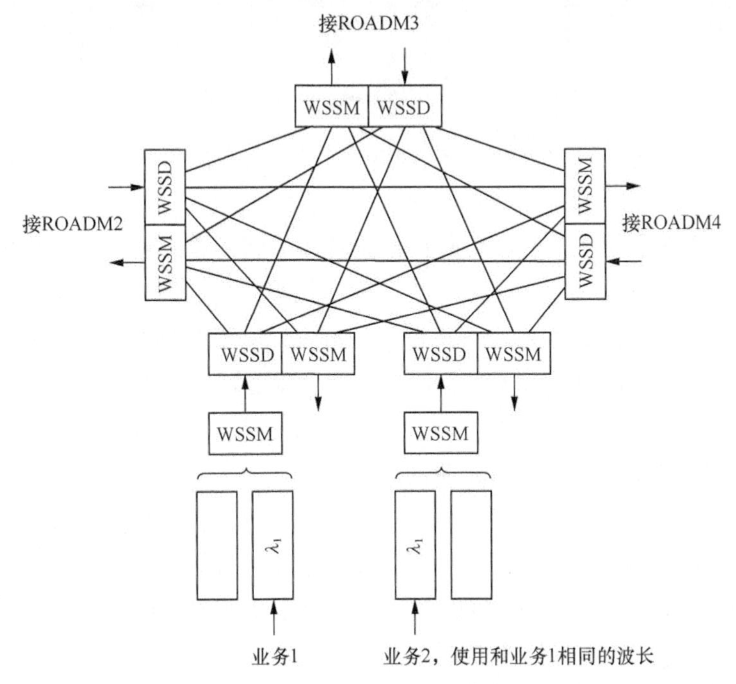

图 2-34　多个 WSS 本地组构建竞争无关网络

这种方式的最大优点是可以平滑演进和扩容，根据需要不断增加上下话的维度数和波长数。但这种组网方式的缺点也较明显，严格来说只是采用一种变通的方式来解决部分竞争问题，并非完全无竞争的网络。比如同一个波长最多的上下话次数仍然受限于 WSS 本地组的维度数目，并且同一个 WSS 本地组下仍然只能上下话一次相同的波长。

2. MCS 器件构建竞争无关网络

一个 $m \times n$ 端口多播交换光开关（MCS）有 m 个输入端口和 n 个输出端口，由 m 个 $1 \times n$ 端口光分路器和 n 个 $m \times 1$ 端口光开关构成。光信号从其中一个输入端口输入，首先被光分路器分成 n 份，向所有 n 个光开关广播，然后由对应目标输出端口的光开关选择接收到的光信号，而其他光开关可以选择忽略该信号，如图 2-35 所示。

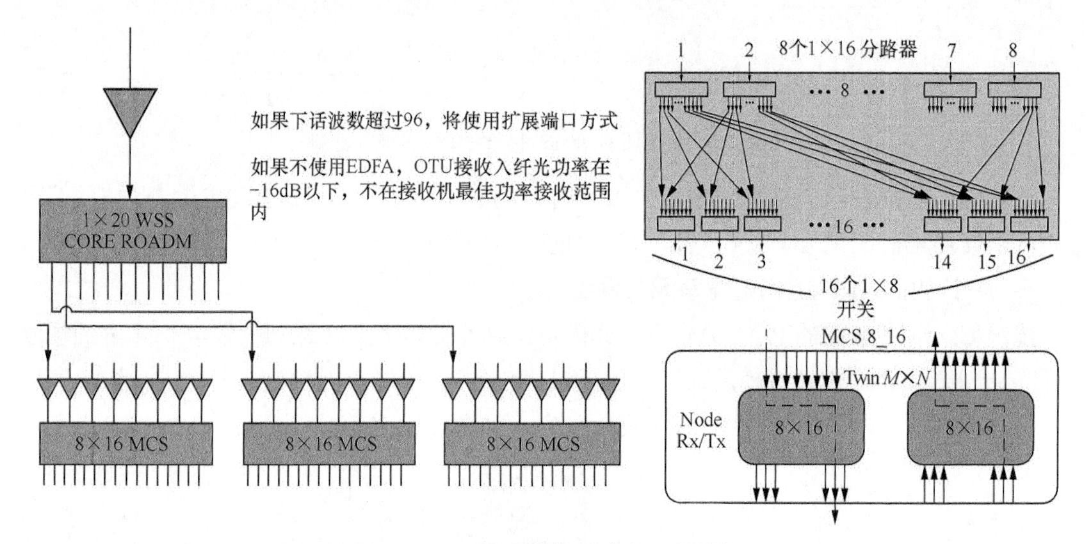

图 2-35　MCS 器件构建竞争无关网络

通过 MCS 器件组成竞争无关网络时，功能上可以完全满足要求，即可以任意上下话若干个相同的波长，但性能上仍有较大的缺点。

一方面是 MCS 没有滤波功能，因此在合波时，相邻信道的功率会互相串扰，使各信道的 OSNR 降低，BER 增大。

另一方面是因为 MCS 使用光开关和光分路器件，8 路或 16 路的 MCS 器件的插损就高达 20dB 左右。因此必须使用 EDFA 进行信号放大和补偿，对系统整体的传输质量和功耗都有较大影响。

3. $m \times n$ 的 WSS 器件构建竞争无关网络

在无源 WDM 器件章节中，我们介绍了 $m \times n$ 的 WSS 器件的技术原理，这种器件非常适合同 WSS 配合完成构建竞争无关的 ROADM 网络，具备插损小、切换业务时间快、光谱影响小、整体功耗优异、抗震性好、多种光接口类型兼容等诸多优点。

4. 竞争无关网络方案发展趋势

ROADM 网络竞争无关的技术特征，是智慧光网络泛在和随需特性的基础条件之一。上述的几种方案各有优势。

通过多个 WSS 本地组和 MCS 的方式有约束地使用竞争无关特性，是当前 ROADM 网络持续扩容业务的首选方案，其成熟度高、成本可控，并且可以做到平滑升级和演进。

$m \times n$ 方案在技术上无疑是最完美的，但其产业成熟度还有待观察，成本较高，尺寸大、

端口少，且需要对现有 ROADM 网络进行改造和业务割接。

2.6.6　灵活栅格（Flexible Grid）

传统的 40 波、80 波、96 波的 DWDM 系统采用固定波长光谱的方式，波长间隔固定为 100GHz 或者 50GHz，并且波长的中心频率也是固定的。随着高速、大容量 WDM 技术的发展，尤其是超 100Gbit/s 传输速率的应用，当多速率混合组网时，选择各速率信号时，如果按照最大频谱带宽作为固定的频率间隔，会导致频谱资源浪费严重，此时就需要灵活栅格技术，也被称为无栅格。在灵活栅格网络中，每个波长占用的频谱并不再是固定的 50GHz 间隔或是 100GHz 间隔，而是将频谱划分为更小宽度的频谱单位，如 6.25GHz、12.5GHz 等，波长的中心频率也可以根据需要变换。高速信号可以占用一个或多个频谱单位，实现通道带宽的灵活可调，从而提高整网的频谱利用率，如图 2-36 所示。

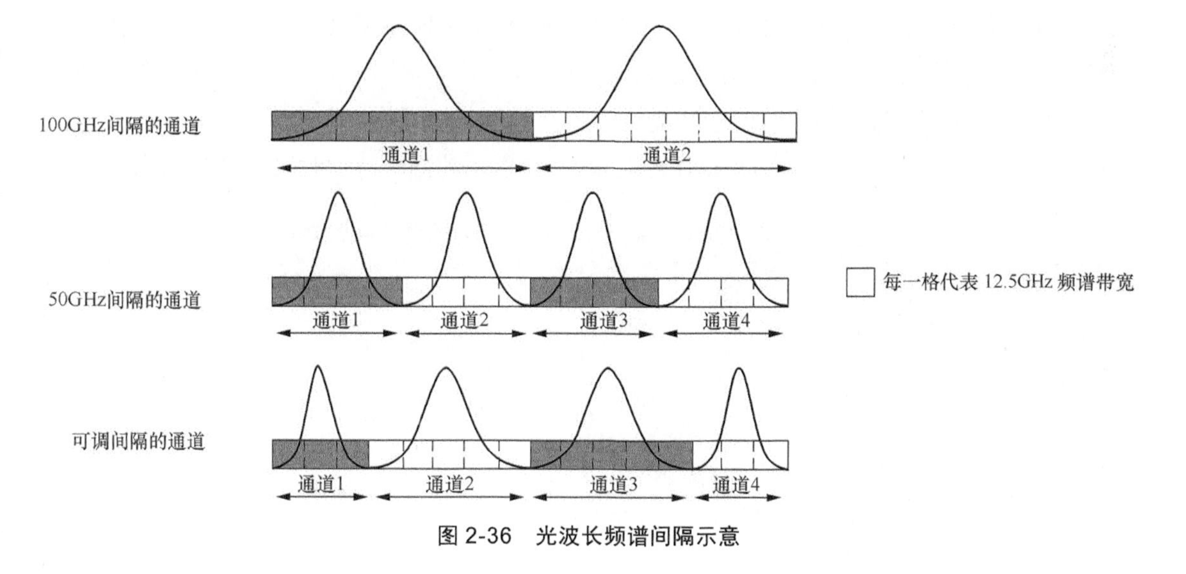

图 2-36　光波长频谱间隔示意

2.6.7　OXC 系统

OXC 和 ROADM 类似，也是在全光领域中对不同方向路径来的不同波长光信号进行交叉调度。

OXC 系统大体是由 OXC 矩阵、输入和输出端口、其他光器件（放大器件、保护开关等）组成，其中 OXC 矩阵是 OXC 设备的技术核心点，其作用就是一个完成所有端口全 Mesh 互联的矩阵“盒子”，如图 2-37 所示。

1. OXC 技术特性

从设备物理结构来看，OXC 设备主要由光线路板卡、柔性光背板、光支路板卡组成，其中与普通 ROADM 设备有较大区别的是柔性光背板技术和光连接器技术的使用。

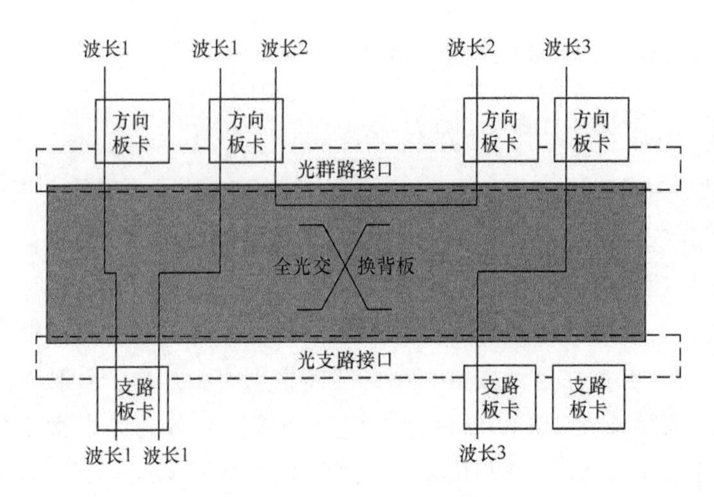

图 2-37　OXC 背板连接示意

柔性光背板是 OXC 设备中技术含量最高的器件，它是将许多光纤“印刷”在一张柔性的底板上，用来替代普通 ROADM 设备中人工连接的所有 WSS 内部互联尾纤，做到光交叉矩阵的零跳纤，从而达到极高的调度能力和纳秒级的时延。再通过光连接器，将光线路或支路板卡的内部端口与光背板进行连接，光连接器需要具备低插损、多次反复插拔稳定性、防尘、可清洁等技术特性。普通 ROADM 组网和 OXC 组网的网络特性对比如表 2-3 所示。

表 2–3　普通 ROADM 组网和 OXC 组网的网络特性对比

特性	普通 ROADM 组网	OXC 组网
扩展性	需要扩容子框和大量 WSS 板卡，并修改和扩充网元内的一些光纤	平滑扩容，网络具备很强的扩展性
集成度	需要较高的机房空间，并消耗较高的功耗	占用很小的空间，网元整体功耗明显降低
网络运维	复杂，涉及多块板卡和多尾纤连接，容易产生故障但又不便于排查故障	跳纤极简，不容易发生故障，维护工作量明显下降

2. OXC 组网的应用

OXC 在保留 ROADM 网络的所有优势外，还具备无纤化的全光交叉、高度集成化、网络运维成本低三大核心特点。因此在引入 OXC 之后，在两个方面有着非常明显的技术优势。

（1）极大地节省资源，包括节省空间、能耗、投资成本。

空间方面，基本可以将传统的 20 ～ 30 个子框（等于 8 ～ 10 个 ROADM 机架）所完成的光层调度功能，集中在一个 32 维的 OXC 子架完成，如图 2-38 所示。这对于运营商或者互联网公司来说，在节省机房资源上无疑是革命性的。

能耗方面，光交叉类的设备本身功耗并不高，公共单元（如电源、控制板卡、风扇等）的能耗占比较高。在使用 OXC 之后，因为子框机架减少后，整个 OXC 只需要一套公共单元，因此网元整体能耗明显下降。

空间和能耗的降低，直接降低了网络运营商或者互联网公司的初期投资和运维投资。

（2）OXC 设备减少了所有板卡之间的尾纤互联，基本实现了光交叉矩阵内部各个方向之间的零跳纤，包括各个方向光监测、光放大器件等器件之间的零跳纤。这可以带来 3 个方面的直接优势。

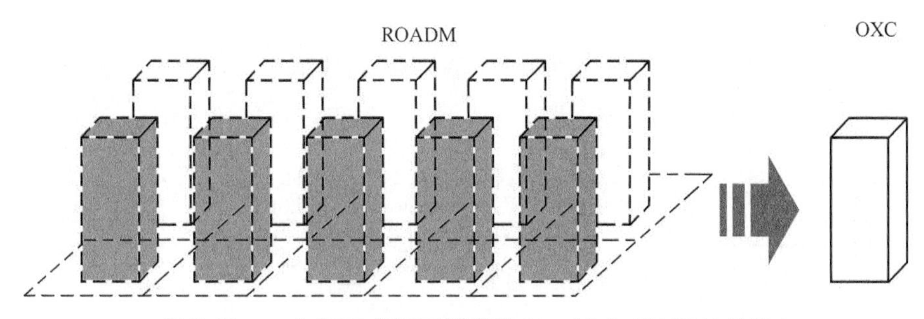

图 2-38　一个 OXC 机架可以顶替 8 ～ 10 个 ROADM 机架

① 优化机房内的物理光纤部署结构，传统 ROADM 节点的光纤连接数在 1000 根以上，这些尾纤有的是跨子框的，有些是跨机架的，而尾纤本身在持续维护中，也有损坏和更换的需求，此时需要从已经排布好的光纤中替换特定光纤的复杂度非常高。使用 OXC 之后的 ROADM 节点，面板上将几乎没有多余的光纤，所有光纤就剩下直接连接各个方向光线路的光纤了。

② 极大地简化了运维人员的开通和维护工作，并极大地提高了开通运维效率。以往 ROADM 站点的开通，运维人员在完成设备安装并插入板卡后，还需要进行尾纤连接，这项工作一般需要耗费数天。而在 OXC 设备上完成基本安装上电后，几乎不需要任何多余的工作。

③ 避免内部连纤错误的情况发生。以往使用人工方式进行各种光器件的连接难免出错。光交叉所有的光纤连接都是工业化的，印制在光背板上，在完成出厂检测之后就完全避免了后期进行光纤连接出现错误的可能。

2.6.8 ROADM 新技术和发展趋势

ROADM 器件和组网已经在行业中广泛应用，为智慧光网络灵活可控、随需可用提供了坚实的技术基础，各种技术的创新和发展也层出不穷。

1. 宽谱 ROADM 网

随着超 100Gbit/s 光传输技术的广泛使用，频谱带宽成为又一个被不断挖掘能力的网络资源，如何在有限的频谱带宽资源上充分利用或是扩展可以使用的频谱带宽，是 ROADM 网络发展的新方向。如从前几年的 C 波段（80 波 ×50GHz 间隔）到 C+ 波段（96 波 ×50GHz 间隔），单纤容量仅提升 20%。

一方面，因为 200Gbit/s QPSK 码型（占用 75GHz 频谱带宽）的出现，人们希望仍保持 C 波段的 80 波系统，提出了 C++ 波段的具体目标，即 80 波 ×75GHz 间隔，频谱带宽提升了 50%，单波长速率提升了一倍，系统整体容量提升到之前的 3 倍。C++ 波段对应的 ROADM 系统，主要是发光单元、放大器件、开关等各种有源、无源器件扩大波长范围，并不涉及系统搭建逻辑的改变。

另一方面，人们除深度挖掘 C 波段的传输能力外，也在同步考虑 L 波段的使用。因为两个波段传输的波长数目更多，光功率增大引起的非线性效应也成为C+L双波段传输的技术瓶颈。增加光纤的有效面积，或是使用C波段、L波段同纤双向传输等技术手段，可以有效避免非线性效应的累加。

如图2-39所示，目前发光单元、放大器件、WSS等器件都是分别针对C波段和L波段的，因此需要逐站点地将C波段和L波段进行分波调度、放大，再合波传输。

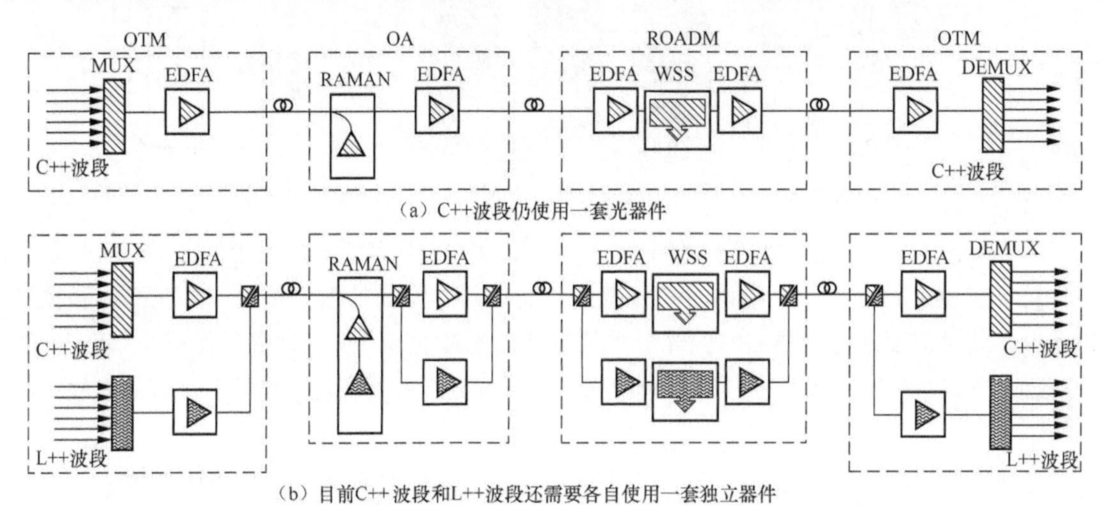

（a）C++波段仍使用一套光器件

（b）目前C++波段和L++波段还需要各自使用一套独立器件

图2-39　C++波段扩展和向L++波段扩展的光系统示意

2. 波长标签技术及应用

波长标签技术是利用调顶方式实现波长的监控及传输的一种技术。具体是指通过调顶的方式来生成一个低速的光随路信号，并加载在波长通道的主信号上，有时也叫导频音、低频微扰信号、过调制信号等。调顶信号具有全光性和与系统光信号的天然捆绑性，因此业界习惯将其称为波长标签、光标识、光标记等。波长标签的示意图及信号调制前后的情况如图2-40所示。

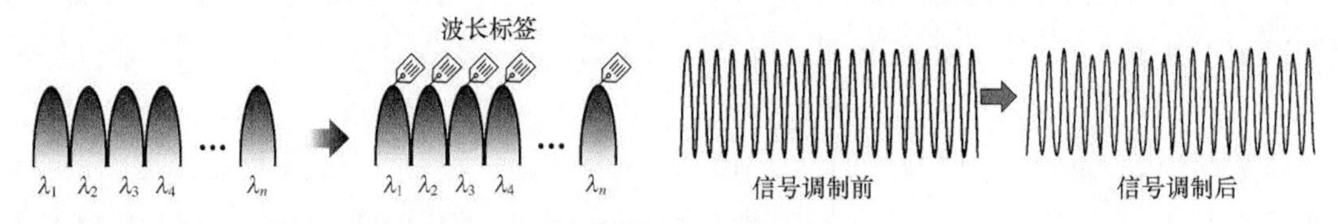

图2-40　波长标签示意

对波长标签，业界通常的做法是在发射机端的光信号上，叠加一个小幅度的低频幅度调制作为标识，在光信号上叠加的调顶信号一般采用正弦信号。对于多波长的通信系统而言，一般是采用频分技术，在不同的波长叠加不同的导频。

波长标签的解调通常布放在光放大站点，通过放大器的MON口分出的一小部分光，到达光标签的光电检测单元，经过光电转化变为电信号，再经过滤波及运放电路的放大，到模数转换器（ADC，Analog to Digital Converter）进行模数转换后送给数据处理单元进行数据的提取和处理，解调出光标签所携带的信息。光标签在系统中的位置如图2-41所示。

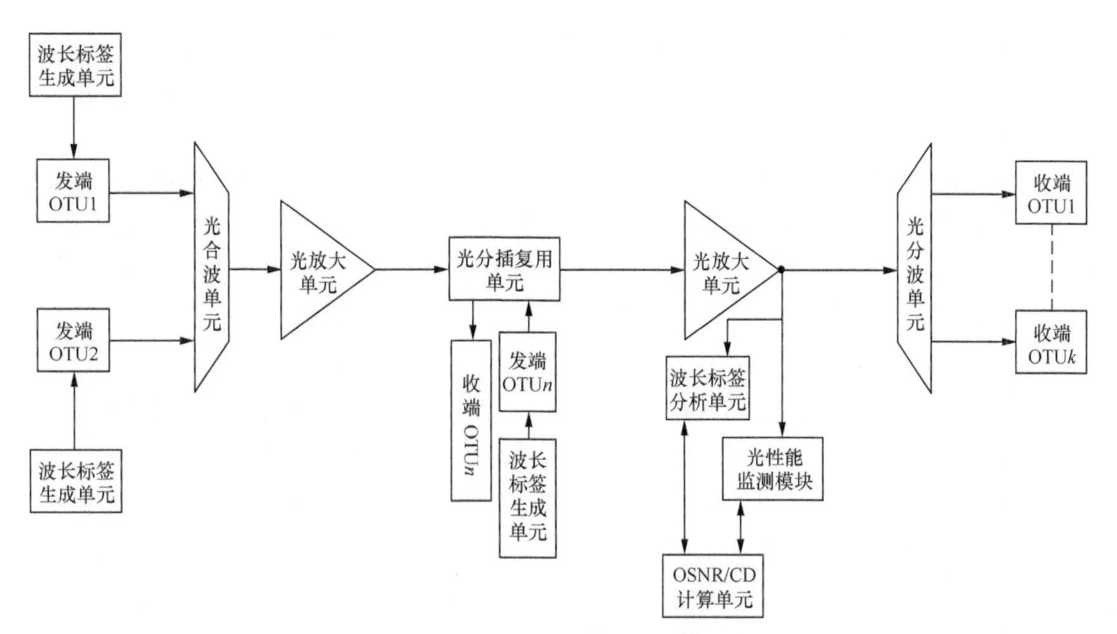

图 2-41　光标签在系统中的位置

光纤通信系统的发展，对系统的可靠性和稳定性提出了更高的要求，系统的运营和维护的作用显得尤为重要。为保证光纤通信系统可靠稳定地运行，需要对光链路中的各类参数，包括信号的光功率、波长，以及光信号的源地址、宿地址加以监测。波长标签技术是一种可以满足上述参数监测需求的技术，在光纤通信系统和网络的运营、管理和维护中发挥着极其重要的作用。

（1）业务规划透明、便利及波长资源回收

利用波长标签技术可以获取全网的波道图，统计出占用波道及空余波道，可以输出全网波道图，实现全网波道资源的统计分析，进一步实现各路径上波长使用度的分析，助力业务规划及扩容时选择短的，以及波道资源丰富的路径。利用波长标签技术还可以识别每个波长是否承载了业务，做到闲置波长的安全回收。

（2）光纤错连识别

随着网络复杂度的提升，人为因素导致的光纤错连时有发生。而利用波长标签技术可以识别波长信息及波长的源、宿路径，并与配置的路径进行比对校验，当实际检测的路径信息与配置的路径信息不一致时，上报光纤错连的告警进行提示，并给出当前检测的实际路径与配置的路径，能够准确定位到光纤错连点，提高故障定位效率。

（3）助力业务的智能开通

波长标签技术能够端到端地告知到业务路径，可以实现波长的自动发现，并能够提供单波长的光功率信息，辅助 OSNR 预算进行业务可达性分析。并且波长标签技术能够实时感知业务路由的动态变化，可以实现主动排障功能。

（4）实现快速故障定位

光标签携带有业务波长的部分性能信息，以及业务波长的路径信息，当线路发生故障

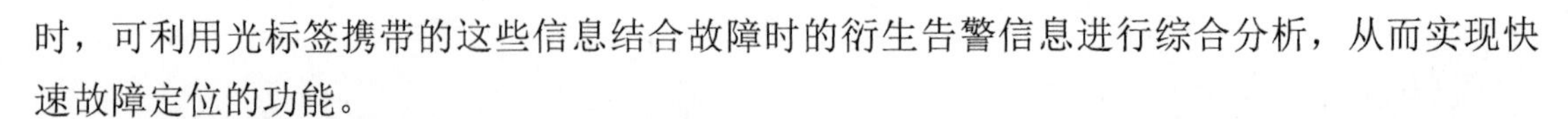

时，可利用光标签携带的这些信息结合故障时的衍生告警信息进行综合分析，从而实现快速故障定位的功能。

（5）网络性能优化

光标签携带业务波长的单波光功率信息，可以结合此性能来进行光系统的调优。比如当判断各波长之前的平坦度超过设定门限时，给出提示进行系统均衡调节或者是光放的增益斜率调整。另外，由于波长标签携带了业务波长的波长信息及源、宿路径信息，这在一定程度上可以减少波长冲突的发生，使得波长资源得到优化。

光标签技术虽然有着诸多应用，但在技术层面上还面临着一些挑战。

一方面是光标签携带的信息量非常有限，另一方面是由于光标签是对业务信道的强度进行直接调制，不可避免地会对业务信道带来一定影响。不过，通常光标签的调制深度很浅，控制在 5% 调制深度以内，加上对光标签调制频率的合理选择，对业务信道的性能影响通常可以控制在 0.5dB 以内（OSNR 代价）。

2.7　多业务承载的 OTN 及 OSU 技术

OTN 是一种可以在 WDM 光域内实现业务信号传送、复用、路由选择、监控的技术。它兼顾了 SDH 的业务承载、传送、复用的优势，以及 WDM 大容量、高速率传输的优势。本节主要介绍利用 OTN 进行多业务承载传送的发展历程和发展趋势。

2.7.1　分组增强型 OTN 技术

分组增强型 OTN 技术是将早期 SDH 业务、分组传送网业务和 OTN 业务通过统一交换的方式，融合在同一端设备中完成不同类型、不同颗粒大小业务的任意交换，既具备多业务承载的广泛兼容能力，又避免了占用过多的机房空间、管理维护复杂等问题。

统一交换是指在同一个交换矩阵上实现不同类型、不同颗粒大小业务的任意交换，包括 OTN 的光通道传送单元（OTU*k*）、SDH 的 VC12/VC4、以太网数据、ATM 信元等业务。统一交换实现的原理如图 2-42 所示。无论什么类型的业务，采用统一的交换矩阵，只是在进入交换矩阵的入口时，才将该业务适配到交换矩阵所接受的统一格式或信元，在完成交换后的出口，再将该输出信号适配回原有的信号格式。采用统一交换架构的设备交换容量大，单级可达 100Tbit/s，易于扩展和集群实现超大容量的电交叉，并且采用统一交换的总交换带宽是共享的。

为了适应业务 IP 化和网络 IP 化的发展趋势，分组增强型 OTN 设备还引入了 MPLS-TP（一种面向连接的分组交换网络技术）功能，在传统 MPLS 技术的基础上，针对数据平面、运行管理与维护（OAM）、控制平面、保护倒换和网管五大方面进行了功能继承或提升，使其能够适合传送网的能力。推动城域传输网向着统一、融合的扁平化网络演进，推进传送网向“智慧光网”方向演进。该技术在目前的网络中被大规模部署、应用。

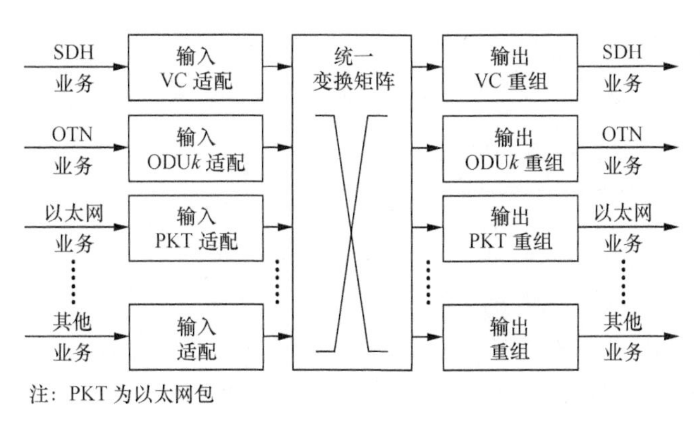

图 2-42　统一交换实现的原理

2.7.2　OSU 技术的关键功能特性

分组增强型 OTN 技术定位于骨干网和城域网，客户侧接入业务一般从 GE 到 100GE，对应 OTN 的 ODU0 到 ODU4 的带宽颗粒。而政企、专网、金融、能源、交通等专线应用的带宽需求主要在 100Mbit/s 以内，其中 2Mbit/s ～ 10Mbit/s 专线的需求存量仍然较大，10Mbit/s 以上的专线增速加快，新增客户电路预计普遍提速至 50Mbit/s ～ 100 Mbit/s，业务接口类型以以太网接口为主，TDM 接口逐步减少。

另外，在业务服务方面，金融和专网用户对电路有安全、保密的要求；能源、交通等有物理隔离的要求；工业、医疗等入云专线和金融专线对时延有严格的要求。还有其他各种行业业务对抖动性能、带宽独占、双向时延一致、时延恒定等业务特性有差异化的要求。

OSU 是 OTN 中用于支持 Mbit/s 及以上速率业务的承载容器，其网络功能能够兼容现有的 OTN 架构，并且能针对上述的业务服务需求提供差异化的网络业务。

OSU 的基本功能主要包括业务适配和交叉调度。业务适配功能包括支持 CBR 业务时钟透传、支持 VC-*n* 业务网络时钟同步、支持多路复用到光数据单元等。交叉调度功能包括单向、双向、环回、广播等多种交叉连接方式。

业务颗粒方面，现有 OTN 以 1.25Gbit/s 时隙为步长，无法支持更精细的带宽（如百兆连接）。OSU 技术帧结构的最小粒度仅为 2.6Mbit/s，类似信元结构，可以进行更精细化的带宽管理，面向业务提供灵活容器，能有效应对 1Gbit/s 以下客户信号承载效率低、承载分组业务灵活性不足等问题。

业务连接数方面，现有 OTN 的 OTU4 容器最多支持 80 个时隙，无法满足分组业务方向数的要求，业务部署的灵活性受限。OSU 技术的支路端口号（TPN，Tributary Port Number）采用随路和灵活时隙映射复用技术，使得一个 OTU4 中可承载近 4000 条业务，极大地增强了业务接入的数量和部署的灵活性。

业务带宽灵活控制方面，现有 OTN HAO 协议复杂，存在 LCR、BWR 交互协议，并且每个站点都必须参与协议交互，导致其实现复杂并且稳定性差。对 OSU 带宽调整来说则简单高效很多，它支持可变比特率（VBR，Variable Bit Rate）映射模式，所以在带宽调整期间不需要特殊模式，也无须 OSU 路径上的所有不同节点参与带宽调整。

业务映射方面，传统的 OTN 承载 VC 等小颗粒业务，需要 VC 映射封装到 SDH 再到 OTN，平均需要 4 ～ 5 级映射。而当 OSU 承载 1Gbit/s 以下的业务时，将业务适配映射到 OSU 中，再复用到低阶光通路数据单元（ODU*j*）中，或直接复用到高阶 ODU*k* 中进行传送，映射路径简单，且可以显著降低业务时延。

OSU 技术相比传统的 ODU*k*，除了能够提供精细化的带宽粒度，还能不再依赖传统的 OTN 时隙结构，并能有效增强业务承载的灵活性，这些技术优势来源于其引入了信元结构，并携带 TPN 标识，打破了 TDM 时隙的固定位置，增强了业务灵活性以适配城域网中主流分组业务，又保留了 OTN 硬管道、零丢包等传统的优势特性。

TPN 随路是 OSU 技术在 OTN 上的重大突破，实现了动态化、灵活化和分组化。TPN 必须定义为服务层唯一，用于区别各支路端口。TPN 的处理示例如图 2-43 所示，在端到端通道中，TPN 需要在 OSU 通道经过的每个段层进行终结和再生。

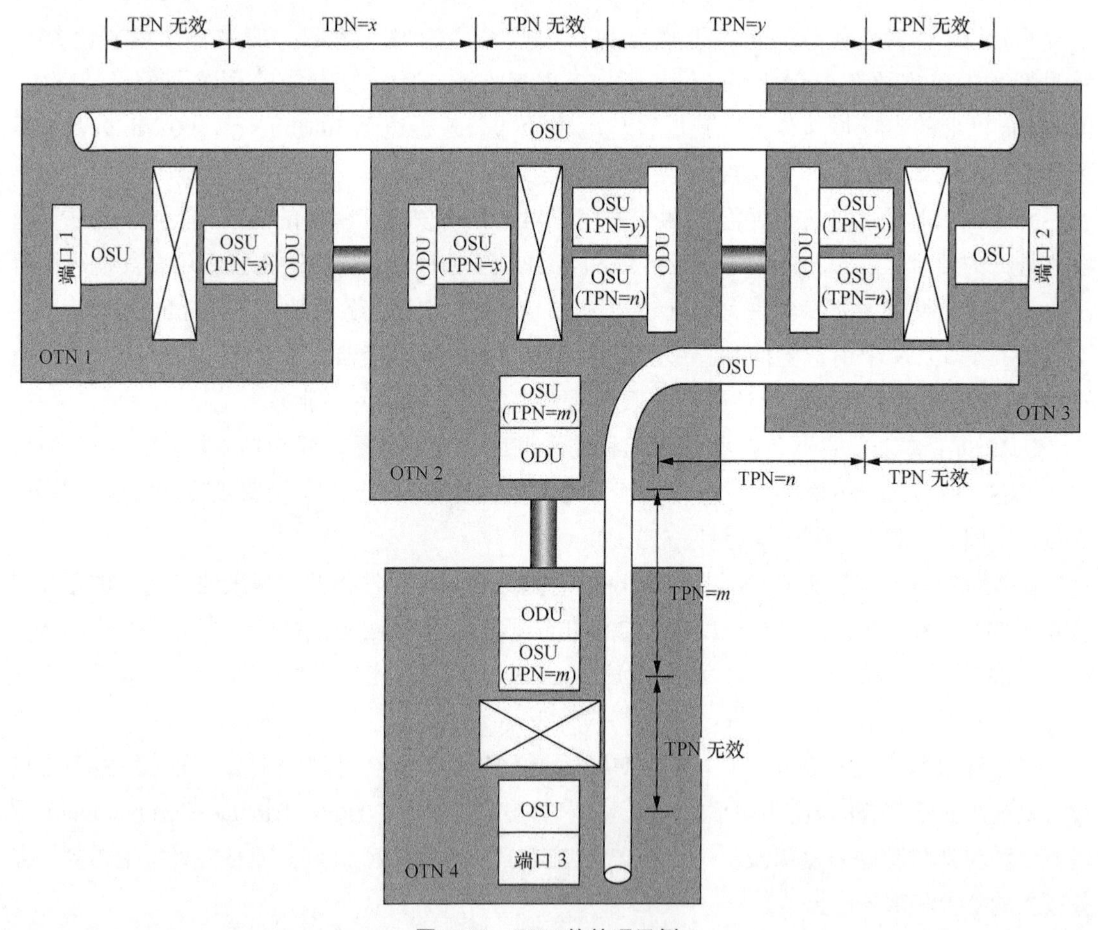

图 2-43　TPN 的处理示例

2.7.3　OSU 演进趋势

OSU 目前正处于技术成熟和应用的阶段。

1. 从 POTN 向 OSU 演进

OSU 网络存在两种典型的应用场景，即新建模式和现网升级模式。

在新建网络模式下，需要将多种业务适配到 OSU，再将多路 OSU 复用到 ODU*k* 进行传送。比如在专线场景下，在客户端增加新的 OTN 用户驻地设备（CPE，Customer Premise Equipment），主要考虑城域网边缘应用。

在现网升级模式下，多种新业务适配到 OSU，而传统业务依然采用 ODU*j* 进行业务承载，承载新业务的 OSU 进一步适配到低阶 ODU*j*。这种方式能够确保网络平滑升级，适合在城域汇聚 / 核心、骨干网部署。

从网络部署上看，可以采用两步升级策略。第一步，城域 OSU 网络扩容，骨干网借用现有 OTN，通过将 OSU 映射到 ODU*k* 中，穿通现有的 OTN 中的骨干网络。第二步，将骨干 OTN 升级为支持 OSU 和 ODU*k* 的骨干网，支持城域网中的 OSU 和 ODU*k* 同时接入，如图 2-44 所示。

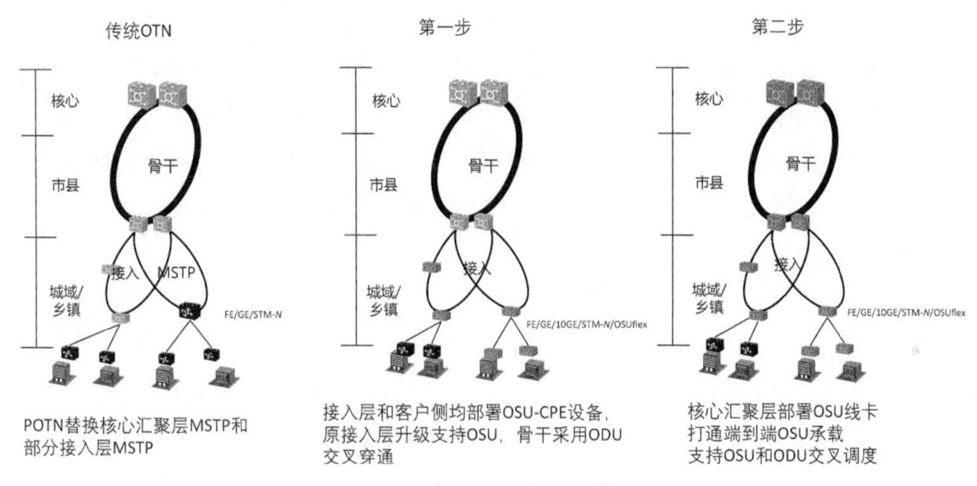

图 2-44　OSU 网络部署平滑升级

2. OSU 标准组织演进趋势

在 2017 年 10 月 ITU Q11 小组中间会议上，中国再次提出在城域网场景下 OTN 支持低速率业务的需求。提出了在 OTN 中承载 PDH/SDH 等 1Gbit/s 以下客户信号的需求，并提出在 SDH 逐步退网的情况下，需要尽快开发基于 OTN 的 1Gbit/s 以下客户信号承载方案。2018 年 2 月 Q11 小组正式将 OTN 支持 1Gbit/s 以下客户信号纳入工作计划，10 月正式提交了 G.709.Sub 1G 立项文稿。

2020 年国际电信联盟（ITU）会议分课题讨论，2 月同意成立 G.OSU 项目，6 月确认了 OSU 应用场景及主要框架。在 2021 年 4 月全会上，国内文稿从 OSU 端到端应用场景入手，并提出了 OSU GCC、SDH 承载、OSU 时延测量、OSU 和 ODU 混合复用等需求；技术方面，中国持续向 Q11 提交联合提案，全面阐述了 OSU 信息模型、OSU 复用机制、OSU 承载多路 VC 方案、客户信号映射、OSU 比特速率原理、保活帧和 OAM 帧机制、无损调整机制等方案。

对于远期的技术演进来说，OSU 要实现小颗粒数据平面泛在多样化、动态化、灵活化，OSU 技术以统一容器的方式进行多业务承载，后期会采用用户自定义可编程 OTN 等对任意速率的 ODU 管道进行私有定制及流量感知网络的演进，增加网络的灵活性和柔性。

2.8 IP 承载技术

IP 承载技术是从 ISO/OSI 7 层结构的数据链路层一直到会话层中相关连接技术的统称。本节主要选取其中得到广泛应用的技术进行介绍，包括数据链路层的高速以太网技术、基于传统 IP 网络发展而来并持续演进的 MPLS 技术、解决网络时延、丢包和抖动等问题的确定性网络技术和基于 IPv6 升级的 IPv6+ 技术。

2.8.1 高速以太网技术

以太网接口最初用于局域网内多个主机之间的通信，传统光网络主要承载 TDM 类型的业务，少量的数据业务通过 E1 承载，彼此联系并不多。到了 3G 时代，NodeB 和 RNC 之间的 Iub 接口就提出了大量数据业务的要求，以太网接口是融合底层 TDM 和上层数据的关键，从此以太网技术开始融入光网络，并且由于大量的局域网和客户端都采用以太网数据接口，因此，高速以太网技术为智慧光网络的泛在和超宽的接入提供了连接基础。

1. 多种速率的发展趋势

通常人们把千兆及以后的以太网称为高速以太网。1999 年 3 月，IEEE 专门成立了高速以太网研究组，致力于 10Gbit/s 以太网的研究，并在 2002 年 6 月正式发布了 10Gbit/s 以太网标准。10Gbit/s 以太网除提升速率外，还在物理层提供局域物理层（PHY，Physical Layer）和广域物理层，以满足不同的应用场景需求。之后，不同应用场景的需求促使了多种速率以太网技术的出现，这种发展不是以 10 倍方式递增，而是同时向前、向后并行进行，向前扩展到 2.5Gbit/s 和 5Gbit/s 以太网，向后扩展到 400Gbit/s 以太网。除 IEEE 802.3 外，OIF 等标准化组织也加入以太网技术的研究当中，如表 2-4 所示。

表 2-4　多种速率的高速以太网

以太网速率	标准组织	标准号	应用场景	优势
千兆以太网	IEEE 802.3	IEEE 802.3z	已经普及，如千兆到桌面	已经普及，价格低廉
2.5Gbit/s、5Gbit/s 以太网	IEEE 802.3	IEEE 802.3bz	企业及其智能楼宇	价格低廉，适合中小企业
10Gbit/s 以太网	IEEE 802.3	IEEE 802.3ae	广泛应用，城域网大量应用	
25Gbit/s 以太网	IEEE 802.3	IEEE 802.3by	云数据中心服务器互联、5G 回传	和 40Gbit/s、100Gbit/s 相比，成本更低、功耗更小
50Gbit/s 以太网	IEEE 802.3	IEEE 802.3cd	云数据中心服务器互联、5G 回传	

续表

以太网速率	标准组织	标准号	应用场景	优势
40Gbit/s、100Gbit/s 以太网	IEEE 802.3	IEEE 802.3ba	40Gbit/s: 数据中心；100Gbit/s 数据中心互联和城域网汇聚	高速率的运营级以太网
超 100Gbit/s 以太网	IEEE 802.3	IEEE 802.3bs	面向未来，大容量，高带宽	
400G ZR	OIF	OIF 400ZR	DCI 光互联	DC 日益增长的带宽需求

2. 40Gbit/s 和 100Gbit/s 以太网

在以太网标准中，40Gbit/s 是首个“另类”的以太网速率，打破了以 10 为倍数的发展规律。40Gbit/s 以太网端口技术和产业链相比 100Gbit/s 以太网更成熟，在芯片成本、光模块成本、端口部署等方面都有着非常现实的意义，面向数据中心的应用可快速实现规模性商用。100Gbit/s 以太网面临更大的技术和成本挑战，侧重在网络汇聚层和骨干层中。

电气与电子工程师协会（IEEE）的 40Gbit/s 和 100Gbit/s 以太网标准发布的同时，多个光通信标准组织也在积极制定相关规范，如 IEEE 主要制定客户侧的网络接口和以太网相关映射标准；ITU-T 主要制定运营商网络相关的标准，进一步规范 OTN 接口标准，对 40Gbit/s 和 100Gbit/s 以太网的承载和映射进行了明确定义；OIF 则负责制定 40Gbit/s 和 100Gbit/s 波分侧光模块电气机械接口、软件管理接口、集成式发射机和接收机组件、前向纠错技术的协议等规范，有力地推动了波分侧接口设计的标准化。

3. 超 100Gbit/s 以太网技术

超 100Gbit/s 以太网技术主要有 3 个具体的方向：200Gbit/s、400Gbit/s 及更高速率的以太网技术；支持 400Gbit/s 以太网互连和多厂商网络互通的 400G ZR 技术；DWDM 承载高速以太网技术。

（1）IEEE 802.3bs 标准

2017 年 12 月，IEEE 802.3 以太网工作组正式批准了新的 IEEE 802.3bs 以太网标准，包含 200Gbit/s 和 400Gbit/s 以太网所需要的媒体访问控制参数、物理层和管理架构的定义等。200Gbit/s 和 400Gbit/s 端口已经投入商业部署应用中，超高带宽可满足云扩展数据中心、互联网交换、主机托管服务、服务供应商网络等带宽密集型的需求，并大幅降低端口成本。如今，IEEE 802.3 已将主要的研究转向更高速率的以太网技术，如 800Gbit/s、1.6Tbit/s，以满足未来 5G/6G 时代万物互联的需求。

（2）400G ZR/ZR+ 规范及 DWDM 承载高速以太网

为了满足数据中心的高速互联，IEEE 专门研究了支持 80km DWDM 系统单波 100Gbit/s 和 400Gbit/s 速率点对点传输的应用场景，通过引入相干光传输技术来实现用 DWDM 承载 400Gbit/s 高速以太网。2019 年 3 月成立的 IEEE 802.3ct 标准项目，其主要目标就是完成制定基于 DWDM 系统的 100Gbit/s 和 400Gbit/s 相关标准，并着手制定其物理层相关参数与规范要求，主要包括 PCS（物理编码子层）、PMA（物理介质附加子层）、光物理层等。

除了 IEEE，OIF 结合 DWDM 和高阶调制技术，在 2020 年 3 月发布了 400G ZR 正式标准，提出了一种独特而又先进的相干技术驱动大容量数据传输的解决方案，目标是在 80km 的链路上传输 400Gbit/s 以太网。前面光模块章节也对其进行了展开和描述，其尺寸小巧、紧凑，可热插拔，目前多采用 QSFP-DD 和 OSFP 封装并完成互连，带来了简化供应链管理和快速部署等双重好处，助力云计算和超大规模数据中心的高带宽需求，有效应对云服务、物联网设备、流媒体等应用需求的增长。

400G ZR+ 是针对传输距离超过 80km 的下一代 400Gbit/s 城域网传输的规范，它有望根据覆盖要求和与已建立的城域网基础设施的兼容性来支持多种不同的信道容量，进一步提高模块化程度。

4. 2.5Gbit/s 和 5Gbit/s 以太网

2.5Gbit/s 和 5Gbit/s 以太网技术主要是应对无线网络设备的大量部署，这些使用 IEEE 802.11ac 无线终端的实际接入速率已经达到 1.3Gbit/s，后续的 802.11ac wave2 和 802.11ax（Wi-Fi 6）中，无线终端最高的接入速率在理论上可达到 6.9Gbit/s 和 9.6Gbit/s。

升级万兆以太网可以提供更高的网络带宽及传输速率，从技术层面看是可行的，但是万兆网络端口需要配套 Cat6、Cat6a 或以上线缆，无论是在现有线缆的利旧还是新增布线的便利性上都存在挑战。

因此，2016 年 IEEE 正式发布了 2.5Gbit/s 和 5Gbit/s 两种传输速率规格的 802.3bz 标准，明确定义了 2.5Gbit/s 和 5Gbit/s 以太网介质的访问控制参数、物理层规范和管理传输网络对象等内容。其可以在继续使用现有主流的 Cat5e 线缆的基础上，提供更高、更快的网络传输速率，并向下兼容 10Mbit/s、100Mbit/s 和 1000Mbit/s 网络，这是企业进行网络升级改造的首选方案。2.5Gbit/s 和 5Gbit/s 网络端口和其他速率端口进行对接，通过其自协商功能自动选择同样的工作参数，以使其传输能力达到双方都能够支持的最大值。

5. 25Gbit/s 和 50Gbit/s 以太网技术

在 40Gbit/s 和 100Gbit/s 以太网已经存在的情况下，25Gbit/s 和 50Gbit/s 以太网标准是数据中心厂家追求以太网端口更高性价比的结果，它能更好地满足低成本、低功耗的需求，特别是云数据中心服务器对低成本的需求。例如 25Gbit/s 以太网布线与 10Gbit/s 以太网布线具有基本相同的成本结构，但性能是 10Gbit/s 以太网的 2.5 倍。而 50Gbit/s 以太网的成本是 40Gbit/s 以太网的 1/2，但性能提高了 25%。

2014 年 7 月，谷歌、微软、Arista 网络、博通和 Mellanox 等公司成立了 25G 以太网联盟的供应商组织，其目的是实现 25Gbit/s 和 50Gbit/s 以太网的标准化。IEEE 随后表示将实现 25Gbit/s 和 50Gbit/s 以太网的标准化。同期，芯片制造巨头博通携手合作伙伴加快推动 25Gbit/s 和 50Gbit/s 以太网在 IEEE 的标准化。

2016 年 5 月，IEEE 正式批准制定 25Gbit/s、50Gbit/s 和 200Gbit/s 以太网的标准，其中面向 25Gbit/s 以太网的 802.3cc 标准主要基于单模光纤开发 10km 和 40km 物理层标准；面向 50Gbit/s 以太网的 802.3cd 标准与面向 100Gbit/s 和 200Gbit/s 以太网的 IEEE 标准一起并行开发，形成一个基于 50Gbit/s 单通道的公用平台。

总的来说，当前的以太网技术是以应用需求为驱动的。面向不同的应用，人们需要一些新的速率、不同的介质及新的应用技术等。对于未来以太网发展的期望和要求，虽不敢说市场的预期和现在是一样的，但可以肯定的是，低成本、高可靠和广泛的互联互通是未来的发展趋势。

2.8.2 MPLS 技术的演进

早期以太网技术仅用于局域网（LAN），而对光网络来说，需要大范围进行网络互联，需要一种广域网（WAN）协议。使用 ATM 技术的 WAN 协议实施复杂度较高，不符合光网络的通用和易用的诉求。因此 MPLS 在这样的技术背景下出现了，它可以在光网络中转发多业务流量。随着 3G 网络的发展，IP 流量大幅增加，光网络在既有 MPLS 的高复用效率的基础上将增强强连接特性，因此 MPLS 向着 MPLS-TP 的方向演进：既保持了 MPLS 的传统优势，又提供面向连接的服务功能，使运营商光网络的服务可靠性更高。

随着网络规模的进一步扩大，人们越来越意识到 MPLS 技术中的信令技术过于复杂，且不易扩展性。于是人们回归到采用集中式优化的思路来解决这个问题，通过引入 SR 技术，构建出集中式优化和分布式智能结合的混合模式。本节将按照上述逻辑和顺序，阐述 MPLS 技术的演进过程和发展方向。

1. MPLS–TP

MPLS-TP 是一种面向连接的分组交换网络技术，利用 MPLS 路径，省去 MPLS 信令和 IP 复杂的功能；支持多业务承载，独立于客户层和控制面，并可运行于各种物理层技术上；具有强大的传送能力 [服务质量（QoS，Quality of Service）、OAM 和可靠性等]。

MPLS-TP 可以用一个简单公式表述：MPLS-TP = MPLS + OAM−IP。可以看出，MPLS-TP 是 MPLS 的一个子集，去掉了基于 IP 的无连接转发，增加了端到端的 OAM 功能，使之更加适合运营级网络。

MPLS-TP 主要应用于移动回传网络中，移动回传网络是指基站到 RNC/BNC（基站控制器）之间的专线网络。典型的 MPLS-TP 应用如图 2-45 所示，移动回传网络采用 MPLS-TP 技术，为基站与 RNC/BNC 之间的数据回传业务提供专线。基站和 RNC 之间的 TDM 业务、IP 业务等均可以通过 MPLS-TP 网络提供的专线进行传送。

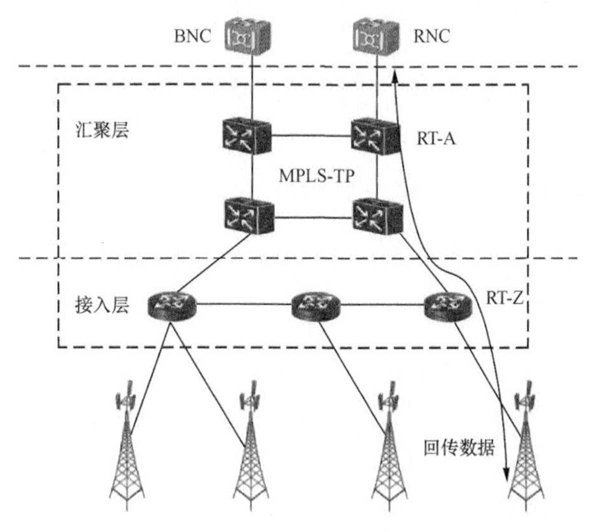

图 2-45　移动回传网络

MPLS-TP 用在城域网或是 3G/4G 移动回传网络中时，所有的业务需要适配到光层上进行传送，如图 2-46 所示。作为一个完整的分组传送体系，分组传送网（PTN，Packet Transport Network）具有自己的保护措施，如支持 1 + 1 保护、1 : 1 线性保护、环网保护等。当采用这种分层结构时，多层之间的保护需要协同，一般会启用 Hold-off 定时器，即光层智能保护优先。

2. SR-MPLS

在利用 MPLS 技术进行创新的同时，MPLS-TP 也继承了 MPLS 的一些先天不足，如每个网元独立计算网络拓扑、依赖标签分发协议（LDP，Label Distribution Protocol）和基于流量工程扩展的资源预留协议（RSVP-TE，Resource Reservation Protocol-Traffic Engineering）等进行标签分配，从而导致需要维护的中间状态众多、开销大；虽然可以做到局部最优但缺乏全局视角，难以同 SDN 控制器实现无缝对接。

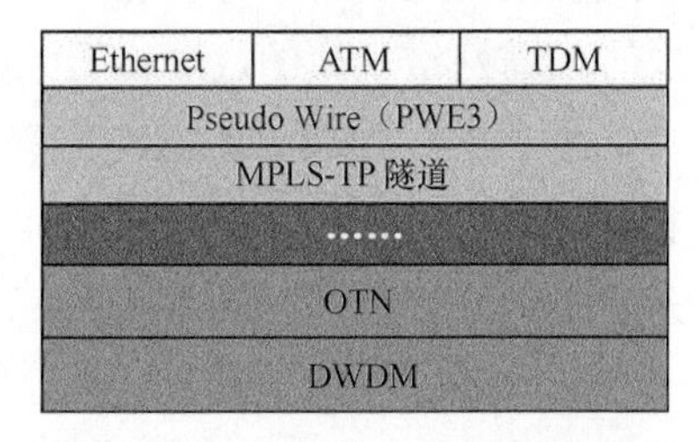

图 2-46　PTN over 光的分层结构

中国移动在进行 5G 业务承载时，创造性地引入了 SR-MPLS 技术，形成了基于 SR-MPLS 的 SPN 5G 承载技术。SR 技术是由 Cisco 公司提出的一种源路由机制，旨在为 IP 和 MPLS 网络引入可控的标签分配，为网络提供高级流量引导能力。SR 技术分为两种，一种是基于 MPLS 的 SR-MPLS 技术，另一种是基于 IPv6 的 SRv6 技术。

SR-MPLS 虽然在转发面也采用 MPLS，但它是一种源路由技术，使用标签栈来描述通过网络所需的路径，不依赖 LDP 等复杂的协议，也不需要维护复杂的网络中间状态，可以同 SDN 实现无缝对接。在转发面，同传统的 MPLS 路由器一样，标记交换路由器（LSR，Label Switching Router）解析标签，弹出标签并转发。SR-MPLS 目前已经得到了一定程度的应用，同传统的 MPLS 网络兼容性较好，成本相对较低。

SR 控制层面采用 ISIS/OSPF/BGP 等路由协议，转发层面采用 MPLS，都是很常用的协议。SR-MPLS 技术通过在头端节点控制流量要转发的路径，实现了基于源的路由，传统 IP 转发是逐跳基于目的 IP 进行路由的。在策略路由方面，SR 控制流量转发的方法更加简单、高效，管理成本大大降低。

SR-MPLS 的 Segment 在转发层面呈现为标签，由多个 Segment 组成的列表对应的是 MPLS 的标签栈，MPLS 技术在设计之初就支持多层标签。Segment 分为前缀（Prefix）Segment 和邻接（Adjacency）Segment，路由协议将这些 Segment 通告到整个网络，使网络中每个节点都知道区域中所有的 Segment，因此业务的源节点能够方便地通过 Segment 列表来控制数据分组的中间转发路径，决定业务从网络中哪个节点的哪个接口进行转发。

Segment 转发就是标签转发，动作压入（PUSH）、继续（CONTINUE）、下一个（NEXT）分别对应 MPLS 转发的压入（PUSH）、交换（SWAP）、弹出（POP），采用传统 MPLS 的报文头。头端节点判断一个 IP 前缀如果有 SR 出标签则执行压入动作，中间节点执行相应动作，也是根据标签查 SR 转发表，封装指定标签，多数时候出入标签值相同。

单纯的 SR 转发平面简单明了、易于控制，需要维护的网络中间状态很少，结合 SR 的可编程技术，实现智能至简，完全可以按照人们的要求而选择不同的路径，比传统的 IP 转发更加灵活、可靠。

切片分组网（SPN，Slicing Packet Network）是中国移动为了应对 5G 挑战，在保持 PTN 优势的基础上，融合 SR-MPLS 技术，面向 SDN 架构设计，扩展支持更大带宽、灵活连接、更低时延、更高精度时间同步、网络分片等新功能，满足未来 5G/6G 业务承载的发展要求。SPN 采用创新的以太网交叉连接技术（Ethernet Cross Connect）和面向传送的分段路由技术（SR-TP，Segment Routing-Transport Profile），并融合光层 DWDM 技术的分层网络技术体系，SPN 网络分层模型如图 2-47 所示，图中的 SR-TP 就是利用 SR-MPLS 建立面向连接的分组传送隧道，并通过融合的光层进行 5G 业务的传送。

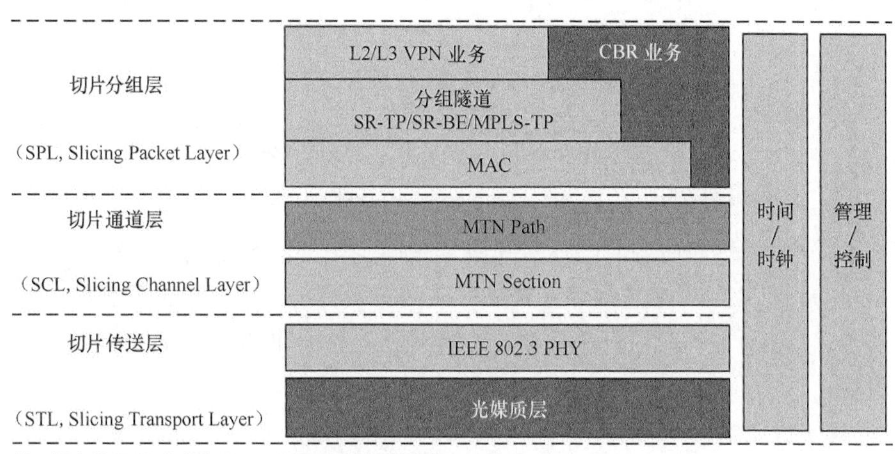

图 2-47　SPN 网络分层模型

2.8.3　确定性网络技术

确定性网络是近几年来产业界研究的热点，是一项实现 IP 网络从“尽力而为（best-effort）”到“准时、准确、快速”，并有效控制抖动、降低端到端时延的技术。2015 年，国际互联网工程任务组（IETF，The Internet Engineering Task Force）成立确定性网络工作组，在第二层桥接和第三层 IP 上实现确定的传输路径，这些路径可以提供时延、丢包和抖动的最差界限，以此提供确定的传送服务。确定性网络是通过二、三层协同完成的。二层是通过时间敏感型网络（TSN，Time Sensitive Network）来实现确定性的，而三层则由确定性网络进行保障，从而在广域网上（如 IP/MPLS）实现确定性的传输。

1. 确定性网络的基本特征

确定性网络主要需要具备高精度时钟同步、零拥塞丢失、超可靠的数据包交付等基本特性。

（1）高精度时钟同步：所有网络设备和主机都可以使用 IEEE 1588 精确网络时间协议将其内部时钟同步到 1μs ～ 10 ns 的精度。大多数确定性网络应用程序都要求终端支持同步，一些队列算法也要求网络节点实现同步。

（2）零拥塞丢失：拥塞丢失是网络节点中输出缓冲区的分组溢出，是“尽力而为”网络中丢包的主要原因。通过调整数据包的传送并为需要提供确定性转发的业务流（也被称为关键业务流）分配足够的资源，可以有效地消除拥塞。

（3）超可靠的数据包交付：确定性网络可以通过多个路径发送序列数据流的多个副本，并在接收端删除多余的副本，规避因设备故障引起的丢包风险。这种方式通常也被称为“双发选收”，是一种利用路径冗余实现业务可靠性传送的技术，如图 2-48 所示。

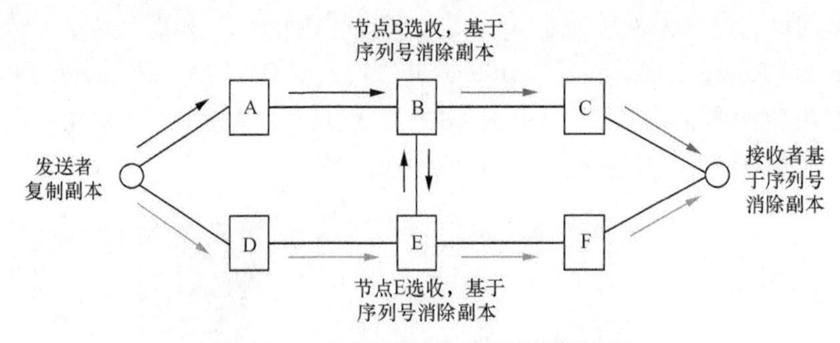

图 2-48　预防丢包风险的双发选收机制

（4）与尽力而为的服务共存：虽然关键业务流会消耗更多的特定资源（如链路的带宽），但在确定性网络中，“尽力而为”的业务也可以采用一定的规则进行正常传送，如采用优先级调度、分层 QoS、加权公平队列等方式进行队列的调度，只是关键业务流降低了这些传统业务的可用带宽。因此，确定性网络可以被看作是在“尽力而为”网络上提供的一种 QoS 确定性保障服务。

2. 二层确定性网络

IEEE 802.1 于 2007 年创建了音频视频桥接任务组。其目标是用以太网取代家庭中的高清多媒体接口（HDMI，High Definition Multimedia Interface）、扬声器和同轴电缆。2012 年，该任务组在时间同步、时延保证等确定性的功能方面进行了扩充，并正式更名为 TSN 任务组，制订了以以太网为基础的新一代网络标准，在工业互联网等方面获得了大量的应用。

为了支持确定性，802.1 TSN 任务组又诞生了多个标准，主要有四大类：时间同步、有界低时延、超高可靠性和资源管理，如图 2-49 所示。IEEE 802.1 标准大部分都局限于二层确定性网络，因此被称为二层确定性网络技术，只支持桥接网络，不支持端到端需要路由器的数据流。

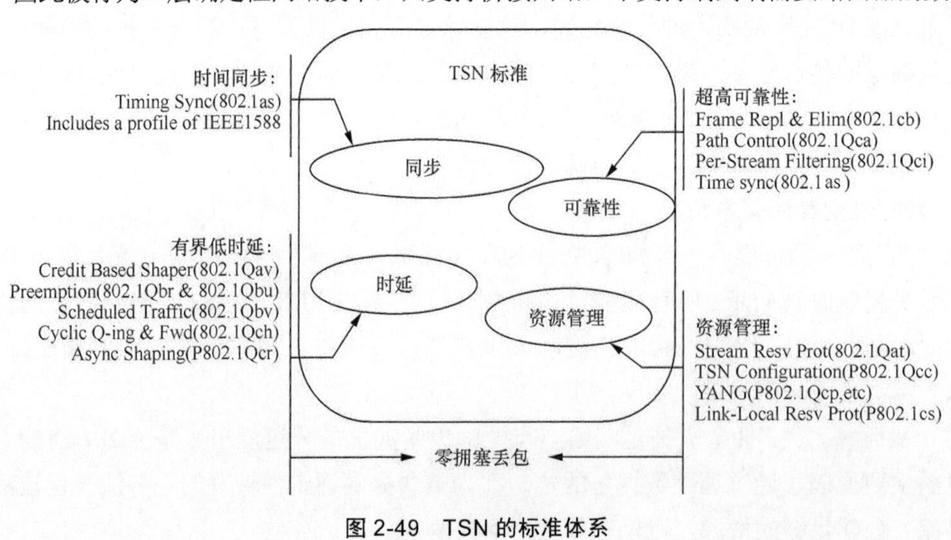

图 2-49　TSN 的标准体系

3. 三层确定性网络

2015 年，IETF 成立了确定性网络工作组，致力于将 TSN 中开发的技术扩展到路由器，让这些技术可以扩展到跨域的 WAN 中，从而支持更大规模的确定性网络，以满足未来 5G/6G 的各种垂直行业应用。同 IEEE 802.1cb 类似的是，当要保障业务的可靠性时，确定性网络也定义了双发选收机制，如图 2-50 所示。

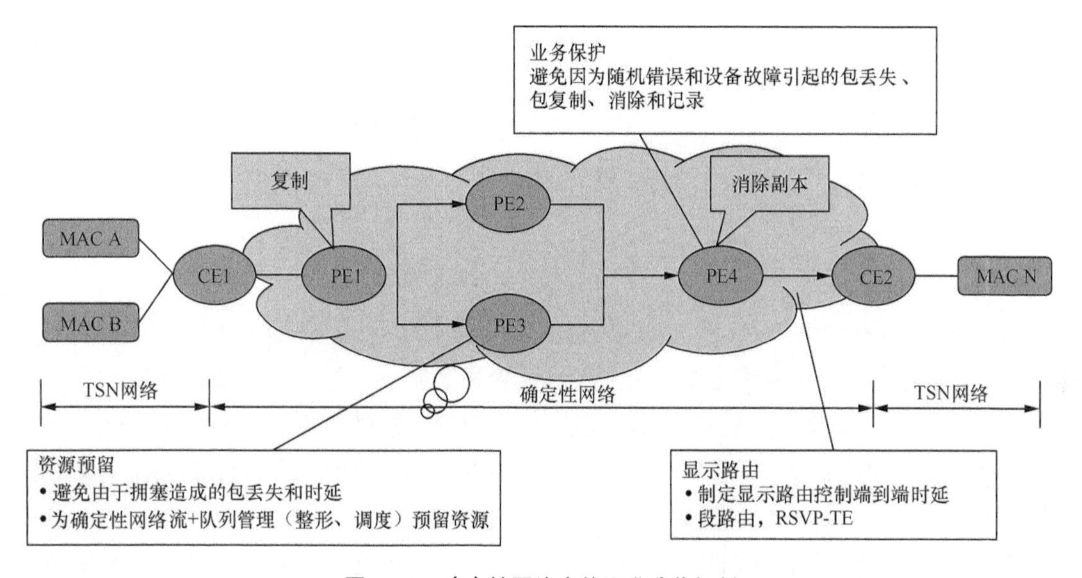

图 2-50 确定性网络中的双发选收机制

尽管图 2-50 是确定性网络中的可靠性保障，但是也体现了 IETF 在低时延和可靠性等方面的设计思路，主要包括 3 方面的内容：通过显式路由（Explicit Route）确保转发路径上的低时延；通过资源预留（Resource Reservation）防止丢包并进行拥塞控制；通过业务保护（Service Protection）防止线路故障等原因造成的丢包。

目前，IETF 关注确定性网络的整体架构、数据平面规范、数据流量信息模型、YANG 模型等；IEEE 802.1 TSN 工作组关注具体的技术及其算法。当二者结合起来就可以保障域内和跨域业务的确定性传送。

2.8.4 IPv6+

2G/3G/4G 时代不需要海量终端连接到网络，但到了 5G 和云时代，接入网络的智能终端会越来越多，32 位的 IPv4 地址已经远远不够用。人们曾试图以网络地址转换作为解决方案，但其转换效率低下等短板限制了对互联网资源的灵活访问。于是，互联网正式进入 IPv6 时代。

IPv6 的地址变成 128 位，形成了海量的 IPv6 地址池，这为万物互联提供了最根本的保证。但基于 IPv6 的互联网保持了 IPv4 尽力而为的转发模式，无法满足智慧光网络中需求各异的千百行业。2020 年年初我国“推进 IPv6 规模部署专家委员会”提出了 IPv6+ 的概念。

1. IPv6+ 的概念

IPv6 实现了万物互联，IPv6+ 则实现了万物智联。IPv6 支持各种扩展头。这些扩展头让

IPv6 的流量在网络中变得更加透明，网络可以识别业务并且智能地处理，基于 IPv6 实现网络可编程。IPv6+ 在 IPv6 的基础上加上对网络连接的智能识别和控制，基于 IPv6 实现了确定性的连接，如图 2-51 所示。

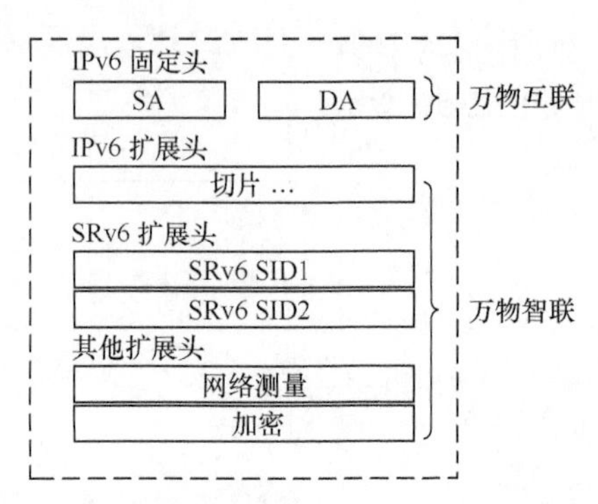

图 2-51　从万物互联到万物智联

IPv6+ 是面向 5G 和云时代的智能 IP 网络，它可以满足 5G 承载网和云网融合的灵活组网、业务快速开通、简化网络运维、优化用户体验按需服务、差异化保障等承载需求。从技术上看，IPv6+ 是一套完整的技术体系，包括以 IPv6 SR、网络切片、随流检测（iFIT，In-situ Flow Information Telemetry）、新型多播和应用感知网络等协议为代表的协议创新，以及以网络分析、自动调优、网络自愈等网络智能化为代表的技术创新。

比如网络设备看到切片扩展头，就能够给这些业务分配这些扩展头对应的 QoS 资源；看到网络测量扩展头，就知道填写数据包到达和离开的时间；看到 SRv6 的扩展头，就知道将流量送到哪个云，是时延最低的云还是端到端带宽最大的云。其终极目标网络即服务（NaaS，Network as a Service）也正是智慧光网络的愿景。当感知出业务类型时，网络设备就能够根据业务类型将分组直接转发到对应的云上去。

通过 IPv6 协议本身扩展头定义的可编程机制，IPv6+ 可以通过网络态势感知技术识别网络的承载质量，配合分片技术实现对业务的安全隔离，通过 SRv6、BIERv6 等技术实现对复杂的网络连接的简化和编程，定义业务在网络中的转发行为，最终满足业务对路径、带宽、资源、时延、抖动的确定性要求。

AI 在 IPv6+ 中也是必不可缺的，在万物智联中引入 AI，通过 SDN 技术实现 AI 和 IPv6+ 各种协议的配合，可以让联接更加稳定和可靠，一些运营商和设备商提出了网络自动驾驶的概念，就是希望在万物智联时代，AI 可以协助 IPv6+ 实现网络的智能化管理和运营。

2. IPv6+ 的发展

在万物智联时代，存在 3 个阶段：首先实现网络可编程，其次是实现用户体验保障，最终实现应用驱动网络。也就是首先需要保证在 5G 和云时代基于业务实现终端和云的按需联接，然后需要保障业务的多维度体验，不仅仅是满足带宽需求，而是最终实现 NaaS。当业务进入网络时，业务在网络中从哪来、到哪去、需要哪些资源都已经确定了。而要满足这些需求，IPv6 已经远远不够了，不论是我国的“推进 IPv6 规模部署专家委员会”，还是国外的欧洲电信标准组织（ETSI，European Telecommunications Standards Institute）等标准组织，都认为 IPv6+ 是万物智联时代的基座，只有基于 IPv6+，才能真正地实现万物的智能连接。

SRv6 是当下最为热门的 SR 和 IPv6 两种网络技术的结合体，兼有前者的灵活选路能力和后者的业务亲和力，以及 SRv6 特有的设备级可编程能力，这些优势使其成为 IPv6 网络时代最有前景的组网技术。引入 SRv6 的目的是使网络更加简单和可控，让网络技术在控制、转发、管理、可靠性等方面完成重大升级，使架构至简，业务承载更加灵活，网络也更加智能化。

SRv6 的出现为 IPv6 的规模部署提供了新的机遇，基于段路由扩展头（SRH）的使用给了人们很大的启发。随着新业务的发展，数据平面不再局限于 SRv6 SRH 封装，而是扩展到基于其他 IPv6 扩展头封装，比如基于目的选项扩展头（DOH）来实现 BIERv6；基于逐跳选项扩展头（HBH）来实现网络切片；基于 HBH 或 SRH 的可选择的 TLV（类型长度数值）也可以使 SRv6 支持 iFIT。

自从 SRv6 打开了基于 IPv6 扩展头的创新之门以后，基于 IPv6 的新应用方案开始层出不穷。业界将这些统一定义为 IPv6+，同时定义了 IPv6+ 发展的协议体系，进行了协议体系相关标准的布局，并同时在 IETF 和中国通信标准化协会（CCSA）并行推进，图 2-52 也列出了从 IPv6+1.0 到 IPv6+3.0 的路线图。

技术课题		IETF	CCSA
IPv6+1.0	SRv6	需求、框架、协议扩展	需求、协议扩展
IPv6+2.0	VPN+	架构、管理模型、数据面扩展、控制面协议扩展	架构、管理接口、数据面扩展 / 控制面扩展
	iFIT	框架、协议扩展	需求、框架、协议扩展
	BIER6	需求、封装、协议扩展	封装、协议扩展
	SFC	需求、封装、协议扩展	
	DetNet	需求、框架、数据面、控制面	
	G-SRv6	需求、封装、协议扩展	封装、协议扩展
IPv6+3.0	APN6	需求、封装、协议扩展	框架、协议扩展

图 2-52　IPv6+ 的协议体系

（1）IPv6+1.0：主要定义 SRv6 基础特性，包括流量工程（TE，Traffic Engineering）、虚拟专用网络（VPN，Virtual Private Network）和快速重路由（FRR，Fast Reroute）等。SRv6 结合 3 个特性和自身优势来简化网络的业务部署。

（2）IPv6+2.0：重点面向 5G 和云的新特性，需要 SRv6 SRH 引入新的扩展，或基于其他 IPv6 扩展头进行扩展。这些可能的新特性包括但不局限于 VPN+、iFIT、确定性网络、SFC、SD-WAN、BIERv6、G-SRv6 和 SRv6 Path Segment 等。

（3）IPv6+3.0：重点是应用感知的 IPv6 网络。随着云和网络的融合，需要在云和网络之间交互更多的信息，IPv6 无疑是最具优势的媒介。

针对上述路标和所包含的内容，产业界已经在 IETF 和 CCSA 进行相关标准的布局，有的已经成为正式标准，有的标准还在积极的讨论中，当前的主要标准研究热点均列举在图 2-53 中。

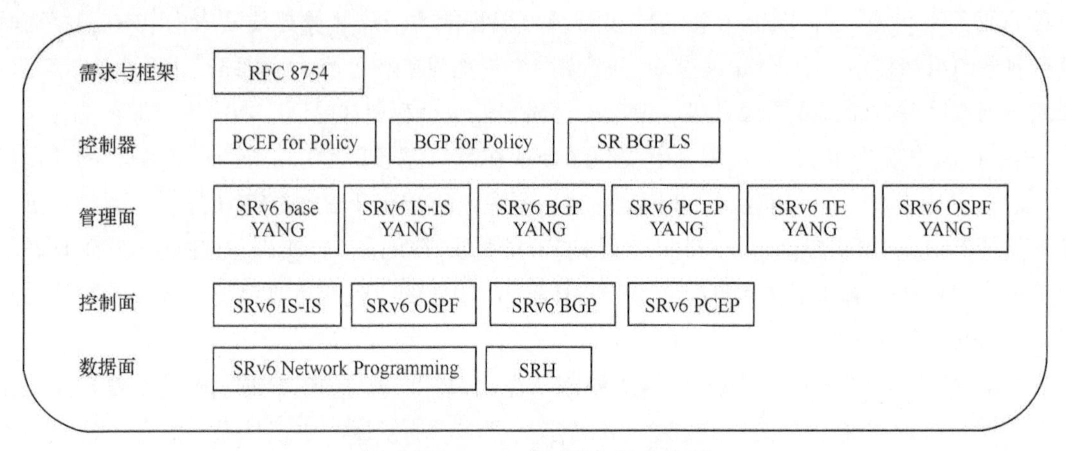

图 2-53 SRv6 基础能力标准布局

IPv6 不是下一代互联网的全部，而是下一代互联网创新的起点和平台，IPv6+ 的路线图有利于引导网络有序演进。随着 IPv6 的规模部署，以 SRv6 为代表的 IPv6+ 技术将在网络中广泛应用，构建出智能化、简单化、自动化、SLA 可承诺的下一代网络。

2.9 光接入网技术

光接入网技术作为智慧光网络的重要组成部分，在持续不断地演进。在其发展过程中，PON 技术成为了光接入网技术中最主流的技术。本节主要对以 PON 作为主要技术构建的光接入网进行介绍。

光接入网在智慧光网络中处于靠近智慧光网络所服务最终用户的接入部分，其体系架构也遵循智慧光网络的体系架构，分为连接层、网络层、服务层。在连接层，通过各种 PON 技术来构成光接入网的底层技术，主流的是以目前已经成熟的 EPON、GPON、10G EPON、XG-PON、XGS-PON 为代表的 PON 技术，以及处于快速发展中的 50G PON、WDM PON 等技术；在网络层，以 SDN/NFV 为代表技术，实现了光接入网的控制和转发的分离；在服务层，通过提供统一的北向接口，实现了光接入网设备的管理和编排；在智能化方面，光接入网与智慧光网络面临着相同的问题，如何通过算法、算力、数字孪生等技术的引入，解决光接入网的智能运维成为光接入网技术方面研究的热点。光接入网的发展，也朝着泛在、超宽、开放、随需的趋势发展。

2.9.1 光接入系统

PON 是一种采用点到多点（P2MP，Point to Multiple Point）结构的单纤双向光接入网，其典型的拓扑结构为树形，如图 2-54 所示。

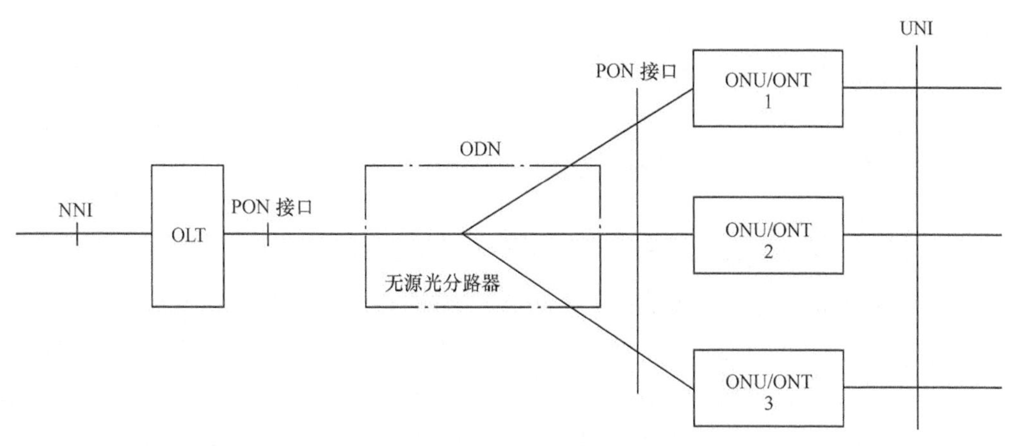

图 2-54　光接入系统的基本架构

整个系统由局侧的光线路终端（OLT，Optical Line Terminal）、用户侧的光网络单元（ONU，Optical Network Unit）和光分配网络（ODN，Optical Distribution Network）组成。ONU 有多种产品形态，如多用户单元设备（MDU，Multiple Dwelling Unit）、单用户单元设备（SFU，Single Family Unit）、家庭网关设备（HGU，Home Gateway Unit）等。而光网络终端（ONT，Optical Network Terminal）是指 FTTH 网络架构中包括用户端口功能的 ONU。

光接入系统中的 ONU/ONT 可以放置在用户家中、大楼、小区、户外等不同的位置，形成了如 FTTH、光纤到大厦（FTTB，Fiber To The Building）、光纤到路边（FTTC，Fiber To The Curb）等不同网络架构，统称为 FTTx。

随着光接入技术的不断发展，新的组网架构也被提出，进一步提升了光纤的覆盖范围。例如，在企业办公环境中，随着 PON 技术的应用，光纤到桌面（FTTD，Fiber To The Desktop）使用光纤替代传统的五类线，将光纤延伸至用户终端计算机。随着光纤和光纤接入设备价格的持续降低，FTTD 接入技术有望获得规模应用。另外，家庭网络中，在 FTTH 技术的普及率提升到 90% 以上后，业界又提出的光纤到房间（FTTR，Fiber To The Room）技术，就是光纤在解决“最后一公里”之后，进一步在家庭中进行延伸，解决最后 10 ～ 100m 的覆盖。

2.9.2　EPON/10G EPON/GPON/XG-PON/XGS-PON

EPON 和 GPON 在光接入领域已经成熟地大规模商用，两者在技术上具有很强的相通性，基于同样的 P2MP 架构，必须要解决面临的相同技术问题，例如功率预算、多路复用、测距、带宽分配、管理通道、ONU 的注册 / 激活，以及技术演进过程中的前向兼容等，两种技术标准通过定义不同的帧结构及协议来解决以上的问题。

在下行方向，EPON 和 GPON 均是连续的码流，每个 ONU 根据各自的标识接收来自 OLT 的数据，在 EPON 中是通过逻辑链路标识（LLID，Logic Link Identifier）来标识一条数据流的，在 GPON 中是通过传输容器（T-CONT，Transmission Container）来接收数据的。在上行方向采用 TDM 的方式，让各个 ONU 进行数据的发送，并保证数据的发送不会冲突。

因光纤的传输有时延，且随着光纤距离的不同而不同，因此每个 ONU 在发送时间上，需要补偿各 ONU 的距离位置不同而引起的传输时延的不同，测距即是补偿时延的一个过程，使得各个 ONU 的发送时刻能够对齐到 OLT 所分配的不同时隙。通常测距是在 ONU 上线注册 / 激活的过程中完成的。

在 EPON 和 GPON 系统中，ONU 的上行带宽都采用动态带宽分配（DBA，Dynamic Bandwidth Allocation）的方式来进行，一般都支持固定带宽、保证带宽、尽力而为等不同的类型带宽分配机制。DBA 是 OLT 根据配置的流量合同和动态的 ONU 活动状态指示向 ONU 流量承载实体重新分配上行传输机会的过程。ONU 活动状态可通过状态报告来指示。和静态带宽分配相比，DBA 机制通过动态适应 ONU 的流量突发情况来提高 PON 上行带宽的使用率。

在管理方面，EPON 采用 IEEE 802.3 标准中的以太网 OAM 机制，而 GPON 主要是通过承载在 GEM 帧中的嵌入式 OAM、物理层 OAM（PLOAM，Physical Layer OAM）和 ONT 的管理和控制接口（OMCI，ONT Management and Control Interface），其中嵌入式 OAM 和 PLOAM 通道管理物理媒体相关子层（PMD，Physical Medium Dependent）和 GPON 传输汇聚层（GTC，GPON Transmission Convergence）的功能，而 OMCI 用于管理上层业务。

在功率预算方面，为了最大限度地保证前期投资，所有的技术都必须能够在现有的 ODN 设施上运行，其基本的预算模型为传输距离 20km，光分路器为 1 : 32、1 : 64、1 : 128，其中光分路器带来的功率损失非常大，其他主要是光纤传输距离、各种连接器、合分波带来的功率损失。这些都是设计光接入系统时需要考虑的因素。

在与前代技术保持兼容方面，主要采用两种方式，一种是 TDM 的方式，另一种是 WDM 的方式。其中，TDM 的方式主要是在带宽的利用率方面存在问题，而采用 WDM 的方式则带来了成本的升高，需要采用合分波器件，两种方式各有利弊。

10G EPON 与 EPON 在系统架构方面完全相同，区别主要在于速率方面的提升，10G EPON 与 EPON 在下行采用了不同的波长，采用波分方式共存，而上行方向，10G EPON 与 EPON 的波长有部分重叠，因此，采用 TDM 方式来共存。

XG-PON 网络的架构与 GPON 网络是完全相同的，采用的工作波长没有重叠，因此在 PON 网络采用 WDM 的方式共存，可以通过外置合分波器或者通过 Combo 光模块的方式来实现。XGS-PON 与 XG-PON 的工作波长完全相同，其采用 TDM 的方式共存。

2.9.3 50G PON

1. 后 10G PON 时代的技术发展趋势

10G PON 后，光接入技术的发展趋势将仍然围绕“提速”与“扩容”这两个方面展开。一方面，提高单个用户的接入速率，从当前的百兆级别提升到千兆甚至万兆级别，以满足

新型网络服务的需求；另一方面，提升系统的容量，以支持用户速率的提升或者覆盖更多的用户。同时，在规划中还应考虑兼容现有的 ODN 及网络设备，保证服务的持续性和扩展性。

在物理层实现提速扩容，最直接的方式是提高通道的带宽，即沿用 PON 传统的 NRZ 调制码型，对整个通道端到端的收发光 / 电子器件的带宽进行提升。这里涉及的光 / 电子器件有激光器 / 探测器、突发及连续的电驱动芯片、跨阻放大芯片、限幅放大芯片及数据时钟恢复芯片等。因此，大力发展 PON 系统适用的 25Gbit/s 和 50Gbit/s 级别的光 / 电子芯片及器件是后 10G PON 时代的首要任务。

采用新型的调制方法是另外一种技术选择，目前新型的调制方法正逐步应用于不同领域，该技术路线同样适用于 PON 领域。PAM4、双二进制调制及 DMT 调制是 3 种较为热门的候选技术。PAM4 技术将 2bit 编码组成一个码元，有效地将符号携带的信息率提升至每个符号 2bit。由于编码的原因，信号从原来的 2 个电平增加到 4 个电平，这也为系统的设计带来了难度，主要体现在对器件线性度的要求更高了。双二进制也是一种编码方式，但是与 PAM4 的最大区别在于它并没有提升每个符号所携带的信息率。举个例子，对于 50Gbit/s 速率而言，PAM4 的编码方式的符号率实际上是 25G 波特率，而双二进制的符号率仍是 50G 波特率。双二进制编码的优点是编码后信号的频谱带宽压缩到了原来的一半左右，因此能够有效地降低对驱动器、调制器、探测器及跨阻放大器等光电芯片的带宽要求。DMT 来源于无线技术，该技术的优势是能够针对每个频点来进行配置，包括频点的功率与编码效率。这样，DMT 信号能够最优地适配各种信道，并且能够支持按照频点来进行用户带宽分配。DMT 调制的技术挑战在于需要高速的 ADC/DAC 及高速数字信号处理单元，并且对光电器件的线性度有非常高的要求。

除增加通道带宽和采用新型的调制码型这两种技术途径外，还可以通过增加通道数量来进行扩容，如 TWDM-PON 采用 TDM 配合 WDM 的模式。该模式下不改变原 ODN 的特征，即基于光功分器（OPS，Optical Power Splitter）的被动分光网络，那么每个 ONU 在下行方向将会同时接收到多路 WDM 信号，这需要可调滤波器进行通道选择。同时，ONU 还需要控制激光器波长以进行上行通道的选择，比如采用可调激光器。

为了保障服务的持续性，在下一代 PON 系统设计中应重点考虑对现有设备及现有网络的支持。PON 系统升级要做到最大限度地兼容和重用现有 ODN 网络和设备，这样能够有效地保护运营商的先期投资。

从图 2-55 中可以看出，随着 PON 技术的不断发展，频谱资源已经变得十分紧张。优秀的波段大部分已被现有 PON 系统所占据，诸如 GPON/EPON /10G EPON/XG（S）-PON/TWDM-PON，剩余的波段少且存在一定的色散或传输损耗。可以通过频谱重用的方法在一定程度上缓解上行方向频谱资源不足的情况，主要的技术途径是采用 WDM 的方式来实现隔代 PON 系统的共存。此外，OLT 还可以采用多速率接收技术，以实现多代 PON 的 TDM+WDM 共存。

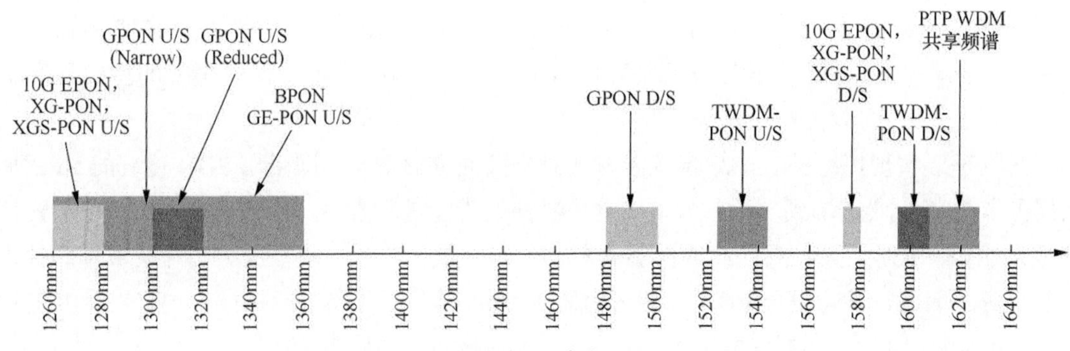

图 2-55　50G PON 系统波长规划（G.9804.1.Amd1）

2. 25G/50G PON 技术发展路线及挑战

（1）IEEE 25G/50G PON 技术发展路线

IEEE 在 10G EPON 后，下一代 PON 的技术标准是 802.3ca，即 25G EPON 技术标准。25G EPON 采用单通道 25Gbit/s 的速率，调制码型仍然是 NRZ 码型。25G EPON 也支持双通道 50Gbit/s 速率，就是通过 2 个波长将速率扩容至 50Gbit/s。25G EPON 有多种技术规格，包括 25G 下行 /10G 上行规格、25G 对称规格、50G 下行 /10G 上行规格、50G 下行 /25G 上行规格及 50G 对称规格。

（2）ITU-T 单通道 50G PON 技术发展路线

50G PON 标准于 2018 年在 ITU-T 立项。目前，50G PON 的标准还在制定中，在 ITU-T 被命名为 G.9804 系列，包括 3 个部分，分别是 G.9804.1（总体需求）、G.9804.2（通用传输汇聚层）、G.9804.3（物理媒质层）。ITU-T 采用单波长 50G 技术方案，其下行波长为 1342nm（基于制冷型激光器），调制码型为 NRZ 码型。50G PON 要求支持的最大传输距离为 20km。如果是在低时延应用场景，如 5G 移动场景，则支持的最大传输距离为 10km。

为了更好地保护 PON 现有网络投资，对 50G PON 有如下平滑演进要求。（1）基于现有的 ODN 实现与已部署 PON 系统的兼容；（2）避免或最小化系统升级对 ONU 获取服务的影响；（3）50G PON 应支持所有现有的 PON 系统服务，现有的 PON 系统包括 GPON、XG-PON、XGS-PON、10G EPON 和 TWDM-PON。50G PON 的上行波长考虑两种不同的波长，分别应对与不同代际的 PON 进行兼容。如果与 GPON 共存，上行则采用 1270nm 波长；如果与 XG-PON/10G EPON 共存，上行则采用 1300nm 波长。IEEE 和 ITU-T 在 50G PON 上规格的对比如表 2-5 所示。

表 2–5　IEEE 和 ITU–T 的 50G PON 规格对比

	IEEE	ITU–T
下行单通道速率	25Gbit/s	50Gbit/s
50G 下行通道数量	2	1
50G 下行波长	1342/1358nm	1342nm
50G 上行波长数量	2	1
功率预算	24/29dB	29/32dB

3. 50G PON 发展的技术挑战

功率预算一直是制约 PON 系统向更广覆盖及更高速率发展的核心因素。光器件的性能存在理论极限，例如，雪崩光电二极管（APD，Avalanche PhotoDiode）探测器存在增益带宽积的上限，当速率 / 带宽不断升高时，探测器的增益系数会降低，从而导致探测灵敏度的下降。

为了与现有 ODN 兼容，系统对功率预算的要求是恒定的。因此，提速与兼容这两个要求在功率预算层面本质上是冲突的，必须不断地实现技术创新来满足系统对功率预算的恒定需求。例如针对 50G PON，系统要求的功率预算等级分别为 29dB 和 32dB，这对于器件的挑战是非常大的。一方面，器件要支持 50Gbit/s 速率，这点对带宽的要求非常高；另一方面，随着速率的增加，器件性能势必会存在一定程度上的下降，例如 APD ROSA 的接收灵敏度、TOSA 的出光功率及消光比，因此导致功率预算不足。

一方面，考虑到有限的接收灵敏度，50G PON 信号发射光功率至少要在 8dB 以上。采用高功率激光器或者 SOA 是可行的技术途径，但是需要克服相关的技术挑战。另一方面，尽可能地提升 50G PON 的接收灵敏度。一种可行的方式是采用 DSP 技术，该技术可以尽可能地降低色散代价及光 / 电器件带宽不足导致的灵敏度代价。DSP 技术的核心是均衡器，包括前向均衡器及反向均衡器，其作用主要是克服色散 / 带宽不足所产生的符号间串扰及系统噪声影响。

TWDM-PON 尽管可以避免单波长提速带来的诸多器件性能极限问题，但是需要解决可调的问题，如下行波长通道的选择及上行发送波长的切换。在这种情况下，所面临的技术挑战是如何高效地解决滤波器和激光器的可调问题，并保证 ONU 整体成本最低。

传统 PON 采用里德 - 所罗门码（RS code，Reed-Solomon code）信道编码，其 BER 门限是 1×10^{-3}。将 BER 门限提升至 1×10^{-2} 级别，能够一定程度地提升接收机灵敏度。ITU-T 和 IEEE 都将 LDPC 定位为后 10G PON 的关键信道编码技术，其对灵敏度的提升在 1 ～ 2dB。50G PON 针对不同速率规格所定义的 FEC 码型如表 2-6 所示。LDPC 码对译码的复杂度要求较高，并且对突发的连续误码及误码扩散较为敏感，仍需要突破相关的技术难题。

表 2-6　50G PON 信道编码

方向	线路速率（Gbit/s）	类型	符号	母码	输入比特误码率	ITU 50G PON 标准
下行	49.7664	LDPC	LDPC	IEEE Std 802.3ca ™ –2020	1×10^{-2}	附录 B
上行	49.7664	FFS	FFS	FFS	FFS	FFS
	24.8832	LDPC	LDPC	IEEE Std 802.3ca ™ –2020	1×10^{-2}	附录 B
	12.4416	LDPC	LDPC	IEEE Std 802.3ca ™ –2020	1×10^{-2}	附录 B

50G PON 的另一个技术难点是 25G/50G 上行突发技术。50G PON 上行所涉及的高速突发芯片包括 25G/50G 突发驱动芯片、25G/50G 突发跨阻放大器 / 限幅放大器（TIA/LA，Trans-Impedance Amplifier/Limiting Amplifier），以及 25G/50G 突发时钟数据恢复器（CDR，Clock and Data Recovery circuit）、突发 DSP。通常突发芯片的设计难度大于连续芯片的设计难度，此外，还需要解决突发数据之间时钟及功率不匹配的问题。

2.9.4 WDM-PON

在 TDM 的 PON 技术蓬勃发展之际，为了更好地支持带宽容量的增长，基于 WDM 的 PON 技术也逐渐发展起来。

1. WDM-PON 标准及发展情况

ITU-T 在 2011 年启动了 NG-PON2/G.989 标准的研究工作，主要包括技术一般要求、PMD 层和传输汇聚层，同时引入了点对点波分复用无源光网络（P2P WDM-PON，Point to Point Wavelength Division Multiplexing PON），在下行和上行方向为每个 ONU 提供专用波长。

国内对 NG-PON2 的研究也在同步进行，CCSA 起草制定了《接入网技术要求 40Gbit/s 无源光网络（NG-PON2）》系列标准。在 2018 年，CCSA 立项进行面向 5G 承载的 n×25G 的 WDM-PON 系列标准的制定工作。

2. WDM-PON 关键技术

（1）无色 ONU 技术

WDM-PON 部署可采用无色方案，即 ONU 设备的收发通道不预先指定波长，在接入后自动适配网络所需的工作波长。无色 ONU 能大幅减少部署、维护的时间。典型的无色技术方案包括宽谱光源、集中光源、可调激光器方式等。

宽谱光源无色方案是在每个 ONU 中放置宽谱光源，ONU 发出的光由光分路器（如 AWG）进行分割，只允许特定的波长通过并传输到 OLT。由于光源光功率利用率低、人眼安全规范及通道间的串扰等问题，此方案在实际应用中并不常见。

第二种方案是将光源置于系统的 OLT 处，通过 AWG 后，向 ONU 提供特定波长的光。由于光源经过了两次往返，光链路损耗大，通常需要在 ONU 端进行调制器与光放大器集成（如反射光吸收调制器、反射光放大器），或者通过种子光注入锁定 FP 激光器波长。基于集中光源的 WDM-PON 系统，国内外一些厂家做出了样机系统，但由于光放大器要做到批量低成本，有很多工艺问题待解决，所以目前还没有大量部署的案例。

相对上面的两种方案，可调激光器方式因线宽较窄、系统架构简单而优势明显，是 WDM-PON 中使用的主流方案。电流调谐的典型方案是分布布拉格反射器（DBR，Distributed Bragg Reflector），典型三段式 DBR 波长可调谐范围为 7 ～ 10nm，而取样光栅（SG，Sampled Grating）/ 数字超模（DS，Digital Supermode）DBR 的调谐范围可以达到 40nm。常用的 DFB 激光器，温度变化 1℃，波长变化约 0.1nm，DFB 激光器的温度范围可在 –20℃～ 85℃，理论可调波长有 10nm 以上，但由于工作环境温度及功耗的限制，较适用的可调范围只有 3 ～ 4nm。国内已有一些企业在向接入网可调激光器应用的产业化方面努力。

（2）AMCC

WDM-PON 通过辅助管理与控制通道（AMCC，Auxiliary Management and Control Channel）来实现系统 OAM 管控、传输波长指定分配信息。G.989 将 WDM-PON 的 AMCC 分为透明和转码两种模式。在透明模式下，用户业务数据和 AMCC 的管理数据直接送到 PMD 层，PMD 层有业务和管理两个分开的接口，能够灵活地承载多样化的业务，包括各种

接口类型、速率、线路编码、FEC 方式等。在转码模式下，成帧的 AMCC 管理和业务数据都要送入转码器，转码器对 AMCC 和业务数据进行重组和处理，再送到 PMD 层。

AMCC 透明模式的实现方法，一种是采用基带再调制的方式，即在业务净荷信号之上叠加一个低比特率的 AMCC 信号，对基带信号进行小振幅的幅度调制。另一种方法是用 RF 导频调制，调幅 AMCC 信号还调制在低频载波上，载波导频对电域过滤掉信号产生的扰动较为便利。载波调制的 AMCC 信号也可以在光电转换前的电域和业务净荷数据合并到一起后再进行光电转换。导频可采用 500kHz 的载波，如果不同 ONU 调幅在不同的载波上，可以降低 OLT 解调器的数量。

还有一种 AMCC 透明模式是对独立于载荷信道的波长进行监控。在 WDM-PON 中可以分配一个额外的 AMCC 波长进行控制，通道可采用低速的 TDM-PON（如 GPON）技术。该方法需要两个收发器，分别是 AMCC 和净荷数据光收发器。在低成本共存系统情况下，在 OLT 可以共用 PON 介质访问控制（MAC，Medium Access Control）等控制逻辑。

透明模式的各种实现方式均采用带外传输，不影响载荷业务透传的承载能力，AMCC 与业务无关，业务具有低时延、低抖动的优点，易于在光模块中实现，但需要牺牲一部分较小的光功率代价来抵消对高速数据误码的影响。而转码模式通常将 FEC 功能和 AMCC 通道一同加入转码帧中，FEC 则可以增加光功率预算。对于转码方案来说，主要是线路编码方式的不同需要使用不同的算法，转码也会带来一定的时延、抖动，而且需要芯片进行高速逻辑处理。

2.9.5　家庭网络技术

当 EPON/GPON 等技术应用于家庭用户中时，技术本身仅仅解决了家庭的宽带接入，还不能满足运营商拓展家庭用户业务的需求。运营商在 ONU/ONT 的基础上发展出了被称为家用网关的设备。这种新的设备形态，主要在以下几个方面进行了功能的扩展，从而满足了运营商新的需求。

1. 家用网关的管理技术

宽带论坛（BBF，Broad Band Forum）是通信行业内重要的标准组织，BBF 通过在家庭场景、企业场景等宽带网络中引入 SDN/NFV、物联网、5G、云、高速网络等技术，专注于全球宽带网络架构。在 PON 上行的家用网关上引入 BBF 的技术报告 069（TR-069，Technical Report-069），在 CCSA 标准、中国电信运营商的企业标准中都明确提出，并成为全球运营商的共识。

TR-069 定义了一套全新的网络管理体系架构，包括管理模型、交互接口，能够有效地对用户驻地设备进行管理。网络运营商可以在局端通过自动配置服务器（ACS，Auto-Configuration Server）远程对用户驻地设备进行操作管理。

随着物联网的不断发展，TR-069 的设备管理也面临着较多的挑战，主要表现在安全性、互操作性、受限的设备、可伸缩性和可用性方面。在物联网系统层面，需要支持加密的机器对机器的通信，需要解决属于不同类别、不同制造商生产的设备的通信协议。同时，由于物联网设备受到诸如内存、功耗、处理能力、连接能力的限制，这些约束也会影响设备是否能够进行远程管理，以及如何有效地应用远程操作。另外，由于大量物联网设备逐渐接入ACS管理系统，因此在ACS管理系统的可伸缩性、可用性等方面也需要考虑。BBF在此背景下，也推出了TR-369系列协议，来支持物联网时代的管理需求。

2. 无线及智能组网技术

2015年，IEEE推出了802.11ac标准，重点改进了5.8GHz频段，并提出了160MHz的频带宽度，提出了新的技术特性，如波束赋形、多用户多输入多输出（MU-MIMO，Multi-User Multiple-Input Multiple-Output）等技术，大幅提升了无线性能，单天线传输速率可达433Mbit/s。

2019年，IEEE通过了802.11ax标准，也被称为Wi-Fi 6，802.11ax支持2.4GHz/5GHz频段，向下兼容802.11a/b/g/n/ac。目标是提高频谱效率和密集用户环境下的实际吞吐量。Wi-Fi 6采用正交频分多址（OFDMA，Orthogonal Frequency Division Multiple Access）、多用户多输入多输出、1024QAM调制、目标唤醒时间（TWT，Target Wake Time）等技术，在更多的设备接入、更高的传输速率及低功耗等方面进行了提升。相比前代技术，TWT技术允许设备与无线路由器之间主动规划通信时间，减少了无线网络天线使用及信号搜索的时间，能够在一定程度上减少电量消耗，提升设备续航时间。同时，采用了最新无线保护3（WPA3，Wi-Fi Protected Access 3）认证，提升了无线信道的安全性。Wi-Fi 6工作在2.4GHz、5GHz频段，可扩展到6GHz频段，2020年1月将使用6GHz频段的IEEE 802.11ax称为Wi-Fi 6E。

单一设备的无线覆盖范围是有限的，且面临着穿墙后信号的急剧衰减，无法在较大的居住环境提供很好的无线覆盖。因此，采用多个无线终端组成Mesh网络，使得接入网络的客户端，能够在Mesh网络中无缝漫游、不中断业务成为重要的需求。早期，设备商通过私有定制的协议，实现了同品牌的设备之间的Mesh组网，但是不同厂家设备互通面临着难点。因此无线联盟制定了EasyMesh标准，使得不同厂家的无线终端设备实现互联、互通成为可能。2018年6月，Wi-Fi联盟发布了EasyMesh标准*Multi-AP Specification Version 1.0*，支持无线Mesh组网。

3. 智能网关技术

随着家用网关的不断应用，除提供最基本的数据、语音业务之外，运营商也在考虑如何能够增强家用网关的功能，能够使网关向智能化方向发展。

传统的家用网关的固件升级，只能够从ACS平台上进行整体固件的升级，因此，运营商为了业务发展的需要，需要增加新的功能和运维管理需求，只能让设备制造商进行软件升级。这种方法周期较长，且灵活性较差。因此，如何在家庭网关不升级的条件下，实现软件功能的升级，成为一个重要的需求点。智能插件技术能够实现网关的扩展性功能的动态安装、启动及卸载等，实现了运营商快速部署新业务的能力。智能插件需要家用网关支持插件的运行环境，例如开放服务网关协议（OSGI，Open Service Gateway Initiative）或者中间件等。

随着智慧家庭的兴起，如何将家庭用户中的各种智能设备互联，通过统一的手机应用来实现对各种智能设备的管控成为研究的热点。而运营商具备独特的优势，其部署的家庭智能

网关成为必不可少的设备，无须用户额外购买其他设备，就具备了把家庭中的各种智能设备互联的能力。运营商借助 Wi-Fi、Zigbee、蓝牙等短距无线通信协议，实现基础的互联，同时在标准协议之上制定互操作性协议，实现智能设备之间的互操作。

4. FTTR 技术

为了解决家庭中的无线覆盖问题，解决方案之一是采用无线网状网组网的方式，通过在家庭中部署多个无线接入点，从而更好地覆盖用户家庭。在无线网状网组网中，回传通道包括无线和有线两种方式，其中无线回传方式会带来无线性能的下降，可能下降 50% 以上，而以有线的方式进行回传，则会取得很好的效果。家庭中的有线覆盖，通常采用以太网方式，通过以太网线来连接家庭中的各个房间，但是以太网线与光纤相比，存在较多劣势，因此 FTTR 的技术被提了出来。

FTTR 的技术实现主要包括两种，一种是点到点的方式，另一种是 P2MP 的方式。中点到点的方式主要以以太网光纤化的方式来提供，适用于 2 ～ 3 个房间的连接，扩展性相对较差；而 P2MP 的方式则具备较好的扩展性，可支持多达 16 个光节点设备的接入。

通常，P2MP 方式以 PON 技术为主，需要考虑 PON 技术本身是为支持 20km、分光比达 1∶32 以上的网络而设计的，包括光模块本身也是长距光模块，成本相对较高，因此 P2MP 架构的 FTTR 技术，需要针对 PON 技术进行优化，例如在测距简化、功率预算降低、设备注册授权简化等方面进行优化设计，以满足用户家庭应用场景的需求。

2.9.6　光接入网 SDN/NFV

传统的光接入网系统通常采用网元管理系统（EMS，Element Management System）来进行光接入设备的管理，在管理模型的具体定义方面缺乏统一的标准，各设备厂家通常是基于对设备的自身理解来定义管理量或遵循运营商制定的管理要求，采用私有协议来进行设备的管理，这使得在运营商网络中各个厂家的设备之间的协同管理、端到端的管理比较困难，而 SDN 对于光接入网的智能化来说无疑是一个很好的实现路径。

通过对光接入网建立统一的管理模型，例如采用 YANG 模型来标准化不同厂家的设备实现，使得从所有上层软件的角度来看都是统一的设备模型，为实现光接入设备的统一管理和控制奠定了基础，并且通常采用统一网络配置协议（NETCONF，The Network Configuration Protocol）来支持 SDN 中的设备管理。

网络功能的 NFV 是随着云计算技术的不断发展而提出的，最早的 NFV 网络设备是数据中心的交换机。随着数据中心虚拟交换机的大量应用，逐渐在通信产业界产生了 NFV 各种网络单元，但由于光接入网最靠近终端用户，其数量巨大，成本也更加敏感，是采用通用硬件还是采用专用硬件，成本始终是无法回避的问题。由于通用硬件主要基于 X86 架构，其成本要远高于专用集成电路（ASIC，Application Specific Integrated Circuit），因此，完全采用通用硬件实现光接入网系统不具备成本优势。业界主流的思路是希望能够采用通用硬件与专用硬件结合的方式，考虑哪些功能适合 NFV，哪些功能在专有硬件上实现是目前研究的重点。从性能、成本等角度来考虑，转发面由专有硬件实现是合适的选择，控制面、业务面等可由

NFV 网元来实现。

BBF 及开放宽带—宽带接入抽象层（OB-BAA，Open Broadband-Broadband Access Abstraction）社区联合发布了云化中心局（CloudCO，Cloud Central Office），为运营商重构宽带网络架构提供了关键参考。这是在 SDN/NFV 技术趋势下，迈向云化网络的关键一步，其中 BAA 定义了网络云化架构中的接入节点管理抽象层，使得 CloudCO 能够很好地屏蔽物理设备、接入介质的差异，实现新设备的快速引入和业务的自动化开通，支持运营商存量设备的云化演进。

2.9.7 光接入网的智能化

光接入网在运营中也面临着一些问题，例如流氓 ONU 的检测、光模块性能劣化、光接入网运营质量分析、家庭网络的质量分析、Wi-Fi 质量分析、ODN 质量分析等，解决这些问题都需要技术的提升，而 AI 在这些问题的解决方面发挥着重要的作用。例如通过对流氓 ONU 的行为、各种网络状况进行算法训练，得到流氓 ONU 的算法模型，从而可以快速地定位和检测流氓 ONU 的存在。

除了在光接入网系统设备上引入 AI，在光接入网的重要基础设施 ODN 上也需要实现智能化，支持光路的全程拓扑可视化，实现光接入网中海量光纤的高效管理，能够快速定位故障点，解决运营商面临的巨大运维压力。ODN 逐步走向智能化成为大势所趋。

在定量分析的基础上，通过大数据的采集、引入 AI，可有效地提升光接入网的智能化程度。在算力引入方面，有多种可选的实现路径，例如可以在光接入系统中的 ONU、OLT 上进行算力的引入，将其作为数据的采集点，通过在 ONU、OLT 上进行高速数据采集，将结果提供给在云化网络层的 AI 单元，通过 AI 算法来进行光接入网的质量分析，给出提前告警及优化建议等。也可以在 ONU、OLT 设备上增加 AI 运算单元，例如在 ONU 上采用具备算力的 CPU，在 OLT 设备上增加具备算力的板卡，从而采用分布式算力方式来实现 AI 算法，进而实现光接入网的智能运维。

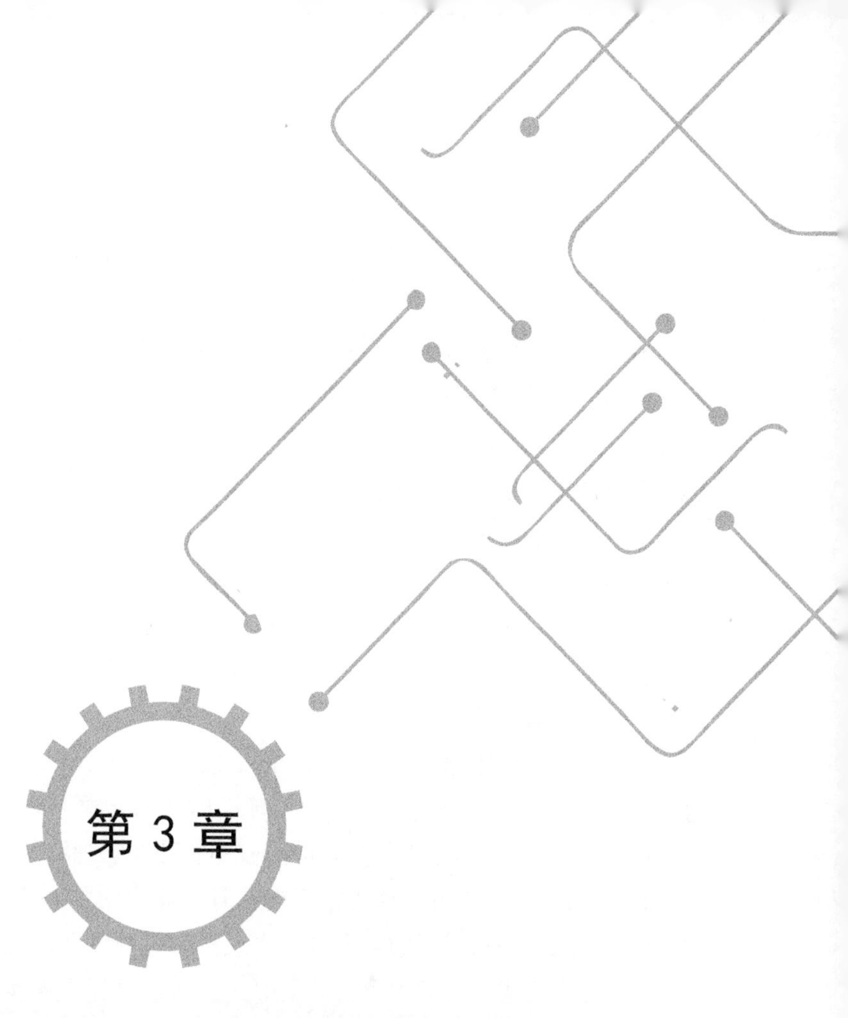

第 3 章

智慧光网络的网络层技术

本章简介：

智慧光网络的网络层位于“三层”架构的中间，在连接层之上、服务层之下，对连接层的融合资源进行调用和协同，为服务层提供网络能力，用于其构建服务。网络层主要的技术有网络协议和网络管控。

第一部分主要介绍网络协议，首先介绍 GMPLS 协议族，它是自动交换光网络及波长交换光网络分布式控制平面采用的协议体系，然后介绍 PCE 协议，主要用于集中式路由计算或集中控制。路由协议方面的新技术和发展及新的传输层协议快速 UDP 互联网连接（QUIC，Quick UDP Internet Connections）将在网络协议部分的最后两节介绍。

第二部分介绍智慧光网络相关的网络管控技术，内容涉及智慧光网络管控体系中的管控技术概述、网络南向驱动、融合网络管控、跨域编排协同、数智融合分析、北向能力开放和管控架构云化几个方面的核心技术要素，核心思想是基于对光网络的数字化和可视化，以 SDN 技术作为网络自动化的支撑，融入 AI 和大数据的智能分析，实现光网络在管理、控制、分析上的一体化，并通过网络能力开放构建光网络全生命周期的智能闭环生态。

3.1 智慧光网络的协议

智慧光网络的协议是智慧光网络中各种网络元素交换信息的语言，不同的元素、不同的功能之间采用的协议也不同。通常情况下，一种协议主要包含3个要素：语义、语法和时序。语义，解释信息每个部分的意义，同时也规定了需要发出何种信息、完成什么动作及收到信息以后的响应；语法，用于定义表述信息的数据结构与格式，以及数据出现的顺序；时序，对事件发生的顺序进行详细说明。

智慧光网络中的协议种类繁多，每个协议都有其发展和完善的过程，限于篇幅，无法穷尽，本节仅仅选取4类协议加以介绍，这4类协议分别是用于智慧光网络分布式控制面的GMPLS协议族、用于网络路径计算的PCE、用于路由信息传递和计算的路由协议，以及用于提升传输层效能的QUIC协议。

通用GMPLS是MPLS向光网络的扩展，它继承了几乎所有MPLS的特性和协议，同时为了满足智慧光网络进行动态控制和传送信令的要求，对传统的MPLS进行了扩展和更新。GMPLS是智慧光网络分布式控制面的核心组件。它是智慧光网络的关键技术。

最初提出PCE是用于解决路径的计算问题，它的基本思想是把路由功能从分布式控制平面独立出来，提供灵活的部署方式。经过多年的发展，PCE已经不仅仅局限于提供路径的计算功能，它已成为智慧光网络的集中式控制架构的重要解决方案。

路由协议是智慧光网络中分布式智能的基础，无论连接层采用什么技术、控制框架采用集中式或分布式（如GMPLS和SDN）、是否采用分布式信令（如LDP/RSVP和SR/SRv6），我们都可以在这些解决方案中看到路由协议的“身影”。

QUIC协议工作在OSI/ISO协议体系的传输层，对于智慧光网络的网络层而言，无论是协议还是管控系统，底层的信息传递都会大量采用传输层协议，目前最为普遍的是传输控制协议（TCP，Transmission Control Protocol）。作为TCP的继任者，QUIC协议拥有安全、可靠、时延低等关键特性，并且迎合了构建更快速、更具弹性，以及更受信任网络的需求，是近年来IETF最引人瞩目的协议标准之一。

3.1.1 GMPLS

早期的光网络采用从上到下依次为IP层、ATM层、SONET/SDH层、DWDM层这样的4层结构传输数据业务。其中，IP层承载数据业务，用于传送各种应用与服务；ATM层负责流量工程；SONET/SDH层用于数据传输和保护；DWDM层用于提供大容量的传输带宽。这种架构虽然可以保证数据业务的传递，但也存在一些问题，如带宽颗粒过多，功能重叠；带宽使用率低，带宽分配受限于每一层设备的可用带宽，并且任意一层的任意一个设备的带宽瓶颈都可能限制整个网络的带宽或容量扩充；网络稳定性差，任何一层设备出现故障都可能对网络的稳定产生影响；多个层次管理复杂等。

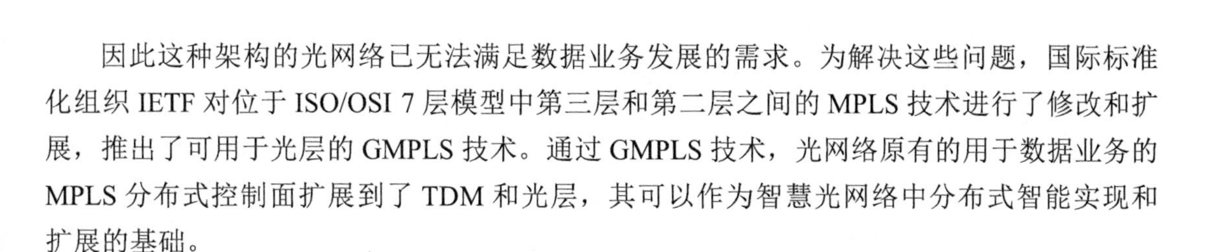

因此这种架构的光网络已无法满足数据业务发展的需求。为解决这些问题，国际标准化组织 IETF 对位于 ISO/OSI 7 层模型中第三层和第二层之间的 MPLS 技术进行了修改和扩展，推出了可用于光层的 GMPLS 技术。通过 GMPLS 技术，光网络原有的用于数据业务的 MPLS 分布式控制面扩展到了 TDM 和光层，其可以作为智慧光网络中分布式智能实现和扩展的基础。

1. GMPLS 的协议扩展

GMPLS 对 MPLS 进行了协议扩展并用来支持各种类型的交换。GMPLS 对 MPLS 标签进行了扩展，使得标签可以用来标记传统的数据包、TDM 时隙、光波长、光波长组、光纤等；GMPLS 对信令和路由协议进行了扩展，以充分利用光网络资源，实现光网络的智能化；GMPLS 设计了全新的链路管理者协议（LMP，Link Manager Protocol），用来解决光网络中各种链路的管理问题；GMPLS 还对光网络的保护和恢复机制进行了扩展，用于解决网络的生存性问题。

（1）标签扩展

GMPLS 定义了 5 种接口类型，包括分组交换（PSC，Packet Switch Capable）接口、第二层交换（L2SC，Layer2 Switch Capable）接口、TDM 接口、波长交换（LSC，Lambda Switch Capable）接口和光纤交换（FSC，Fiber Switch Capable）接口。

目前，主要应用的是 TDM 接口和 LSC 接口。与以上接口相对应，GMPLS 定义了分组交换标签（对应 PSC 和 L2SC）、电路交换标签（对应 TDM）和光交换标签（对应 LSC 和 FSC）。其中，分组交换标签与传统的 MPLS 标签一样，而电路交换标签和光交换标签由 GMPLS 定义，包括请求标签、通用标签、建议标签和设定标签。

① 请求标签，用于标签交换路径（LSP，Label Switching Path）的建立，由上游向下游节点申请建立 LSP 的资源。

② 通用标签，用于在 LSP 建立完成后指示沿 LSP 传输的业务情况。

③ 建议标签，由上游节点发出，告知下游节点建立 LSP 通道所希望的标签类型，上游节点无须获得下游节点的反馈即可直接对硬件设备进行配置，缩短硬件建立 LSP 通道所需的时间。

④ 设定标签，用于限制下游节点选择标签的范围。设定标签可以和请求标签同时发出，并可以将建立某个 LSP 所需的标签类型限制在一定范围内。

（2）信令协议扩展

GMPLS 扩展了 MPLS 的信令协议，主要在 RSVP-TE 和基于路由受限标签分发协议（CR-LDP，Constraint-based Routing Label Distribution Protocol）这两种信令协议上进行扩展，主要体现在以下几个方面。

① 分层 LSP

分层 LSP 是指低等级的 LSP 嵌入高等级的 LSP 中，从而将较小颗粒的业务整合成较大颗粒的业务。可以在同一接口类型或不同类型接口的 LSP 中进行嵌套，但 LSP 的起点和终点必须是相同接口类型的设备。相同接口类型的 LSP 嵌套是指接口使用相同技术复用多个

LSP，例如 SDH 的 VC12-LSP 可以嵌入 VC4-LSP 中。不同接口类型的 LSP 嵌套时，接口等级从高到低依次为 FSC 接口、LSC 接口、TDM 接口、PSC 接口。

使用 LSP 分层技术允许大量具有相同入口节点的 LSP 在 GMPLS 域的节点处汇集，再透明穿过更高等级的 LSP 隧道，最后在远端节点分离。这种汇聚减少了 GMPLS 域中 LSP 的数量，同时也提高了资源利用率。

② 双向 LSP

光网络的业务一般要求是双向的。而在 MPLS 网络中 LSP 是单向的，要建立双向 LSP 就必须分别建立两个单向 LSP，这种方式存在 LSP 建立时间过长、同路径控制困难、管理维护复杂等问题。为了解决以上问题，GMPLS 特别定义了建立双向 LSP 的方法，同时规定双向 LSP 的两个方向都应具有相同的流量工程参数，包括 LSP 生存期、保护和恢复等级、资源要求等。同时由于上行和下行的业务通路均采用同一条信令消息，这样可以有效缩短双向 LSP 的建立时间，也可以降低建立双向 LSP 所需的控制开销。

③ 增加通知报文

GMPLS 定义了 3 种信令报文，用于在发生错误时快速通知对应的节点对失败的 LSP 进行恢复和修改错误。

（3）路由协议扩展

GMPLS 扩展了 MPLS 的路由协议，主要基于 OSPF-TE 和 ISIS-TE 这两种流量工程扩展的内部网关协议进行扩展，主要体现在以下几个方面。

① 无编号链路

MPLS 网络中的所有链路都由唯一的 IP 地址表示，但在有大量链路的光网络中，由于 IP 地址的匮乏及管理的困难性，要为每条链路分配一个 IP 地址是不现实的。因此，GMPLS 路由协议通过引入无编号链路的方式来解决这个问题。无编号链路使用二元组（节点 ID、链路号）唯一地标识一条链路，其中链路号是 LSR 为自己的每个端口连接的链路分配的一个唯一的本地编号（32bit）。

② 链路绑定

链路状态数据库由网络中所有节点、链路及链路属性组成，因为光网络中链路众多，为减少大量的需要分发的链路状态信息，GMPLS 路由协议引入链路绑定的概念。链路绑定就是将网络中一对节点间属性相同或相似的平行链路绑定为一个特定的链路束，并用这个绑定的链路束来代表链路状态数据库中的并行链路。采用这种方法后，整个链路状态数据库的大小会减小很多，相应的链路状态控制协议所需的工作也会缩减。

③ 链路保护类型

链路保护类型（LPT，Link Protection Type）表示链路具有的保护能力。利用这个信息路径计算算法可以建立具有合适保护特性的 LSP。LPT 按等级组织、保护方案由低到高依次为：额外业务、无保护、共享、专用 1 : 1、专用 1+1、增强型。

④ 共享风险链路组信息

如果一组链路共享某种资源，并且这种资源的失效可能会影响这组链路，那么称这组链

路为共享风险链路组（SRLG，Shared Risk Link Group）。例如，在同一管道中的两条光纤属于同一个 SRLG，一条链路可以属于多个 SRLG。SRLG 信息是链路所属的所有 SRLG 的一个列表，利用 SRLG 信息可以在建立主备 LSP 时选择不同的 SRLG，降低主备同时发生故障的风险。

（4）LMP

为了使光网络中每个节点能够自动发现邻接节点，动态获得邻接节点及两节点之间的链路相关信息，GMPLS 定义了 LMP。LMP 运行在邻接节点之间，负责邻接节点间连接的建立、管理和释放。它有 4 个基本功能：控制信道管理、链路属性关联、链路连通性验证和故障管理，其中，控制信道管理和链路属性关联是 LMP 的核心功能，链路连通性验证和故障管理则是可选功能。

① 控制信道管理

GMPLS 将控制信道和数据信道分离，控制信道用于在两个邻接节点间承载信令、路由和网络管理信息，控制信道管理用于建立和维护控制信道。LMP 定义了 4 个控制信道管理消息：Config、ConfigAck、ConfigNack 和 Hello，通过在邻接节点间交互这些消息来建立和维护控制信道。

② 链路属性关联

链路属性关联用于将多条数据链路聚合成一条 TE 链路并同步该链路的属性，在链路属性发生改变时能够实时地做出反应和进行修改。LMP 使用 LinkSummary、LinkSummaryAck 和 LinkSummaryNack 消息将两个邻接节点间的多个数据链路聚合成 TE 链路，由此会使用于描述链路属性的信息大大地减少，便于进行链路的管理和路由泛洪，并且通过本地节点和远端节点之间交换 TE 链路和数据链路的信息，可以检验它们之间的映射关系，如果有必要，还可以在 LinkSummary 消息中更改 TE 链路或数据链路的参数。

③ 链路连通性验证

链路连通性验证用于确认数据链路的连通性。LMP 使用类似 PING 的测试报文验证数据链路的连通性，通过数据链路发送 Test（测试）报文和控制信道返回 TestStatus 报文的方式实现。链路连通性验证必须在节点间的第一条控制信道创建激活时才能开始。

④ 故障管理

故障管理包括故障检测、故障定位、故障通知和故障消除 4 个步骤。

故障检测应在接近出错的光层进行，但由于全光设备对速率和格式都是透明的，传统 O-E-O 的故障检测方式就不适用了。因此，GMPLS 必须提供光层的故障检测机制，例如通过检测 LoL（Loss of Light）确定光信号的消失，通过监测 OSNR、干扰等来确定光信号质量的下降等。一旦检测到故障，相邻节点的 LMP 就在控制信道上发送 ChannelStatus 消息进行故障定位。通过将数据通道和控制信道隔离，只需采用单独的信令机制进行故障通告。故障被检测、定位和通告之后即可采用合适的信令协议进行保护和恢复。

（5）LSP 保护和恢复

GMPLS 的 LSP 保护是指预先静态建立一条备用 LSP，当主用 LSP 发生故障时，快速将业务倒换到备用LSP，并用备用LSP代替失效的主用资源。LSP保护一般能在故障发生后的50ms内完成倒换动作，使业务及时恢复正常。LSP恢复是指通过使用网络的空闲资源重新选路来替代发生故障的连接，通常会涉及动态的路由计算和资源分配，与LSP保护相比，LSP恢复需要更多的时间来完成业务恢复。

2. GMPLS的主要应用

GMPLS的标签扩展目前得到主要应用的是TDM和LSC，分别对应ASON和WSON，从实际的技术应用角度来看，ASON一般用于指代基于SDH和OTN电层的ASON，WSON用于指代基于波长交换的ASON。

（1）ASON

ASON的概念最早在2000年3月由ITU-T提出。这种网络模式具有更多优势，能够更大限度地利用网络资源，同时降低运营成本。

ASON实际上就是一种组网技术，它利用特有的信令网来实现光网络的连接及网络间的自动交换。其核心思想就是以传统的光网络作为基础，同时新设置一个专门的控制平台，使得网络资源能够根据不同的需要实时进行合理地分配。

GMPLS是ASON控制平面的具体解决方案。ASON控制平面有三大功能：路由功能、自动发现功能和连接控制功能，它们分别对应GMPLS的路由协议扩展、LMP、信令协议和保护恢复。

（2）WSON

传统的WDM网络是静态网络，智能光交换技术的出现，使得WDM网络的动态化成为可能。WSON是基于WDM的自动交换光网络。WSON通过将控制平面引入WDM网络中，并主要采用GMPLS和PCE（3.1.2节中介绍过）等控制平面技术来实现波长路由的动态调度。通过光层自身自动完成路由和波长分配（RWA，Routing and Wavelength Assignment）。实现波长调度的智能化，提高WDM网络调度的灵活性和网络管理的效率。

在WSON中，光路径的配置受到底层物理传输系统和链路层物理特性的诸多限制。对于光层的损伤，在接入、城域和长距离WSON系统中，考虑的技术因素各不相同。因此，为了实现动态的光路径建立，不仅要使用GMPLS和PCE技术，还需要对协议进行扩展。通过静态配置或者动态监测等手段，获取物理层信息，通过动态信令和路由控制，完成端到端光路径的配置。WSON的网络节点架构如图3-1所示。GMPLS和PCE均是WSON网络节点的核心组件。

基本的WSON控制平面的协议扩展包括以下几个方面。

① WSON的总体控制平面方法，包括此初始工作的关键范围限制。

② 用于WSON路径计算的信息模型和编码。在光学文献中，此路径计算过程由RWA表示。

③ PCE通信协议（PCEP，PCE Protocol）的扩展，路径计算请求客户端可以从PCEP为PCE服务器计算满足WSON约束和优化标准的路径。

④ GMPLS路由协议（OSPF、ISIS）的扩展，可以传达与WSON相关的附加信息。

⑤ GMPLS 信令协议（RSVP-TE）的扩展，可以促进 WSON 连接的建立和拆除。

⑥ 光损伤和控制平面的考虑。

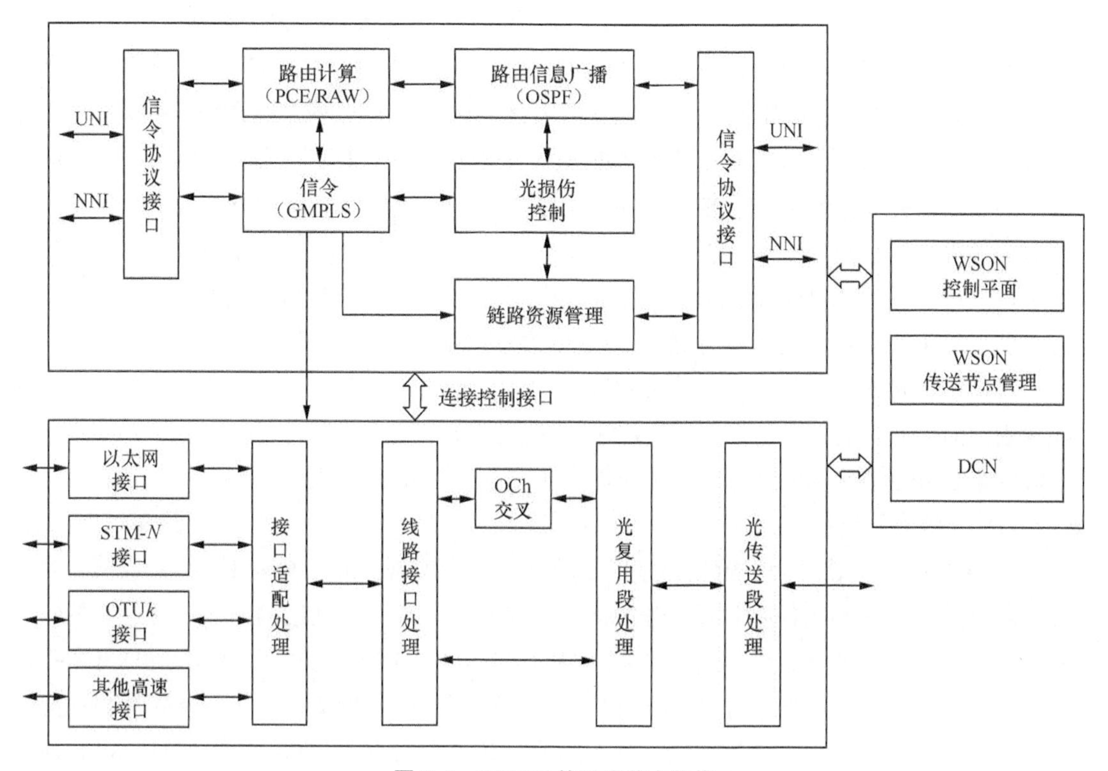

图 3-1 WSON 的网络节点架构

3. GMPLS 的研究进展

GMPLS 技术体系的研究和标准化主要由 IETF 路由域的通用控制与测量平面（CCAMP）工作组推进，目前已发布 110 个 RFC，其中大部分 RFC 与 GMPLS 相关。当前有如下关联 GMPLS 的任务仍然在推进中。

① 支持 WSON 的协议扩展。

② 针对非分组网络（TDM、OTN 等）的已有协议扩展的维护。

③ LMP 的维护。

当前 CCAMP 工作组有 12 个活跃工作组草案和 7 个个人草案在推进中，这些草案主要涉及如下研究方向。

① GMPLS 面向 B100G OTN 的可应用性。

② LMP 针对 DWDM 光线路系统的管理应用编码和光接口参数的扩展。

③ 针对频谱交换光网络（SSON，Spectrum Switched Optical Network）的信令扩展。

④ OTN 切片的框架和数据模型。

3.1.2 PCE

随着网络规模的增长，业务量的不断增加，分布式的控制平面难以维系如此大规模的拓扑和业务量。

首先，在大拓扑的情况下，路由的计算将变得复杂，尤其是对光损伤和自动中继的计算，分布式节点的算力有限，在单节点进行大量复杂的计算，其计算时间将达到难以接受的程度。其次，在分布式节点上只有自己本节点的通道信息，没有全局视野，其路由计算只是局部最优解，无法兼顾全局的资源利用率，难以使整个网络的资源利用率达到最高。再次，由于地域、行政管理或是人为等原因，规模太大的网络会被划分为多个域，对于多域网络，域间的信令和路由一般是无法互通的，控制平面只能作用于一个域内以实现业务的保护和恢复，对于跨域业务来讲，它只能实现业务的分段保护，并不能实现业务的端到端保护。并且，在跨域业务建立时，通常需要借助网管或是域间的协议来完成，过程较复杂烦琐。最后，在 IP+光融合的趋势下，对业务的一键开通、一跳入云等功能需求迫在眉睫，不需要后台复杂的操作，不对运维人员提过高的要求，服务层业务的自动建立势在必行，这就带来了多层网络的管控需求，而分布式的控制平面显然无法满足这个要求。

PCE 架构和 PCEP 的解决方案正是在以上背景下产生并逐步得到了发展。

1. PCE 的发展历程

最初 PCE 的产生就是为了解决路径的计算问题，即实现 MPLS/GMPLS 的大规模、多层和多域网络的 TE LSP 的路径计算。这个阶段的 PCE 上只有整个网络的拓扑信息，以便进行 LSP 路径的计算，此时的 PCE 被称为无状态 PCE（Stateless PCE）。然而，PCE 上只有拓扑信息，没有通道信息，就不能更好地进行优化全局的资源、调整带宽、优化资源碎片和业务的保护倒换等，所以随之而来的有状态 PCE（Stateful PCE）同步了全网的业务信息，很好地解决了上述问题。此时，虽然 PCE 的功能丰富了，但其核心仍然是路径计算，业务的建立仍然由分布式的信令过程来完成。PCE 架构不能止步于此，基于 PCE 的中央控制器（PCECC，PCE-based Central Controller）应运而生，完全突破了 PCE 只能进行路径计算的局限，摆脱了对分布式信令建路的依赖，新一代控制器就此诞生。

2. PCE 的基本架构

PCE 的标准中定义了 6 种基本架构：复合 PCE 节点（Composite PCE Node）、外部 PCE（External PCE）、多 PCE 路径计算、多 PCE 协作、管理平面 PCE、层次 PCE（H-PCE，Hierarchical Path Computation Element），下面依次介绍。

（1）复合 PCE 节点

此架构下 PCE 的功能在分布式节点上实现，其他节点向该节点请求 PCE 服务。PCE 根据流量工程数据库（TED，Traffic Engineering Database）中的数据信息进行路径计算，当连接请求到来时，源节点先向 PCE 请求路径，再通过信令过程完成连接的建立，如图 3-2 所示。

（2）外部 PCE

PCE 的功能在外部实体上实现，例如放在服务器上。路径源节点通过消息请求 PCE 进行路径计算，如图 3-3 所示。

（3）多 PCE 路径计算

在源节点向 PCE 请求路径之后，建路信令走到中间节点时，发现路径不可用，或者需要进行进一步计算时，中间节点也需要向 PCE 请求路径计算，如图 3-4 所示。

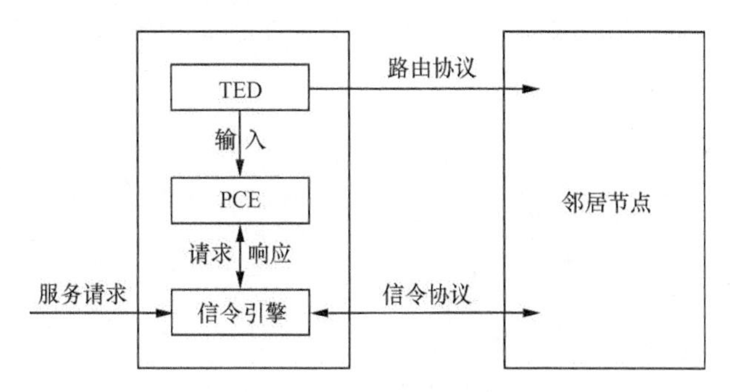

图 3-2　复合 PCE 节点

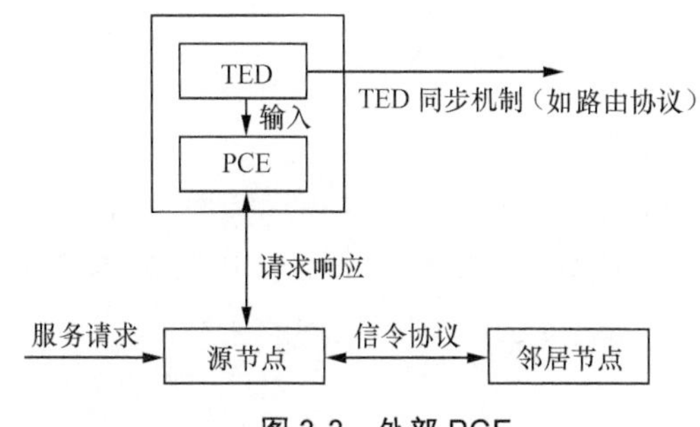

图 3-3　外部 PCE

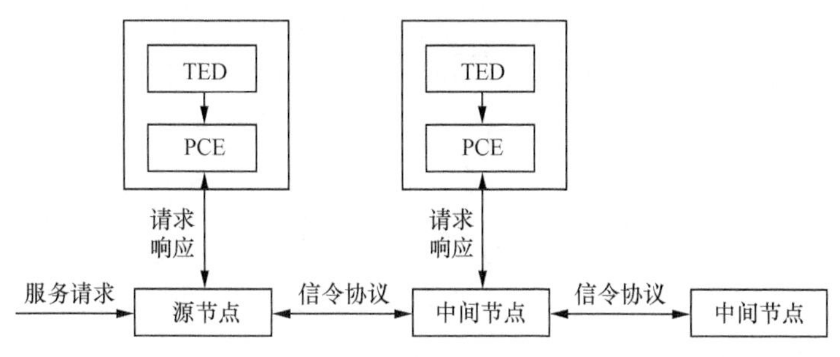

图 3-4　多 PCE 路径计算

（4）多 PCE 协作

一个 PCE 无法完成完整的路径计算，需要和其他 PCE 协作。例如在多域的情况下，每个域都有自己的 PCE，要建立跨域路径，需要每个域的 PCE 进行协作，如图 3-5 所示。

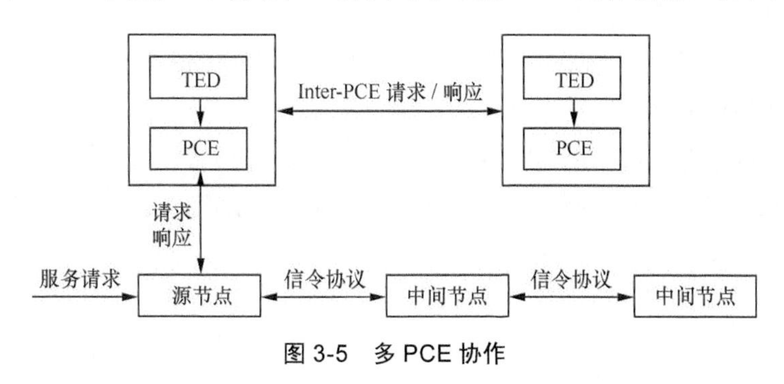

图 3-5　多 PCE 协作

（5）管理平面 PCE

与 PCE 交互的不一定是 LSR，也可以是 NMS，管理平面依然可以发送请求给 PCE 进行路径计算，如图 3-6 所示。

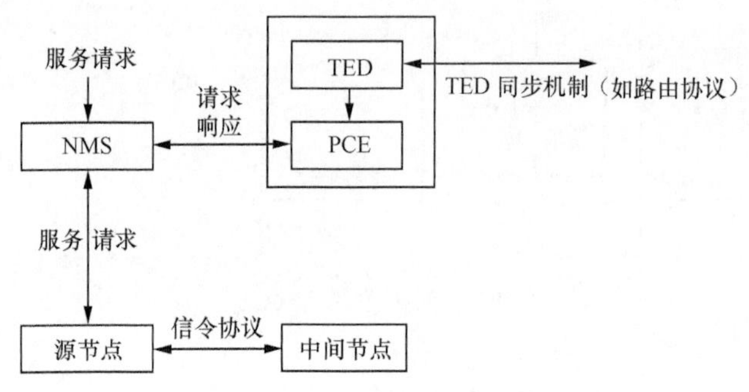

图 3-6 管理平面 PCE

（6）层次 PCE

H-PCE 是一种 PCE 的层次架构，类似于一种树形结构，由父 PCE（P-PCE，Parent-PCE）和子 PCE（C-PCE，Child-PCE）组成。如图 3-7 所示，H-PCE 架构有 4 个域（PCE1 ～ PCE4），每个域都有一个 C-PCE。PCE5 是 P-PCE，拥有域间的拓扑。

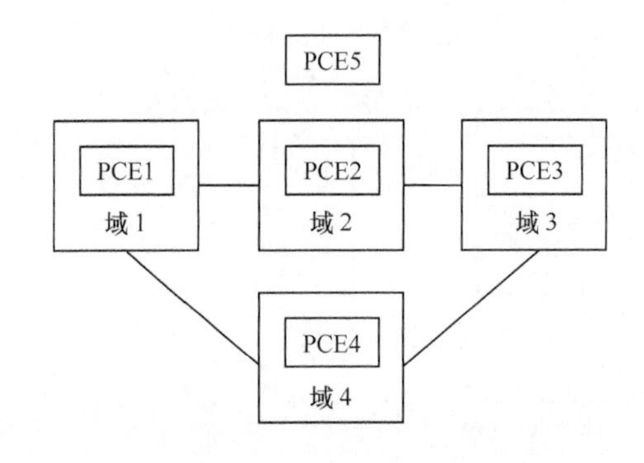

图 3-7 H-PCE 架构

3. PCE 协议标准

按照 PCE 协议的发展历程，PCE 协议可分为无状态 PCE、有状态 PCE 和 PCECC 3 个部分。

（1）无状态 PCE

① PCEP 消息

PCEP 即 PCE 交互协议，PCE 和路径计算客户端（PCC，Path Computation Clients）之间、PCE 与 PCE 之间使用 PCEP 进行交互。协议消息大致分为 2 个大类、7 个小类，分别是与连接维护相关的 Open（打开）、Keepalive（保活）、Close（关闭）消息，以及和路由请求相关的 PCReq（路径计算请求）、PCRep（路径计算响应）、PCNtf（路径计算通告）、PCErr（路径计算错误）消息。

② PCEP 消息交互流程

a. 连接建立

PCEP 连接的成功建立包含两个步骤。

- 在 PCC 和 PCE 之间建立 TCP 连接（三次协议握手），使用端口 4189。
- 在已建立的 TCP 连接上新建 PCEP 会话。

b. 连接维护

PCEP 连接建立之后，PCC 和 PCE 双方都希望能持续确认对方是否持续有效。除了 TCP 可以确定网络连接的可靠性，PCEP 本身也需要通过轮询消息来确保 PCEP 会话的持续性。

c. 连接终止

PCC 和 PCE 可以通过 Close Message（关闭消息框）来关闭 PCEP 会话，或者当 TCP 连接失效时，PCEP 会话也会直接终止。

d. 路径计算请求和返回

在 PCEP 连接建立后，PCC 随时可以向 PCE 发起 PCReq 消息。PCE 服务器收到 PCReq 后，便开始按照消息内的要求进行路径计算。根据不同的计算情况，可能出现以下 3 种消息流程。

- PCE 服务器计算路径成功后，将计算成功的路径返回信息通过 PCRep 消息发送给 PCC。
- PCE 服务器根据请求消息未能找到满足请求的路径，此时仍返回 PCRep 消息给 PCC，但消息内容携带的是路径计算失败消息。
- PCE 服务器在处理请求消息时发生或发现错误，比如能力无法支撑路径计算、缺少对象、消息结构体错误等，此时 PCE 服务器返回 PCErr 消息，并通过消息内的指示字段告知 PCC 错误的原因。

e. 通告

在一些特定的情况下，PCC 和 PCE 需要通过 PCNtf 消息来通告对方。例如，PCE 服务器突然超过负载，或 PCC 在发出 PCReq 后，通过 PCNtf 消息来告知取消路径计算。

③ PCE 自动发现

在 PCE 和 PCC 或多个 PCE 之间建立 PCEP 会话之前，PCE 网络首先需要让网络中的 PCC 和 PCE 或多个 PCE 之间实现自动发现功能。这些自动发现功能一般基于现有路径模块进行扩展。大致包含以下内容。

a. 自动发现 PCE 网络位置：一般是指 PCE 服务器的 IPv4/IPv6 地址。

b. PCE 路径计算的范围：如单域、多域或 AS 自治域内的路由。

c. PCE 路径计算的能力：如是否支持优先级参数，约束条件等。

d. PCE 域设置：如是否支持与邻居 PCE 联合算路等。

OSPF 针对 PCE 发现功能增加了 PCED-TLV（PCE Discovery TLV）。OSPF 路由器链路状态信息数据包中将携带 PCED-TLV，并进行泛洪。

（2）有状态 PCE

有状态 PCE 是相对无状态 PCE 而言的。有状态 PCE，顾名思义是 PCE 保存了 LSP 的路径和状态信息，因此从 PCE 上即可获取网络中 LSP 的所有信息。这个 LSP 信息主要有以下用途。

① LSP 的路径优化：可以从全局的角度尽可能多地建立 LSP 通道。

② 自动带宽调整：LSP 带宽需求会随时间变化而变化，LSP1 上午流量大，LSP2 下午流量大，我们可以根据需求按时间来调整 LSP 的带宽。

③ 带宽调度：允许用户在特定的时间使用空闲的带宽。

④ 业务的保护和恢复：有一处断纤可能影响多条业务，在无状态 PCE 的情况下，分布式控制平面的源节点自己处理业务的保护恢复，这样很可能会有资源冲突的问题，发生信令回溯。有状态的 PCE 可以统一处理这些受损的业务，使其不会有资源冲突的问题，从而可以更快速地恢复业务。而且在共享资源方面，原来只能共享自己原始路径的资源，现在可以共享所有受损路径的资源，更有利于提高资源的利用率。

⑤ LSP 的重优化：有时需要对一条或多条 LSP 进行重优化，对于无状态 PCE 而言，重优化由每条业务的源节点发起，无法综合考虑其他 LSP 的情况，有状态 PCE 可以由 PCE 统筹全局进行 LSP 的重优化。

⑥ 解决资源碎片问题：LSP 的动态建立和删除会导致资源碎片的问题，没有连续的资源就无法再创建 LSP，有状态 PCE 拥有全局 LSP 的视角，可以对碎片资源进行优化，使得创建新的 LSP 成为可能。

⑦ 用于基于损伤感知的路由波长分配（IA-RWA，Impairments Aware Routing and Wavelength Assignment）计算：拥有全局 LSP 及其光损伤参数，再对新的 LSP 进行 RWA 计算时更准确。

在标准中又定义了两种不同的模式：被动式有状态（Passive Stateful）PCE 和主动式有状态（Active Stateful）PCE，这里的被动和主动是区分 PCE 在网络中发挥的不同作用。

被动式有状态 PCE 是指 LSP 的控制者是属于 PCC 路由器的，PCE 只提供路径计算的服务，每次算路都是由 PCC 发起，PCE 虽然可以看到 LSP 的路径和状态，但无法主动变更 LSP 的路径和状态。

与被动式有状态 PCE 相反，在主动式有状态 PCE 中，PCC 将 LSP 的控制权完全上交给 PCE，什么时候发起算路，以及什么时候触发 LSP 的路径建立和状态变更取决于 PCE，从这里可以看出，主动式有状态 PCE 具备更强的控制器能力。

RFC 8231 PCEP Extensions for Stateful PCE 在之前的协议上进行了扩展，定义了有状态 PCE 和相关消息。

a. 路径计算状态报告（PCRpt，Path Computation State Report）消息：PCRpt 消息为 PCC 发给 PCE 的消息，用于 PCC 通告 PCE 一条或多条 LSP 的状态，或者授权、撤销一个 PCE 对 LSP 的控制。

b. 路径计算更新请求（PCUpd，Path Computation Update Request）消息：PCUpd 消息为 PCE 发给 PCC 的消息，用于更新一条或多条 LSP 的参数，以及归还 LSP 的管理权等。

c. 路径计算初始化请求（PCInit，Path Computation Initiate Request）消息：PCRpt、PCUpd 只是针对已有的 LSP 进行上报和更新，而 PCInit 用于 PCE 发起创建或删除 LSP。

（3）PCECC

PCECC 与有状态 PCE 的区别在于，PCECC 直接给沿路径的节点下发标签，而有状态 PCE 通告源节点路径信息，再由信令过程分配传递标签。关于 PCECC 的消息扩展如下。

① PCInit：建立 PCECC 发起的 LSP，PCE 下发标签或删除下发的标签。

② PCUdp：使用其发送 PCECC LSP 的更新，用于 PCE 下发更新标签。

③ PCRpt：为 PCECC 发送 LSP 报告，用于报告从 PCE 接收的标签信息。

4. PCE 的应用场景

PCE 的应用场景可分为网络场景和技术场景。

（1）网络场景

网络场景主要包括基本场景、多域场景和多层场景。

① 基本场景

PCE 作为一个集中式的路由计算功能模块，主要由路径计算模块、通信模块及 TED 等部分组成。网管系统、节点设备可以作为路径计算请求的发起方 PCC，通过 PCEP 向 PCE 功能模块发送 PCReq，如图 3-8 所示。

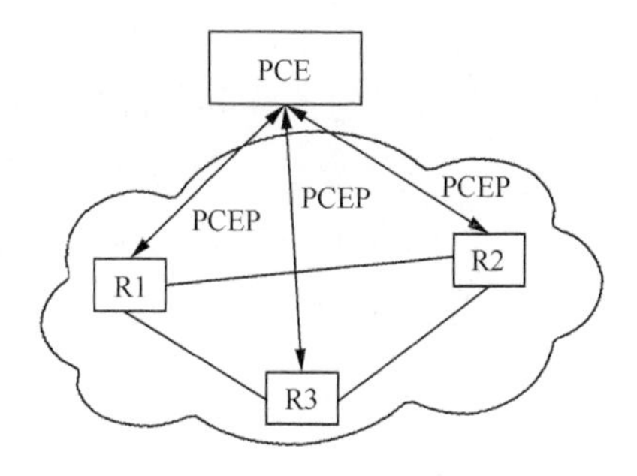

图 3-8　PCE 基本场景

② 多域网络

a. 单 PCE 管理多个域，一般应用在多域（路由域）的场景。一个 PCE 可以完成域间路径和域内路径的计算，路径计算简单，不需要多个 PCE 之间的配合，但一个 PCE 计算压力可能过大，如图 3-9 所示。

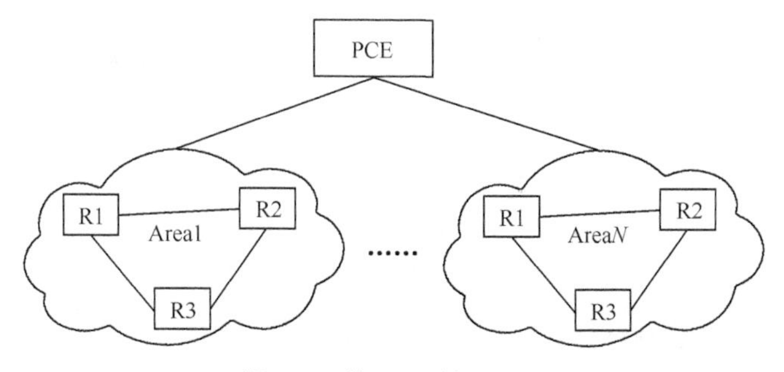

图 3-9　单 PCE 管理多域

b. 多 PCE 协作计算 LSP 路径

如图 3-10 所示，有 3 个域，每个 PCE 负责一个域内路径的计算，最后拼接成一条端到端的路径。

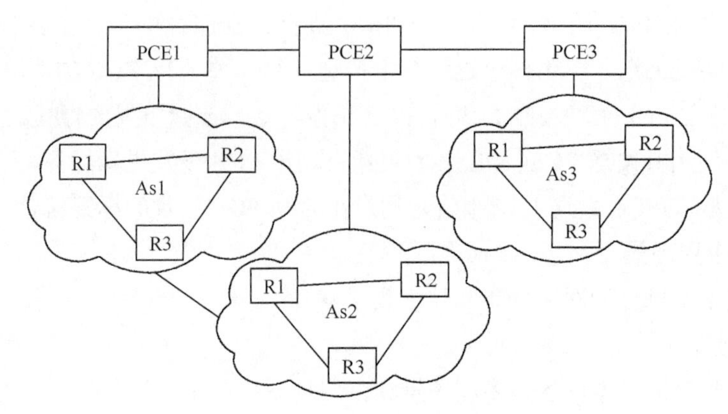

图 3-10　多 PCE 协作管理多域

③ 多层网络

网络由不同的层组成，底层 LSP 为上层 LSP 提供服务。例如，网络根据不同的网络技术来分层，分为 PSC、TDM、LSC。

多层路径计算有以下两种方式。

a. Mono-Layer Path：只计算上层网络路径，但路径的每一跳可能是 TE 链路，也可能是虚拟 TE 链路。如果有虚拟 TE 链路，说明下层的 LSP 还没创建，会触发下层的 LSP 建立。

b. Multi-Layer Path：一次性计算出上层和底层网络的路径。

底层网络的 LSP 作为 TE 链路在上层网络中发布，这些 TE 链路形成的拓扑叫作虚拟网络拓扑（VNT，Virtual Network Topology）。

- 单 PCE 管理多层网络

如图 3-11 所示，图中 H1、H2、H3、H4 属于上层网络，L1、L2 属于下层网络。现需要建立从 H1 到 H4 的路径，如果基于上层网络算路，路径计算会失败，因为 H2—H3 之间没有 TE 链路，PCE 会计算出 H1—H2—L1—L2—H3—H4 这条路径，这表明在边界路由器 H2 和 H3 之间需要建立一条底层的 LSP：H2—L1—L2—H3。

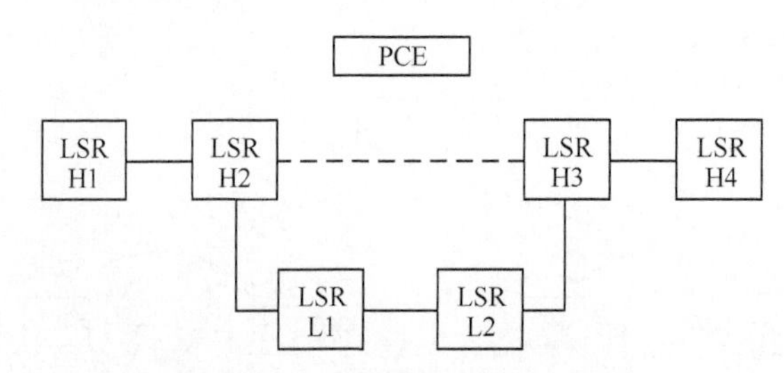

图 3-11　单 PCE 管理多层网络

- 多个 PCE 管理多层网络

如图 3-12 所示，同样请求建立 H1 到 H4 的路径：H2 和 H3 作为下层网络的入口和出口节点。上层 PCE 向底层 PCE 请求 H2 到 H3 的路径，底层 PCE 返回 H2—L1—L2—H3 路径

给上层 PCE，上层 PCE 返回 H1—H2—L1—L2—H3—H4 路径给 H1。

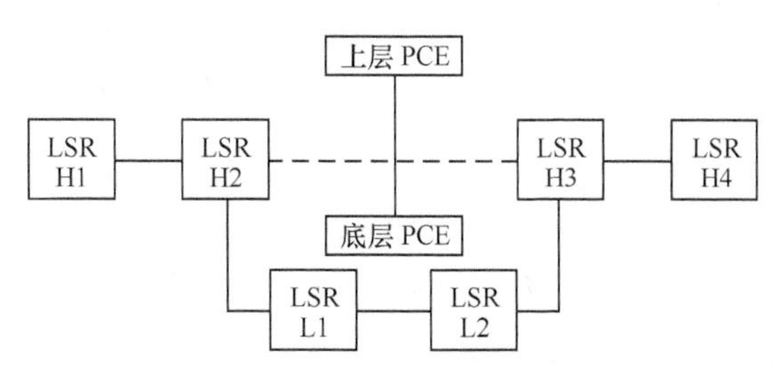

图 3-12 多 PCE 管理多层网络

（2）技术场景

技术场景主要表述的是 PCE 如何与 MPLS/GMPLS、WSON、SR、P2MP 和 ACTN 等技术体系相结合。

① MPLS/GMPLS TE

在基于 PCE 的 MPLS/GMPLS 网络结构中，PCE 可看作网络中专门负责路径计算的功能实体，它基于已知的网络拓扑结构和约束条件，通过客户请求触发计算，得到一条满足约束条件的最佳路径。理论上 PCE 可以位于网络中的任何地方，可以集成在网络设备内部，如集成在 LSR 内部，或者集成在 OSS 内部，也可以是一个独立的设备。当然，按照这种网络架构设计的初衷，PCE 设计在网络路径之外是更好的方案。

② WSON

在 WSON 中，需要计算波长业务的路径。通常，波长业务的路径计算可以划分为两部分：一是路径计算；二是波长分配。

在 WSON 中，由于存在波长交叉限制、波长一致性约束等特殊约束条件，波长业务的路径计算相比于其他业务的路径计算通常更为复杂。因此，波长路径的计算功能可以由一个集中式的具有强大计算功能的 PCE 来实现。

PCE 应收集 WSON 中的波长可用信息，以及波长交叉限制信息，才能计算可用的波长路径。当 PCE 收到 WSON 中的路径计算请求时，根据收集到的上述信息，可以计算业务路径，并分配路径使用的波长。

PCE 计算波长路径主要有以下需求。

a. 路由和波长分离架构需求

PCE 应支持 WSON 中路由和分布式波长分离的架构及路径和波长分配融合的架构。

b.RWA 处理流程需求

- PCE 的路径计算请求和响应消息中应包含支持 RWA 计算参数选项，如采用显式波长分配标签或一系列可选标签。
- 在路径计算响应消息中，应包含显式波长分配标签，或提供每一跳的波长分配标签列表，由本地节点基于策略选择波长标签。
- 如果路径计算失败，响应消息中应包含计算失败的原因，如网络连接失败、无可用的波长资源等。

c. 波长路径计算需求

- 由于首末节点也可能存在波长交换的限制，因此需要指定源、宿两端上下波长点的接口编号；PCE 的 TED 需要保存网络中的交叉约束信息，以便计算符合交叉约束的波长路径。
- PCC 应能在 PCReq 消息中指定是只计算路径还是只分配波长，或者既计算路径又分配波长，以及波长约束信息，如可用波长集、必经资源、排除资源等。

d. 优化现有波长路径需求

- 在请求优化波长路径的情况下，PCC 可以指定只优化路径，不改变波长；或者不改变路径，只修改波长；或者既允许修改路径，又允许修改波长。
- 在路径计算响应消息中，应能携带优化后的路径及波长。如果优化失败，需要指明失败原因。

e. 波长约束需求

- 路径计算请求方应能在 PCReq 消息中指定可选的波长范围。
- 当网络具备波长转换能力时，路径计算请求应能指定波长连续性约束要求。
- 请求方可以指定波长分配的机制，如升序、降序、随机分配等。
- 对于多条路径计算请求，可以要求为多条路径分配相同的波长，以便满足保护倒换的需求。
- 信令处理能力约束需求。

f. 信号类型指定需求

请求方可以指定首末节点的信号类型，如调整类型、FEC 编码类型等。

③ SR

SR 使用内部网关协议（IGP，Interior Gateway Protocol）来通告“段 segment”，产生 SR 路径有很多种方式，包括 IGP 最短路径树（SPT）、显式配置或使用 PCE 计算出 SR 路径。这里对 PCEP 进行了扩展，支持 SR 网络中 PCC 请求 TE 路径的计算。

④ P2MP

P2MP TE LSP 路径计算十分复杂，计算与工作路径分离的保护路径更加复杂，这会给入口 LSR（Ingress LSR）造成很大的压力。如此繁重的计算工作，可以剥离出来由 PCE 来承担。

⑤ ACTN

流量工程网络抽象与控制（ACTN，Abstraction and Control of TE Networks）可以使用 H-PCE 的架构来实现，MDSC 被看作 P-PCE，PNC 被看作 C-PCE。客户请求由 MDSC 接收，MDSC 根据业务逻辑、全局抽象拓扑、网络条件和本地策略，将客户请求分解为每个域的 LSP 发起请求，PNC 可以理解并采取行动。

5. PCE 未来的研究方向

PCE 作为一个算路单元能实现的功能有限，必须结合 SDN、管控一体等架构，一起来实现智慧光网络的智能管控。PCE 衍生出来的 PCECC 标准，朝着控制器的方向迈进，但目前标准还不成熟。另外，PCE 上的多层、多域、批量算法，甚至是基于 AI 的预测算法等更

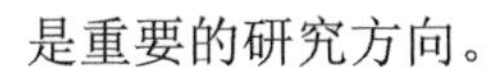
是重要的研究方向。

3.1.3　路由协议

路由协议的主要作用就是进行路由信息的传递和路径计算，其作为智慧光网络网络层分布式智能的核心组件，通过与集中式的智能管控单元的高效协同，实现对连接层资源的高效利用，并达到实现最优路径快速收敛的目的。因此，路由协议是智慧光网络技术体系不可分割的组成部分。

一般而言，路由协议具体是指动态、分布式的路由协议。它们的共同特点是网络内每一个网元都需要不断地与其他网元交换路由信息，并根据路由算法生成路由表指导转发。不同的路由协议之间的区别在于交换路由信息的范围、内容、时间间隔不同。其中路由算法是路由协议的核心，理想的路由算法应具备正确、自适应、稳定、公平、最优的特点。正是基于这些抽象的共同特点，成熟的路由协议具备了良好的演进能力，在连接层技术不断演进的过程中持续保持着活力。

在网络规模庞大，或子网对特定策略要求各异的情况下，路由协议多为层次化设计，即网络被划分为许多自治系统（AS，Autonomous System）。基于此，一般路由协议的分类为：在一个 AS 内的路由协议、IGP 和 AS 之间的路由协议、外部网关协议（EGP，Exterior Gateway Protocol）。

IGP 传递一个 AS 内的路由信息，同时在 AS 的范围内进行路由计算；边界网关协议（BGP，Border Gateway Protocol）传递跨 AS 域的信息，并进行跨域计算，同时 BGP 也可以用于域内计算。

IGP 主要有以下几种：RIP-1、RIP-2、IGRP、EIGRP、ISIS 和 OSPF。EGP 最初采用的是较简单的 EGP，随着网络的发展，BGP 成为了最主要的、应用最广泛的 EGP。

路由协议起源于 IP 网络，经过 30 年的发展，在现网上获得广泛应用的 RIP、OSPF、ISIS、BGP、PIM 等路由协议已相当成熟。当前，关于这些路由协议的研究主要是在面向新的应用场景、新技术的扩展及管控领域的增强等方面。随着灵活的扩展能力不断提高，路由协议将逐步适配异构的或新近发展的连接层技术，从而服务于新的业务场景。

路由协议是智慧光网络中分布式智能的基础，随着网络的发展、新需求的出现和新问题的提出，对新的路由技术和相关协议的研究也在持续进行中，一些新的路由技术和协议已经形成体系，并获得一定规模的应用。在这些新路由技术和协议中，SR、位索引显式路由（BIER，Bit Indexed Explicit Routing）及以太网虚拟专用网络（EVPN，Ethernet Virtual Private Network）是目前最具代表性的、被业内看好的路由技术。下面将介绍这几种代表性路由技术对路由协议扩展的情况，展现路由协议的发展趋势。

1. SR/SRv6 的路由协议

智慧光网络的理论体系认为，网络架构需要不断地演进，从而迎接来自于业务发展、网络转型、用户体验持续提升和自动化运营方面的挑战。以满足不断演进的业务场景作为核心要求，驱动着智慧光网络各层面技术的发展。

在隧道技术方面，前面介绍了 SR/SRv6 是基于源路由的理念在网络上转发数据包的一种协议，转发面上 SR 重用 MPLS 转发面，SRv6 重用 IPv6 转发面。在极小的硬件代价下，SR/SRv6 对于控制面实现了极大的简化，从而带来了诸多显而易见的收益。

（1）网元不再需要部署 LDP/RSVP-TE 协议，只需要对 IGP 进行适当扩展即可，网元控制面实现了极简。

（2）网络不再需要为每一个隧道分配标签，只需要为邻接节点分配一个标签，在大连接的场景下资源消耗大幅度降低，实现了接入的泛在。

（3）路径调整与控制方面通过头节点即可完成调整，不再需要逐点配置，可以快速响应上层应用的需求，实现网络服务的随需。

（4）SR 源路由技术有利于方便地建立显示备用路径，达成拓扑无关，实现理论上 100% 的 FRR 保护。同时使中间节点不再需要维护庞杂的中间状态，简化了 TE 技术，实现了网络服务容量的超宽。

SR/SRv6 针对 IGP 的扩展，包括 ISIS 扩展与 OSPF 扩展。

（1）ISIS 扩展

首先 ISIS 是基于类型、长度和数值（TLV，Type-Length-Value）的高度可扩展协议，通过定义新 TLV 和扩展现有 TLV 中的子 TLV，即可便利地实现对新协议的扩展。SR 方面定义了子 TLV（如 SR 能力、Prefix-SID、Adjacency-SID、LAN-Adjacency-SID 等）和 SID/ 标签绑定 TLV 用于通告。SRv6 方面通过类似的方式对位置（Locator）标识信息进行扩展，实现路由学习；对 SRv6 SID 信息及对应的目的节点（Endpoint）行为信息进行扩展，实现网络可编程，可以便利地通过扩展 ISIS 实现对 SRv6 的支持。

概括而言，通过扩展实现通告的 SR/SRv6 能力主要包括如下几个方面。

① 是否支持 SR。

② SR 数据层面支持的能力，包括基于 MPLS 的 SR-MPLS 和基于 IPv6 的 SRv6。

③ 支持哪种 SR 算法，ISIS/OSPF 默认为支持最常见的 SPF 算法，也可以支持其他类型的算法，用于 SR-TE。

④ 通告的 SRGB 的范围。

（2）OSPFv2 SR 协议扩展

OSPFv2 初期被定义为使用固定长度的链路状态通告（LSA，Link State Advertisement），而随着协议的发展，OSPFv2 引入了不透明（Opaque）LSA，即如果一个运行 OSPFv2 的设备不能识别 LSA，仍可以将 LSA 泛洪到 LSA 的邻居，而能理解这些 LSA 的设备则会正常使用它们。

不透明 LSA 使用 3 种类型的 OSPFv2 LSA：类型 9、类型 10、类型 11。这 3 种 OSPFv2 LSA 的功能相同，只是泛洪范围不同。类型 9 限定在本地链路范围内，不会泛洪到本地网络之外；类型 10 是比较常见的 LSA，限定在本区域（Area）内；类型 11 限定在本 AS 内。

不透明 LSA 是基于扩展性设计的，为了允许不同的应用使用不透明 LSA，不透明 LSA 通过携带不透明类型（Opaque Type）字段区分功能。OSPFv2 的 SR 扩展应用于类型 10，包

括以下几种类型。

① 类型 4 是路由器信息不透明 LSA，携带 SR 能力，包含 SR 算法 TLV 和 SRGB（SID/标签范围）TLV。

② 类型 7 是扩展前缀不透明 LSA，用于分发 Prefix-SID（子 TLV）。

③类型 8 是扩展链路不透明 LSA，用于分发 Adjacency-SID（子 TLV）和 LAN-Adjacency-SID（子 TLV）。

（3）OSPFv3 SRv6 协议扩展

类似于 ISIS SRv6 的扩展，OSPFv3 SRv6 同样需要通过扩展发布 Locator 路由信息与 SID 信息。Locator 路由信息用于其他节点定位到发布者，通过 SRv6 Locator LSA 和 Prefix LSA 进行发布。其中 Prefix LSA 为已有 LSA，可实现普通 IPv6 节点识别并生成 Locator 路由，从而实现平滑演进场景的混合组网。SID 信息及对应的 SRv6 Endpoint 行为信息通过 TLV 或子 TLV 方式进行发布，用于通告节点的 SRv6 能力、算法、栈深、格式等，其表达的语意与 ISIS SRv6 扩展一致。

如上所述，SR/SRv6 通过对现有路由协议的轻量扩展即可实现信息的分发，同时兼具平滑升级的能力。SR/SRv6 技术带来的极简的控制面使得其与 SDN 技术能够完美结合，强有力地推动了 SDN 技术的应用落地。在智能管控方面，智慧光网络多层资源在控制器层面的有机协同乃至融合使其具备了实施的可能性。

2. BIER/BIERv6 的路由协议

对于智慧光网络技术体系而言，多播技术一直是技术难点与研究的热点。此前，无论是 PIM 还是 MVPN 均需要为每个多播流建立多播树，同时网络中间节点也需要维护状态，协议实现复杂且扩展性不佳，迫切需要新型多播协议的引入，因此 BIER/BIERv6 技术应运而生。

从功能角度来看，BIER 可以看作 SR 在多播领域的“变体”，虽然两者的技术体系和实现方式完全不同。也可以说，BIER 在多播领域对传统路由协议进行了颠覆，与 SR 相似，BIER 在某个网络节点就确定了在某个 BIER 子域内的多播路由，不需要建立显式多播分发树，也不需要中间节点保存任何多播流的状态。

BIER 的工作原理可以概述为：数据包在 BIER 域中，以 BIER 子域为多播单位。BIER 通过多播数据包中携带的 BitString 来表示数据包需要复制发送的网络节点，BitString 中的一个比特对应一个网络节点，该比特在 BitString 的位置就是该网络节点的比特转发路由器标识（BFR-ID，Bit-Forwarding Router Identifier），BFR-ID 是配置的，并且在 BIER 子域内唯一。BIER 子域中的 BFR-ID 信息连同其他信息（如节点的 IP 地址）通过 IGP 的泛洪，在网络中各节点建立起 BIER 转发信息，该 BIER 转发信息指导该节点收到带有 BitString 的 BIER 报文后，如何根据报文中的 BitString 将报文复制、发送出去。综上，BIER 的技术特征如下。

（1）协议简化，BIER 不需要独立的协议在 BIER 域建立显式多播分发树。

（2）无状态，BIER 不需要 BFR 中间节点维持任何多播流状态。

（3）网络与业务分离，BIER 实现了底层路由环境和上层多播业务之间的分离。

BIER 技术在数据面使用了 RFC 8296 定义的报文头格式，其适用于 MPLS 封装与非

MPLS 封装。在控制面，BIER 同样通过对 ISIS 和 OSPFv2 进行路由协议扩展，实现 BIER 信息的泛洪，进而由各比特转发路由器（BFR，Bit-Forwarding Router）节点根据 BIER 信息建立转发表。以 ISIS 扩展为例，它通过 TLV 扩展方式实现 BIER 算路算法、BFR-ID 等信息的泛洪。

当前，多播技术领域的另一个研究热点是 BIERv6，即面向 IPv6 的 BIER。目前数据面主要有如下两个候选方案。

（1）BIERin6：定义了一个新的 IPv6 扩展头类型，用以封装 BIER 数据包头等信息，结构如图 3-13 所示。

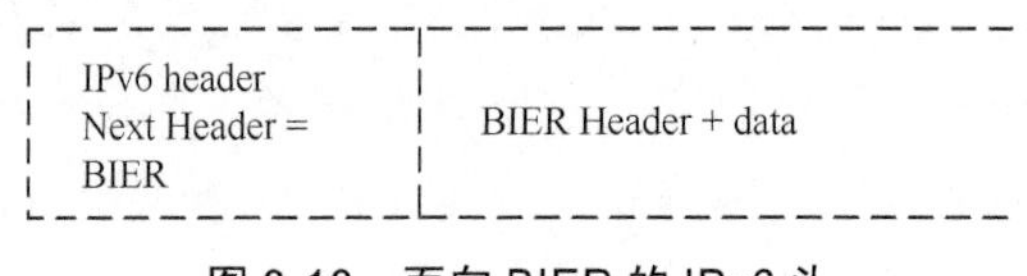

图 3-13　面向 BIER 的 IPv6 头

（2）BIERv6：定义了一个 BIER 选项补充到 IPv6 Destination Options header 中，扩展选项具体可参见 RFC 8296。

在路由协议方面，BIERv6 同样通过 IGP 扩展实现。在 IGP for BIER 协议的基础上增加相应的封装信息和节点行为信息。BIERv6 路由协议扩展的具体定义尚在标准化中。在体系领域，BIER 的其他研究方向包括路径计算方法、BGP-LS 针对 BIER 的扩展、BIER BFD、性能测量和冗余保护几个方面。在智慧光网络网络层的子研究领域，多播技术仍处在研究期。面对云时代日新月异的业务需求，如井喷的短视频业务、采用发布－订阅模式的金融交易系统、V2X 场景的视频联网与协同驾驶等，现有的多播技术包括 BIER 仍存在极大的改进空间。

3. EVPN 的路由协议

近年来，数据中心的数量和规模爆炸性的增长，随着业务规模的扩大和用户需求的增加，以及容灾、资源利用率等方面的考虑，企业信息化系统部署于多云的需求越来越强烈。于是简化且灵活扩展的承载能力是云时代对云间互联提出的要求。云间互联是智慧光网络体系的重要子研究领域，EVPN 技术也是伴随着云计算蓬勃发展的一种网络层技术，降低对连接层云间隧道连接的控制开销。

虚拟专用局域网业务（VPLS，Virtual Private Lan Service）是传统的 L2 广域网互联方案，二层业务间采用 VPLS 技术实现互通，但是使用 VPLS 技术存在无法支持 MP2MP、多链路全活转发和网络资源消耗高等问题。概括而言，传统的 L2VPN 具体的问题有以下 4 个。

（1）通过转发面学习 L2 转发表项，效率低、扩展性差，同时浪费转发面带宽。

（2）当无法实现负载分担、双归保护时，流量只能归属于一个 PE。

（3）当转发面出现变化或故障时，需要重新泛洪 L2 转发表，切换速度慢。

（4）需要进行大量的人工配置，网络部署困难。

EVPN 是一种针对 VPLS 的缺陷而提出的二层 VPN 技术。它是一个基于 BGP 的 L2VPN，通过扩展 BGP，使用扩展后的可达性信息，不同站点的二层网络间的 MAC 地址学习和发布过程可以从数据面转移到控制面。EVPN 使用 BGP 作为控制面协议，如图 3-14 所示，

其使用 MPLS、PBB、VXLAN 等作为数据面的数据封装，EVPN 的实现参考了 BGP/MPLS L3VPN 的架构。

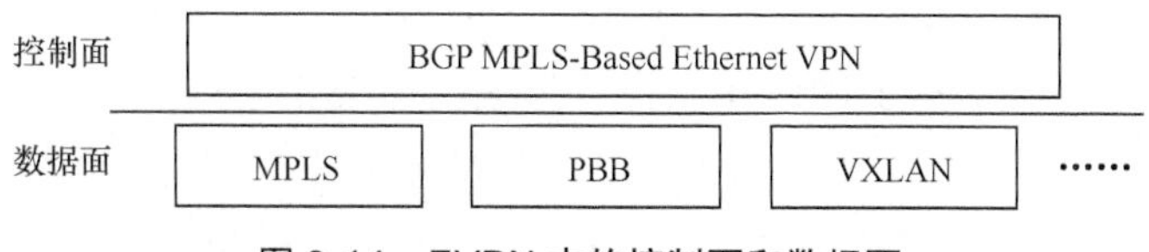

图 3-14 EVPN 中的控制面和数据面

随着研究的深入，EVPN 的功能远不只局限于解决上述问题。

首先，EVPN 是下一代全业务承载的 VPN 解决方案。EVPN 统一了各种 VPN 业务的控制面，利用 BGP 扩展协议来传递二层或三层的可达性信息，实现了转发面和控制面的分离。

然后，EVPN 可以看作一套通用的控制面。随着 EVPN 技术的扩展，EVPN 也被用来传递 IP 路由信息、作为 VXLAN 等 Overlay 网络技术的控制层、作为数据中心互联的控制层等。

最后，EVPN 也可以看成其他技术的应用场景。EVPN 是在现有的 BGP VPLS 方案的基础上，参考了 BGP/MPLS L3VPN 的架构提出的。在 SDN 架构中，控制面和数据面是分离的，应用在控制层之上构建。对于 EVPN 来说，控制层是 MP-BGP，而 EVPN 可以看成是构建在 MP-BGP 上的应用。

EVPN 不仅解决了传统 L2VPN 存在的问题，同时也可以对 L3VPN 业务进行承载，降低了协议的复杂度。EVPN 还将 IP VPN 流量均衡和部署灵活的优势引入以太网中。种种优势使其广泛应用于大型数据中心二层网络互联的场景。

当前，关于 EVPN 的研究和标准化也基本成熟，但相关技术和标准仍在持续研究中。原 EVPN 的标准化研究主体 IETF L2VPN 工作组早已完成了研究任务，发布了 RFC 7209、RFC 7432 和 RFC 7387 等标准，分别表述和定义了“EVPN 的需求”“基于 BGP MPLS 的 EVPN”和“在 MPLS 上建立 E-TREE 业务的框架”等相关内容。后续关联 EVPN 的研究由 IETF BESS 工作组承担，IETF BESS 工作组发布了 RFC 7734、RFC 8317、RFC 8365、RFC 8388、RFC 9014、RFC 9047 和 RFC 9062 等标准，主要包括“对基于 EVPN 的最短路径桥接 MAC 模式的支持”“在 EVPN 和 PBB-EVPN 中对 E-TREE 的支持”“使用 EVPN 虚拟网的解决方案”“基于 BGP MPLS 的 EVPN 的可应用性”“EVPN 虚拟网互联解决方案”“在 EVPN 上传播 ARP/ND 标识”“EVPN OAM 框架”等内容。

当前，智慧光网络体系下的 EVPN 子领域仍然是业界研究的热点，很多研究点仍然在推进中，这些研究点包括 EVPN 承载 BUM（广播、单播、多播）业务的机制；EVPN DF 选举（包括快速恢复、基于倾向性等方面）；EVPN 的 IGMP 和 MLD 代理；面向 GENEVE 的 EVPN 控制面；EVPN 中的集成路由和桥接；EVPN 和 IP VPN 的互通互联；EVPN-IRB 的扩展移动性；EVPN 面向跨子网的多播转发机制；EVPN 多归机制（包括面向二层网关协议、负载均衡等方面）；EVPN 入口复制解决方案；使用 SR P2MP 机制的 EVPN。

4. 路由协议小结

路由协议作为智慧光网络网络层的核心部件，在不断变化的应用、场景需求的驱动下持续地被优化与扩展。从 SR 到 BIER 再到 EVPN，面临的业务诉求无不是海量接入、灵活变化、可靠的连接能力。路由协议均可以通过可扩展的特点在应对日新月异的需求上平滑演进。

在智慧光网络的技术体系中，连接层技术可以是异构的。尽管传送网与 IP 网在连接层技术上存在着差异性，传送网基于接口建立技术体系，而 IP 网基于协议建立体系，但网络层路由协议在异构技术体系的应用中，由于其共同的抽象特点，在面对异构的连接层技术上保证了良好的延展性与一致性，从而为异构的连接层技术统一于智慧光网络体系下奠定了良好的基础。

在智慧光网络的网络层，分布式的路由协议与集中式的管控系统是高效协同的关系。集中式与分布式的分工孰轻孰重、如何达到黄金分割，从来都是业界研究和争论的热点。智慧光网络技术体系提出的三面贯穿于三层，也体现了对这个问题的系统性思考。随着新的工艺、新的软件架构、新的底层技术的出现，不同时期可能有不同的答案，这也是智慧光网络技术体系旺盛生命力的体现。

3.1.4 QUIC 协议

在 ISO 分层体系中，传输层技术是智慧光网络网络层的基础组成部分。ISO 传输层技术作为智慧光网络网络层的底层部件为上层应用进程提供可靠的数据传输。由于多进程的存在，传输层具有复用的特性，从而对传输效率提出了极高的要求。同时，随着云业务的蓬勃发展，对传输层技术提出了更为严格的安全、拥塞控制、可靠性等方面的要求。

1. QUIC 协议概览

QUIC 协议是一个通用的传输层网络协议，最初由 Google 提出、设计、实现和部署。后来在 IETF 的传输层研究域中专门成立了 QUIC 工作组来将 QUIC 协议标准化。

QUIC 提高了目前使用 TCP 的面向连接的网络应用的性能。它通过使用 UDP 在两个端点之间创建若干个多路连接来实现这一目标。QUIC 的目的本是在网络层取代 TCP，以满足许多应用的需求，这也是设计 QUIC 协议的初衷。但随着研究的深入，QUIC 协议已不再局限于这个目标，在很多技术方面有了实质性的改进，已成为一套完备的传输层协议体系。

当前，QUIC 协议是已被网络领域认可、将来也可能被网络领域看好的传输层协议。它不仅解决了 TCP 的主要问题，比 TCP 具有更好的功能和性能。相对于其他传输层协议也有显著的优势。现有主要的传输层协议都有较明显的不足，而 QUIC 协议正是为弥补这些协议的不足而产生的。

2. QUIC 协议的主要机制

QUIC 协议是一个完整的传输层协议，因此，其他传输层协议的实现机制，QUIC 基本上也具备。QUIC 协议与其他传输层协议相比有本质区别，主要包括如下 6 个方面。

（1）数据包封装。QUIC 数据包头分为长包头和短包头两种，封装结构涵盖数据包、流和帧三级对象。相对于传统传输层协议，灵活的封装选择提供了更高的传输效率。

（2）连接建立机制。一次往返（1-RTT，1 Round-Trip Time）和零次往返（0-RTT，0 Round-Trip Time）两种连接方式既确保了建立的可靠性，又保证了传输时延，应用体验大幅提升。

（3）加密机制。QUIC 具备加密功能，满足云时代传输安全性的保证。

（4）流控机制。QUIC 通过连接（Connection）和流（Stream ）两个级别的二级流控保证了多进程的高效协同。

（5）连接迁移。相比 TCP 的四元组，QUIC 使用 64 位的连接标识符（Connection ID）进行唯一识别客户端和服务器的逻辑连接，从而更好地支持移动迁移场景。

（6）拥塞控制。除了 TCP 的 Cubic 拥塞控制算法，QUIC 同时也支持 CubicBytes、Reno、RenoBytes、BBR、PCC 等拥塞控制算法，而且应用层可以灵活地选用不同的算法，从而为需求各异的业务提供差异化的服务。与此同时，单调递增的 Packet Number 机制可提供远高于 TCP 的可靠性。

3. QUIC 协议研究的进展与热点方向

2021 年，IETF 一共发布了 4 个关联 QUIC 的 RFC（RFC 8999/9000/9001/9002）标准。随着这几个标准的发布，基本上形成了实现 QUIC 协议的指南性文件。另外，有两个关于 QUIC 协议的草案也已经成熟，处于待发布状态。10 个关于 QUIC 的工作组草案及 21 个相关个人草案处在研发状态。

在 QUIC 应用方面，比较具有代表性的为通信领域和互联网领域。其中在通信领域，尤其是在智慧光网络网络层研究中，如下几个方面是研究热点：与其他协议结合，如 BGP、NETCONF 协议、实时传输协议（RTP，Real-time Transport Protocol）等；可应用性和可管理性；多路径扩展；隧道技术；负载均衡技术。

QUIC 作为智慧光网络的重要创新方向，可应用于智慧光网络的管理面和控制面。使用 QUIC 协议，智慧光网络的管理面和控制面的信息交互可变得更加高效、安全、可靠。

3.2　智慧光网络的管控技术

网络规模的扩大、应用需求的增加及 SDN/NFV/Cloud 对网络的重构等，带来了网络管控的多维复杂性。网络参数越来越多，策略愈加复杂，依靠人工操作和经验越来越力不从心。为应对上述挑战，智慧光网络在管控层面主张：基于对光网络数字化和可视化管理，以 SDN 技术作为自动化支撑，融合 AI 和大数据的智慧能力实现光网络在管理、控制、协同、分析上的一体化，并通过网络能力系统性开放构建光网络全生命周期的智能闭环生态，让光网络成为一个可自动控制、自动运转、随需开放的智慧系统，大幅提升光网络的灵活性、敏捷性和可靠性。

3.2.1　管控技术概述

早期的电信网络由于架构较为简单，组网规模也不是很大，网络管控主要聚焦于设备的监管方面。ITU-T 定义了电信管理网络的五大基本功能域：故障（Fault）管理、配置（Configuration）管理、计费（Accounting）管理、性能（Performance）管理和安全（Security）管理，简称 FCAPS。而随着 SDN 和 NFV 技术的出现，传统面向设备的 FCAPS 五元组管理被控制（Control）、编排（Orchestration）、管理（Management）、策略（Policy）、分析（Analysis）

新五元组所替代，简称 COMPA。网络管控更强调基于策略的自动“控”“编”能力，以及网络能力的开放性，此时网络控制器成为网络管控的核心，相当于整个网络的大脑，具有全局视角和宏观视野，从源头保证业务下发的一致性。

随着网络规模的不断扩大、网络结构的庞杂及对应用服务的差异化需求增加等，传统的依赖人工的网络管控难以满足大规模、高弹性、智能化的管理要求。与此同时，AI、大数据、云计算、数字孪生等技术不断发展和成熟，这为提升网络管控能力和运维效率带来了新的方法和机遇。这些技术在特性挖掘分析、动态策略生成、高效数据计算、精准弹性服务等方面具有天然的优势，如何将这些技术和网络既有的 SDN 管控进行有机融合来共同为网络赋予新动能，是现阶段电信领域技术创新的一个重要方向，智慧光网络新的管控思想也由此孕育而生。

在智慧光网络的三层三面体系架构中，管控位于网络层，由一个或多个专用的软件系统构成，整个管控软件系统从逻辑上可划分为多个功能域，包括南向驱动域、融合管控域、数智分析域、能力开放域、编排协同域等，通过各个功能域之间的高效协同，保障网络的高效运行与资源的高效利用，并支撑服务层规、建、维、优全流程运营运维。图 3-15 所示的为智慧光网络管控功能架构。

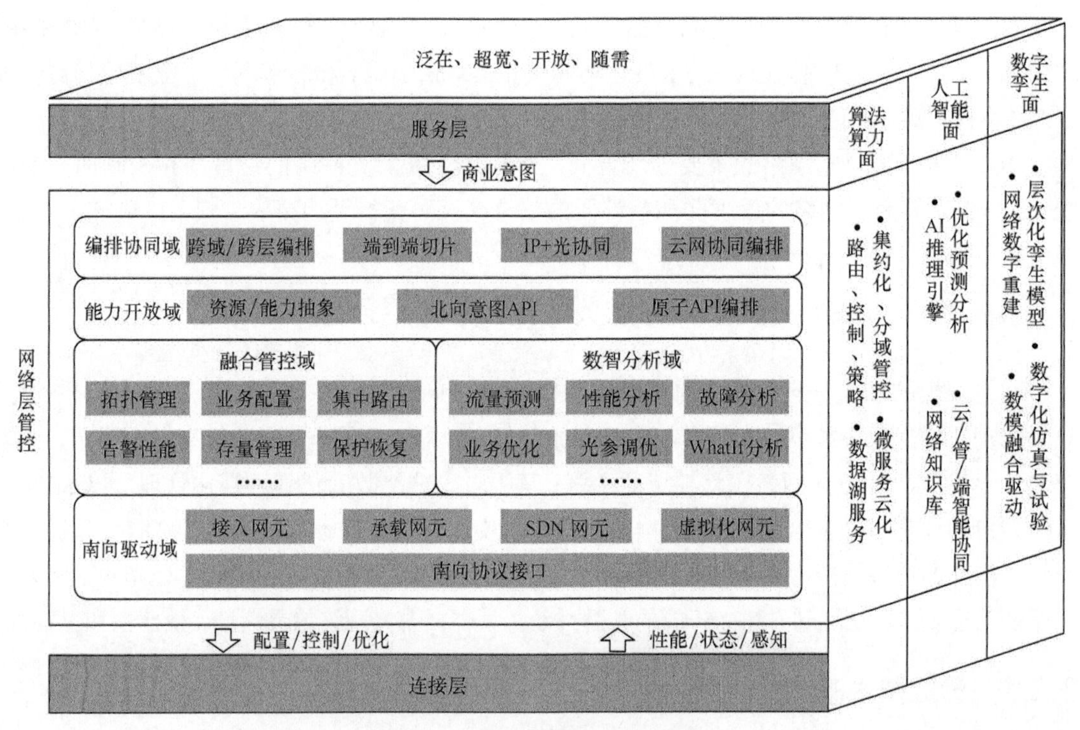

图 3-15 智慧光网络管控功能架构

最底层的南向驱动域对接连接层，实现接入网、IP 承载网、光传送网中不同类型网元设备的统一驱动和设备纳管；中间的融合管控域实现对网络管理功能和控制功能的一体化融合，通过内置自动化控制引擎实现对单域网络的至简管理；数智分析域则融合了网络大数据

和 AI 技术，通过内置大数据与 AI 分析引擎实现对光网络从异常感知、分析优化到主动预测的全过程智能；最上层的编排协同域提供对多域网络连接的端到端统一编排与协同功能，能力开放域则通过提供北向意图 API 实现网络能力的系统性开放。

在智慧光网络的管控体系中，充分融入了算法算力面、人工智能面、数字孪生面这三方面的使能技术，主要体现如下。

1. 算法算力面

算法算力面基于分布式计算实现对大规模网络的集约化管控和分域自治协同，基于各种数据挖掘算法、最佳路由算法、策略与保护算法等实现网络的自动化控制和资源优化，基于云计算和微服务技术实现管控系统的弹性伸缩和高可用性；基于对海量网络数据的采集、存储、计算和数据治理，为网络 AI 建模、网络分析和数字洞察提供数据湖服务。

2. 人工智能面

人工智能面提供优化、预测、分析等多场景网络 AI 建模与推演，涵盖接入网、IP 承载网、光传送网各领域算法模型，实现网络从规划到运维的全生命期智能；基于分层闭环原则，实现跨域智能、域内智能和网元智能的云、管、端三级智能协同；基于统一的网络知识库实现网络智力资产的高效管理，以及基于网络 AI 引擎实现模型在线推理、反馈评估和重训练的一体化。

3. 数字孪生面

通过对物理网络进行数字化建模，构建网络层次化的孪生模型体系，从器件级、单盘级、整机级、网络级，一直到应用级；基于数模融合驱动实现对物理网络的数字化重建，提供对网络流量、网络业务、网络故障、用户操作等多维度、数字化仿真与试验，以及网络运行状态的精细化数字探索等。

3.2.2 网络南向驱动

网元是网络中能被监控和管理的最小单元，随着网络的发展和技术演进，同一网络中不同厂商、不同技术形态的网元大量共存，不同专业网元在功能和协议上也存在较大差异，因此，网络管控首先需要解决的是对网络中不同类型网元的快速纳管、统一调度和控制问题。

网络南向驱动技术要素包括两部分内容，一部分是对设备南向通信协议的统一支持、灵活扩展与智能加载，以实现管控层与设备层之间的解耦；另一部分是对不同类型的网元信息和能力的模型抽象，实现以统一的方式进行管理和控制，并简化网元部署与业务开通上的复杂性，实现网元运维的至简和自动化。

1. 南向协议驱动

网络南向协议驱动实现对业界通用的一些设备协议的支持，比如支持标准的 OpenFlow、OF-Config、OVSDB、NETCONF+YANG、BGP-LS、PCEP、SNMP、Telemetry、CLI、FTP/SFTP 等协议，通过调用这些标准协议接口，实现对光网络的链路发现、状态感知、拓扑管理、策略制定、配置下发等功能。设备侧所提供的南向接口分为上行通道和下行通道两类，其中链路发现、状态感知等主要是利用南向上行通道进行设备信息的统一上报和监测，而策略制定、配置下发等则是利用南向下行通道对网络设备进行统一的写入控制。

南向驱动域还需提供对南向设备驱动协议的灵活扩展和智能匹配的能力。例如，通过OSGI等模块化技术，在南向驱动中构建一个插件式的协议扩展框架，以实现对不同设备类型，甚至是第三方设备的快速协议扩展和无缝接入，并在设备上线时自动挂接、加载最佳的驱动程序版本，既能屏蔽各南向设备协议间的技术差异性，又能同时满足设备间差异性的业务定制需求，实现业务处理的灵活性和可扩展性。

2. 网元快速纳管

传统网元上网管比较烦琐，涉及较多人工操作，尤其是对网元进行配置，配置项多且易出错。因此，南向驱动的另一个重要目标是简化烦琐的网元配置流程，实现网元的快速自动上网管。

网元自动上网管的基本步骤：（1）在设备上电与网络完成物理连接后，通过管控系统所提供DHCP服务或其他IP地址池服务，为上线设备远程自动分配IP并自动完成初始化；（2）初始化后的设备自动与管控系统建立通信连接，通过设备主动状态上报或轮询，在管控系统上实现设备的自动发现，并自动创建相应网元；（3）管控系统从网元数据配置中心自动拉取与网元对应的预配置模板，自动进行网元基础配置数据的适配和调整；（4）管控系统自动进行网元配置数据的下发与更新，完成网元部署上线。

网元上网管配置主要包括对基础数据和结构数据的配置。前者包括网元的属性、单盘、业务、保护、时钟等信息，后者包括网元的机架、机框、机盘、端口等信息。为简化和加快配置，需要对网元配置实现模板化和自动化，基于预置配置模板快速自动生成新网元配置，并提供方便的模板管理与编辑、网元配置管理等功能。其中，网元配置管理主要包括网元配置数据备份、配置数据合法性检测（检测配置是否冲突、是否有配置权限等）、配置数据一致性检查（检查网管中的配置与设备中的配置是否一致）、配置数据上载、下载、回滚、复制。配置数据上载是将网元中的配置信息上载到网管，网管据此进行配置信息展示或进行进一步修改；配置数据下载是将网管中现有网元配置下载到设备上，让配置生效；配置数据回滚是指当网元配置发生错误时，能将当前配置回滚至备份时的配置；配置数据复制是将一个成功配置好的网元数据复制到其他相同或相似的多个网元中，以提升配置效率。

在设备网元上网管后，管控系统需要与之建立并保持可靠的数据通信通道，防止网元异常脱管情况的发生，这主要包括对网元的分区配置和网关配置的管理。通过创建网元的分区策略，将符合分区策略的网元自动添加到指定的管理程序中，网元分区是实现对大规模网络负载均衡管理的重要手段；通过为网元配置通信网关，包括备用网关（网关失效时自动切换到备用网关），从而始终让网元保持与网管的正常通信。

3. 网元运维调测

当网元上网管或运营过程出现故障时需进行网元调测，以保证网元能正常运行、网元之间能正常连接，网元调测通常包括基于Telnet、SNMP等通信协议和基于命令行进行设备远程访问和调测，对网元配置、状态、告警、性能等直接进行远程监控和操作，检测并处理状态异常的网元、及时排除潜在风险，如进行网元的Ping检测、网元端口的环回检测，设备

告警屏蔽、光器件关断、网元配置更新等。

当网元运行过程中出现了软件错误，或者需要增加新的功能特性时，都需要对网元软件进行升级。而当升级后的软件存在错误，或者软件版本过高不满足现网要求时，还需要对网元软件进行降级处理。另外，当需要对网元程序进行一些适应性和排错性修改时，通常需要对网元系统软件打补丁，因此需要在不影响网元正常运行的情况下实现网元软件的快速静默升级。可以通过预先编排升级计划来一键式对多个网元进行批量、有序升级，最大限度地减少手工操作，提高升级性能并保障升级的安全性。

此外，网元运维还包括对网元电源的管理，监测网元已用和可用的电源容量，若新插入的单盘超出网元电源可用容量时，能自动进行告警提示，并能实时查询网元的整体功耗、分区功耗和单盘功耗等信息。

3.2.3 融合网络管控

在智慧光网络的管控体系中，将传统模式下的网管功能和基于 SDN 的控制功能融为一体，实现对辖区网元及网元连接的集中统一管控，从全网视野协调与控制所有网元的活动，统一调度网络资源、处理网络状态变化，使网络始终处于正常高效的服务状态，保障网络服务能力和质量的持续性。

1. 网络拓扑管理

网络拓扑管理提供对网络拓扑结构快速灵活的集成配置能力，并结合拓扑发现、网元链路信息分析、拓扑可视化等技术，快速生成物理网络的多类拓扑视图，以图形化的方式如实反映网络及业务的层次化结构，使用户直观了解网络对象之间的连接关系，方便各类网络操作与业务部署，实时掌握网络及业务的运行状况。

网络拓扑管理提供多种网络拓扑视图的自动构建功能，如分层主拓扑、网元物理拓扑、智能子网拓扑、业务拓扑、时钟拓扑、流量拓扑、时延拓扑等，并支持用户自定义拓扑。对其中部分拓扑的简要介绍如下。

（1）分层拓扑：展示网络内所有节点（包括网元、连接、逻辑域等）的主拓扑，可以分层展现，如根据光网络通信的层次结构（OCh、ODUk、L2Link、L3Link、FlexELink、FlexEGroup）呈现不同的拓扑分层图；从业务视角展现每条业务端到端路径的业务拓扑，包括每条拓扑链接及源、宿端口等。

（2）智能拓扑：对一些具有智能特性的子网络，系统通过拓扑发现自动重建子网拓扑，如在 ASON 拓扑中动态展现 ASON 节点、TE 链路、带宽利用率等信息。

（3）切片拓扑：以图形化方式呈现网络切片的拓扑结构，包括虚拟网络节点（vNode）和虚拟网络链路（vLink）的集合关系。在切片拓扑上可方便地进行网络切片的创建、修改、删除和查询等操作。

（4）时钟拓扑：以图形化的方式呈现网络时钟的分布，提供可视化的时钟管理功能，比如时钟告警、同步路径的规划建立与调整、时钟同步的故障恢复、待激活配置管理、同步网络的检测评估等。

2. 网络资源管理

光网络在运营过程中伴随着业务的创建、修改和删除，网络的扩、缩容与调整等，这些变化都会带来网络资源状态的变化。对网络存量资源及状态的全面数字化是实施智慧化管控的基础。

网络资源分为物理资源和逻辑资源两种。前者包括网元的机架框槽盘、物理端口、光电模块、无源器件等信息，后者包括与业务相关的逻辑端口、链路资源、标签资源等信息。资源数字化要求管控系统能够实时监测、主动感知网络各类资源的变化，对各类网络资源存量、时延、带宽等进行数字化表达，并进行可视化管理，使用户能够精确把握当前网络资源的可用状态。对于网络中存在一些具有智能特性的动态资源（如 ASON 网络资源等），在转发面和控制面资源划分和预留后，管控系统应能够自动发现相关资源的动态拓扑信息，自动感知相关链路的状态变化，并实时更新全局资源数据，保持全局资源的一致性。对于同一域内的拓扑连接状态，可以通过拓扑收集协议（如 BGP-LS、OSPF 或 ISIS 等）从设备侧自动收集各个子域网络的拓扑状态信息，并上报给管控系统进行全局状态同步。

网络资源数字化管理还需具备对全网资源的定期分析与评估能力，以及时发现网络资源瓶颈，输出网络资源优化建议和方案，为网络资源的调度和分配策略的优化提供指导，确保网络资源的持续高效利用。

3. 业务配置管理

有效利用、协商和优化网络资源，以高效灵活的方式实现网络业务的快速发放和随需调整，向客户提供有契约保障的高质量服务，是智慧光网络业务配置管理的技术目标。

根据上层应用对于网络业务的不同需求，以端到端可视化的方式在不同网络层次上控制业务的自动化发放，各层次业务关注自身层次的特性和变化，无须同时处理服务层和客户层数据，降低多层网络结构中业务与网络的耦合度。对于网络管控系统而言，应支持以下方式的业务创建模式。

（1）支持传统的从服务层到客户层的逐层创建。创建服务层时要考虑满足客户层业务需求。例如，当光网络需要支持 IP 业务时，应支持从 OCh/OTSi（G）→ ODU → Client → L3 虚拟链路→ TUNNEL → L3VPN 的逐层创建。

（2）支持从客户层到服务层的逆向自动创建。在这种方式下创建客户层路径的接口需考虑服务层资源的协同，包括对保护的要求、带宽资源的要求等。例如，当光网络支持 IP 业务时，首先创建虚拟链路，服务层路径的约束条件（如是否带保护、工作 / 保护路径是否共纤等）可以包含在创建虚拟链路的请求中。然后控制层再进行 OTN 客户层到 OCh/OTSi（G）层路径的自动建立，完成光层业务的逆向创建。基于虚拟链路再进一步自动创建 IP 层业务，即完成从 VPN 业务到隧道的逆向创建。类似地，在创建 VPN 业务时，应携带对应隧道层的约束条件，如是否带保护、带宽参数等约束条件。

（3）支持从业务层到光层的端到端一键逆向自动创建。例如，对各类 VPN 业务的自动创建，在创建参数中需带上对服务层的约束条件。

同时，管控系统应支持对已建业务根据差异化 SLA 需求进行灵活调整。例如，对业务

的路径调整和对业务的质量参数调整等。管控系统应能根据具体的调整需求，自动完成业务最佳路由与业务参数的计算和优化，自动生成新的业务配置数据，并自动安全地完成配置下发。业务调整主要包括业务带宽调整、SLA 调整、业务路径调整（增加或删除业务接入点）、业务路由策略调整（包括业务路由约束条件、路由策略等）、业务保护和恢复策略调整。

另外，在业务创建和调整过程中，管控系统应能提供快速方便的差异化 SLA 管理功能，以支持多样化应用需求，如支持业务 SLA 策略模板的自定义和基于模板的业务发放，并提供对策略模板的管理功能，支持业务 SLA 指标即时设定和随需动态调整（时延、丢包率、抖动、OSNR、隔离等级等），且在调整过程中不能引起业务的中断、支持业务运行过程中 SLA 指标的实时测量及结果展示等。

4. 业务自动割接

随着网络和业务的发展变化，业务割接频度越来越高，业务割接的自动化和智能化是光网络智慧特性的体现。一般运维人员在对已有业务或者设备组网进行调整和改造时，主要进行如下几种操作。

（1）设备替换：由于工程的扩容需要，需要用容量更大的设备替换老旧的设备。

（2）破环加点：通过增加新网元，提高整网的业务能力。破环减点是去除两根光纤之间的设备，并把这两根光纤合并成一根光纤，实现对网络的调整和优化。

（3）单盘替换：常见于工程上的单盘扩容，或者由于单盘故障需要进行单盘的更换。

（4）业务迁移：对原有业务的接入端口进行调整，实现业务基于端口的快速批量迁移，解决传统手工逐条割接的痛点，如人力投入多、风险高、业务中断时间长等。

业务自动割接是指基于预定义策略在指定时间自动执行割接作业，并有效保证割接的安全性。一个割接作业包含多个割接组，割接组是执行割接的最小单元，可以包括多条业务。自动割接功能设计需考虑如下关键问题：（1）自动进行割接前的校验，确定网络资源是否满足割接条件；（2）统一调度业务割接的执行，处理发生的异常及完成数据备份和恢复；（3）业务割接完成后自动进行网络与业务状态的验证和确认；（4）业务割接失败时能自动执行割接回滚，将割接计划内所有的割接组恢复到操作之前的状态；（5）业务割接完成后能自动生成割接分析报告，记录具体做了哪些操作，分析割接影响了哪些业务，并分析割接失败的原因，以便运维人员进行问题追溯和后续维护。

5. 业务生存保障

网络融合管控需具备集中式的业务路由控制能力，并在网络发生故障时能基于预配置的保护与恢复策略和可获得的资源为受影响的业务重新建立可用路径，以保障业务的持续生存性。

管控系统应能够根据业务的路径约束和路由策略，基于现网拓扑快速计算出满足业务要求的最佳路径。其中，对路径的约束条件应支持：路径中必须包含的节点和链路、路径中必须不包含的节点和链路、路径分离约束（在计算多条路径时有效，具体包括节点分离、链路分离、共享风险资源组分离等）、光层特定约束（如光波长等）。同时，在进行业务路径寻路计算时，应支持多种路由策略及策略组合，比如最小时延策略（指业务端到端时延最短）、最小跳数策略（指业务经过的网元数最少）、负载均衡策略（指根据实际网络带宽利用率和已配置带宽把业务分摊到不同的路径上）等。

对业务的保护倒换由光网络节点转发面执行，即使控制层失效也不影响倒换操作。在采用分层架构时，上层控制器在选择保护类型的同时配置业务的保护，并将保护类型参数下发给下层控制器，完成端到端的业务保护配置。保护类型主要有线性保护、双归保护、环网保护、接入链路保护等。

恢复是指在路由故障后，控制层重新计算并下发业务的路径。恢复有自动和人工两种触发方式，其中自动恢复是指控制层自动为受影响的业务进行路径恢复，人工恢复是指运维人员手动启动业务路径的恢复。业务恢复控制需支持保护和恢复的两者结合，主要包括如下几点。

（1）无保护：指当业务路径出现故障时，不进行任何处理。

（2）无保护带恢复：指当业务路径出现故障时，启动业务路径恢复的功能。

（3）1∶1 保护：指如果业务的工作路径出现故障，业务会被倒换到保护路径；如果保护路径也出现故障，则业务中断。

（4）1∶1 保护带恢复：指如果业务的工作路径出现故障，业务会被倒换到保护路径；如果业务的保护路径也出现故障，则启动业务路径恢复的功能。

（5）永久 1∶1 保护：指如果业务的保护路径出现故障，应为业务生成新的保护路径；如果业务的工作路径出现故障，业务会被倒换到保护路径，同时应为业务生成新的保护路径。

6. 网络告警管理

通过对网络中发生的各类告警实施精准监测，实时掌握网络的真实运行状态。网络告警分为两类：一类是网元发生异常时产生的告警，称之为网元告警；另一类是管控系统发生的异常，以及管控系统与网元之间连接异常时产生的告警，称之为系统告警。网络告警按严重程度可分为 4 种：紧急告警、主要告警、次要告警和提示告警。其中，紧急告警是造成业务中断或网元失效的告警；主要告警是对网络 QoS 造成影响的告警，对这两类告警需重点监控，以免造成业务中断。用户还可以根据需要自定义告警分级，以突出自己关注的告警。依据来源和层次的不同，网络告警可分为如下多种类型。

（1）通信类告警：有关网元通信、端口连接的告警，如通信中断、断纤等。

（2）环境类告警：有关设备运行环境的告警，如环境温度过高等。

（3）设备类告警：有关设备硬件故障的告警，如电源失效、光口丢失等。

（4）服务质量告警：有关网络与业务 QoS 的告警，如性能越限等。

（5）处理失败告警：有关系统处理异常的告警，如网元升级失败等。

（6）安全类告警：有关管控系统和设备运行安全相关的告警。

网络告警的感知一般采用管控系统轮询或由设备 Trap 主动上报两种方式，由于不同设备对告警的上报方式、协议和能力等各不相同，因此，管控系统需要对设备告警上报通道进行统一的适配处理。同时，为确保用户在管控系统上看到的告警与设备上实际的告警一致，管控系统还需要提供对告警的自动同步和手动同步功能，以便在通信异常时依然能对网络告警实施准确的监控和管理。

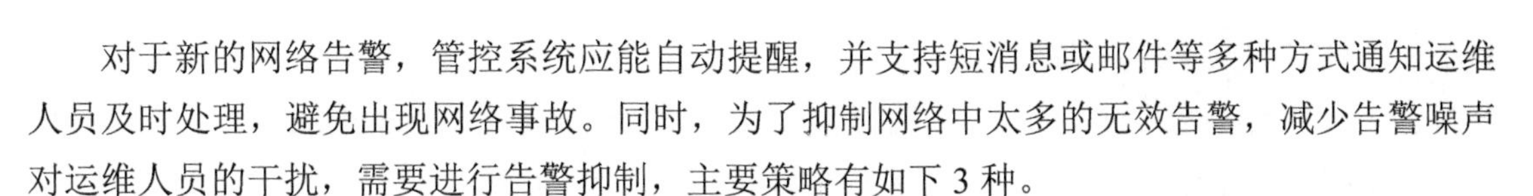

对于新的网络告警，管控系统应能自动提醒，并支持短消息或邮件等多种方式通知运维人员及时处理，避免出现网络事故。同时，为了抑制网络中太多的无效告警，减少告警噪声对运维人员的干扰，需要进行告警抑制，主要策略有如下 3 种。

（1）根衍抑制：一条告警的产生可能引起其他告警的产生，通过设置告警相关性规则，过滤衍生告警，只保留根源告警。这里的规则一般是指关系明确的强规则，对于关系不太明确或动态变化的弱规则，需借助 AI 技术进行规则的自学习与动态抑制。

（2）闪断 / 振荡抑制：通过设置闪断 / 振荡规则，将持续时间较短或频繁上报的告警屏蔽或丢弃，以减少此类告警对运维人员的干扰。

（3）汇聚抑制：通过设置汇聚规则，将指定周期内重复上报的告警汇聚到同一个告警下，以减少大量重复的告警对运维人员的干扰。

另外，业务类告警往往是运维人员告警监控的重点，当告警发生在业务路径（包括服务层路径）所经过的端口时都会影响业务，管控系统应支持告警业务的关联分析，快速准确定位到有风险的业务，以便运维人员及时干预，防止发生业务中断或服务违约。

7. 网络性能管理

通过更高精度的性能测量、监控和指标分析，实时掌握网络的运行状态，准确评估网络的 QoS，提前发现网络的安全隐患，预防网络事故的发生，并协助用户合理规划网络，保障网络持续平稳和低成本地运行。

网络的高精度性能测量首先需解决网络性能数据的采集和处理问题。传统的性能采集一般基于 SNMP 协议或厂家私有协议进行采集，其采集时间一般为 15 分钟和 24 小时，这种粗粒度采集存在着数据的削峰填谷问题，在很多情况下不能及时、准确地反映网络的实际运行状态。随着网络规模的扩大和技术的发展，尤其 AI、数字孪生等技术在网络中的应用，对网络性能采集的数据精度与数据规模都提出了更为苛刻的要求，往往要求全网低至秒级、局部亚秒级的性能采集，以及全网 100 亿 + 级的日采集量等，这时需要采用更为高效的采集技术，如流式遥测（Streaming Telemetry）技术、微消息队列 MQTT 技术、实时流计算技术、分布式存储技术等，通过综合运用这些技术来提升大批量、高精度的网络性能采集能力。

网络性能一般分动态采集和静态采集两种。前者适用于对局部网络对象的当前性能进行短期实时监测，一般采集的指标较少，但对采集精度要求高，后者则适用于对全网对象的全局性能进行长期监测，一般采集精度要求为分钟级即可（如 1 分钟、3 分钟、5 分钟），但长期下来数据量巨大。为了提升数据的存取效率，需要根据性能数据的变化特征和数据价值的不同，为不同网络对象的不同性能指标提供差异化的采集和存储方案，如按不同时间粒度定制数据采样频率，并为不同粒度的性能数据定制不同的存储时长等。

性能采集以任务的方式执行，任务类型分一次性单次采集和周期性定时采集。一个采集任务包含对采集对象、采集指标、采样频率和时间的定义。采集对象可以是多种、多个网络对象，既可以是物理实体，又可以是逻辑实体，如网元、单盘、端口、链路、环网等。采集指标与采集对象相关，不同对象具有不同的性能采集指标，即性能代码。多个具有相似属性的性能采集指标可以被定义为指标组，如流量指标、光功率指标等。采集周期和时间规定了性能采集的时间频率及具体的时间段，如在每天 / 每周的几时几分几秒进行采集。在性能采集过程中，为减少无关数据的采集，并减轻采集对网络设备和系统存储的压力，可以有选择性地对某些指标进行性能屏蔽，所屏蔽的性能将不上报或不存储。

网络性能的监控和分析是网络智能化运维的重要技术手段。对网络当前性能的实时监测，可以快速发现设备通信的异常，而对历史性能的趋势分析，可以提前识别网络的故障隐患。基于预置性能门限对网络各类性能进行越限监测，默认门限是满足设备正常工作的性能阈值，当超出预置性能门限时，说明网络异常且已达到需用户关注并处理的程度。可以静态手工设置性能门限，也可以通过系统的定时分析来动态设定（动态门限）。一般静态性能门限的设定需要预留一定的余量，以保证可以提前发现问题，而动态性能门限的设定需要借助于 AI 技术，通过网络历史性能趋势来动态计算，并自动设定而无须人工干预。基于 AI 的动态性能门限是性能监测技术的发展趋势。

基于不同维度对网络过去一段时间的运行情况进行趋势分析，可以判断网络是否存在性能劣化。例如，全网 / 区域 KPI 性能的趋势分析、多个对象同一指标的对比分析、同一对象不同时间多个指标的同图分析等，直观全面地了解网络性能的变化情况，为后续网络规划提供数据支撑。

8. 网络流量管理

通过对网络流量进行全面监控与分析能够准确地发现网络拥塞，进而协助网络进行传送效率的优化，提升业务质量与用户体验。

对不同网络对象实行不同粒度的可视化流量监控，及时发现流量是否异常，防止出现网络拥塞的问题。监控指标主要包括流速和带宽利用率。流速反映的是网络对象单位时间内的数据流量，值越大说明对象承载的数据流量越大，对该指标的监测分析有助于发现业务路径的分配是否合理，从而指导后续业务的优化。带宽利用率反映的是网络对象的流量负荷情况，值越低越空闲，值越高则越繁忙，对该指标的监测分析有助于发现网络中存在的传输瓶颈，进而指导后续网络流量的疏通和调整。

在网络分层拓扑上叠加流量信息，形成网络流量拓扑，直观地反映整个网络的流量分布和流向情况。在流量拓扑上，以不同的图标和颜色区分链路的拥塞状态，并同图展现不同维度的网络流量统计、流量 Top*N* 等信息。

网络流量与时间段有明显的关系，同一个监测对象在忙时和闲时的流速和带宽利用率的差异很大，忙时指标更具有参考意义。依据忙时流量来设置相关业务的承诺信息速率（CIR，Committed Information Rate），可以更好地保障业务质量。流量忙闲分析有静态设置和动态分析两种方式。静态方式指通过人工来简单地指定业务个体的忙、闲时段，动态方式则通过监测业务个体过去 7 天内的日流量变化情况，分析、计算其在一周中繁忙和空闲的具体日期和时间段。忙闲分析的一个典型应用是根据业务个体的忙、闲时段安排网络调整时间，选择在业务闲时进行网络调整，减少调整对业务的影响。

通过定期对网络对象（如端口、链路等）和客户业务流量进行统计分析，生成不同时间周期的流量报表，全面反映网络流量的使用情况、变化情况和未来趋势，以及各类业务的流量占比、带宽利用率等，指导运营商进行基于流量的网络规划和精准运营。

9. **网络自动巡检**

为保障网络的正常运行，运维人员经常需要对网络的运行状态、网络的各项配置等进行巡检排查，及时发现并处理网络隐患，规避可能的故障风险。

巡检内容涵盖了网元状态、网元配置、网络配置和网络状态 4 个方面，检查项目涉及网元检查、业务检查、保护检查、光性能检查、软件系统检查等。检查项基于统一定义和分类组织，每个检查项设置有检测参数、输出、标称值、权重等信息，其中标称值是检查项验证的参考标准，用以衡量检查结果是否正常。

巡检采用执行任务的方式统一管理，任务可设置为周期性重复执行或一次性单次执行。每次执行完巡检任务后，系统自动生成巡检报告，主要内容包括根据检测合格率及权值评估网络当前的健康度和健康等级、为发现的异常检查项提供详细的异常描述和原因分析、根据历史经验提供对异常项的处理和优化建议。

3.2.4　跨域编排协同

跨域编排协同采用基于 SDN 的层次化控制架构，通过层与层之间标准的南北向接口实现光网络转发平面、单域管控层、跨域协同层之间的协同控制与调度，并提供基于策略和意图的跨域业务自动编排与发放能力，同时满足跨层、跨域、跨厂家的业务部署需求。

1. **跨域业务编排**

跨域指的是跨不同专业域或不同地域，跨域业务编排由协同层发起并统一调度来完成，主要场景包括各类跨多域企业专线业务的统一发放。协同层基于全网拓扑、结合业务需求，通过调用下层多个域控制器的标准接口来完成业务的端到端创建，基本步骤如下。

（1）协同层根据待建业务类型结合网络拓扑分析，确定待建业务从客户层到服务层的所有层次，明确可重用的连接（如已建立的 ODU 通道、承载业务的隧道等）及业务建立的方式等。

（2）协同层根据业务的接入节点和网络拓扑，确定该业务所需要涉及的下层域控制器，分解路由约束条件、路由策略及 SLA 指标要求并下发给域控制器。

（3）域控制器根据分解后的约束条件和路由策略，计算域内满足 SLA 要求的业务路径。

（4）协同层根据下层域内路径计算的结果，完成跨域、全路径的计算。

（5）协同层调用所涉域控制器的标准接口，通过接口调度完成跨域业务的建立。

对于域内不同网络层次之间的业务跨层编排，由域控制器将业务需求拆解为不同网络层次的资源需求，自动完成各层网络连接的建立和资源配置。在业务运行过程中，控制层可进行客户层和服务层带宽时隙的统筹、调度和优化，对不同层次的保护和恢复策略进行统一协同、控制，避免重复。例如，若客户层和服务层都配置了保护路径，当两者都出现故障时，控制层应先进行服务层的保护倒换，以减少客户层保护倒换的次数。

2. **IP+ 光协同管控**

IP+ 光协同管控采用分层管控模式，如图 3-16 所示，其中单域管控功能域通过 IP 域控制器和光域控制器分别管理 IP 和光单专业的网络设备，如路由器、交换机等 IP 设备，OTN、WDM、POTN 等光设备。而协同层通过 IP+ 光协同器解决跨 IP 网络和光网络的协同调度问题，主要包括 IP+ 光的跨层资源管理、跨层业务创建、跨层保护协同、跨层流量协同、跨层运维协同等。IP 和光协同层和单域管控层之间通过北向协同接口进行通信，主要用于协同层对单域管控层下发资源采集、业务创建、业务监测、告警/性能/流量查询等功能。

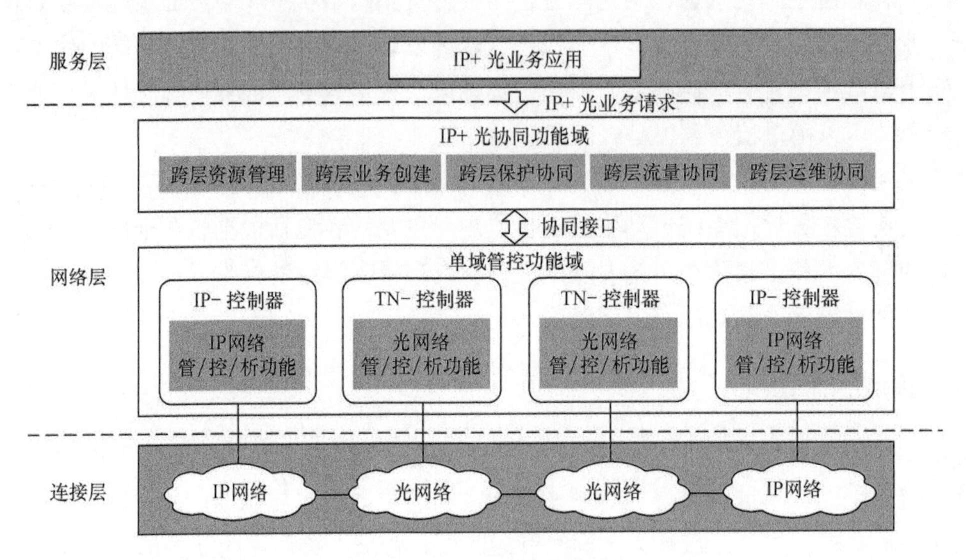

图 3-16　IP+ 光协同管控

（1）跨层资源管理。对 IP 网络和光网络中相关资源信息进行查询获取、实时同步与管理，主要包括网元信息、端口配置信息（包括 IP 网络中的以太网物理口信息、光网络中的用户侧端口配置信息）、光网络 ODU/OTU/OCh/OMS/OTS 各子层的配置信息，以及 IP 和光网络内部所有的物理连纤信息等。

（2）跨层业务协同。由协同层发起并提供 IP 业务到光层业务的一键式逆向全自动创建，以及分步半自动创建方式（如第一步调用创建逻辑链路，第二步调用创建 IP 层业务）。在新建跨层业务时，IP 和光协同器可以将业务路由调整条件（如链路可靠性、时延、COST 值等）下发给单域控制器，以便对跨层路由进行监控、分析与自动调整，各专业域控制器负责域内链路可靠性的分析与调整，跨域链路的可靠性分析及跨域关联调整则由协同器负责完成。

（3）跨层保护协同。由于 IP 网络和光网络均有可能配置保护，为避免 IP 和光的多次冗余保护，造成资源浪费，同时避免 IP 网络和光网络同时发生倒换造成业务不稳定，因此需要进行 IP+ 光的跨层保护协同，一方面，在跨层业务的创建过程中确保主备业务路径建立时不使用相同 SRLG 信息的光层通道，避免光层发生故障时引发业务主备双断；另一方面，IP 和光协同器负责检测协调两层的保护拖延时间配置，确保光网络的保护时延设置小于 IP 网络的保护时延设置，这样当光网络出现故障时，可以保证光网络先倒换，光网络倒换后 IP 网络故障消失，可以减少 IP 网络倒换的次数。同时，协同层应能够监测到因发生故障而受影响的 IP 层路径和光层路径，对各层次路径及其客户、服务层关系进行分析后，采用更高效、更可靠的恢复策略控制 IP 层和光层的恢复协同，当 IP 网络进行恢复计算时，协同层应将光网络的恢复锁定；而当光网络进行恢复计算时，协同层将 IP 网络的恢复锁定，避免 IP 网络和光网络同时进行恢复操作，造成业务不稳定。

（4）跨层流量协同。跨层流量协同包括，一方面在进行跨层网络规划时，统筹考虑两层的带宽时隙对带宽进行最优化处理，避免出现光层带宽剩余足够但是 ODU*k* 无法映射的情况；另一方面，在网络运营过程中，通过对业务流量的监测与分析，协同层对 IP 网络和光网络进行联合调度，在保持网络拓扑不变的前提下，实现网络带宽的实时动态调整。带宽调整时根据用户实际流量，统筹调整灵活速率、光数字单元（ODUflex）层带宽，以及跨层逻辑链路关联的业务带宽，一般调整策略从 VPN 业务带宽、PW 带宽、隧道带宽、链路带宽、ODUflex 层带宽依序由上自下逐级调整。

（5）跨层运维协同。对于 IP+ 光的跨层运维协同，主要包括跨层故障分析和跨层性能分析，故障分析首先由单域管控层进行第一级告警过滤，分析出本域内的根告警并上报给协同层，协同层对收到的各单域的根告警进行二次过滤，分析这些告警之间的根和衍生关系并定位故障源，故障源的定位可采用逐段环回检测的方式。跨层性能分析主要通过分析并建立光层劣化和 IP 层劣化的关联规则，对 IP 网络和光网络相关性能的采集指标和参数实施优化，对所采集到的 IP+ 光全域性能数据进行性能劣化趋势分析，实现故障提前识别与预警。

3. 基于策略自动化

基于策略和意图的自动化是实现智慧光网络自动化控制、跨域自动编排与协同的基础，对网络各类协同策略通过实施集中式的策略管理，有利于保证网络自动化控制的一致性，同时也能减少策略的重复和降低复杂度。

网络的自动化需要多方面策略保障，比如全域资源与状态的数据感知与同步策略，跨域 / 跨层业务创建时对业务模型、规则与流程等的协同策略，业务下发过程中的自动调度与执行策略，在业务执行异常时的纠正与补救的协同策略等，这些协同策略需要基于统一的策略控制和管理框架，以实现对策略创建、策略配置、策略应用、策略查询、策略监控等进行统一的管理。

策略控制和管理框架应包括策略设计和策略执行两个方面。在策略设计阶段，通过资源关系建模、业务规则制定、闭环控制流程设计等，从各方面保证业务的规范化。在策略运行阶段，密切监控各个策略作业过程中的行为和状态，控制、保障并最终实现策略所要求的响应。基于这两个阶段统一的策略保障，从而支撑智慧光网络从业务创建、状态感知、生存性保障到变更调整的全过程自动化。

3.2.5　数智融合分析

数智融合分析是智慧光网络智慧特性的主要体现，是实现网络降本增效和资源高效利用、支撑网络价值持续提升的关键。这里的“数”是指网络大数据，“智”是指网络 AI。通过大数据实现网络海量数据的收集、分析、流通、共享，是网络数字洞察和价值挖掘的基础；通过 AI 实现对网络的前瞻性预测和网络复杂问题的最优解探索。

网络大数据与 AI 的融合架构如图 3-17 所示，最底层为基础设施层，为网络 AI 和大数据分析提供统一的存储与计算资源。数智分析单元可以与一个或多个管控单元对接，一方面从管控单元采集分析数据，另一方面为管控单元提供分析服务。

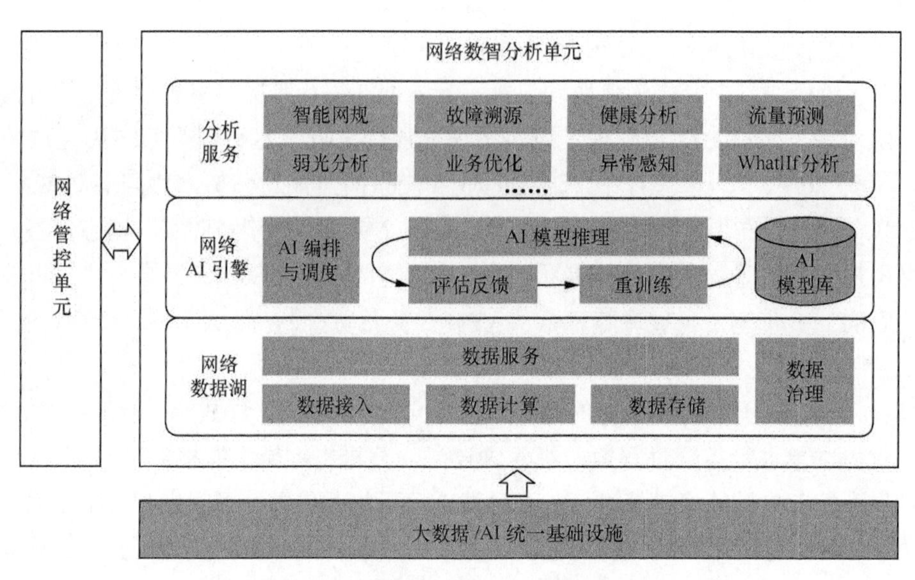

图 3-17　网络大数据与 AI 的融合架构

其中，网络数据湖对海量网络数据实现了数据接入、数据计算、数据存储、数据治理和数据服务的一体化，并为网络 AI 提供高质量的训练与推理数据。网络 AI 引擎是网络数智分析的内核，对网络各类 AI 模型实现了模型编排、模型推理、评估反馈、模型重训练到模型管理的一体化；分析服务提供场景化的数智融合分析功能，支撑网络“规划、建设、维护、优化”全流程的智能化。

1. 网络大数据分类

网络大数据的来源和种类繁多，数据结构各异，大体上可以分为如下几类。

（1）资源配置数据：包括网络的物理资源、逻辑资源、网络拓扑、网络配置、网元配置、网管配置等信息，数据间存在较多的逻辑关联性，但数据总量不大。

（2）客户业务数据：网络承载的客户业务信息，包括业务的源宿信息、路由信息、保护信息、QoS 参数、状态信息、相关的客户信息等，数据特征和配置数据类似。

（3）运行状态数据：网络运行过程中产生的告警、性能、状态、事件等动态数据，这些数据反映了网络的实际运行状态，结构一般较简单，但数据体量大，对数据处理与计算要求高。

（4）运维操作数据：用户在进行网络运维、管理操作时产生的数据，包括用户操作日志、系统日志、安全日志、故障运维记录等，这类数据的结构相对固定，数据体量一般。

（5）第三方辅助数据：来自于第三方系统，但对于网络智能分析有重重的参考价值的数据，如光配线哑资源信息、故障工单信息、机房环境温度信息等。

2. 大数据采集与存储

高效稳定的网络数据采集和海量网络数据存储是网络数据湖首先要解决的问题。对网络大数据的采集主要有如下几种方式。

（1）管控网络主数据同步

网络主数据一般以数据库、缓存和文件的方式存储在管控单元中，数据湖需对这些数据

进行实时采集和数据同步，主要处理方式如下。

① 网管数据接口：通过调用网管数据接口获取主数据，需要网管服务提供相关的数据API，同时在API调用过程中需控制调用并发量和资源占用，避免对网管服务自身产生较大的影响。

② 网管主动埋点：通过在网管服务中设计埋点程序，主动采集并将数据发布给数据湖。这种方式实时性较好，易于实现采集点的统一管理和监控，但对网管服务有一定的入侵性。

③ 基于中间件获取：利用采集中间件（如Flume、Filebeat、DataX等）从网管数据库、日志文件等自动提取数据。

④ 数据同步：当网络通信不稳定或服务异常时，需保证数据湖数据和网管现场数据的一致性。数据同步分为全量同步和增量同步两种，全量同步一次性将网管中符合条件的数据全部取出，再进行数据比对或数据覆盖；增量同步需在网管侧记录数据变更日志，数据湖根据数据基线和变更日志，读取少量增量数据来同步。

（2）设备运行数据直采

网络设备的运行状态与性能数据属于高频变化的数据，且数据量巨大，为提升这类数据的接入效率，网络数据湖也可以直接从设备上采集数据。设备数据采集精度具备全网分钟级、局部秒级或亚秒级的能力，数据采集协议主要有SNMP、CLI、SNMP Trap、日志上报、遥测等方式。其中遥测在技术上采用订阅模式，数据以GPB/JSON格式编码，通过GRPC协议主动推送可大大提升数据的采集效率。对设备运行数据的实时采集，还需要解决采集通道的稳定性问题，即在数据上报、处理计算到数据入库全流程中所有节点需保证处理速率的匹配、支持数据入口和出口速率可调、数据无长时间积压或丢失，这里需要用到流式计算、数据缓存、消息队列等大数据处理技术。

（3）第三方数据自动导入

对存在于第三方系统中的有价值数据，网络数据湖需要提供高效的数据导入能力。比如采用基于FTP的数据文件批量交换，或基于DataX、Flume等中间件从第三方系统中主动读取等。无论采用哪种方式，数据湖都需要支持数据接入过程的高效与自动化，同时应提供对第三方数据交换标准的统一管理。数据交换标准包括数据的采集频率、数据交换格式、数据规格等，避免第三方系统不能及时、按需进行数据提供，影响数据接入的效率。

近年来，得益于大数据底层技术的逐步成熟和技术生态的完善，为海量网络数据存储与处理提供了稳固的技术支持。当前对大数据的存储主要有两大技术路线：一个是基于MPP数据库存储技术，另一个是基于Hadoop存储技术，两者各具优势。MPP数据库是一种大规模并行处理的数据库，采用无共享架构设计，每个节点有独立的存储和计算系统，根据数据模型和应用特点将数据分布到各个节点上，节点间通过高速网络互联，彼此协同计算，作为整体提供数据库服务。Hadoop存储技术采用计算和存储分离的设计，其核心包含了HDFS存储框架和MapReduce计算框架两部分，其中HDFS为海量数据提供分布式廉价存储，数据扩展性好。Hadoop存储技术有较完整的生态，如基于Hadoop的分布式数据库HBase、SQL-On-Hadoop等。MPP数据库存储相比于Hadoop存储技术有明显的性能优势，具有SQL完全兼容和事务处理的能力，较适合于数据扩展需求不是特别大、数据处理节点不多（一般小于100个）、以结构化数据为主的场景。如果有很多非结构化或半结构化数据，或者数据量特别巨大，需要扩展到成百上千个数据节点时，Hadoop存储技术则是更好的选择。此外，对于网络性能、流量等这类带有明显时序特性的数据，采用专门时序数据库或列式数据库存储也是一个很好的选择，它可以显著提升数据存储和检索的性能。

3. 大数据加工与计算

网络数据湖将数据的计算处理分为两类：在线计算和离线计算，目的是生成满足网络数字洞察和智能分析需要的高质量数据。

原始数据来源不同、格式和质量各异，有的甚至是可读性差的非结构化数据，还往往存在大量重复数据、异常数据、无效数据、噪声数据等。如果不加以处理直接入库，势必会增加数据存储与计算的开销，也不利于后续数据分析。因此，需要先进行如下的数据清洗与预处理，以确保数据入湖前就具备基本的质量要求。

（1）对数据进行从非结构化到结构化的解析，提取数据字段。

（2）对数据进行ID化统一标识，便于实现数据关联。

（3）规范化数据格式，对字段值类型进行重定义和格式转换等。

（4）数据内容替换，基于业务规则替换数据字段内容，包括必要的数据脱敏处理，对无效数据、缺失数据、异常数据的替换处理等。

（5）对日期、时间、枚举等数据类型的统一编码。

在线计算要求处理效率尽可能高，不能长期积压数据，技术上一般采用基于流计算框架（如Spark、Flink等）、以数据不落盘的方式进行实时计算。同时，对已保存于数据湖中的原始数值型数据还需进行逻辑聚合计算，以生成多维度的网络KPI数据，让数据形成统计价值。这类计算主要包括如下方面。

（1）数据关联计算：对来源不同、种类不同、采样周期不同的网络数据，基于统一的领域模型和业务规则进行数据关联计算，如ID关联、维表生成、冗余设计、数据流动等，确保所有入库数据是相互关联的。

（2）时间聚合计算：基于不同的时间窗口对网络原子数据进行聚合计算，得到不同时间粒度的统计值，如周期均值、峰值、谷值等。

（3）空间聚合计算：基于网络拓扑结构、设备结构组成、网络管理区域等对网络原子数据进行空间上的聚合计算。

（4）逻辑聚合计算：基于领域模型、业务规则等对网络原子数据进行逻辑上的聚合计算，如基于光通信原理、层次架构、业务上下游关系等。

（5）KPI计算：建立网络性能度量的KPI体系，并对各指标进行周期性计算，如性能健康KPI、网络流量KPI、业务质量KPI、网络资源KPI、网络故障KPI等。

4. 网络大数据治理

数据治理对于保障数据湖的能力和价值而言是至关重要的，有效的数据治理是数据资产形成的必要条件。对于网络数据湖而言，数据治理的重点在于保障数据的可用性、安全性和

完整性，主要包括如下内容。

（1）数据标准管理：通过建立统一的网络数据标准（包括元数据、主数据、参考数据、指标数据等），解决数据混乱冲突、一数多源、多样多类等问题。

（2）数据架构管理：对数据的模型架构和存储架构实施统一管理，维持数据模型的标准化，以及数据逻辑架构和物理架构的合理性，一个设计良好的数据架构对数据分析的性能和结果有着巨大的影响。

（3）数据质量管理：数据质量影响网络的数据洞察力和预测模型的准确性。数据质量提升的关键是数据加工链上的检查和分析能力，通过建立数据血缘跟踪，对数据加工每个环节可能引发的各类数据质量问题进行识别、度量、监控和预警，防止出现数据劣质化的情况。

（4）数据安全管理：对网络中存在的敏感、隐私、保密数据，必须建立有效的安全机制。数据安全设计遵守最小特权原则，禁止未授权用户访问，包括身份验证、数据权限、数据加密、数据保护、安全审计等。

（5）数据价值评估：随着时间的推移、数据不断膨胀，数据湖中难免会存在部分数据垃圾化，大量留存的冷数据很难有价值，需要建立对数据价值的评估、衡量和数据垃圾发现机制，维持数据的价值。

（6）数据生命期管理：通过对数据从起源到随时间移动的全生命周期进行可见性追踪和数据质量分析，简化数据错误溯源，并有效利用存储资源。

5. 网络 AI 推理引擎

网络 AI 推理引擎在为各类网络 AI 模型提供统一运行时，驱动 AI 模型的快速服务化，解决 AI 模型从部署编排、上线推理、重训练、评估反馈和模型版本管理的一体化闭环控制问题。

网络 AI 服务可与数据湖服务共享基础设施，AI 引擎从数据湖中获取模型训练推理所需的现场和历史数据，基于统一的 AI 计算框架实现对各类 AI 模型的快速按需加载，并统一以轻量级 RPC 接口对外提供 AI 推理服务。同时，AI 引擎实时监控模型的推理精度，并从应用侧获取对模型推理结果的反馈，当模型精度偏差到一定范围时，自动触发模型重训练机制，实现模型的自动热更新。

6. 网络数智融合分析服务

数智融合分析服务于光网络的感知、分析、决策、控制、执行全过程，以下为其中几个典型的分析应用。

（1）网络异常智能感知

传统网络的异常监测是被动式的，通常由运维人员手工选取监测对象及监测指标，根据经验为每类指标设定一个静态阈值来监控。这种方式有很大的不足，如监控范围的选取、监测指标、频率及阈值的设置等都依赖于人工经验，容易出现漏报、误报、上报不及时等问题。

基于 AI 和大数据的网络异常智能感知通过对网络历史数据的特征分析及模型算法推演，如单指标特征、多指标共振、长 / 短期指标混合等分析，提前识别出网络中哪些对象、哪些指标可能发生异常，对这些潜在异常对象自动开启针对性监测，智能选取合适的监测指标和阈值，利用 AI 算力的优势，对数万个网络对象实施不同粒度（秒 / 亚秒 / 分钟）的智能监测，并对监测实例进行跟踪和调度，从而实现对网络的精准监控，实时感知网络异常，有效降低网络风险。

（2）网络智能规划

传统网络规划大多通过离线方式实现，随着网络规模的增大和网络复杂性的增加，人工已很难对现网资源瓶颈和业务支撑能力进行合理评估，常有规划不足或资源浪费等现象，传统基于资源消耗和最短路径的业务规划方法也可能导致资源利用率低和阻塞率高的问题。

智能网络规划是在全网数字化的基础上，实现对网络拓扑、存量资源、业务趋势和分布等信息的可视化，并为网络与业务规划提供全面、准确的时效数据。借助AI模型对业务需求趋势、网络态势进行在线滚动分析和预测，自动识别资源瓶颈，从而精确指导网络扩容，辅助网络资源的短期提前采购和中长期预算。同时，利用AI模型在高维、复杂问题上的计算优势，对网络业务基于不同SLA策略、结合历史流量、资源状态等数据进行推理分析，探索出业务路由和资源配置的全局最优解，对过载路径进行全局优化和负载均衡，并将业务优化结果自动下发，实现从规划到配置的在线一体化。

（3）故障智能溯源

网络故障通常表现出多样性的特征，如告警、性能异常、业务不通等，传统的故障分析依赖运维人员的经验与技能，耗时耗力。基于AI和大数据的故障智能溯源可快速准确地定位故障，大幅度地提升运维效率、减少运维成本。

故障智能溯源有多种实现方法，一种是利用AI和大数据技术对海量网络历史故障数据进行特征分析，包括故障发生时的网络拓扑、业务上下游、告警性能、网络配置、服务状态、运维操作等，对故障特征进行自动识别和自动归类，构建故障特征与故障根因的关系模型，进而通过AI的在线推理完成故障的智能分析与定位。另一种是利用知识图谱和机器学习技术，基于专家经验自动构建和挖掘出网络故障传播关系图，并基于故障传播图进行实时故障的因果溯源分析，得出最可能的故障根因及其概率，并提出故障处理策略与建议。

（4）光网络健康分析

网络健康分析具有重要的运维价值，它提供对网络实施预测性运维的能力，即在故障发生前提前感知网络性能的劣化，在用户无感知的情况下排除隐患。

对光网络的健康分析主要是对光网络中光通道、光纤的KPI（如误码、光衰、OSNR、色散等）的变化趋势进行分析与预测，得出对光网络是否健康的评估，如健康、亚健康、故障等。基本方法是基于网络历史数据对光通道与光纤的性能劣化进行AI建模和推演，通过对光通道、光纤过去一段时间的KPI、告警及故障数据的分析（其中排除掉人为操作、网络变更等偶然事件的影响），按小时或日、周、月滚动评估光通道与光纤的当前健康状态，重点是识别它们是否处于亚健康状态，并预测亚健康对象的后续劣化趋势、发生故障的概率，以及具体隐患与风险点，提醒运维人员提前干预或规避，避免业务中断。

（5）网络流量预测

网络流量预测是网络容量和业务规划的基础。网络流量具有突发性、节假期效应、潮汐效应等特点，不同网络资源（端口、链路、环网）的流量模型也不尽相同，传统的简单公

式流量估算，由于准确性差，难以精确指导网络规划，导致扩容后短期内容易产生新的网络拥塞。

基于 AI 和大数据的网络流量预测是通过对网络历史流量数据的量化分析，并综合时间、业务、网络资源等多维特征，以及考虑网络变更、节假日、区域 / 客户特征、业务发展等影响因素，为不同网络资源分别建立合适的预测模型，对网络中的关键业务、关键节点和热点区域等进行流量预测和分析，预测未来几个月或一年的流量变化趋势、可能的流量越限对象数、网络资源状态变化趋势等，提前预知网络热点变化、识别网络瓶颈，从而精准指导网络的优化与扩容。

3.2.6　北向能力开放

网络能力开放是构建智慧光网络智慧生态系统的基础，是智慧光网络随需开放特征的体现，而网络北向接口是实现网络能力开放的主要途径之一。

1. 传统北向接口

ITU-T 定义了电信管理网络（TMN，Telecommunications Management Network）分层管理模型，并应用到 SDH、OTN 及 MPLS-TP 等技术领域。电信运营商基于 TMN 分层管理模型引入了 EMS、NMS、BOSS 等多级网络管理系统，它们之间的对应关系如图 3-18 所示。

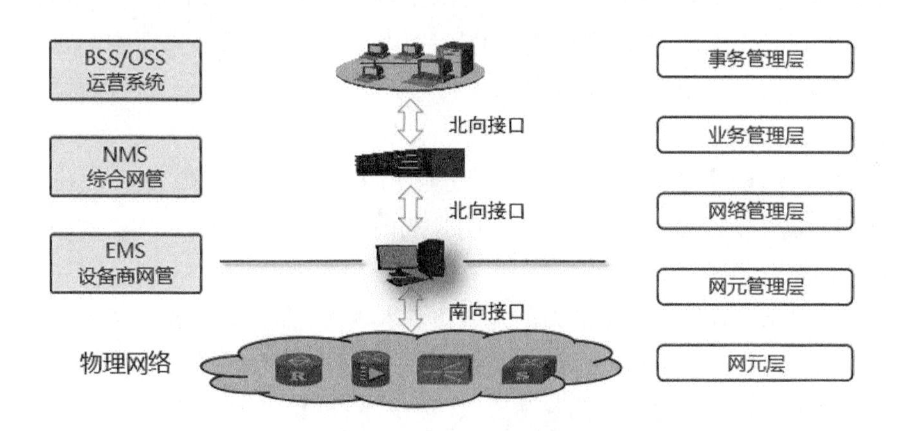

图 3-18　网络分层管理架构

其中，EMS 设备商网管与 NMS 综合网管与 BSS/OSS 运营系统的对接都是北向接口范畴。不同于南向接口标准，目前北向接口的标准化程度不高，主要的原因是北向接口直接为业务应用服务，其设计须密切联系业务应用需求，具有多样化特征，较难统一。因此，各运营商结合自身的业务特点定义了各自的企业标准或规范，相关接口协议有 SNMP、CORBA、TL1、SOAP 等。

2. 新一代北向能力开放

在传统北向接口的基础上融入 SDN 及其他一些新要素，实现网络能力的系统性开放，这是智慧光网络对北向能力开放的要求。从 SDN 北向接口的发展过程来看，业界对网络开放的关注点在不断上移，从最初关注底层网络设备的控制与编程，到围绕 SDN 控制器进行能力开放、满足特定功能场景的网络控制，再到现阶段注重网络整体能力的抽象，实现网络系统性能力的随需开放。

智慧光网络北向能力开放的技术目标是，希望通过灵活高效的北向接口协议和基于SDN的标准可扩展的模型框架，提供网络全方位能力的系统性开放，并通过面向意图的网络声明式API，以及基于原子API的可视化编排，实现网络能力开放与业务应用诉求的灵活、动态匹配。

（1）RESTCONF+YANG北向协议

RESTCONF是在融合NETCONF和HTTP的基础上发展而来的，以一种模块化和可扩展的方式管控网络资源。RESTCONF以HTTP的方法提供了NETCONF的核心功能，不同于NETCONF基于RPC机制的API，RESTCONF采用RESTful风格的API，这更易于系统间的灵活对接。

RESTCONF源自IETF的RFC 8040定义，基于标准的HTTP动作（如GET、DELETE、POST、PUT等方法），以统一资源标识符（URI，Uniform Resource Identifier）的方式来访问、配置和操作网络资源，并由于在交互过程中的无状态属性，可以让不同的服务器并行处理一系列请求，大大提高了服务的处理能力和扩展性。同时，这种面向资源的接口设计和操作抽象、简化了开发过程，极大方便了各厂家系统间的数据交互。RESTCONF支持基于标准的YANG模型来为其提供所支持的服务信息，YANG是专用于定义网络设备数据结构的一种语言，通过YANG可以对网络资源进行统一的描述定义，对于上层应用而言，其所要操作资源的URI是可以预测的，这与通过遍历URI来一个个地发现每一个子资源相比，显著提高了系统间的交互效率。

目前，RESTCONF + YANG北向协议广泛地应用在ONF推出的TAPI北向接口、IETF的ACTN接口，以及中国移动的SOTN及SPTN北向接口中。

（2）系统性能力开放

上层应用的复杂多样性对网络能力的开放性要求越来越高，北向接口需要有足够的灵活性和可扩展性。一方面接口的功能设计需联系应用面的共性需求，围绕网络和业务在规、建、维、优、营等环节进行网络能力的抽象和提取，构建一个光网络全面能力开放体系。另一方面需要API的粒度尽可能原子化，以便于接口的重用和扩展。比如，基于已有原子型API，通过API的组合、编排和可视化调试，快速生成新的功能型API，快速响应上层应用新需求，避免管控系统不必要的升级。

网络系统能力开放涉及对网络的监管面、控制面、编排面、操作面和数据面等多方面能力的开放，这些网络能力主要包括网络全局资源及状态的随需获取与查询、网络业务的意图化发放与变更调整、网络跨域业务的端到端编排协同、网络告警/事件等的订阅与通知、网络性能多粒度动态采集与上报、网络设备直通访问的安全通道、网络历史大数据的随需获取等。

另外，通过结合模型驱动和数据驱动的架构设计，可进一步增强SDN控制器系统的可扩展性和开放性，实现对不同设备类型的快速纳管、不同业务类型的快速发放，以及不同应用需求的快速响应。需要注意的是，网络系统能力的开放设计应同时考虑开放后的网络安全

性设计，以确保网络设备和系统服务的安全运行，保证网络通道和业务服务的稳定性，确保网络数据被合法、合规、安全地访问。

（3）基于意图声明式 API

在北向接口的技术演进过程中存在两条路线：第一条是功能型的北向接口设计路线，自下而上看网络，关注网络资源抽象及控制能力的开放，典型包括 Topology、L2VPN、L3VPN、Tunnel 等接口；第二条是面向意图的北向接口设计路线，自上而下看网络，关注应用服务需求，屏蔽具体网络细节，简化网络参数和复杂性。

北向接口的意图化是智慧光网络能力开放的一个重要技术特征，通过意图化 API 精准理解业务需求、精准调度网络资源、精准保障业务质量，实现网络的精准化运维。在技术原理上，首先将现有网络操作抽象成统一的意图模型，使用应用相关原语来描述意图。意图模型通常采用"对象 + 操作 + 结果"的方式表达，即"某个对象、在某个条件下、做某个动作同时遵守某种约束、期望达到或避免某一状态"。其次是基于意图模型设计面向结果的声明式 API，实现对网络资源的灵活操作与控制。声明式 API 只需描述想要"What"，而无需关心"How"实现，这使得控制器能够为 API 请求自动计算最优结果，最大限度地满足意图。

目前，基于意图的接口技术正逐步成为业界关注的热点，引起了众多运营商及服务提供商的关注，其中，IETF 成立了专门工作组来制定意图接口标准。

3. 北向开放标准模型

各大标准化组织均在积极开展基于 SDN 的北向标准信息模型的制定工作，其中开放网络基金会（ONF，Open Networking Foundation）在其核心信息模型的基础上，针对传送网开发了 TAPI 模型，而 IETF 基于 ACTN 架构模型提供了用于 OTN 的 YANG 模型。

（1）ACTN 架构模型

2013 年年底由 IETF 首次提出了 ACTN 架构模型，并于 2015 年正式将其作为 SDN 解决方案。2018 年，在上下游产业的携手推动下，IETF 最终完成了 ACTN 核心架构和信息模型两项重要标准草案的发布，标志着 ACTN 在国际标准化进程中迈出了关键一步。ACTN 的核心架构引进了层次化控制器架构，对复杂的网络进行逐层抽象，屏蔽复杂的网络设备技术特征，为用户提供简便、灵活、可控的网络服务。在 ACTN 的信息模型中，通过定义开放的标准接口和 YANG 模型，向上层应用开放虚拟网络资源与管理权限，进一步激发网络在业务编排、虚拟化服务、智能运维、自动化管控方面的潜能。

如图 3-19 所示，在 ACTN 控制框架中，客户网络控制器（CNC，Customer Network Controller）的主要作用有两点：一是控制用户网络资源，实现客户域内业务的建立与维护；二是与多域业务协同器（MDSC，Multi-Domain Coordinator）协商，通过通信管理接口（CMI）获得运营商网络抽象资源信息，并和 CNC 内部资源配合，提供应用的端到端连接服务。MDSC 为多域业务协同器，它收到 CNC 发送的业务连接请求后，将请求转化为物理网络控制器（PNC，Provisioning Network Controller）对网络的控制信息，并在多域网络环境下屏蔽各个网络域中的资源差异，形成端到端的连接通道，满足跨域业务的建立需求。PNC 为底层物理网络控制器，具备单域内网元集成控制的能力，它将物理网络资源信息进行抽象，并通过多点接口（MPI）提供给MDSC。

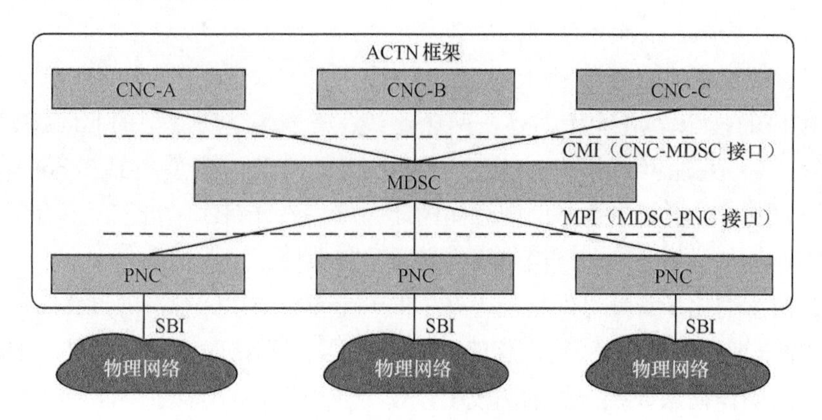

图3-19　ACTN模型控制框架

（2）TAPI模型

ONF开发的TAPI信息模型主要存在两个版本。2016年，ONF信息模型工作组（IMP）基于核心信息模型（CIM）定制传送网北向接口信息模型，形成TAPI模型1.0版本，主要描述了控制器间接口及控制器和协同器/应用层间接口的功能需求。2017年，TAPI模型更新到了2.0版本，并于2018年1月正式发布。TAPI模型采用模块化架构，如图3-20所示。所有模块分为三大类：一是TAPI公共模块，所有与功能实现、协议实现无关的对象和属性均在该模块中定义；二是TAPI功能模块，包括拓扑管理、连接服务、告警和通知服务、虚拟网络、路径计算、OAM等。在TAPI模型中，对象可以层次化嵌套，即所有对象在客户层及服务层均可以层层嵌套使用；三是TAPI层协议扩展模块，所有与网络技术、通信协议相关的模块均在这里定义。

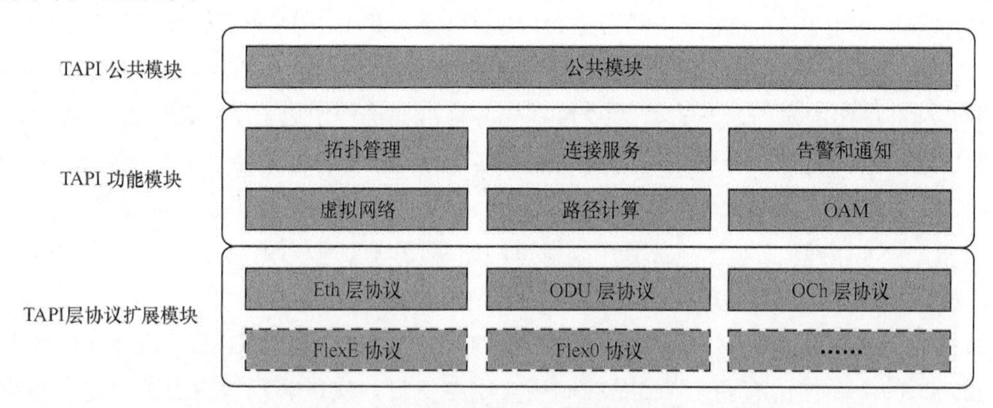

图3-20　TAPI模型2.0版本模块架构

TAPI模型的体系架构、对象概念、层次化较为清晰。同时，TAPI模型的模块化架构使得用户可以根据具体需求，方便快捷地进行模型删减或模型扩展，而不影响模型其他部分的互通功能。

3.2.7　管控架构云化

随着网络的集约化和云化发展，网络规模越来越大，传统的基于物理机/虚拟机硬部署、

以C/S架构为主的网络管控系统急需架构上的重构，以满足未来网络对云化及微服务化的架构要求，同时符合大容量、自动化、智能化的演进趋势。

1. 云化管控架构概述

概括地说，云化管控架构要求能够支持云化部署、使用微服务和B/S的架构模式、支持弹性伸缩、大容量管理等特性，最终目标是实现整个管控软件系统的云原生化，即系统各个功能模块从设计之初就充分考虑并主动适应云的运行和部署要求，充分利用云基础设施和云平台的服务能力，实现基于DevOps的云上快速、敏捷交付。管控架构的云化有助于实现电信IT资源的统一与按需分配，提高网络管理的专业性，同时通过共享云平台的技术和服务，可以极大地提高网络应用的开发效率。图3-21所示的是云化管控架构示意图。

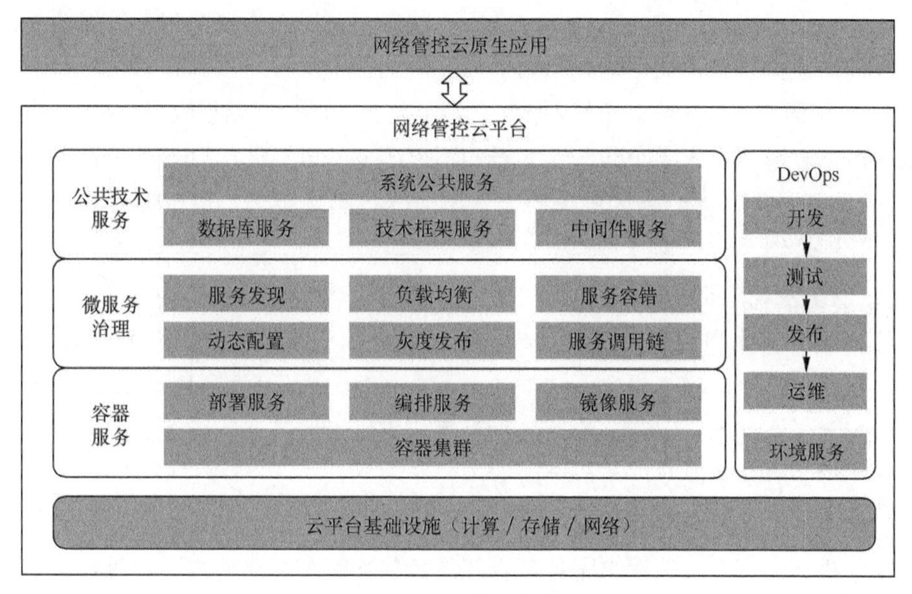

图3-21　云化管控架构示意

最底层为云平台基础设施层，通过电信私有云平台实现对网管机房或数据中心机房的计算资源、存储资源、网络通信资源的虚拟化，提供支撑管控系统云化所需的各种软、硬件资源，以预装不同操作系统和专用软件的虚拟机方式呈现。

中间层为管控云平台的平台即服务（PaaS，Platform as a Service）层，为网络管控应用服务提供基础能力和技术架构支撑。平台以云原生技术栈为核心，以容器云服务和微服务治理为基础，平台内置系统公共服务组件和IT技术服务框架，支撑管控系统的弹性自适应调整和高可用技术需求，通过提供开发至运维的一体化DevOps服务，实现网络功能从传统交付到敏捷交付的模式转变。

最上层为网络管控云原生应用层，通常为面向网络管、控、析、规的各类微服务和微应用，它们通过与云平台高效交互来获取云服务。

2. 管控微服务化

将网络管控功能划分为多个功能内聚、粒度合适、边界清晰、独立自治的微服务，以微服务为单位进行功能演进，是支撑管控架构云原生化的基础，也是实现敏捷交付和DevOps

一体化的最佳方式。

管控微服务的拆分一般以面向业务域，可独立交付与运维为原则，并综合领域模型、功能重用、性能与可扩展等方面的考量。在微服务拆分过程中需注意两个问题：一是服务要满足高内聚、低耦合原则，尽可能减少服务间的依赖，尽可能减少分布式事务问题，避免不必要的技术复杂性；另一个是服务划分颗粒度要适中，既不要过粗也不要过细，一般能够满足一个团队独立运维即可。

在管控微服务的重构中，服务的无状态化设计是支撑系统快速扩容和弹性伸缩的关键。如果服务状态保存在本地，则后续相关请求就必须分发到同一个服务进程，否则请求无法正确处理，而当这个服务进程压力很大时，新启动的服务进程无法进行压力分担。

对服务进行无状态设计并不是说不允许存在状态，可以将相关的状态数据统一保存在云平台的中间件中，如缓存、数据库、消息队列等，这些中间件一般都有完善的状态迁移、复制、同步机制，无须应用层关心。这样，服务中剩余无状态部分可以很容易地横向扩展。此外，无状态服务可以和容器技术完美结合，容器的不可改变基础设施，以及云平台对容器的自动重启/自动修复等特性，都会因为服务的无状态而变得顺畅无比，也更容易实现整个管控系统的自动化弹性伸缩。

3. 自动服务发现与负载均衡

管控架构微服务化和云化后，面对数量逐渐攀升的服务实例，我们不可能将服务 IP 和端口都写在配置文件中，这会导致无法维护系统。同时，出于高可用性和高性能考量，微服务往往同时部署多个副本，因此，管控云平台需要提供一个统一的微服务框架来实现对多个服务副本间的服务自动发现及自动负载均衡。

服务自动发现主要有两种模式：客户端模式和服务端模式。前者是由客户端负责查询服务实例列表并决定向哪个实例请求服务，也就是负载均衡在客户端实现。后者是由服务消费者通过一个单独的负载均衡器发送服务请求，由负载均衡器去查询服务注册表，挑选一个服务实例，并将请求转发到服务实例，所以服务端模式也称为代理模式。常用的负载均衡策略有以下 4 种。

（1）ROUND_ROBIN（轮询调度）：依次循环选择每一个节点来分配负载，保持每个节点具有相同的负载；它还有一个加强版，可以为节点设置不同的权重。

（2）LEAST_CONNECTIONS（最少连接）：根据客户端建立的连接数选择节点，连接数最少的节点将被选中。

（3）LEAST_RESPONE_TIME（最短响应时间）：根据服务器端对客户端请求的响应时间长短来选择节点，响应最快的节点将被选中。

（4）SOURCE_IP（源地址）：根据客户端的 IP 地址计算散列值，然后使用散列值进行路由，这可以确保即使连接断开后再重连，来自同一客户端的请求也始终会转到同一服务器。

目前，在微服务技术框架中，主要有侵入式架构和非侵入式架构两种方式。侵入式架构是指服务框架嵌入程序代码，实现类的继承，其中以 Spring Cloud、Dubbo 等最为常见。非侵入式架构则是以代理的形式，与应用程序部署在一起，接管应用程序的网络且对其透明，

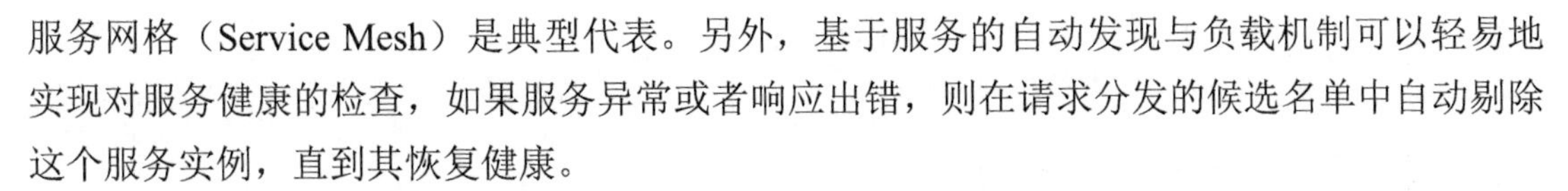

服务网格（Service Mesh）是典型代表。另外，基于服务的自动发现与负载机制可以轻易地实现对服务健康的检查，如果服务异常或者响应出错，则在请求分发的候选名单中自动剔除这个服务实例，直到其恢复健康。

4. 容器化部署与弹性伸缩

容器为应用自动部署和弹性伸缩提供了最佳载体，经过微服务化后的网络管控系统由于单个应用服务体量较小、所需资源较少，可以与容器很好地结合。借助容器标准化的打包与分发能力，将每个管控应用服务及其所有配置、依赖组件、环境变量等打包成容器镜像，可以轻松地实现整个管控系统的自动化部署和每个应用服务的平滑迁移而无须重配环境。

对运行在单独容器中的各个微服务进行有序组织，使其能够按照计划运行，称之为容器编排。常见的容器编排引擎有 Kubernetes、Docker Swarm、Apache Mesos 等。通过在管控云平台中集成容器编排引擎、镜像仓库等为网络管控构建一个云上互联互通的容器化网络，实现整个系统小时级的自动部署，以及分钟级的弹性变更与扩展。同时，依托云平台对服务集群、系统资源等的强大监控和调度能力，可以轻松实现管控系统的自动弹性伸缩。比如通过预置资源的压力阈值，在压力超过阈值上限时自动触发扩容事件，在压力低于阈值下限时自动触发缩容事件，从而保障整个管控系统的高可用性，并提高系统资源的利用效率。

5. 故障隔离与容错

随着网络集约化和云化的发展，管控系统的服务实例数、在线用户数、纳管设备网元数、上层对接应用数等越来越多，这将导致整个系统的并发量越来越大。在这种高并发的访问下，管控服务的稳定性对网络的可用性影响非常大，而微服务化又进一步放大了分布式架构的系列问题，由于网络原因或自身的原因，服务一般无法保证 100% 可用，如果一个服务出现了问题，调用这个服务的请求就会出现线程阻塞，此时若有大量的请求涌入，就会出现多条线程阻塞、等待，进而导致服务瘫痪。由于服务与服务之间的依赖性，故障会传播，并会对整个管控系统造成灾难性的严重后果，这就是服务故障的“雪崩效应”。因此，在网络管控系统云化和微服务化后，需要拥有一个高效安全的服务故障隔离、自愈与容错机制以保障整个系统稳定、可靠地持续提供服务。常用的故障容错方法主要有以下几种。

（1）故障隔离：是指当有故障发生时，能将问题和影响隔离在某个服务模块内部，而不扩散风险，不涉及其他模块，不影响整体的系统服务。

（2）超时机制：在上游服务调用下游服务时，设置一个最大响应时间，如果超过这个时间，下游未做出反应，就断开请求，释放掉线程。

（3）服务限流：是指为了保证系统的稳定运行，限制某些服务模块的输入和输出流量，一旦达到需要限制的阈值，就采取措施进行流量限制。

（4）熔断机制：当下游服务因访问压力过大而响应变慢或失败时，上游服务为了保护系统整体的可用性，可以暂时切断对下游服务的调用，这种牺牲局部、保全全体的措施叫作熔断。

（5）服务降级：降级其实就是为服务提供一个托底方案，一旦服务无法正常调用，就要用托底方案，即实现若干错误处理逻辑来实现优雅的服务降级。

（6）对网络管控系统容错的总体要求是系统能够主动发现并处理服务与节点故障，能够自动将任务迁移到健康节点，并确保数据的完整性和准确性，在出现单点或多点故障的情况下，要求核心业务处理成功率能达到99.95%以上，同时具备秒级的服务进程级故障自愈、分钟级的服务节点级故障自愈能力。

6. 服务动态配置更新

网络管控系统在部署和运维中涉及众多服务参数的配置，由于服务多实例特性及云环境下分布式特性，传统的基于静态和手工方式的服务配置更新变得不可行。因此，管控云平台需提供集中式的远程配置能力，运维人员只需在云端进行配置修改，配置就可以自动生效而无须停机、停服。

云化服务配置中心的工作原理是把系统中各种配置参数、开关变量等全部存放在云端进行集中统一管理，并提供统一的配置读写接口。当用户修改某个配置时，配置中心能立刻向各个服务实例推送最新的配置信息，实现服务的动态配置更新。就功能层面而言，云化配置中心应具备服务配置的集中管理和标准化读写能力、服务配置的隔离机制、服务配置更新的订阅与通知机制、服务配置中心的高可用性、服务配置的权限管理能力、服务配置变更的日志审计能力等。

由于网络管控系统中不同的微服务、同一微服务的不同服务实例之间存在着配置的共用和私用问题，因此，管控云平台的配置中心内应能提供安全、方便的配置隔离机制，服务配置项一般以Key-Value（键值对）的形式存储，并基于命令空间进行配置项的分层分级，以及读写隔离，每个服务只能获取到对应命名空间下的配置信息，其他命名空间下的配置不能读取。通过服务配置隔离保障整个管控系统中不同微服务、不同服务分区、不同服务实例之间的配置安全性。

7. 自动灰度升级

网络管控系统的功能组件多、程序规模大，升级较为复杂，每次升级都是对运维人员的一次重大挑战，往往需要现场提供多方面的技术保障，防止升级出错，并随时处理升级中出现的问题。传统的升级模式一般都要将系统程序包先上传到服务器中，然后停止旧版服务，再启动新版服务。这种升级方式存在两个问题：一是在新版升级过程中，服务是暂时中断的，另一个是如果新版有漏洞（BUG），升级失败回滚会非常麻烦，容易造成较长时间的服务不可用。

自动灰度升级是无停服式升级，包括两方面：一是自动化部署，即运维人员在预先配置好升级方案后，执行一键式自动升级操作，系统动态地逐个节点调整服务负载，当节点负载为零时执行升级，当节点升级完成之后重新接纳负载，依次完成所有节点升级，直到整个集群的升级工作完成。二是灰度发布，即通过使用微服务的服务发现与流量控制技术，实现对系统某些新功能、新特性的局部发布，以最大限度地减少升级后程序BUG可能引起的不良后果。在同一个云平台内使用较少的资源部署新版本，让新、旧版本同时在线运行，并动态引导系统流量从旧版本向新版本迁移，最终可以平滑地完成新、旧版本的替换，实现版本升级对现网业务无影响。

由于不能保证新版本在现网环境中100%不出现问题，因此在灰度升级功能设计中需要

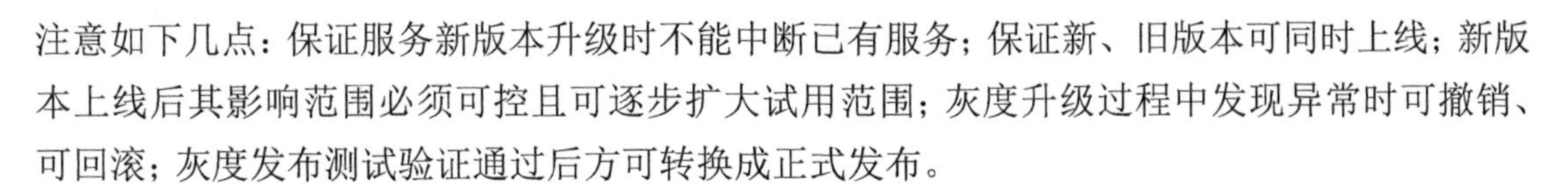

注意如下几点：保证服务新版本升级时不能中断已有服务；保证新、旧版本可同时上线；新版本上线后其影响范围必须可控且可逐步扩大试用范围；灰度升级过程中发现异常时可撤销、可回滚；灰度发布测试验证通过后方可转换成正式发布。

8. 公共技术云化

我们可以对网络管控应用层的共性需求进行能力抽取和云化移植，由云平台提供统一的技术实现和框架，并以 API 的方式进行云能力开放。公共技术云化给网络管控应用的开发与运维带来了极大的便利，应用层可以充分重用云平台的技术能力，将共性技术问题交由云平台来处理，应用层只需专注于自身业务逻辑的实现，从而提升了应用开发效率。

管控云平台可以统一提供两方面的公共技术服务：一是提供统一的平台级应用系统公共服务，比如统一的用户管理中心服务、统一的安全登录认证服务、统一的应用日志与事件服务、统一的应用授权（License）服务、统一的任务调度中心服务等，云平台可以内置这些公共服务组件，实现开箱即可用；二是提供应用所需的 IT 资源库公共技术服务，比如轻量级 RPC 通信框架（如 Restful、gRPC 等）、数据库服务、消息队列服务、缓存服务、分布式事务及中间件服务等。通过云平台对这些公共技术的集成和云化，应用层直接从云平台上进行资源与服务的申请和调用，大大简化了应用层的开发和运维。

9. DevOps 服务云化

将 DevOps 服务云化并作为管控云平台的内置服务，为每个网络管控应用提供从开发、测试、发布到部署、运行、运维的一体化云上生产流水线，可以进一步加速网络功能、业务和应用的快速上线和持续更新，实现由传统交付模式向敏捷交付模式的转变。

管控云平台通过深度集成代码仓库、制品仓库、项目管理、自动化测试等方面的主流工具并云化，实现在云上对各类网络应用的自动化持续集成与持续发布（CI/CD），并为网络应用提供全链条 DevOps 运行环境管理，通过调用平台内置的容器云服务，实现对各类 DevOps 环境（开发环境、测试环境、预发布环境、生产环境等）的快速构建、安全销毁和资源隔离。同时，借助云平台本身所具备的对系统和资源强大的监管能力，实现对各类 DevOps 环境的统一安全监控，保障各类环境的高性能、高可靠性和高安全性。

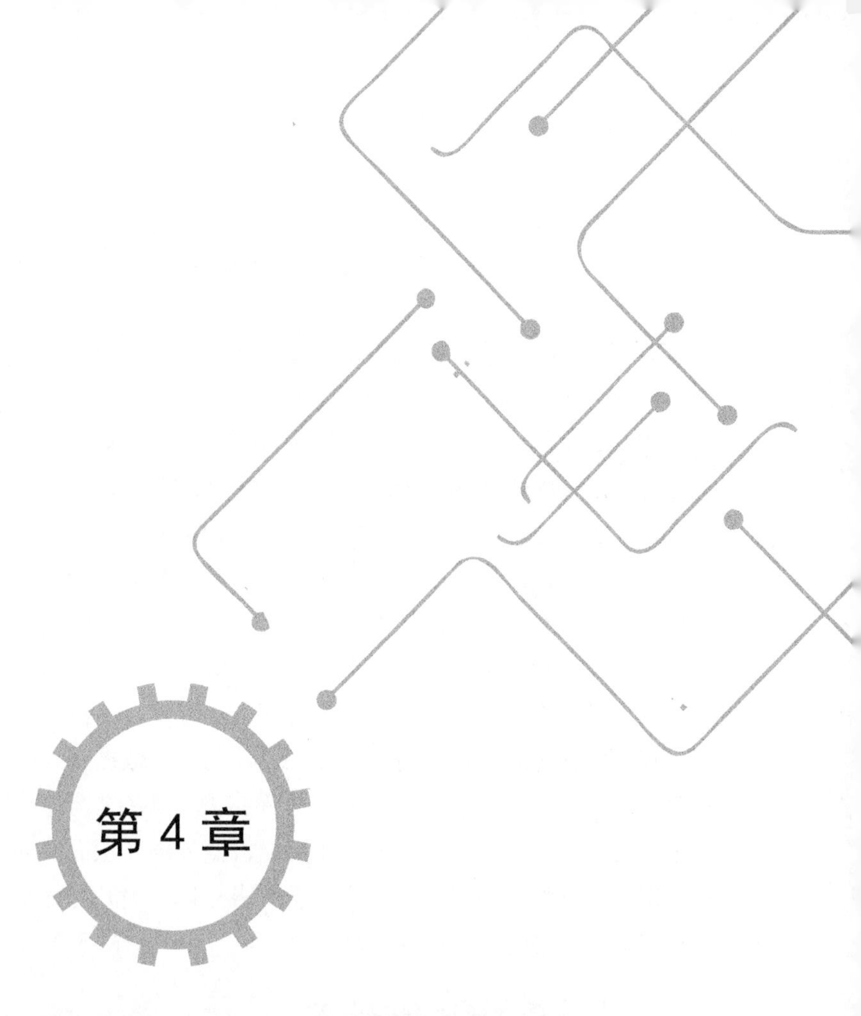

第4章

智慧光网络的计算技术

本章简介：

智慧光网络主要包括3类计算技术，即算力与算法技术、AI技术、数字孪生技术，这些技术相互协同，共同提升光网络连接层、网络层、服务层的智慧，支撑光网络“规划、建设、维护、优化”全生命周期运营维护的前瞻化、智能化、自动化，支撑光网络从人工运维走向自治、自愈、自优，从被动维护走向主动预防。本章首先介绍智慧光网络计算技术的需求，包括光网络面临的挑战及解决方案。然后介绍智慧光网络算力与算法的架构及关键技术，最后介绍AI与数字孪生关键技术，以及两类技术的背景和应用场景。

4.1 智慧光网络计算技术需求概述

随着通信业务的飞速发展，光网络以其大带宽、低时延、高可靠等特点成为宽带、IPTV、视频等业务的主要承载方式，光网络已经成为支撑社会各行业数字化转型的关键基础设施。另外，光网络也是5G网络的基石，5G网络三大业务场景［增强型移动带宽（eMBB，enhanced Mobile Broad Band）、超可靠低时延通信（URLLC，Ultra-Reliable & low-latency Communication）、海量机器通信（mMTC，massive Machine-Type Communication）］对网络技术创新提出更为严格的要求，各类新技术的应用推动光器件、光模块、光线路等进一步发展。这些发展一方面推动光网络更大规模的应用，另一方面也给光网络全生命周期的运维带来巨大挑战。例如，光网络开通扩容效率低、光网络性能优化周期长、光网络故障排查成本高、光网络能源消耗较大、光网络安全防护力度弱。

解决上述挑战的思路是引入AI技术，利用大数据、数字孪生等技术让网络具备自主学习、自主推理、自主决策等能力，面向光网络“规划、建设、维护、优化”4个阶段的各项任务，将传统人工处理的光网络管控操作交给机器处理，从而实现提升运营维护效率、降低运营维护周期、降低故障排查成本、降低光网络能耗、提升光网络安全防护等目标。这些措施的实施有利于光网络向着智慧自治、前瞻预防、敏捷随需3个方向发展。

4.1.1 光网络智慧自治的需求

未来的光网络是一个闭环自治的智能系统，能够自动学习、自主训练，在学习、训练中不断挖掘知识、修正错误、更新规则、提升智能，最终实现光网络的自动规划、自动优化、自动排障、自动节能、自动安防，从而达到光网络智慧自治的目标。这个目标的实现，不是一蹴而就的，需要经历图4-1所示的3个阶段（专家工作阶段、人机协同阶段、智慧自治阶段）逐步实现。

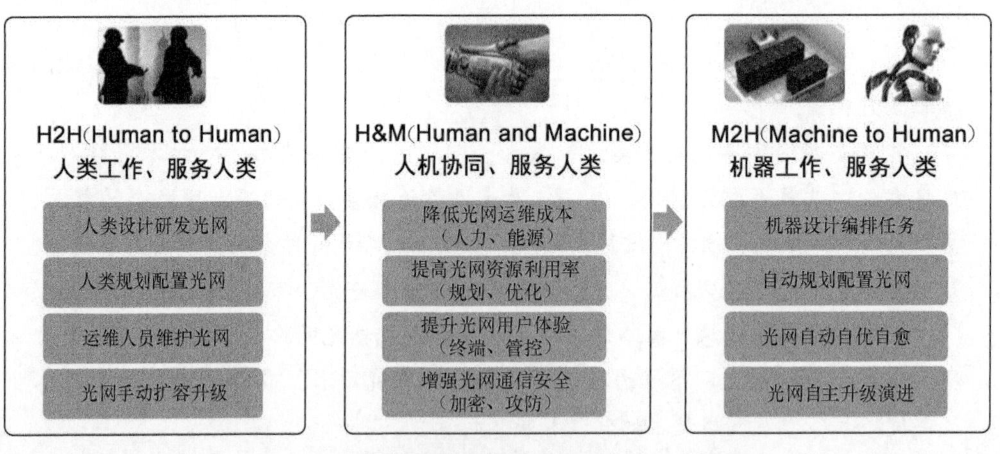

图4-1 光网络达到智慧自治需要经历的3个阶段

第一阶段为“人到人（H2H，Human to Human）”阶段，即专家工作阶段，专家研发光网络管理和控制系统，工作人员运营维护光网络，为用户提供光网络业务。这个阶段的特点是人类工作、为人类服务。第二阶段为“人与机器（H&M，Human and Machine）”阶段，即人机协同阶段，人类智能与机器智能协同，基于有监督学习等方法，机器从有标注的样本数据中挖掘知识，掌握光网络的规律，人类和机器共同协作，为用户提供光网络服务。第三阶段为“机器到人（M2H，Machine to Human）”阶段，即智慧自治阶段，机器达到人类的智能，具备自主自治能力，光网络实现自动优化、自动排除故障、自动节能、自动评估诊断安全隐患，保证光网络平稳、安全地运行。同时，光网络自主演进升级，实现闭环自治。

4.1.2　光网络前瞻预防的需求

目前光网络在运营维护过程中，采取发现问题、解决问题的模式。即当光网络出现性能劣化、告警故障后，设备上报性能和告警数据给管控平台，运营和维护人员发现问题、定位光网络故障、提出光网络优化方案，基于人工专家解决问题。这种模式是一种被动的模式，无法从根本上提升光网络排障、光网络优化的效率。光网络发展的第二个趋势是通过引入 AI 技术，实现光网络预测性感知和前瞻性的保护。即能够根据光模块、光器件、光线路等劣化情况，实现预测、预警，能够预判光网络告警和光网络潜在的隐患，能够实时感知当前光网络的健康状态，根据学习到的知识自动生成应对方案，通过数字孪生光网络验证，确保应对方案的各项指令正确无误后才下发至光网络设备，提前预防各项潜在隐患，保证光网络可靠、平稳地运行，最终实现无故障光网络的目标。

4.1.3　光网络敏捷随需的需求

当前人工规划、配置、调测、上网管的光网络开通交付模式，并不适用于大规模快速建站，交付成本非常高。手工配置、手动选路、静态配置设备参数，也不适应 5G 时代灵活光网络的要求。当前业务越来越复杂、业务种类越来越多，基于人工的业务开通处理模式，运营和维护成本高，对人员的经验要求高，资源调度和利用不灵活，无法满足日益增长的业务需求。光网络未来的发展趋势是基于 AI 技术，面向业务需求，实现灵活快速的网络切片，光网络单盘和设备自主上网管；根据业务需求，实现网络拓扑自动识别和连接。基于资源利用率，实现网络管理的最优化。最终实现资源随需动态调配，自动更新资源库，业务实时、敏捷提供，业务智能部署和按需下发。

上述三大趋势的核心就是光网络的智能化达到人类专家的水平，实现光网络智慧自治，光网络性能前瞻优化，光网络故障预判、预防，光网络敏捷随需提供各类业务。

在智慧光网络中，高质量光网络数据样本、强大的运算能力、高效的模型算法等为光网络实现智慧化和自动化奠定了扎实的基础。高质量数据是智慧光网络的本源，光网络在运行过程中会产生大规模、复杂类型的数据，包括非结构化的眼图、星座图数据，半结构化的基于 XML 的配置数据，结构化的光功率、跨段衰耗、BER 等数据。对这些数据进行清洗，去除重复、冗余、不一致的数据，提取高质量的核心光网络数据集；通过各类智能算法，挖掘光网络知识，对这些知识进行验证和形式化表示，构建光网络知识库；通过启发、增强、迁移等先进的模型，融合感悟和创新，实现智慧光网络。

强大算力是智慧光网络的基础。传统的计算模型基于冯•诺依曼结构，处理器与存储器分开，无法支撑光网络智能化所需的高性能运算，例如大规模矩阵与向量相乘的线性运算，难以从海量的光网络数据中发现内在的规律，挖掘知识，提升智慧。基于新型的AI芯片，采用分布式并行计算模式，借助高性能云计算平台，构建强大的AI软、硬件基础设施，能够为光网络智慧化提供强大的算力基础。目前，基于CPU、GPU、FPGA、ASIC的AI芯片研发正在蓬勃发展，开源和商用云计算平台大规模应用，大型数据中心也不断涌现，这些强大的处理、存储能力为光网络智慧化奠定了扎实的算力基础。

算法模型是挖掘光网络知识、实现光网络智慧的关键。智慧光网络既需要前沿的深度学习模型，也需要经典的数据挖掘算法，这两类算法互相协同，共同分析、处理光网络数据。从光网络设备采集的大规模异构数据属于低质量的原始样本，需要通过分类、聚类、关联分析等挖掘算法，借助概率统计模型，对数据进行计算、处理、标注，形成高质量的训练样本集。然后输出深度学习神经网络模型，通过不断学习、不断调整神经元的权值参数，最终构建出掌握光网络规律的人工神经网络模型，基于这个神经网络模型，实现光网络的自治、自愈、自优。

4.2 智慧光网络算力与算法技术

4.2.1 智慧光网络算力与算法架构

智慧光网络的物理与信息空间共建智慧光网络的3级智能计算架构，如图4-2所示。下面是物理空间（Physical Space），基于光网络设备实现网络报文传送，感知、上报光网络状态，接收执行管控指令。上面是信息空间（Cyber Space），位于左上角的智慧训练推理平台基于一系列模型算法，挖掘光网络知识，增强光网络智慧；位于右上角的智慧光网络管控平台，通过自动化引擎、数字镜像、智慧交互，实现光网络的自优、自愈、安全、节能。信息空间与物理空间通过配置数据、控制指令进行交互，这两个空间融合AI与光通信技术共同构建自动化、智慧化的光网络。

在智慧光网络总体架构中，光网络设备实现网元级智能、智慧光网络管控平台具备单域网络智能。光网络设备与智慧光网络管控平台交互，共同实现网元与单域智能协同。光网络设备、智慧光网络管控平台、智慧训练推理平台协同，实现跨域集中智能。光网络设备实时采集数据，一部分数据基于本地网元被智能地进行处理，另一部分数据上报至智慧光网络管控平台，构建数字孪生，借助智慧光网络管控平台的单域智能，支撑自动治愈、自动优化、自动节能等应用场景，支持智慧光网络设备和平台的智能安全与防护。对于复杂的处理，智慧光网络管控平台将数据与智慧训练推理平台协同，通过跨域集中智能实现跨域的智慧处理、优化决策。

闭环自治智慧光网络知识库的构建是一个持续的过程，光网络知识库需要在知识挖掘和知识应用过程中不断扩充。图 4-3 描述了智慧光网络闭环自治的过程，流程如下。

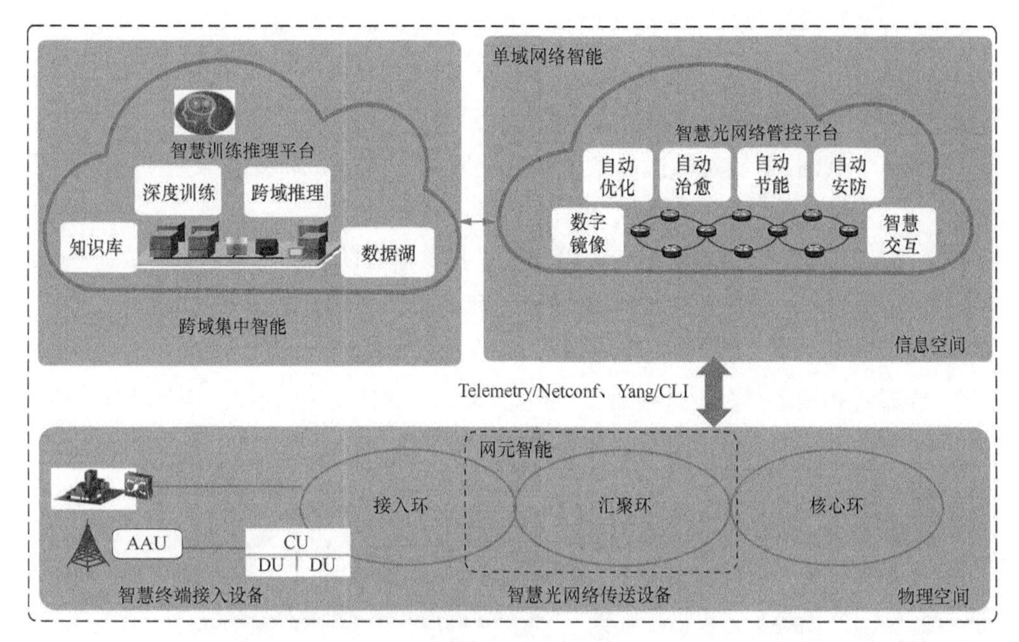

图 4-2　智慧光网络 3 级智能计算架构

（1）设备采集光网络状态数据，例如光功率、BER、OSNR 等。

（2）数据上报管控平台，构建光网络数字孪生。

（3）基于算法模型，智慧训练推理平台与智慧管理控制平台一起挖掘光网络知识。

（4）面向当前网络状态，创建、执行智慧管控策略，例如光网络性能优化策略，光网络故障修复策略等。

（5）智慧光网络对本次流程进行评估、反馈，根据执行效果制定相关的完善措施。

上述 5 个步骤循环执行，不断扩展光网络知识，为智慧光网络提供庞大的高质量样本数据源，通过对应的算力支撑，不断提升光网络的智慧。

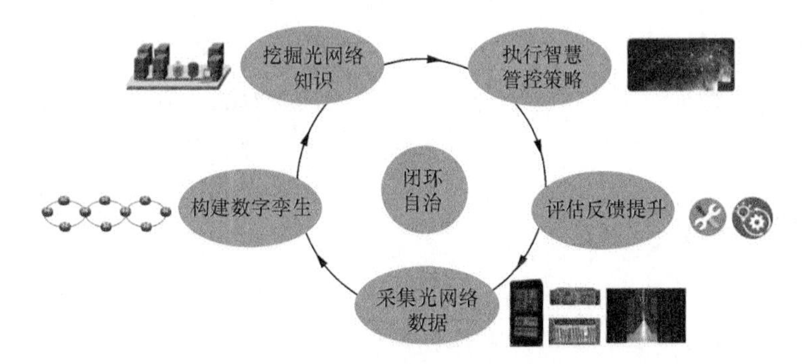

图 4-3　智慧光网络闭环自治示意

图 4-4 以光网络性能劣化趋势智能分析、光网络故障智能诊断自动治愈为例，描述了光网络性能劣化和故障自愈流程，包括如下 6 个主要步骤。

第 1 步：用户启动自愈引擎。

第 2 步：光网络设备实时上报性能和告警数据。

第 3 步：智慧光网络管控平台接收数据，构建光网络数字镜像，并与智慧训练推理平台协同，对已经发生的故障进行定位诊断，对当前光网络的性能劣化趋势进行智能分析，洞察潜在的故障隐患，并进行准确的预测。

第 4 步：基于 AI 技术制定故障自愈及性能劣化应对方案，将处理策略下发至对应的光网络设备。

第 5 步：设备执行故障自愈策略，消除故障，排除潜在的故障隐患。

第 6 步：智慧训练推理平台对本次性能劣化和故障自愈过程进行总结和评估，根据处理效果完善学习、训练方法，提升劣化分析和故障自愈的能力。

上述 6 步过程构成了一个实时感知、诊断预防治疗、评估反馈的自治闭环。闭环不断运行，光网络的智慧化程度不断提升，最终达到光网络性能智慧分析、光网络故障自动治愈的目标。

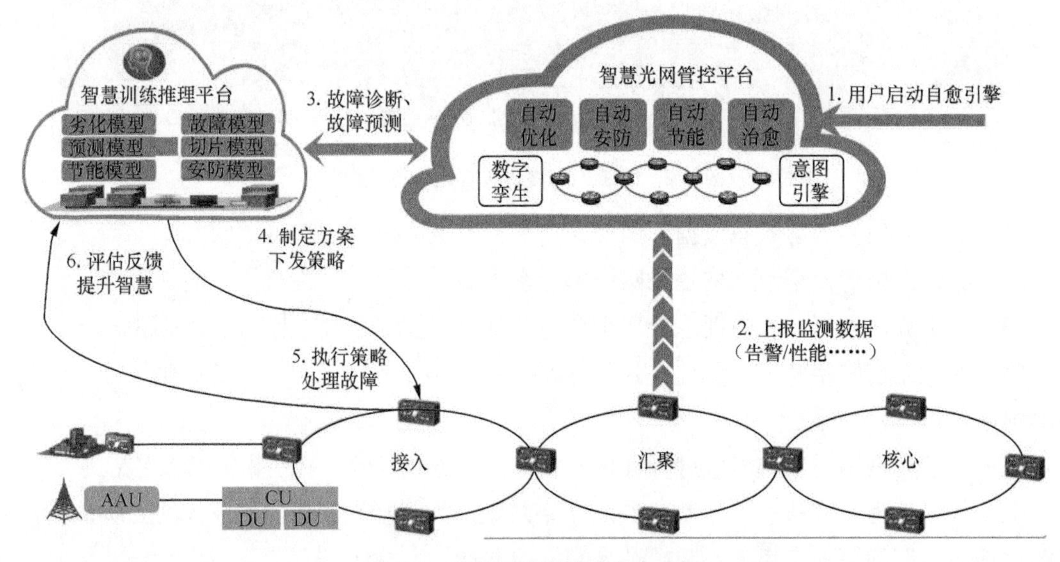

图 4-4　智慧光网络故障自愈示例

总之，智慧光网络离不开 3 个必要的元素，即数据、算力、算法。在智慧光网络的实现中，高质量的光网络样本数据、强大的运算能力、高效的模型算法，为光网络实现智慧化和自动化提供了技术基础。

4.2.2　智慧光网络的算力技术

算力，也称计算力，是指数据的处理能力，也是数字化时代的核心生产力，主要由数据的计算、存储及传输（即网络）3 项要素构成。它广泛存在于手机、计算机、超级算力机等各种硬件设备中，没有算力，这些软、硬件就不能正常使用，而算力越强，对我们的生产、生活影响也越深刻。

同时，AI 技术研究组织 OpenAI 指出，高级 AI 所需要的算力每 3.43 个月就会翻 10 倍。AI 技术最大的挑战之一就是识别度不高、准确度不高，而要提高准确度就需要提高模型的

规模和精确度，这就需要更强的算力。另一方面，随着 AI 技术的应用场景逐渐落地，图像、语音、机器视觉和游戏等领域的数据呈现爆发性增长，也对算力提出了更高的要求。

同样，智慧光网络就是将以算力为核心基础的 AI 技术充分运用到光网络的 3 级智能框架中。在智慧光网络中，需要进行海量数据提取、模型建立、数据存储、闭环自治控制中各种数据的交互传输，这些都涉及数据计算、存储和传输。但相对于传统的数据中心来说，智慧光网络所需要的数据存储容量、性能及安全性，以及对传输带宽、时延的要求就没有那么高了，因此，下面重点对算力的计算要素展开阐述，对于算力的另外两个主要要素——存储和传输不再重点论述。

智慧光网络离不开算力的泛在支持，如图 4-5 所示，从连接层的各种物理器件、模块到网元，再到网络层的控制器、网络编排器等，最后到最上面的服务层的各种应用，都源于网络对物理世界的感知，而对物理世界的感知能力又建立在算力基础之上。光网络中各物理材料、器件、模块、单盘及网元的性能、告警、故障、配置等参数都需要通过算力处理器来完成采集和量化，这些量化的参数用于智慧光网络的状态监控或数学模型的建立，最终为智慧光网络中的算法实现、大数据分析、AI 的训练、推理及数字孪生的仿真网络的建立提供所需的海量数据和各种数学模型。然后，再通过集中式算力给 AI 及数字孪生的建立与运行提供所需的算力资源池，为最终实现光网络的自治、自愈、自优提供算力支撑。当前算力处理器主要有中央处理器（CPU，Central Processing Unit）、图形处理器（GPU，Graphics Processing Unit）、FPGA、ASIC 等。

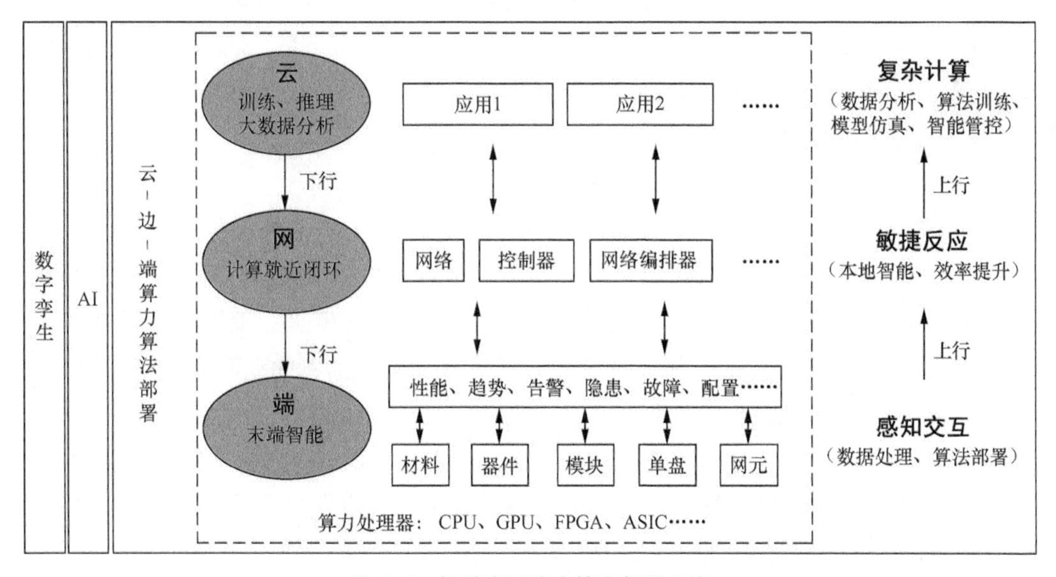

图 4-5　智慧光网络中算力部署示意

下面，就围绕智慧光网络所需的算力，即以 CPU、GPU、FPGA、ASIC 等算力处理器为基础构建的算力为基础，来阐述算力技术。通常，基于上述算力处理器构建的算力，又可以区分为以 CPU 为代表的通用计算能力，和以 GPU 为代表的高性能异构计算能力。前者主要用于执行智慧光网络中的一般任务，如网元智能或单域智能的算力支撑；后者主要为智慧光网络中大数据采集、存储、分析、训练、上报、辅助决策等提供强大的计算能力，如单域智能或跨域智能的算力支撑。

1. 通用计算能力

CPU 的经典结构包括冯·诺依曼结构和哈佛结构，如图 4-6 所示。冯·诺依曼结构的处理器使用同一个存储器，由一个总线传输，指令和数据是混合存储的，结构相对简单。哈佛结构采用两个独立的存储器模块，分别存储指令和数据，每个存储模块都不允许指令和数据并存。它同时采用独立的两条总线，分别作为 CPU 和每个存储器之间的专用通信路径。这种结构的 CPU 数据吞吐量相对高，结构相对复杂。

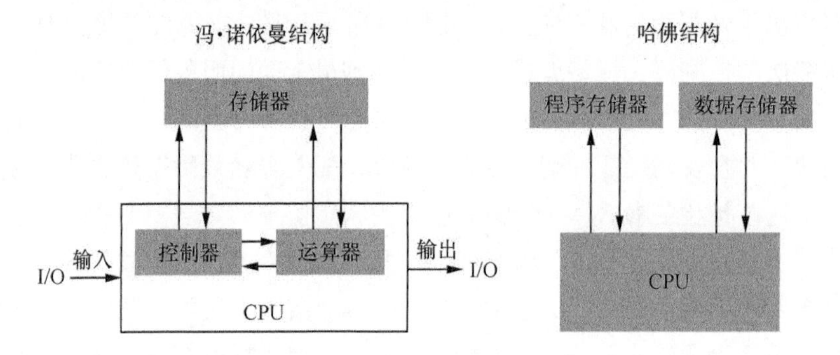

图 4-6 CPU 的两种经典结构

CPU 是超大规模的集成电路，通常也被称为算力机的大脑，是一台算力机的运算核心和控制核心，也是整个算力机系统中最重要的组成部分。

CPU 主要包括运算器 [也称为算术逻辑部件（ALU，Arithmetic Logic Unit）] 和高速缓冲存储器及它们之间进行联系的数据、控制及状态的总线。它与存储器和输入 / 输出设备共同构成算力机的三大核心部件。

CPU 的主要算力指标包括频率、缓存和前端总线。

（1）频率：CPU 的频率主要包含主频、外频和倍频 3 部分。主频也叫时钟频率，单位是 MHz 或 GHz，用来表示 CPU 的运算、处理数据的速度。CPU 的主频＝外频 × 倍频系数。外频是 CPU 的基准频率，单位为 MHz，决定着算力机的运行速度。理论上倍频是从 1.5 一直到无限大，以 0.5 为间距，它可使系统总线工作在相对较低的频率上而提升 CPU 速度。当内核数目和缓存（Cache memory）大小一样时，CPU 的主频越高，算力性能越好。

（2）缓存：CPU 上的内存芯片具有极快的存取速度，它是硬盘内部存储和外界接口之间的缓冲器。由于硬盘的内部数据的传输速度和外界界面的传输速度不同，缓存在其中起到缓冲作用。CPU 缓存主要分为 3 个级别，即 L1、L2 和 L3。

一级缓存（L1 Cache）是 CPU 第 1 层高速缓存，分为数据缓存和指令缓存。内置的 L1 高速缓存的容量和结构对 CPU 的性能影响较大。L1 级高速缓存的容量不能太大，一般服务器 CPU 的 L1 缓存的容量通常在 32 ～ 256KB。

二级缓存（L2 Cache）是 CPU 的第 2 层高速缓存，分为内部芯片的二级缓存和外部芯片的二级缓存。内部芯片的二级缓存的运行速度与主频相同，而外部芯片的二级缓存的运行

速度则只有主频的一半。L2 高速缓存容量也会影响 CPU 的性能，原则是越大越好，服务器和工作站的 CPU 的 L2 高速缓存容量可达几十兆字节。

三级缓存（L3 Cache）的应用可以进一步降低内存时延，同时提升大数据量计算时 CPU 的性能。降低内存时延和提升大数据量计算能力对某些实时动态的算力需求很有帮助。在算力机领域，增加 L3 缓存在性能方面仍然有显著的提升。

（3）前端总线：总线频率影响 CPU 与内存直接交换数据的速度。数据带宽＝（总线频率 × 数据位宽）/8，如 64bit 的至强第 3 代可扩展 CPU UPI 总线为 11.2Gbit/s，最大带宽 84Gbit/s。

CPU 是通用处理器，即通用计算能力的核心，在没有高性能算力要求时，CPU 的算力足够胜任；在有高性能算力要求时，CPU 在异构系统中主要发挥控制处理的作用。当前 CPU 芯片又分为多种架构，主要有 X86、ARM 等架构。其中，X86 为主流架构，占据主要的市场份额，代表厂商为 Intel 和 AMD。

X86 架构的 CPU 芯片的计算能力与对应的核数、主频和微架构计算能力强相关，以 Intel 的 Haswell 微架构为例，Haswell 微架构上计算单元有两个积和熔加运算（FMA，Fused-Multiply-Add）指令集，每个 FMA 指令集可以对 256bit 数据在一个时钟周期中进行一次乘运算及一次加运算，所以对应 32bit 单精度浮点计算能力为 32FLOPS。

ARM 架构的 CPU 芯片支持 16bit、32bit、64bit 多种指令集，适用于低功耗、计算量较小的场景，如智慧光网络的单盘级网元算力需求与接入层等领域。由于 ARM 架构的 CPU 采用 RISC 精简指令集，内核结构相对简单、功耗低，芯片具有占用面积小、功耗低、集成度更高的优势，具备更好的并发处理性能，这种多核、高并发优势可以为智慧光网络的 AI 和数字孪生技术中的大数据处理及大量数据建模的应用提供更好的支持。

同样，ARM 架构的 CPU 芯片计算能力与对应的核数、主频和微架构计算能力强相关，以 ARM 的 Cortex-A57 微架构为例，Cortex-A57 微架构上计算单元有一个 FMA 指令集，每个 FMA 指令集可以对 128bit 数据在一个时钟周期中进行一次乘运算和一次加运算，所以对应 32bit 单精度浮点计算能力为 8FLOPS。

2. 高性能异构计算能力

面对智慧光网络复杂多样的场景需求，对算力的要求必然也是多样的。通用算力无法单独满足智慧光网络中算法、AI 与数字孪生技术实现对算力的需求，因此需要异构的 AI 处理器 GPU、FPGA 和 ASIC 作为必要的补充。

GPU 作为高性能计算的典型异构算力芯片，具有强大且高效的并行计算能力，面对智慧光网络的海量训练数据，用 GPU 来进行模型训练，所使用的训练集可以更大，所耗费的时间能大幅缩短。

GPU 与 CPU 相比，GPU 虽然每个运算核的工作频率都不及 CPU，但其运算的核数远多于 CPU，并行运算能力具备明显优势，其计算单元的算力也远强于 CPU，芯片面积比、功耗比等总体性能也比 CPU 好。如图 4-7 所示，DRAM 即动态随机存取存储器，是常见的系统内存；缓存存储器作为高速缓冲存储器，位于 CPU 和主存储器 DRAM 之间，规模较小，但缓存速度很高；ALU 是能实现多组算术运算和逻辑运算的组合逻辑电路。

GPU的如下特性使其非常适合深度学习。(1) 高带宽的内存;(2) 多线程并行下的内存访问隐藏延迟;(3) 数量多且速度高的、可调整的寄存器和L1缓存;(4) 更高的浮点运算能力，提供了多核并行计算的基础结构，且内核数目非常多，可以支撑大量数据的并行计算。

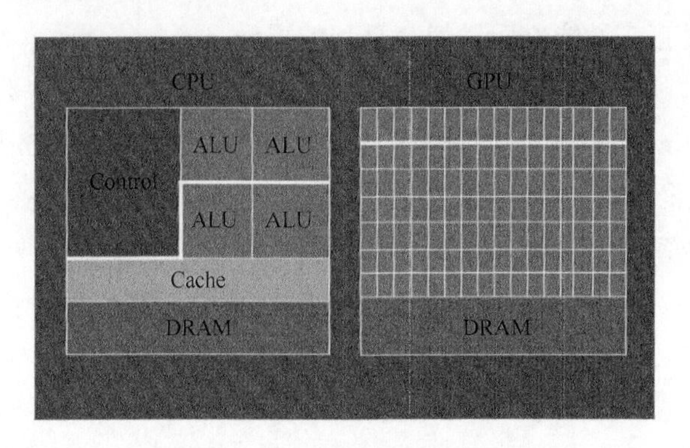

图 4-7　CPU与GPU的内部结构

因此，CPU和GPU的结构差异较大。CPU功能模块很多，能适应复杂的运算环境；GPU构成则相对简单，目前流处理器和显存控制器占据了绝大部分逻辑单元。

在CPU中，大部分逻辑单元主要用于构建控制电路（比如分支预测等）和缓存，只有少部分的逻辑单元来完成实际的运算工作。而GPU的控制相对简单，且对缓存的需求小，所以大部分晶体管可以组成各类专用电路、多条流水线，这使得GPU的计算速度有了突破性的飞跃，拥有了更强大的处理浮点运算的能力。

从硬件设计上来说，CPU主要由专为顺序串行处理而优化的几个内核组成。而GPU则由数以千计的更小、更高效的内核组成，这些内核专为同时处理多任务而设计。

通过图4-8我们可以较为容易地理解串行运算和并行运算之间的区别。传统的串行运算软件具备这几个特点：(1) 运行在单一的、具有单一CPU的算力机上;(2) 一个问题分解成一系列离散的指令;(3) 指令必须一个接着一个执行;(4) 只有一条指令可以在任何时刻执行。

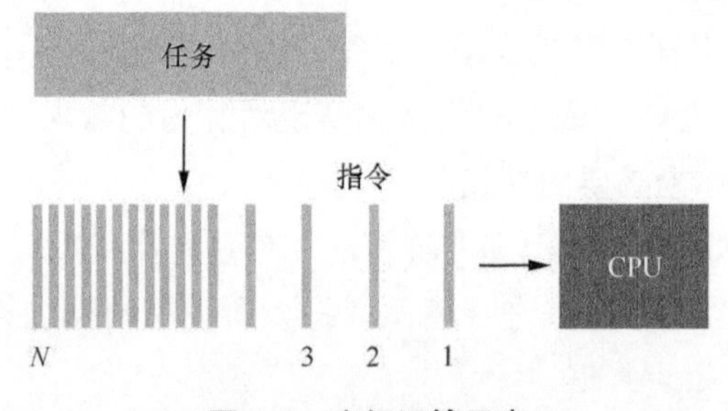

图 4-8　串行运算示意

而并行运算则改进了很多重要细节，如图4-9所示，这些细节如下。(1) 可使用多个CPU运行;(2) 一个问题可以分解成可同时解决的离散指令;(3) 每个部分进一步细分为一系列指令;(4) 每个部分的问题可以同时在不同的CPU上执行。这样大大提高了算法的处理速度和效率。

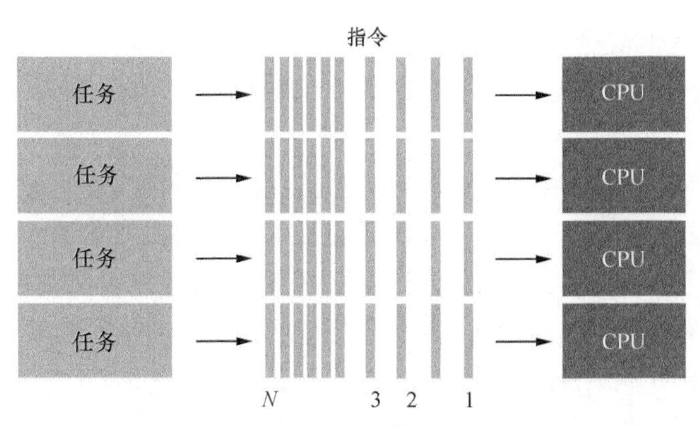

图 4-9　并行运算示意

总之，CPU 适合逻辑控制和串行运算等通用计算，计算能力没有 GPU 强，主要由专为顺序串行处理而优化的几个核心组成；GPU 用于大量重复计算，通常由数以千计的更小、更高效的内核组成大规模并行运算架构。配备 GPU 的算力机可取代数百台通用 CPU 算力机来处理高性能计算（HPC）和 AI 需求。FPGA 是一种半定制芯片，灵活性强、集成度高，但运算量小、量产成本高，适用于算法更新频繁或市场规模小的专用领域；ASIC 专用性强，适用于市场需求量大的专用领域，但开发周期较长且难度极高。

训练和推理是云端 AI 算力芯片的两大应用场景，训练产生算法，推理实现算法的应用，训练阶段需要大量的数据运算。主要的 AI 芯片对比如表 4-1 所示。

表 4-1　主要的 AI 芯片对比

芯片种类	CPU	GPU	FPGA	ASIC
芯片架构	70% 为缓存和控制单元，30% 为计算单元	叠加大量计算单元和高速内存，逻辑控制单元简单	具备可重构数字门电路和存储器，根据应用可编程定制	电路结构可根据特定领域应用和特定算法定制
擅长领域	逻辑控制、串行运算等通用计算	3D 图像处理、密集并行运算	算法更新频繁或市场规模小的专用领域	市场需求量大的专用领域
优点	擅长复杂度高的串行运算	并行运算能力强	高性能、架构灵活	专用性强、高性能、功耗低、量产成本低
缺点	时延严重、计算效率低、散热高	价格高、功耗散热高	编程门槛高、峰值性能不如 GPU	开发周期长、上市速度慢、风险大

另外，近年随着 AI 技术的高速发展，出现了一些新型的 AI 芯片。

（1）张量处理器（TPU，Tensor Processing Unit）是某公司为机器学习定制的专用芯片，专为深度学习框架 TensorFlow 而设计。TPU 在算法架构上介于 CPU 和 ASIC 之间，兼具桌面计算设备与嵌入式计算设备的功能。TPU 算法具备较大的容错性，在硬件组成上相对 CPU 类通用芯片更加简洁。在相同数量的晶体管条件下，TPU 算法架构的 ASIC 芯片可完成更大的运算量。相对同级别的 CPU、GPU，该类 ASIC 芯片可提高运算性能 15 ～ 30 倍，并提高能耗效率 30 ～ 80 倍。

（2）神经网络处理器（NPU，Neural-network Processing Unit）采用数据驱动并行

运算架构，用于加速神经网络的运算，解决传统芯片在神经网络运算时效率低下的问题。在实际应用中，擅长处理视频、图像类的海量多媒体数据，是一款专门为AI而设计的处理器。

总之，智慧光网络中知识的挖掘和智慧的提升需要强大的软件和硬件基础设施来处理大规模、高质量的样本数据。智慧光网络将采用传统的CPU处理复杂、小规模的运算任务，将大规模、重复运算的任务调度到GPU上处理。GPU在深度学习模型中得到广泛应用，相对于CPU，GPU的训练推理能力更强。另外，基于FPGA、ASIC的新型AI芯片也在陆续面世。基于廉价算力构建云计算平台，通过云服务提升人工神经网络运算的速度等课题也被广泛研究。智慧光网络将基于智能芯片、硬件加速、云计算等技术，构建强大的基础设施平台，为上层智慧算法模型、AI、数字孪生等提供强大的算力基石。

3. 算力的度量

通常，对于算力的度量，使用最广泛的是每秒浮点运算次数（FLOPS，Floating Point Operations Per Second），即每秒执行的浮点运算次数，下面以Intel CPU为例进行介绍。

（1）支持AVX256 CPU的单指令的长度是256bit，每个核心假设包含两个FMA指令集，一个FMA指令集在一个时钟周期可以进行两次乘或者加的运算，那么这个CPU在一个核心一个时钟周期可以执行256bit×2（FMA）×2（乘或者加）/64bit = 16次浮点运算，即16FLOPS。

（2）支持AVX512 CPU的单指令的长度是512bit，每个核心假设包含两个FMA指令集，一个FMA指令集在一个时钟周期可以进行二次乘或者加的运算，那么这个CPU在一个核心一个时钟周期可以执行512bit×2（FMA）×2（乘或者加）/64bit=32次浮点运算，即32FLOPS。

这就是说，理论上后者的运算能力其实是前者的2倍，但是在实际情况中不可能达到这个倍数，因为进行更长的指令运算，流水线之间更加密集，但核心频率会降低，导致整个CPU的处理能力降低。

一个CPU的计算能力和内核的个数、内核的频率、内核单时钟周期的能力直接相关。

例如，Intel Purley平台的旗舰Skylake至强Platinum 8180是28核，基频为2.5GHz，支持AVX512，其理论双精度浮点性能是28×2.5GHz×32FLOPS=2.24TFLOPS。

例如，Intel Purley平台的旗舰Cascade Lake至强Platinum 8280是28核，基频为2.7GHz，支持AVX512，其理论双精度浮点性能是28×2.7GHz×32FLOPS=2.419 2 TFLOPS。

GPU能完成的任务CPU也能完成，CPU能完成的任务GPU却不一定能够完成，GPU一般可以在一个时钟周期操作64bit的数据，一个核心实现一个FMA指令集。这个GPU的计算能力的单元是：64bit×1（FMA）×2（M/A）/64bit=2FLOPS。GPU的计算能力也和内核个数、内核频率、内核单时钟周期能力有关，只是GPU优势在于其内核个数多，在并行运算中优势明显。

例如，NVIDIA Tesla P100是1792核，基频为1.328GHz，其理论的双精度浮点性能是1792×1.328GHz×2FLOPS=4.7TFLOPS。

例如，NVIDIA Tesla V100是2560核，基频为1.245GHz，其理论的双精度浮点性能是

2560×1.245GHz×2FLOPS=6.3TFLOPS。

4. 算力之存储与传输

存储对算力的贡献，一方面体现在高速存储对高性能计算的支撑；另一方面体现在对海量数据的存储，举例说明如下。

以单个网元对海量数据存储的需求为例，网元每秒上报的性能总量约为 1 万条。在单个网元设备层面，如果性能数据至少需保存 4 小时，单网元所需的数据存储量为 10000×60×60×4=14400 万条，每条按 50 个字节算，所需存储达 7G。以 30 万个网元为例，所需存储容量可达 2000T。这仅仅只是性能所需的存储容量，而对于智慧光网络来说，所需要提取和存储的数据种类从单个物理器件到整个网络运行参数，本身就是一个庞大的数据集，可想而知，智慧光网络在离不开高性能计算的同时，也需要对应的存储资源来支撑。

另外，由于智慧光网络在 AI 及数字孪生模型建立及自治控制技术的实现中，同样存在基于网络的数据获取、加工及反馈控制等数据传输场景，因此在数据的实时计算处理的场景下，就必然对这些数据在网络间的传输带宽和时延提出相应的要求。由于这部分内容非本书重点，所以不再展开阐述。

5. 算力在智慧光网络中的应用

在智慧光网络连接层，光模块需要开发和研究专业算法来支撑各种 FEC 的运算和各种补偿运算，以提升光模块的传输性能。这些算法最终需要部署在光模块内部，对功耗、体积等因素十分敏感，因此需要设计专用的 ASIC 芯片，也就是 DSP 芯片，这就需要基于对应的算力来支撑复杂算法的实现。

在智慧光网络的网络层业务的动态倒换和恢复应用中，为了能处理网络多点故障和共享资源，在使用 GMPLS 的 WSON 技术时需要在每个网元部署一定的算力，这些算力的主要用途有两个。

（1）负责处理全网的 GMPLS 协议报文，包括路由 OSPF 洪泛收敛、LMP 链路发现和管理、RSVP 信令报文。和 IP 网络不同，光网络里的协议报文一般走单独的 DCN 通道，每秒处理的报文数量也不会达到 1000 以上，因此不会开发专门的网络处理器（NP，Network Processor）芯片或其他 ASIC 芯片去进行协议报文处理。

（2）负责路由的计算功能。在纯分布式的 WSON 中，业务 SLA 的保证由源节点负责，即当光纤链路出现中断时，受损的业务源节点负责进行恢复路由计算的工作。此时路由计算的效率直接决定了业务受损后的恢复时间，因此算力部署是否恰当至关重要。

一般省干和城域的光网络，ROADM 节点在 20 ～ 60 个的情况居多，单节点需要维护的 OCh 数量在 10 ～ 100 条不等，使用常规的 ARM 双核 1.4G 主频左右的 CPU 都能在 0.2s 的时间内完成所有 OCh 的路由计算。

但这几年 ROADM 网的广泛应用及一二干融合，大规模组网成为趋势，此时，一方面业务数量急剧增加，全网业务量可以轻松突破到 3000 条 OCh 以上；另一方面，节点数目可能突破到 200 以上，多节点的分布计算容易造成资源的冲突和反复计算，此时需要部署区域性集中算力进行集中计算，如图 4-10 所示。一般考虑到部署方便的因素，仍会以设备板卡的形式将集中计算单元部署在区域网络中的某一个或几个设备内。一般会在板卡内部署一些高性能的 X86 或 ARM 架构的 CPU，专门负责某一个区域网络的路由计算。

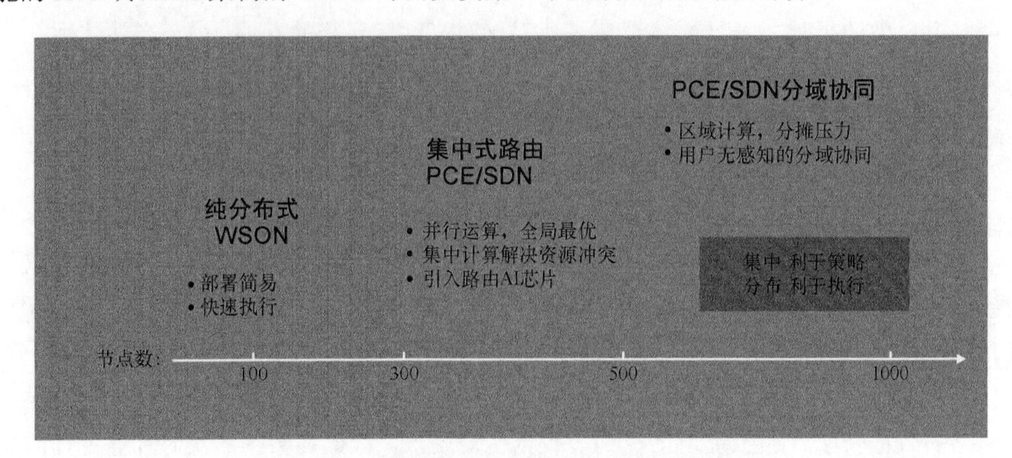

图 4-10 光网络节点规模提升对计算单元的要求

值得注意的是，ROADM 网络中的计算，一般需要同步考虑路由计算和波长分配，并需要考虑 OSNR 的预估计算以确保业务成功恢复，这类运算的算法不同于传统的 SPF 路由计算，从各个厂家研制的不同算法看，可能需要矩阵或浮点类的专用计算。此时可以根据算法的不同，选用 AI 芯片进行矩阵运算或选用 GPU 进行浮点运算。

到了智慧光网络时代，对算力的要求就更高了，并需要同步考虑算力部署的问题。在连接层面，一方面网络感知需要抽取大量的传感器数据，这类数据不可能全部上传到网管处去处理，因此需要在网元甚至板卡上进行数据的收集、压缩、预处理工作，这类数据处理工作一般涉及较多的通用计算，因此使用通用的 CPU 较多；另一方面，诸多的 AI 技术都需要将训练好的模型下放到网元或者单盘上进行数据清洗和处理，这种数据清洗和处理的过程中，网元或单盘视数据量的大小可以共用 CPU 或使用 AI 芯片、FPGA。

在网络层面，大数据的抽象、建模、训练的过程是主要内容。这些数据处理的过程虽然对算力要求极高，但对部署条件的要求比连接层更宽松，借助于算力云化部署的方式，对单个计算单元的功耗、体积限制比较宽松。网络层可以大批量部署 X86、ARM 架构的 CPU，也可以根据具体 AI 场景部署 AI 芯片。

4.2.3 智慧光网络的算法技术

智慧光网络的算法是解决光网络“规划、建设、维护、优化”等各类问题的一系列计算机指令的集合，是一整套用计算机指令详细描述并解决相关问题的策略机制。一个有效的算法能够针对确定的输入在有限时间内给出对应的输出。智慧光网络的算法部署于网络设备或者管控平台，算法的输入一部分来自网络设备采集的告警、性能等数据，另一部分来自网络本身，包括拓扑结构、用户对网络的业务需求等。本节介绍 7 类新型的智慧光网络算法，如图 4-11 所示。

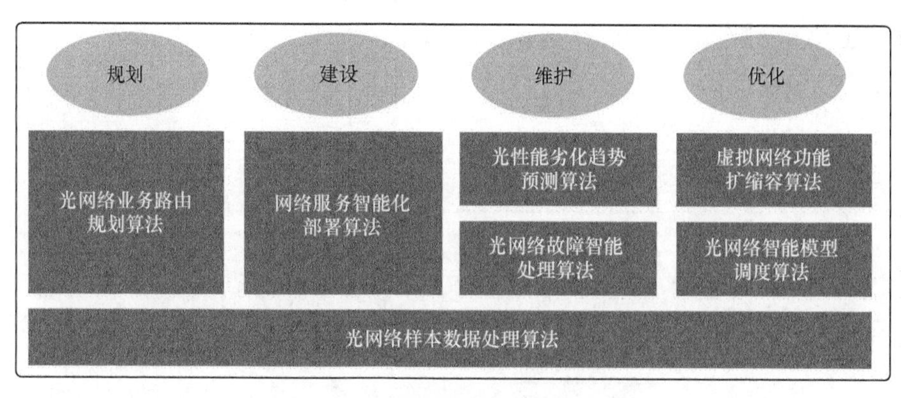

图 4-11　7 类新型智慧光网络算法框架

1. 光网络样本数据处理算法

光网络样本数据处理算法解决智慧光网络数据统一表示、原始数据清洗、核心数据提取等问题。数据统一表示的关键是实现不同量纲异构数据向量化和矩阵化的表示。在进行光网络异构数据向量化表示时，智慧光网络采用数据基础向量和量纲扩展向量表示方法。光网络样本数据处理算法是一类通用的算法，适用于处理各种网络数据，包括告警、故障、性能、配置数据等。为了形象地描述光网络样本数据处理算法，本节将采用光网络告警、故障、配置数据进行举例说明。以光网络告警样本数据的向量化表示为例，假设一个训练样本有 M 条光网络告警数据，每条告警数据有 N 个字段，将 N 维光网络告警数据基础向量定义为 $\boldsymbol{V}_b$，将 N 维光网络量纲扩展向量定义为 $\boldsymbol{V}_s$，其中 $\boldsymbol{V}_b$ 的每个向量元素对应告警数据的字段数值，$\boldsymbol{V}_s$ 的每个向量元素对应扩大或缩小的倍数。智慧光网络根据训练要求可以将 $\boldsymbol{V}_b$ 与 $\boldsymbol{V}_s$ 对应的元素相乘，生成适合训练要求的样本数据。完成光网络告警、故障、配置数据向量化后，构建告警矩阵、故障矩阵、配置矩阵，并对样本数据进行形式化描述。

智慧光网络采用模展开方法和子空间切分方法，用于实现多层高维空间数据的按序排列和准确查找提取。以故障智能自愈迁移学习为例，根据具体场景需求确定关键数据特征，构建输入、输出标签向量，建立学习网络进行训练，获取光网故障智能自愈知识。源领域数据的多层高维模型为 $D_s=R(I_1, I_2, I_3)$，模展开操作算子 $f_{si}:D_s \to \boldsymbol{V}_{ysi}$ 将源领域多层高维空间中的告警和故障数据转化为向量 $\boldsymbol{V}_{ysi}$。模展开操作算子 $f_{so}:D_s \to \boldsymbol{V}_{yso}$ 将多层高维空间中的配置数据转化为向量 $\boldsymbol{V}_{yso}$。同理，目标领域数据的多层高维模型为 $D_t=R(I_1, I_2, I_3)$，模展开操作算子 $f_{ti}:D_t \to \boldsymbol{V}_{yti}$ 将多层高维空间中的告警和故障数据转化为向量 $\boldsymbol{V}_{yti}$。模展开操作算子 $f_{to}:D_t \to \boldsymbol{V}_{yto}$ 将多层高维空间中的配置数据转化为向量 $\boldsymbol{V}_{yto}$。源领域子空间切分操作算子操作定义为 $g_s:D_s \to D'_s$，提取源领域多层高维空间中的数据构建子空间 $D'_s=R(J_1, J_2, J_3)$。目标领域子空间切分操作算子操作定义为 $g_t:D_t \to D'_t$，提取目标领域多层高维空间中的数据构建子空间 $D'_t=R(J_1, J_2, J_3)$。在样本数据处理过程中，可以根据具体的实际应用场景，先从多层高维模型中提取包含最关键属性数据的子空间，然后基于子空间构建输入和输出向量。智慧光网络采用复合函数 $f_{si} \circ g_{si} : D_s \to \boldsymbol{V}_{ysi}$ 构建输入向量，其中运算符 $\circ$ 表示先执行 g_{si} 操作，然后执行 f_{si} 操作。采用复合函数 $f_{so} \circ g_{so} : D_s \to \boldsymbol{V}_{yso}$ 构建源领域输出向量。为了形象地描述不同量纲的异构数据向量化和矩阵化表示方法，图 4-12 以光网络告警、故障、配置数据向量化和矩阵化表示方法为例进行说明。

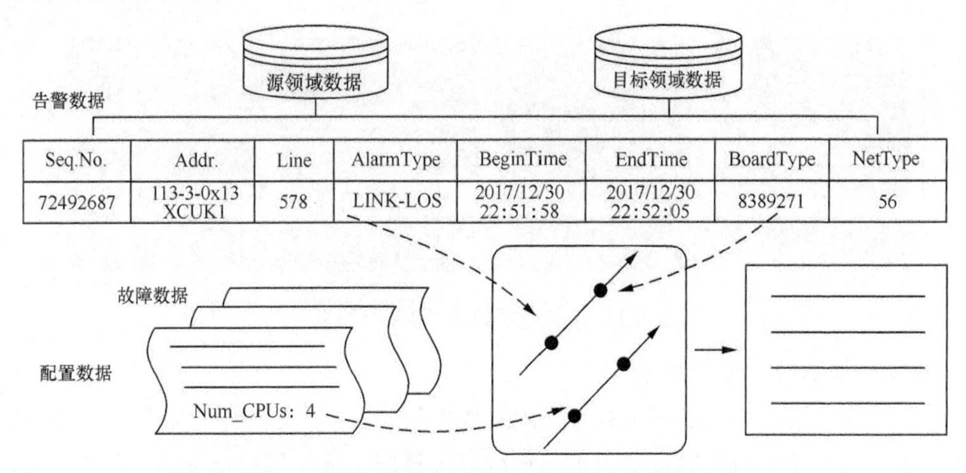

图 4-12 光网络告警、故障、配置数据向量化和矩阵化表示方法

在图 4-12 中，网络告警示例数据包括 8 个字段，这些字段的数值都可以转换为实数，从而表示为向量的元素值。例如，在光网络故障智能自愈场景中，告警开始时间（Begin Time）和结束时间（End Time）精确到秒，在训练数据向量化的过程中，将所有告警开始时间和告警结束时间中的最小值对应为数值 1，其他时间与最小时间相差的秒数加到数值 1 上，得到时间的对应值，并将这个值输入至向量中。图 4-12 也可以根据上述方法将左下角的配置数据和故障数据转换为向量。将所有的告警数据向量以行向量的方式嵌入矩阵中，形成告警矩阵，例如图 4-12 中的网络告警示例有 8 个字段，告警向量为 8 维行向量，假如有 7000 条告警，则形成 7000 行 8 列的告警矩阵。同理可以构建出故障矩阵和配置矩阵。

图 4-13 描述了光网络故障智能自愈数据多层高维表示模型，图 4-13 的下方是源领域的告警数据层、故障数据层、配置数据层，上方是目标领域的告警数据层、故障数据层、配置数据层，中间是样本数据多层高维表示模型。

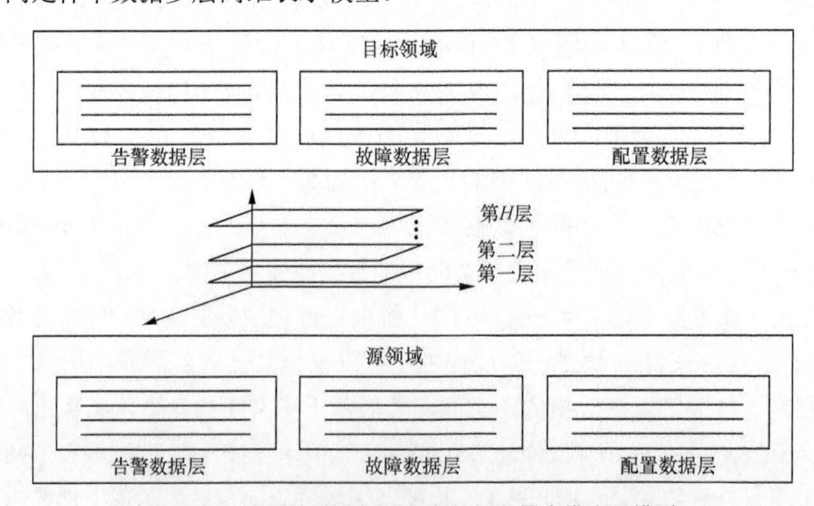

图 4-13 光网络故障智能自愈数据多层高维表示模型

在图 4-13 中，模型的每一层都是一个矩阵，表示不同的样本数据，求取各矩阵的最大行数和最大列数后，可将这个行数和列数作为多层高维模型中每层矩阵的行数和列数。假如源领域和目标领域的告警数据、故障数据、配置数据矩阵化表示后的行数和列数如表 4-2 所示，则最终的矩阵行数和列数分别为 7000 和 35。其中行数 7000 是指 6 个矩阵中最大的行数，它是源领域故障矩阵的行数，列数 35 是指 6 个矩阵中最大的列数，它是目标领域配置矩阵的列数。

表 4-2　源领域和目标领域样本数据矩阵行数和列数示例

矩阵类型	告警数据矩阵行列数	故障数据矩阵行列数	配置数据矩阵行列数
源领域	5000 × 12	7000 × 18	3000 × 32
目标领域	3000 × 8	5000 × 12	2000 × 35

图 4-14 所示的是光网络故障智能自愈样本构建和切分的整体流程图，从左到右描述了样本数据采集、清洗、数据向量化、数据矩阵化、构建多层高维模型、模型切片等具体的流程。

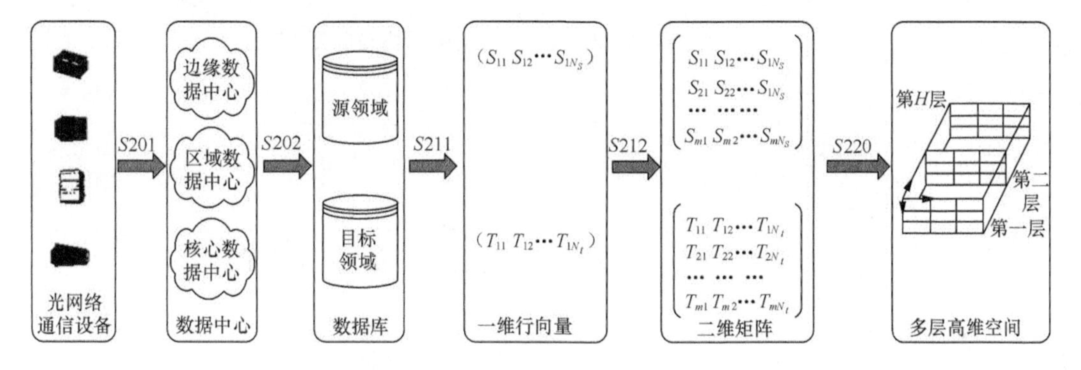

图 4-14　光网络故障智能自愈样本构建和切分流程

图 4-14 的最左侧表示光网络通信设备，这些设备将网络告警数据和相关故障数据上报至网络管理平台，由网络管理平台提交至数据中心。图 4-14 中第 4 列和第 5 列采用不同量纲异构数据向量化和矩阵化表示方法，将源领域和目标领域的告警数据、故障数据、配置数据转化为向量，然后分别表示成对应的矩阵。图 4-14 中第 6 列表示基于上述算法构建的多层高维表示模型，它实现了源领域和目标领域各类样本数据的统一表示。

图 4-15 描述了多层高维空间模展开和子空间切分方法的具体流程，图 4-15 的左上角是一个多层高维空间模型，从上到下将模型的每一层依次展开，将最上面的“第 H 层”放在最左边，最下面的“第一层”放在最右边，形成图 4-15 中上部的模展开矩阵。然后将矩阵按行向量展开，第 H 层矩阵的第一个行向量排在第一位，然后是第 H 层矩阵的第二个行向量，最后是第一层的最后一个行向量，形成图 4-15 右上角的向量。在图 4-15 下面部分，首先抽取多层高维空间模型的第一层和第二层，形成图 4-15 中下角的一个子空间。然后抽取多层高维空间模型每层矩阵的中间部分数据，形成图 4-15 右下角的一个子空间。

图 4-16 给出了一个将源领域多层高维空间中的告警数据和故障数据转化为向量的示例。图 4-16 左边是一个多层高维空间模型示例，下边一层是告警数据矩阵，上边一层是故障数

据矩阵，这两个矩阵根据不同量纲异构数据矩阵化表示方法构建而成。将这两个矩阵展开，得到图 4-16 右边的模展开矩阵，将上边的故障数据矩阵放在左边，将下边的告警数据矩阵放在右边。图 4-16 的最下方显示的是最终得到的包含 18 个元素的一维向量。

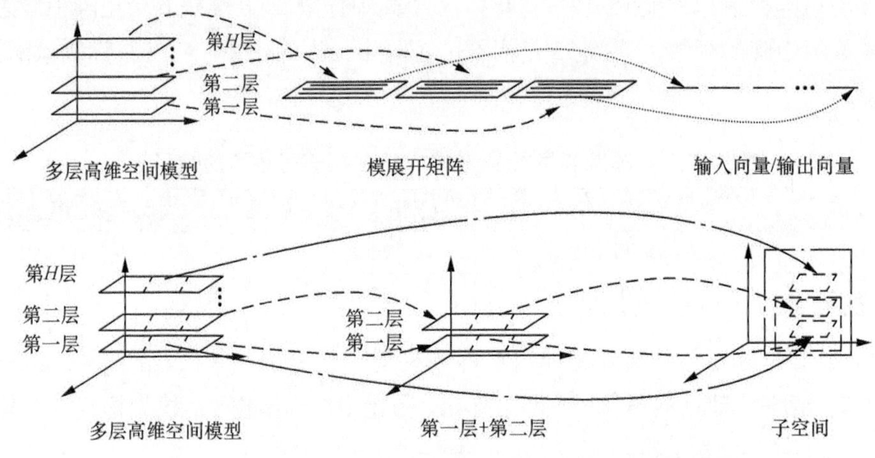

图 4-15　多层高维空间模展开和子空间切分方法的具体流程

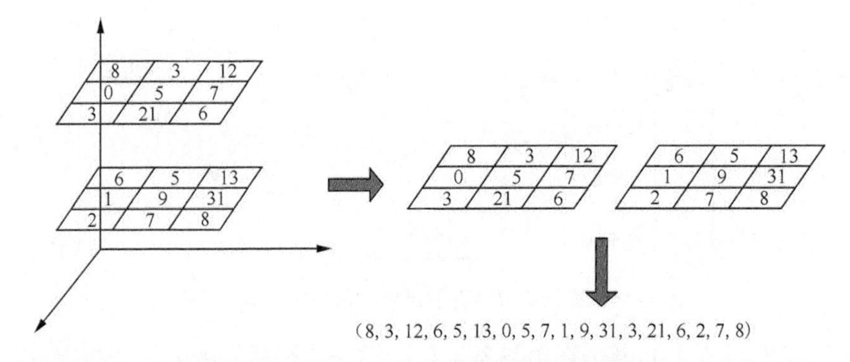

图 4-16　将源领域多层高维空间中的告警数据和故障数据转化为向量的示例

2. 光网络业务路由规划算法

光网络的规划设计是解决网络将如何承载业务流量这一问题的决策过程。该过程包括，在给定的业务需求和约束条件下，实现网络结构设计、业务路由选择、容量规划、波长分配、保护路径规划等内容。有效的网络规划方案需要平衡网络资源、用户体验、网络性能、运行成本等多方面评估标准。光网络规划设计从时间维度上可以分为离线长期规划和在线动态规划。离线长期规划是指在网络环境信息已知的情况下规划出符合某种给定规则的最优路径，如从零开始规划搭建一个网络，或是在现有网络上增加流量。但业务并不需要立即开通，不需要考虑实时性问题。在线动态规划则不仅需要考虑如何找到最优路径，还要考虑路径设计的实时性问题。光网络的设计流程大体可以分为网络现状分析、业务需求分析、网络结构设计、通路组织规划、网络设备配置、网络结构调整这几个环节。

网络现状分析是对当前网络资源的利用情况，以及光网络在实际运营中存在的问题进行定性和定量的分析。分析的内容有网络安全性和保护倒换、网络资源利用率、端到端平

均时延、平均中断时长及中断发生原因。在进行实际规划工作之前，首先应当明确业务对光网络能力和性能的要求。因此需要分别预测各种业务的流量，分析其对传输带宽的需求，同时还需考虑带宽出租、网络冗余保护和倒换及备用带宽的需求。通过对网络现状和业务需求的分析，此时基本可以确定网络的拓扑结构、节点配置、设备选择、容量和保护方式等初始方案。完成网络结构设计之后，我们需要根据对业务流量需求的预测，将其分配到各传输链路上。

当前的网络规划面临着诸多挑战，尤其是在进行业务链路规划的过程中。由于网络环境复杂且变化迅速，容易出现某些流量突然激增、节点链路突然故障等突发情况，因此在复杂网络环境下的路径设计问题仍是业界研究的重点之一。具体来说，需要解决的问题主要有 3 个：路由计算、波长分配、流量疏导。光网络下的路由计算和波长分配问题，业内统称为 RWA 问题。解决 RWA 问题时主要需要考虑 3 个约束：波长连续性、光参损耗和中继变波长。其中，波长连续性是指同一光路经过的链路须使用同一波长；光参损耗是指任意业务节点对建立连接需克服光信号在传输过程中出现的非线性衰减；中继变波长是指光网络中存在某些节点具有中继和波长转换的能力。中继是网络物理层上的连接设备，位于光传送网中的一个 OADM 节点中，它连接两条光通道，完成对数据信号的重新生成和再发送，以解决单条光通道 OSNR 不符合要求或单波长波道无法直通的问题。在光传输网络规划中，中继资源的分配是 RWA 的一个重要环节。光传输网络规划中分配中继资源的方法是，以源节点作为起始节点，找到可建立有效光通道的最远节点，在该最远节点配置中继并为该通道分配波长，然后以该最远节点作为起始节点迭代，直至到达目标节点。其中，找到可建立有效光通道的最远节点的方式为，获取起始节点的可用波长集合，对经过相邻两节点间链路的可用波长集合依次求交集，直到结果为空或由起始节点到当前节点的路径 OSNR 小于预设的阈值，则回溯到最近的用于配置中继的节点。有效光通道指的是光通道与其所经过的任何 WDM 链路已承载的其他光通道波长不冲突，其源节点和宿节点均允许配置所指定波长的上下话业务，同时不影响所在节点的其他业务，并且光通道的 OSNR 满足要求，即不小于 OSNR 预设的阈值。具体步骤如下。

（1）预先根据实际网络设置每个节点的配置，每条链路的配置和一个 OSNR 阈值；节点配置包括节点本地组 WSS 的数量和每个 WSS 可用于上下话的波长。

（2）获取起始节点的配置，包括起始节点所有本地组 WSS 可用于上下话波长集合 S_L，获取正方向的远端组 WSS 可用于转发的波长集合 S_R，经过当前链路（两节点之间）的可用波长集合初始化为 S_A:=$S_R \cap S_L$（“: =” 表示赋值）；将上一个节点设置为起始节点，将当前节点设置为指定路由下一个可配置中继的节点。

（3）获取当前节点和上一个节点之间所经过链路的配置。其中链路的可用波长集合为 S_{Link}，更新可用波长集合 S_A:=$S_A \cap S_{\mathrm{Link}}$，并根据起始节点至当前节点所经过链路的光器件计算 OSNR。

（4）通过判断找到最远可能配置中继的节点，判断依据为：S_A 是否为空或计算的 OSNR 是否符合要求（小于阈值）。若否，则进入第（5）步；若是，则进入第（7）步。

（5）判断当前节点是否为宿节点。若是，则进入第（8）步；若否，进入第（6）步。

（6）将当前节点、更新后的 S_A 入栈存储，更新上一个节点为当前节点，当前节点为指定路由下一个可配置中继的节点，转入第（3）步。

（7）说明 S_A 为空或计算的 OSNR 不符合要求，弹出栈顶数据并更新当前节点和 S_A。

（8）获取当前节点的节点配置，包括所有本地组 WSS 可用于上下话波长集合 $S_{L(\text{当前节点})}$，计算可用波长集合 $S_B:=S_B\cap S_{L(\text{当前节点})}$。

（9）判断 S_B 是否为空。若是，进入第（7）步；若否，进入第（10）步。

（10）为当前节点配置中继，在起始与当前节点间配置波长 $\lambda\in S_B$ 的光通道。

（11）判断当前节点是否为预设置宿节点。若是，则完成计算；若否，则转入第（2）步。

上述步骤（3）～（6）为循环 1，其目的是为了在不考虑待建光通道宿节点本地组 WSS 的情况下，找到最远可能配置中继的节点。步骤（8）～（9）为循环 2，其目的是找到最远可配置中继的节点。步骤（1）～（11）为循环 3，其目的是完成整条路径的中继配置。其中，当前节点、上一个节点、起始节点及终止节点都是指向某个节点的临时变量。当前节点、上一个节点表示循环 1 的当前处理点和上次处理点的临时变量。起始节点、终止节点表示循环 3 的当前处理点和上次处理点的临时变量。

应用上述算法的一个实际场景如图 4-17 所示。某光层业务经过节点 1 到节点 5 之间的链路，需要为其分配光通道来实现传输。由于光通道的传输会受到波长和 OSNR 等多方面因素的限制，因此该光通道实际上是一条或多条光通道的组合，多条光通道两两之间经过一次“光－电－光”的再生转换，该转换通过中继器来完成，经过转换的不同光通道可以拥有不同的波长，并分别计算 OSNR。同时，中继器存在于节点的本地组 7，其连接的光通道也会占用本地组 WSS 上下话的波道资源。实线和虚线代表两个不同的波道，1-2-3-4-5 表示输入路径的一部分，节点 4 到节点 6 的虚线波道事先存在。如果链路波道占用或有 OSNR 限制，则待建立光通道在这段链路上需要配置中继。由于节点 4 的虚线波长在本地已被完全占用，因此节点 4 是无法配置中继的。

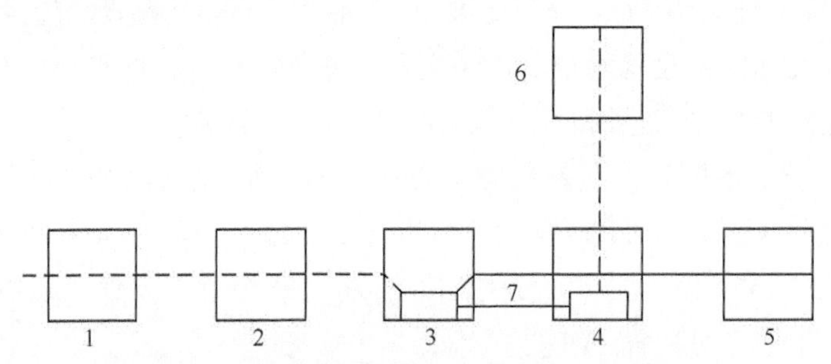

图 4-17　光网络业务路由规划算法应用场景示意

3. 网络服务智能化部署算法

智慧光网络包含虚拟网络功能（VNF，Virtualised Network Function）和物理网络功能。VNF 是在通用服务器上运行的网络功能组件，用于实现网络报文的转发。VNF 需要通过管理编排平台将其部署到电信云平台之中。当前网络服务部署有比较成熟的技术和方法，但是

缺乏基于 AI 技术的网络服务智能化、自动化部署方法，无法实现电信云平台环境下网络服务的高效调度。在 VNF 环境中，如何高效、自动、智能地实现在电信云平台中为 VNF 分配虚拟计算、存储、网络资源，是亟待解决的技术难题。为了克服上述相关技术的不足，下面介绍一种网络服务智能化部署方法，通过这种方法能够高效、自动、智能地实现 VNF 在电信云平台中的部署和资源分配。将网络服务智能化部署问题细化为 3 个子问题，即：① VNF 资源形式化描述问题；②虚拟化资源利用率变化趋势预测问题；③ VNF 智能化、自动化部署问题。针对这 3 个子问题，将采用不同的技术来解决。

（1）针对 NFV 资源形式化描述问题

虚拟网元智能部署的核心就是高效地选择虚拟计算、虚拟存储、虚拟网络资源供虚拟网元使用，因此，智能化部署方法需要统一的虚拟资源描述方式，特别是针对跨数据中心、多厂商云平台、异厂商虚拟网元的部署场景，更需要有一个统一的虚拟资源形式化描述模式。本书将介绍一种采用基于张量（Tensor）的虚拟化资源形式化描述方式，如图 4-18 所示，Tensor 的每一阶表示一类特定的指标，如第 1 阶表示 CPU 核数，第 2 阶表示内存容量的大小。每一阶上的维度表示资源值，如第 1 阶第 5 维表示 CPU 核数为 5，第 2 阶第 7 维表示内存大小为 7M。此算法提出的模型能够统一描述电信云平台中的虚拟计算、存储、网络资源。

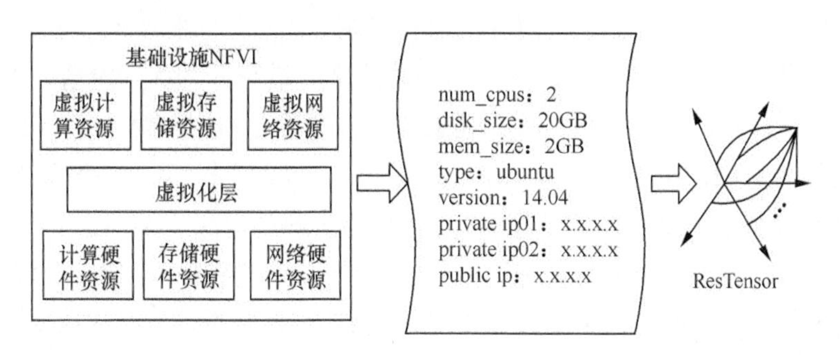

图 4-18　基于资源张量（ResTensor，Resource Tensor）实现资源的统一表示

（2）针对虚拟化资源利用率变化趋势预测问题

虚拟网元智能化部署的关键是准确掌握虚拟化计算、存储、网络 3 类资源当前和未来的使用情况，根据虚拟网元对虚拟资源需求及电信云平台能够提供的虚拟资源进行最优或者次优匹配。针对虚拟网元智能化部署，基于 AI 技术，对采集到的虚拟资源的利用情况进行计算和分析，能够较全面、准确地建立数据中心虚拟资源利用情况的模型，对虚拟计算、存储、网络的当前和未来一段时间的资源情况和变化趋势进行准确的描述。在前面提出的形式化描述模型的基础上，对各个资源的利用率进行统计，求得转移概率，从而预测未来资源的变化情况。

虚拟资源利用率预测技术的关键包括 3 个概念，即自相似、分形、重尾。自相似是指数据中心计算、存储、网络资源在不同尺度下（如时间段、空间、链路、端口、业务），其自身利用率的变化性质具有某种相似性，这是时间上的相似性。分形是指一个图形的部分以某种方式与图形整体相似，则这个图形被称为分形。分形的更抽象的概念是，数据中心虚拟资源利用率在空间上具有相似性。多重分形是指许多个单一分形在空间上相互缠结、镶嵌，是单一分形的推广。不同数据中心之间、数据中心不同区域之间的虚拟计算、存储、网络利用率，也会存在多重关联、互相影响等情况。重尾中的“尾”是指随机变量的尾分布，也被称作互补累积分布函数。重尾分布（Heavy-tailed distribution）是一种概率分布模型，它的尾部比指数分布要厚。在数据中心，需要通过 AI 数学模型和相关技术挖掘出虚拟计算、存储、网络 3 类资源利用率的重尾分布模型，从而描述出资源利用变化的趋势。

转移张量（TraTensor，Transition Tensor）模型可以用来进行虚拟资源利用率变化趋势的预测。在前面提出的形式化描述 ResTensor 的基础上，对各个资源的利用率进行统计，求得转移概率，从而预测未来资源的变化情况。例如，在对 ResTensor 的第一阶进行概率统计，得到转移概率，描述在 TraTensor 的 Cur1 和 Next1 阶中。TraTensor 的阶数是 ResTensor 阶数的两倍，同一类型 Tensor 阶的维度相同。例如，ResTensor 第 1 阶有 70 维，则 TraTensor 的第 1 阶和第 2 阶也有 70 维。TraTensor 第 1 阶第 7 维和第 2 阶第 9 维的值为 0.75，这个值表示现在 CPU 核数需求量为 7，下一步 CPU 核数需求量为 9 的概率为 75%。通过转移 Tensor 模型，基于历史样本数据计算各个虚拟资源的转移概率，可以统一地描述虚拟资源未来的变化趋势。

（3）针对虚拟网络功能智能化、自动化部署问题

在网络服务智能化部署方法中，虚拟网络功能部署过程分为 3 个阶段，即上线、设计、部署。在上线阶段，用户将虚拟网元软件包上传至服务设计和创建模块，其中虚拟网络功能描述文件（文件名示例：fh-vcer-base-2 017xxxx.yaml）基于模板编写。服务设计和创建模块将 vCER 包中的相关数据分别发送至服务编排模块、VF-C 模块、AAI 模块，在实际的编排平台中，根据不同的业务将不同的虚拟网元包发布至不同编排平台模块。在设计阶段，智能化部署平台向服务设计和创建模块发起业务设计请求，在服务设计和创建模块进行业务设计，服务设计和创建模块将虚拟网络功能业务模板发布至 SO 模块。在部署阶段，由服务编排模块进行智能化部署。通过智能部署模块、部署结果后向反馈模块来完成自动化部署。

在图 4-19 中，智能部署模块接收数据中心上报的虚拟资源数据，通过算法模型进行分析处理，实现自动部署。部署结果后向反馈模块对部署进行调整，优化模型决策部署策略，让智能部署模块调整神经网络权重参数，从而不断提升部署的效果。在智能部署模块中，根据告警和性能的历史数据，构建张量模型，预测电信云平台未来一段时间内资源利用率的变化趋势。

基于网络服务部署的历史数据和资源利用率变化趋势数据构建训练样本，对智能部署模块进行训练，从而使得智能部署模块具备网络服务智能部署功能。在网络部署过程中，由虚拟功能控制模块调用智能部署模块，得到部署策略，根据智能化部署策略，将虚拟网络功能分配至电信云平台。对部署效果进行评价，通过部署结果后向反馈模块优化网络服务智能部署神经网络模型，为后续高效地部署网络服务奠定基础。

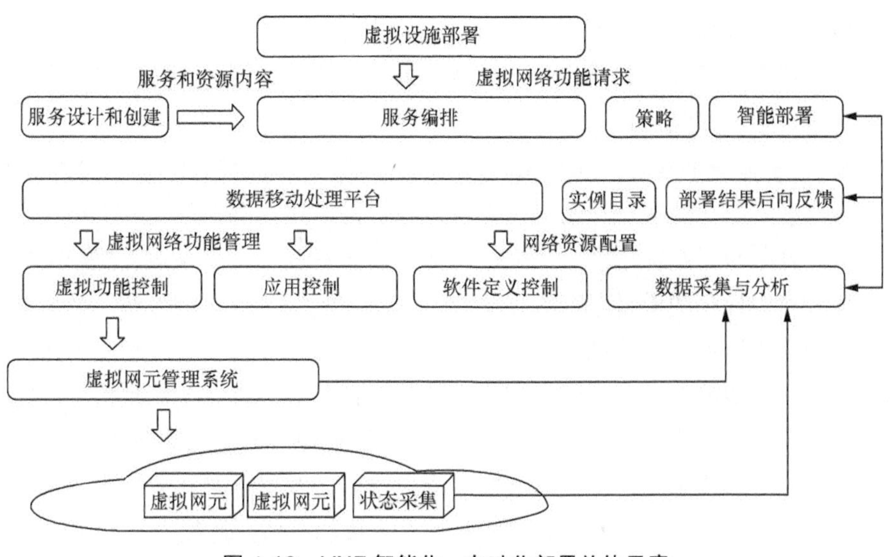

图 4-19　VNF 智能化、自动化部署总体示意

4. 光性能劣化趋势预测算法

智慧光网络前瞻预防的关键在于实现光性能劣化趋势的精准预测，通过对光网络各项性能指标的综合分析，深入挖掘出光性能指标数据中蕴含的劣化趋势变化规律，全面掌握光网络中各类光器件、光模块、光通道等处理对象的健康程度在未来一段时间内的变化趋势。实现精准预测，需解决四大技术问题。即，①如何提取光性能劣化趋势的核心指标；②如何协同光性能劣化趋势分析过程中的增量指标；③如何实现光性能劣化趋势的增量式预测；④如何通过闭环增量模式自动更新预测结果。光网络设备各处理对象的性能指标值构成一个时间序列，例如，每 15 分钟采集一次光传输段（OTS，Optical Transmission Section）层的指标 OSNR 的值，所有的 OSNR 性能指标构成时间序列向量 ***vosnr***=（*vosnr1*，*vosnr2*，*vosnr3*，…）。同样，OTS 的 IOP 和 OOP 可以构成相应时间序列向量 ***VIOP*** 和 ***VOOP***。将这些时间序列向量组合在一起，构成 OTS 的时间序列矩阵，这里将该矩阵记为 Mots。对于光通信设备的各处理对象，可以构建光性能时间序列 Tensor 模型 T，张量模型第一阶标识处理对象，例如第一阶表示 OTS 层，则有 T（1，：，：）=Mots。时间序列 Tensor 模型有利于实现光性能数据的统一表示和存储，同时该模型为光性能劣化趋势增量式智能分析提供便利。针对一个特定的处理对象，智慧光网络采用奇异值分析法获取核心指标。

依据新增光性能指标推导出的更新增量与劣化趋势预测结果的更新增量不同，依据新增光性能指标推导出的更新增量之间可能有比较大的交集。为了提高增量更新效率，我们可以利用协同分析方法对增量指标影响程度进行评估。这里将光性能指标定义为一个随机变量，新增光性能指标构成随机变量集合，根据时间序列矩阵奇异值分解结果得到指标的关键程度，按照关键程度计算增量指标之间的协方差，从而求得相关系数，并依据实际工程的需要设计影响程度阈值。

这里介绍一种闭环增量更新方法来实现光性能劣化趋势预测结果的自动更新。闭环增量更新方法包括 5 个主要步骤，即性能采集、数据清洗、特征提取、协同分析、增量预测。首先，通信设备采集各光器件、光模块、光通道等处理对象的光性能指标，管控平台按照设定的时间周期从通信设备采集性能指标，构建时间序列矩阵、时间序列 Tensor、增量矩阵。然后，通过数据清洗去除低质量性能指标数据，包括噪声数据、冗余数据、不一致数据等。接着，利用基于奇异值的核心指标提取方法，求得决定光性能劣化趋势的最主要指标。再次，利用协同分析方法，判断新增指标之间对劣化趋势更新影响程度的关联系数，找到重要的增量指标。最后，基于前边找到的增量指标构建增量矩阵，利用增量式预测方法，更新劣化趋势预测拟合函数，利用更新后的预测拟合函数，对处理对象的劣化趋势进行预测，实现光网性能的前瞻优化和光网络故障的预判预防。利用光性能劣化趋势增量式智能预测方法能够准确地预测通信设备光性能劣化趋势，判断光模块、光通道等处理对象的可靠性和剩余寿命等情况，实现光网络性能的前瞻式优化、光网络故障的预判预防。利用增量式分析预测方法，能够解决数据样本不完备的问题。利用增量方式能不断完善预测模型，持续提升预测的准确率。

图 4-20 描述了基于奇异值分解的光性能关键指标提取方法。图 4-20 左上角是光性能劣化处理对象，包括光通道性能、OTS 层性能、激光器性能、放大器性能等。图 4-20 上边中部表示将某一处理对象的光性能指标构建为时间序列矩阵，矩阵中的每一行元素表示该处理对象特定指标的时间序列向量。例如，对于 OTS 层，在光性能劣化趋势分析中可以采用输入光功率、输出光功率、OSC BER、OSNR 等性能指标。以上述 4 个指标为例描述 OTS 的时间序列矩阵，如表 4-3 所示。

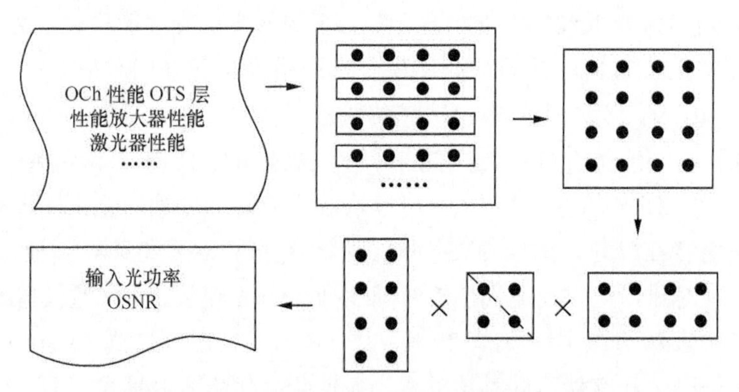

图 4-20　基于奇异值分解的光性能关键指标提取方法

表 4-3　OTS 层的 4 个指标时间序列示例

光性能指标	时间 *t*1	时间 *t*2	时间 *t*3	时间 *t*4	时间 *t*5
输入光功率（***viop***）	–4dB	–3dB	–4dB	–4dB	–3dB
输出光功率（***voop***）	–3dB	–2dB	–3dB	–3dB	–2dB
OSC BER（***vosc***）	10e–12	10e–12	10e–12	10e–11	10e–11
光信噪比（***vosnr***）	21dB	22dB	22dB	23dB	24dB

根据表 4-3 可知，输入光功率时间序列向量为 ***viop***=(–4，–3，–4，–4，–3)，输出光功

率时间序列向量为 ***voop***=（–3，–2，–3，–3，–2），OSC BER 时间序列向量为 ***vosc***=（10×10^{-12}，10×10^{-12}，10×10^{-12}，10×10^{-11}，10×10^{-11}），光信噪比时间序列向量为 ***vosnr***=（21，22，22，23，24）。上面 4 个性能指标的时间序列向量构成 OTS 的时间序列矩阵，如下所示。

$$\boldsymbol{Mots}=\begin{bmatrix} -4 & -3 & -4 & -4 & -3 \\ -3 & -2 & -3 & -3 & -2 \\ 10\times10^{-12} & 10\times10^{-12} & 10\times10^{-12} & 10\times10^{-11} & 10\times10^{-11} \\ 21 & 22 & 22 & 23 & 24 \end{bmatrix} \tag{4.1}$$

上面构建的 OTS 层的时间序列矩阵包含冗余和不一致的低质量数据，可以通过基于奇异值分解的核心指标提取方法求得高质量的核心指标矩阵，从而提升光性能劣化趋势预测结果的准确度。

对上面的 OTS 层时间序列矩阵 Mots 进行奇异值分解，得到左奇异空间矩阵（4 行 4 列）、奇异值矩阵（4 行 5 列）、右奇异空间矩阵（5 行 5 列）。其中奇异值矩阵对角线第 1 个元素值约为 51.11，第 2 个元素值约为 1.77，第 3 个元素值约为 0.05。选取前两个元素值对应的左奇异空间向量、右奇异空间向量、奇异值矩阵，求得新的光性能指标矩阵，如下所示。

$$\boldsymbol{Mots\text{-}new}=\begin{bmatrix} -3.98 & -2.98 & -4.0 & -4.02 & -3.01 \\ -3.02 & -2.02 & -3.0 & -2.98 & -1.99 \end{bmatrix} \tag{4.2}$$

在本例中，采用前两个光性能指标（输入光功率、输出光功率）作为关键指标，实现了后续的光性能劣化趋势分析。

基于前边的指标，构建神经网络，利用增量式方法挖掘光性能劣化趋势的规律。图 4-21 左边是已提取的核心光性能时间序列矩阵，基于这一矩阵建立神经网络模型，从数据中学习到光性能劣化规律。神经网络中的大量神经元能够逼近反映光性能劣化趋势的函数。

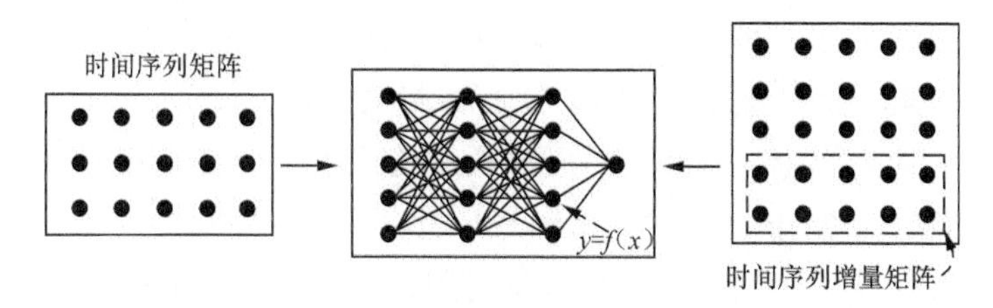

图 4-21　光性能劣化趋势增量式预测

图 4-21 右边表示通过新增的关键光性能指标，可以增量更新已经得到的光性能劣化趋势神经网络，调整各神经元的激励函数的权重值，实现劣化趋势预测拟合函数的增量更新，这里通过一个小例子来描述光性能劣化趋势增量式的智能预测过程。表 4-4 是构建 OTS 层光性能劣化趋势神经网络要用到的样本数据示例。第 2 行和第 3 行是输入光功率和输出光功率的时间序列关键指标。第 4 行是能提供正常稳定服务的剩余可用寿命。在表 4-4 的示例中，剩余可用寿命采用剩余的周数来表示，其中 rwl 表示 remined weeks of life，时间序列向量表示为 $\boldsymbol{V}_{\mathrm{rwl}}$。

表 4-4　光性能劣化趋势神经网络样本示例

光性能指标	时间 $t1$	时间 $t2$	时间 $t3$	时间 $t4$	时间 $t5$
输入光功率（*viop*）	−3.98dB	−2.98dB	−4.0dB	−4.02dB	−3.01dB
输出光功率（*voop*）	−3.02dB	−2.02dB	−3.0dB	−2.98dB	−1.99dB
剩余可用寿命（V_{rwl}）	18 周	18 周	17 周	17 周	16 周

在具体实施过程中，可以根据实际的工程情况和实验评估结果构建光性能劣化趋势神经网络输入和输出样本。如果只采用当前时间的光性能指标预测处理对象的剩余可用寿命，可以将表 4-5 中的输入光功率和输出光功率作为输入，将下一时刻剩余可用寿命作为输出。其中，输入为（−3.98，−3.02），（−2.98，−2.02），（−4.0，−3.0）；输出为（18），（17），（17）。本例子中，上一时刻为 $t1$，当前时刻为 $t2$，下一时刻为 $t3$。基于构建的训练样本，根据实际的工程情况选择神经网络模型（如长短期记忆神经网络），可以拟合出光性能劣化趋势函数。在实际应用中，利用得到的光性能劣化趋势拟合函数，输入光性能指标参数，可以预测出处理对象的剩余可用寿命。

表 4-5　增量指标影响程度协同分析

光性能指标	时间 $t1$	时间 $t2$	时间 $t3$	时间 $t4$	时间 $t5$
输入光功率（*viop*）	−3.9dB	−2.9dB	−4.1dB	−4.2dB	−3.9dB
输出光功率（*voop*）	−3.2dB	−2.7dB	−3.8dB	−2.9dB	−2.3dB
OSNR（*vosnr*）	21dB	22dB	23dB	22dB	23dB

当有新增光性能指标时，采用增量指标协同影响程度协同分析方法进行分析，如果新增光性能指标与已有指标密切相关，则表示劣化趋势输入中已经包含了输入样本的相关信息，不用基于新增指标更新光性能劣化趋势预测结果。如果新增光性能指标与已有指标不相关，则需要基于新增光性能指标重新构建输入向量，对已经得到的光性能劣化趋势神经网络进行训练更新，利用新增光性能指标调整神经元激励函数的权重。在表 4-5 中，第 1 行和第 2 行为历史光性能指标，第 3 行为新增光性能指标，计算这 3 个时间序列向量的相关系数，得 ρ（iop，osnr)= 0.36，ρ（oop，osnr)=0.04。假如本例中设定相关系数低于 0.4 表示不相关，则由相关系数可知输入光功率与 OSNR 不相关，输出光功率与 OSNR 不相关，因此需要将 OSNR 作为新增光性能指标对光性能劣化趋势的预测结果进行更新。

图 4-22 描述了光性能劣化趋势智能、闭环更新的整体流程。图 4-22 左下各处理对象负责光性能指标数据的采集，例如 OCh、OTS 层、激光器、放大器对应的光性能指标。将这些指标上传至管控平台，基于奇异值分解方法求得高质量核心光性能指标数据，包括输入光功率、输出光功率、误码率、OSNR、偏置电流等核心指标数据。然后根据奇异值矩阵对角线元素确定关键的特征指标，利用预测方法挖掘相关指标的劣化趋势。对于新增光性能指标采用协同分析方法提取增量指标并更新劣化趋势的分析结果，实现增量预测。智能闭环增量方法通过图 4-22 所示的采集指标、数据清洗、提取新关键性能指标、协同分析、更

新劣化趋势预测构建自治闭环，挖掘光性能劣化趋势的规律，并在闭环运行过程中不断完善预测结果，提高光性能劣化趋势预测的准确率。

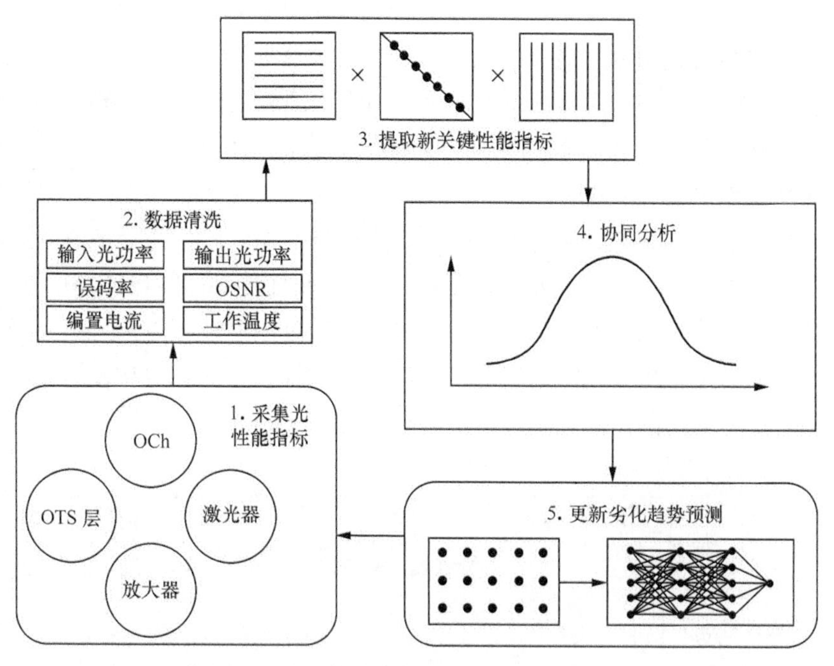

图 4-22　光性能劣化趋势智能、闭环更新流程

5. 光网络故障智能处理算法

智慧光网络的各类设备在运行过程中会不可避免地出现故障，传统光网络运维采用人工排查的方式，基于专家经验来定位故障发生的位置、查找故障发生的原因，费时、费力、效率很低，特别是光网络故障智能自愈跨领域迁移学习在整体流程、知识学习、优化增强等方面面临 3 个问题——光网络故障智能自愈跨领域迁移学习整体流程问题、光网络故障智能自愈知识网络权重参数拟合问题、基于领域数据差集的权重参数修正及其优化问题，这里介绍跨领域迁移学习方法解决上述 3 个问题。光网络故障智能自愈跨领域迁移学习整体流程包括 4 个主要步骤。首先，云化网络架构的光网络设备将告警、故障、配置数据上传至边缘、区域、核心数据中心。其次这 3 类数据中心对收集到的数据进行清洗，去除重复、冗余、不一致的数据，构建源领域迁移学习训练数据集和目标领域迁移学习训练数据集。然后，基于源领域进行深度学习，生成源领域故障自愈知识库。最后，基于源领域故障自愈知识库和目标领域数据集，构建目标领域故障自愈知识库，并通过目标领域数据集不断修正、优化目标领域故障自愈知识库。

光网络故障智能自愈跨领域迁移学习方法基于源领域和目标领域的数据交集实现知识库的迁移，基于源领域和目标领域的数据差集实现知识库的修正。对于源领域故障自愈知识库的构建，采用 AI 深度学习方法，将告警和故障数据作为输入，配置数据作为输出，生成深度神经网络并进行训练。光网络故障智能自愈知识网络的权重参数直接拟合方法基于光网络故障源领域的告警、故障、配置数据进行故障自愈知识的学习，通过大规模、高质量、有标签数据的训练，挖掘光网络衍生告警与根源告警之间的关联规则。这里，如果交集数据占比超过设定阈值，则直接将源领域故障自愈知识库迁移至目标领域故障自愈知识库，然后通过源领域与目标领域的差集数据修正、优化目标领域故障自愈知识库。在迁移学习过程中，可以采用两种方法将源领域构建的故障自愈知识库迁移至目标领域。第一种方法是直接把源领域构建的深度学习神经网络作为目标领域的神经网络，故障自愈知识抽象在一系列神经元中，可以直接将源领域神经网络包含的一系列神经元拿过来作为目标领域的神经网络和神经元，这样故障自愈知识库也会一并迁移过来。第二种方法是基于源领域构建的神经网络，输入光网络实际运维过程中的告警和故障样本向量，输出配置向量。然后将这些输入和输出作为训练样本，去生成并训练目标领域的深度学习神经网络，从而达到故障自愈知识库迁移的目标。光网络故障智能自愈跨领域迁移学习的整体解决方案通过网络故障数据采集、源领域和目标领域训练样本数据构建、源领域故障自愈知识学习、目标领域故障自愈知识库构建、领域知识优化等关键步骤，构建自动愈合、自主排查故障的光网络。

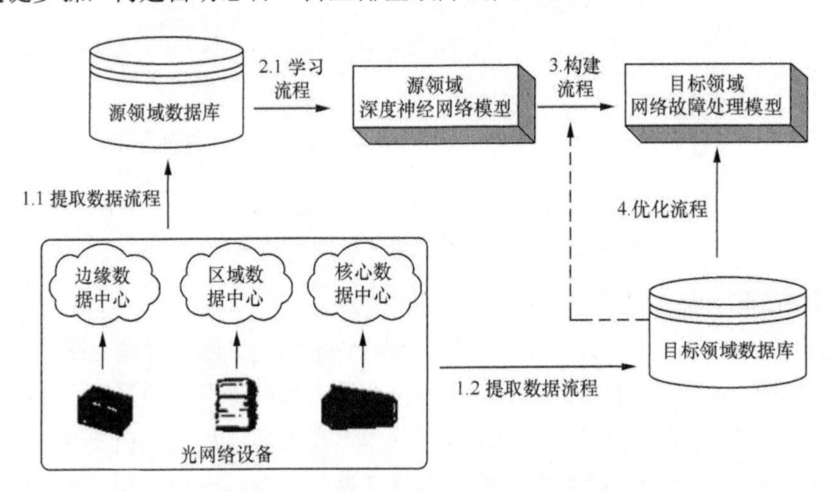

图 4-23　光网络故障智能自愈跨领域迁移学习整体流程

图 4-23 描述了光网络故障智能自愈跨领域迁移学习的整体操作流程。图 4-23 左下角是光网络设备，这些设备通过网络管理平台或者控制器平台将网络告警、故障、配置数据上报至云化网络边缘、区域、核心数据中心，这 3 类数据中心完成数据的清洗，构建源领域和目标领域数据库。图 4-23 中的“1.1 提取数据流程”“1.2 提取数据流程”都是指数据中心从低质量原始数据中提取高质量训练样本数据的过程。网管系统或者控制器系统可以将设备上报的告警和配置数据、运维人员保存的故障数据等输入数据库中，从而得到源领域和目标领域数据。图 4-23 中的“2.1 学习流程”是指基于光网络源领域数据学习得到源领域故障自愈知识的过程，这个学习过程需要构建深度学习网络，输入源领域的训练样本数据，构建深度学习网络进行学习训练。图 4-23 中的“3. 构建流程”是指基于源领域自愈知识库直接构建目标领域自愈知识库的过程。如果交集数据占比超过设定阈值，则直接将源领域故障知识库迁移至目标领域故障自愈知识库。图 4-23 右边的“4. 优化流程”是指基于源领域和目标领域差集数据，不断调整目标领域知识网络的各神经元拟合函数权重参数，

最终构建高质量目标领域故障自愈知识库的过程。云化网络数据中心求取光网络源领域和目标领域的数据差集作为输入，将其注入源领域知识网络中，得到输出结果，并通过实验环境或运维专家进行评估反馈，对输出结果进行修正。

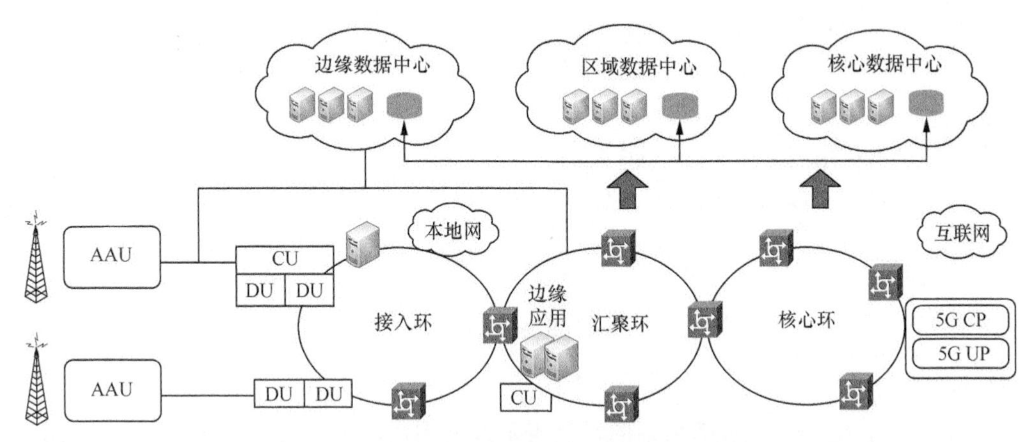

图 4-24　云化网络光网络故障智能自愈的参考架构

图 4-24 给出了一个云化网络光网络故障智能自愈的参考架构，图 4-24 左下角是云化网络基站，其右边是集中单元（CU，Centralized Unit）和分布式单元（DU，Distributed Unit）。CU 支持非实时无线高层协议，以及部分核心网下沉功能和边缘应用功能，DU 支持物理层功能和实时功能。

图 4-24 中下部是云化网络接入环、汇聚环、核心环。这些环形网络中的光网络设备告警、故障、配置数据通过网络管理平台或者控制器平台上报至边缘、区域、核心数据中心。图 4-24 上部是 3 类数据中心，这些数据中心一方面负责云化网络的管理、编排、控制等，另一方面负责部署网络智能化平台，基于海量网络数据和强大的计算能力，构建光网络运维管理知识库，相当于云化网络的大脑。光网络故障智能自愈跨领域迁移学习过程就是由边缘、区域、核心数据中心这 3 类数据中心负责实现的。图 4-24 是一个参考架构，它描述了光网络故障智能自愈如何在云化网络中部署和运行。这里提出的故障自愈跨领域迁移学习方法主要面向光网络，基于光网络告警、故障、配置数据实现跨领域迁移学习。跨领域迁移学习方法也可以经过修改后应用到其他领域，可根据应用领域的具体情况进行修改。在实际应用上述方法的过程中，迁移过程将在边缘、区域、核心数据中心这 3 类存储源领域数据和目标领域数据的地方实现。

光网络故障智能自愈知识构建和修正示意如图 4-25 所示，该图通过一个简洁的例子具体阐述了如何实现光网络故障自愈知识的迁移学习。图 4-25 左上角是光网络源领域数据库，左下角是光网络目标领域数据库。图 4-25 中的矩阵 $\boldsymbol{S}$ 和矩阵 $\boldsymbol{T}$ 分别表示迁移学习过程中源领域的训练样本和目标领域的训练样本。数据中心求取矩阵 $\boldsymbol{S}$ 和 $\boldsymbol{T}$ 的数据交集，得到交集矩阵 $\boldsymbol{I}$。图 4-25 中交集矩阵 $\boldsymbol{I}$ 用于直接生成目标领域知识网络中的拟合函数权重参数，而差集矩阵 $\boldsymbol{D}$ 用于优化目标领域知识网络中的拟合函数权重参数，数据中心基于数据差集不断修正、优化权重参数。

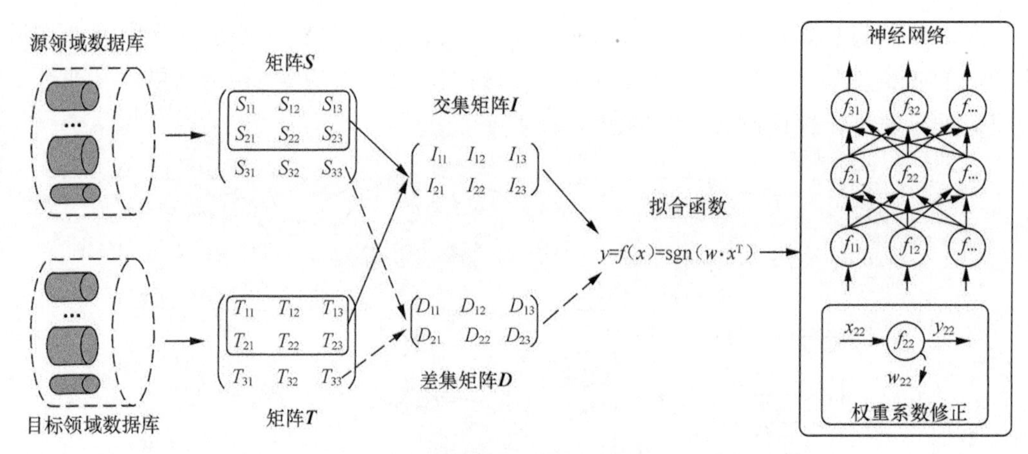

图 4-25　光网络故障智能自愈知识构建和修正示意

图 4-25 右下角举例描述了通过差集数据x_{22}和y_{22}修正函数f_{22}的权重系数w_{22}的过程，这里，告警时间、告警类别、故障类别的量化表示数据构建输入向量，配置方案量化表示数据构建输出向量。本例中配置方案量化数值 1 表示采用第 1 号配置方案，数值 –1 表示采用第 2 号配置方案。表 4-6 中序号 1 的数据对应输入向量 $\boldsymbol{x}$=（2，5，7），输出$y=1$，这表示告警时间、告警类别、故障类别的量化表示值分别为 2、5、7 时，配置方案量化表示值为 1，这个输入和输出由深度学习神经网络的神经元函数进行拟合。表 4-6 中序号 4 和序号 5 对应差集数据，将差集数据构建的输入和输出注入迁移学习系统，可重新调整神经元函数权重。

表 4–6　基于差集数据修正神经网络神经元函数权重系数示例

序号	名称	告警时间量化表示	告警类别量化表示	故障类别量化表示	配置方案量化表示
1	交集数据	2	5	7	1
2		3	2	8	1
3	权重系数	w=（1，0，1）			
4	差集数据	5	7	3	–1
5		8	3	7	–1
6	修正后的权重系数	w=（1，–1，–1）			

表 4-6 中的数据描述了如何通过差集数据修正神经网络神经元函数f_{22}的权重系数w_{22}，在实际迁移学习过程中，深度学习神经网络包括大量的神经元，每一个神经元函数f对应一个权重系数w，差集数据将会修正所有的权重系数，最终实现整个神经网络更好地拟合训练样本数据。基于交集数据进行学习训练求得的光网络故障智能自愈知识由一系列权重系数构成，这些权重系数以抽象的形式表征告警数据、故障数据与配置数据之间的知识规律，光网络故障智能自愈系统将基于这些抽象的知识规律发现告警、定位故障、启动新的配置方案，以此来实现光网络的故障排查和清除。

图 4-26 给出了光网络故障智能自愈迁移学习系统图，一共包括 9 个模块。图 4-26 的左边是源领域数据采集模块和目标领域数据采集模块，其右侧是源领域训练样本构建模

块和目标领域训练样本构建模块，这两个模块构建迁移学习源领域和目标领域的输入和输出样本。

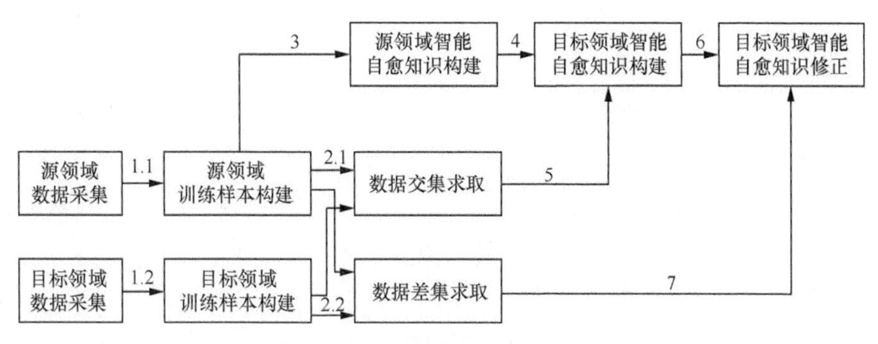

图 4-26　光网络故障智能自愈迁移学习系统

图 4-26 的流程 1.1 表示源领域数据采集模块将数据上传至源领域训练样本构建模块，启动源领域样本构建过程。流程 1.2 表示目标领域数据采集模块将数据上传至目标领域训练样本构建模块，启动目标领域样本构建过程。图 4-26 中间部分是数据交集求取模块和数据差集求取模块，分别得到源领域数据和目标领域数据的交集和差集，这两个集合将用于后续的跨领域迁移学习。图 4-26 的流程 2.1 表示基于源领域和目标领域训练样本求取数据交集，流程 2.2 表示基于源领域和目标领域训练样本求取数据差集。图 4-26 上部的第一个模块是源领域智能自愈知识构建模块，这个模块用于构建源领域故障自愈知识库。图 4-26 的流程 3 表示基于源领域训练样本构建源领域故障自愈知识库。后面是目标领域智能自愈知识构建模块，这个模块基于源领域故障自愈知识库和两个领域的数据交集求得目标领域故障自愈知识库。图 4-26 的流程 4 和流程 5 表示基于源领域知识库和数据交集构建目标领域智能自愈知识的过程。图 4-26 上部的最后一个模块是目标领域智能自愈知识修正模块，这个模块基于两个领域的数据差集对目标领域自愈知识进行修正和完善。图 4-26 的流程 6 和流程 7 表示基于数据差集修正目标领域智能自愈知识，得到优化后的智能自愈知识。

6. VNF 扩缩容算法

在智慧光网络中，虚拟网络功能管理器（VNFM，VNF Manager）检测到虚拟机无法处理当前业务负载时，可以通过热迁移的方式将 VNF 迁移至性能更高的虚拟机上，迁移过程对用户是透明的，迁移期间将保持业务运行时所有网络连接、所有应用程序的状态，同时尽量缩短迁移时间。虚拟机迁移的内容包括内存数据、网络连接、文件系统、各种资源的迁移，需要保证迁移前后源虚拟机与目的虚拟机状态与数据的一致性。从全局最优的角度实现 VNF 的扩容与缩容。采集历史业务负载数据并进行分析，并对未来时间段的业务负载进行预测，然后根据预测结果判断是进行扩容还是缩容。同时，要根据任意两个 VNF 之间的高维空间距离，将需要扩容或缩容的多个 VNF 按照关联程度进行分组，形成多个扩容组或缩容组，对组中的 VNF 同时进行扩、缩容。

根据采集的历史业务数据，历史业务负载按照负载量大小可分为多个级别。同时，在时间轴上分析历史业务负载的关联关系，分析不同时间段上历史业务负载的转移情况，获取时间序列业务关联模型。根据时间序列业务关联模型和当前时间段业务负载的级别，系统计算由当前级别的业务负载转移到其他级别的业务负载的转移概率，将最大转移概率所对应业务负载的级别作为与当前时间段相邻的下一个时间段的业务负载的级别。接下来需要判断当前时间段的业务负载的级别是高于还是低于下一个时间段的业务负载的级别，若高于，则进行缩容；若低于，则进行扩容。使用动态组合方法实现 VNF 迁移，面向网络服务对 VNF 的关联关系进行分析，得到最优的扩容与缩容组合集，然后再对同一扩容组中的 VNF 同时进行扩容或缩容，从而从全局最优的角度实现 VNF 的扩容与缩容。采集历史业务数据进行分析，对未来时间段的业务负载进行预测，根据预测结果判断是进行扩容还是缩容。首先，根据采集的历史业务数据，将历史业务负载按照负载量大小分为多个级别。然后，将业务负载分为超高负载 UH（Ultra High Level）、高负载 H（High Level）、普通负载 C（Common Level）、低负载 L（Low Level）、超低负载 UL（Ultra Low Level）5 个级别。在具体实践中，可以根据业务负载数量调整分类数目，例如在负载量变化范围较大时将其划分为 7 级或者 9 级，在负载量变化范围较小时将其调整为 3 级。

如图 4-27 所示，以 VNF-A1 为例，其 9 个时间段内的业务负载为 VNF^9–A1=（H，UH，UH，H，C，H，UH，H，UH）。根据时间序列业务关联模型和当前时间段的业务负载的级别，计算由当前级别的业务负载转移到其他级别的业务负载的转移概率，将最大转移概率所对应的业务负载的级别作为与当前时间段相邻的下一个时间段的业务负载的级别。预先设定采用高级别优先选择算法或采用低级别优先选择算法。当至少两个不同级别的业务负载的转移概率相同且最大时，若预先设定的是高级别优先选择算法，则选择其中级别高的业务负载作为与当前时间段相邻的下一个时间段的业务负载。具体而言，通过分析上述得到的 VNF^9–A1=（H，UH，UH，H，C，H，UH，H，UH）得知，从高负载有可能会转移到超高负载 UH 和普通负载 C，转移序列为 H → UH，H → C，H → UH，H → UH。计算概率得 P（UH，H）=0.75，P（C，H）=0.25，这两个概率表示当前处于高负载 H 的情况下，有 75% 的可能性转移至超高负载 UH，有 25% 的可能性转移至普通负载 C。计算得到业务负载转移序列后，通过业务负载选择算法得到下一步的可能业务负载量。从多个数据中心中选出最佳虚拟机运行扩容或缩容后的 VNF。假设当前有 3 个数据中心 DC_1、DC_2、DC_3，基于不同应用场景的需求，

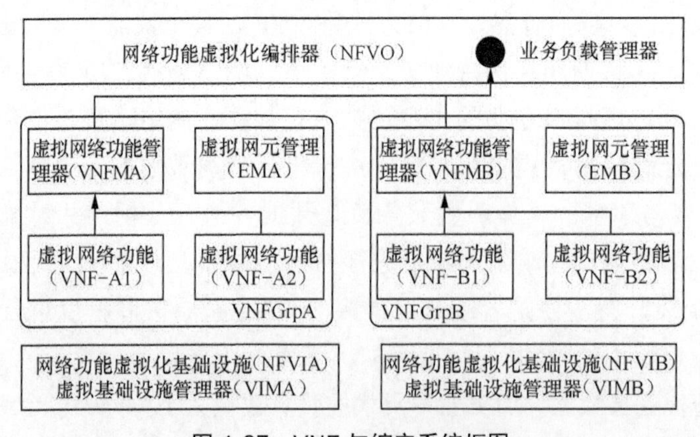

图 4-27　VNF 与缩容系统框图

选择函数 f_{DC} 会采用不同的策略（如业务负载传送时间最短、经过的 VNF 最短、安全级别最高等）选择出最优的数据中心。我们可以基于切比雪夫距离的扩缩容组选择算法，基于扩缩容时间、虚拟连接带宽计算切比雪夫距离。如图 4-28 所示，将切比雪夫距离与 NFVO 设定的门限值进行对比，小于门限值的 VNF 为一个扩缩容组。门限值通过 NFVO 计算得到。我们采用二维数据（tim，ban）表示 VNF 扩缩容时间、本 VNF 关联的所有的最大带宽。

图 4-28 中的 4 个 VNF，VNF-1、VNF-2、VNF-3、VNF-4 的扩缩容时间和关联最大带宽分别表示为（tim1，ban1）、（tim2，ban2）、（tim3，ban3）、（tim4，ban4），分别计算 4 个 VNF 两两之间的切比雪夫距离，例如计算 VNF-1 与 VNF-2 之间切比雪夫距离 $d(1,2)=\max(|\text{tim1}-\text{tim2}|,|\text{ban1}-\text{ban2}|)$，同样计算出其他 5 个切比雪夫距离 $d(1,3)$、$d(1,4)$、$d(2,3)$、$d(2,4)$、$d(3,4)$。计算出 6 个切比雪夫距离以后，首先将 VNF-1 选进扩缩容组，然后比较 $d(1,2)$ 与门限值，如果 $d(1,2)$ 大于门限值，则不将 VNF-2 选进扩缩容组。接着比较 $d(1,3)$ 与门限值，如果 $d(1,3)$ 小于门限值，则将 VNF-3 选进扩缩容组。得到扩缩容组后，对扩缩容组中的 VNF 进行扩容与缩容。在图 4-28 中，NFVO 与 VNFM 启动扩容过程，同时对 VNF-1、VNF-3、VNF-4 进行扩容，并对整个扩容过程进行管理。

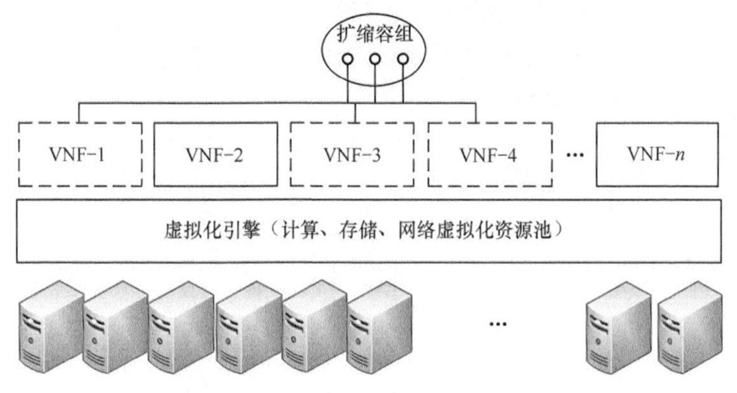

图 4-28　VNF 动态组合式扩容或缩容示意

7. 光网络智能模型调度算法

智慧光网络训练平台创建智能模型后，我们需要采用有效的算法评估模型评估各项资源需求的指标，建立调度机制，生成部署策略，高效地将模型分配到光网络设备或管控平台。我们应综合考虑光网络通信设备和管控平台的优势，选择最佳调度方案保证各种模型的高效使用。要想实现最佳调度，首先应解决三大技术问题，即如何量化描述智能模型的特征指标、如何量化智能模型的增益损失、如何计算特征和模型均衡权重。下面针对上述三大问题，介绍对应的技术解决方案。

智能模型特征量化方法包括如下步骤。第 1 步，应用斯皮尔曼相关系数筛选出智能模型特征指标，包括运行时间、内存、带宽、能耗、安全性等。第 2 步，基于常量 C^R、连续变量 C^D 和模糊数 C^F 三类特征属性及成本型和增益型两种特征类型对智能模型的特征指标进行表示，建立特征表。第 3 步，计算特征前景值。在上述方法中，常量是指一般不容易受到外界干扰的固定数值，比如内存。连续变量是指受到外界因素限制，但是整体上按照某种特定分布函数分布在一个固定区间内的数值，比如运行时间。特征表示例如表 4-7 所示。

表 4–7　特征表

特征编号	特征 1	…	特征 h_1	特征 h_1+1	…	特征 h_2	特征 h_2+2	…	特征 n
特征属性	常量	…	常量	连续变量	…	连续变量	模糊数	…	模糊数
特征类型	成本型	…	增益型	增益型	…	成本型	成本型	…	增益型

传统方法的衡量方案通常使期望效益最大化，忽略了决策者的主观能动性，为了充分发挥决策者在决策时的作用，我们结合前景理论来度量智能模型增益损失，具体包括如下步骤。第 1 步，根据得到的各模型、各类特征的前景值构建评价矩阵。第 2 步，根据智能模型特征（资源需求）、管控和设备能力（资源供应），得到参考点矩阵，并将由智能模型特征指标前景值构成的评价矩阵与其进行比较（对于成本型特征而言，低于参考点的部分将被视为“增益”，超过参考点的部分将被视为“损失”，增益型特征则相反）建立相对于参考点矩阵的增益矩阵和损失矩阵。第 3 步，依据前景理论构建前景矩阵。

通过智能训练平台训练出多种智能模型后，将其分配至管控平台或终端设备。基于前景理论构建前景矩阵的过程如图 4-29 所示。

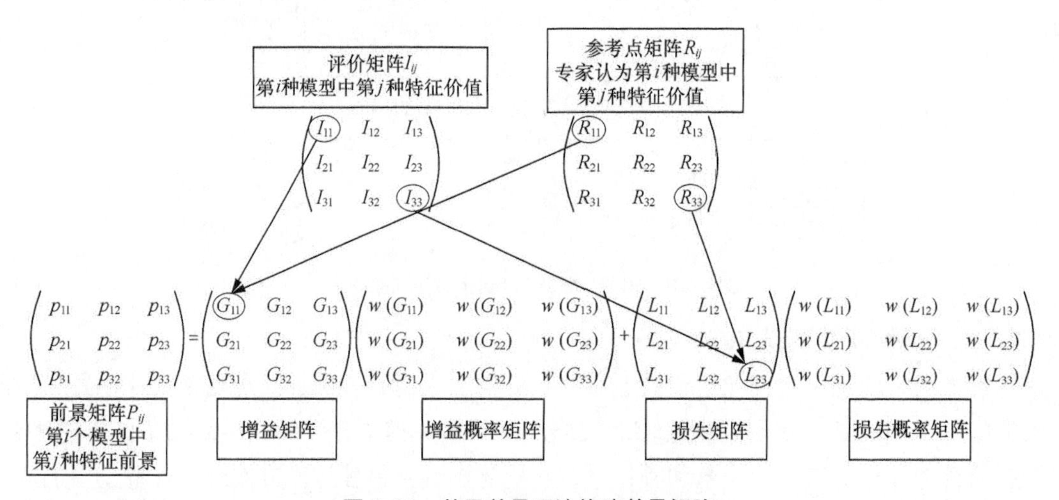

图 4-29　基于前景理论构建前景矩阵

下面以分配 1 个模型 1、2 个模型 2、3 个模型 3 到设备与管控平台为例，分 5 个阶段，在第 1 阶段，由智慧训练平台训练出智能模型；在第 2 阶段，确定模型特征及特征分类，根据实际情况调整特征选择，由实验数据分布决定特征选择，最后选择主特征。在第 3 阶段，确定特征表。在第 4 阶段，确定前景矩阵，从实验数据采集到评价矩阵，对比评价矩阵与参考点矩阵得到前景矩阵。在第 5 阶段，确定最优方案进行模型分配，由双向循环网络得到均衡特征，计算每个方案的总前景值，选择最大的总前景值为最优方案分配模型。

图 4-30 描述了智能模型分配的整体流程。第 1 步，产生各种智能模型，比如说预测模型、

劣化模型、故障模型等。第 2 步，进行特征选择，基于算法提出的模型分类与主特征选择，选择符合实际的主特征。第 3 步，建立特征表，采集实验数据，根据算法提出的数据处理方案建立特征表。第 4 步，确定前景值，结合前景理论处理特征数据，从实际出发依次分析前景值及对应概率，第 5 步，进行模型分配，均衡主观权重与客观权重，得到均衡权重，计算方案总前景。

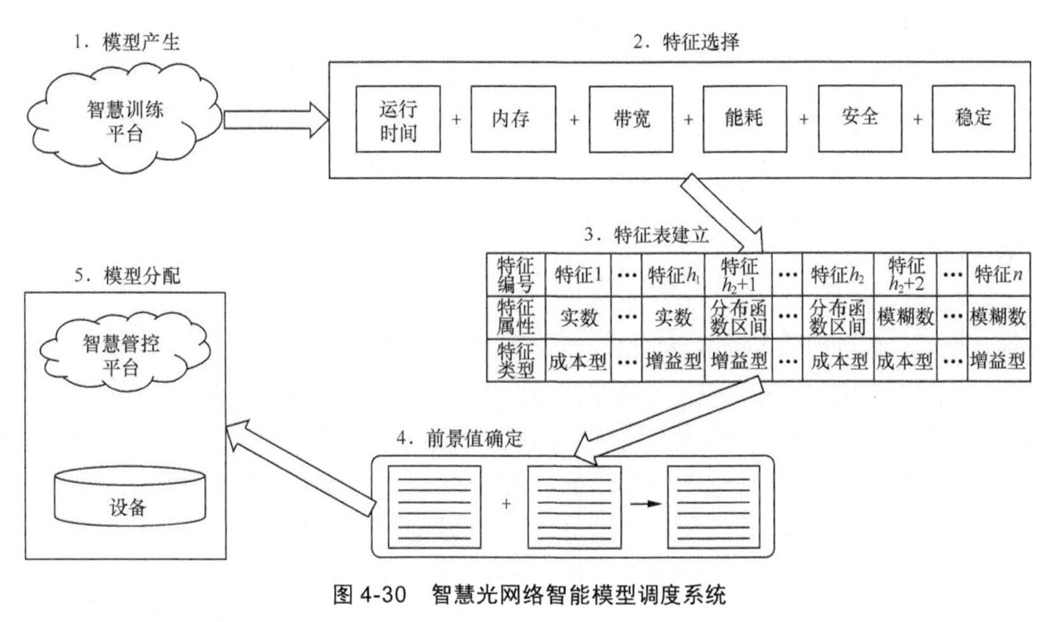

图 4-30 智慧光网络智能模型调度系统

4.3 人工智能技术

4.3.1 人工智能技术的背景

光网络中海量的设备、模块、器件在交互过程中产生了大量的实时数据，这些数据以日志的格式被保存下来存储在通信网络中。智慧光网络基于 AI 技术构建自治、自愈、自优的闭环系统，利用计算机强大的算力深度分析这些数据，提取数据之间潜在的关联，挖掘光网络数据隐藏的价值，向下实现设备智能化运维，向上为用户提供智能服务。光网络的智慧化离不开 AI 技术，或者说，光网络的智慧化是光网络知识与 AI 知识融合的结果。随着 AI 技术领域中新方法、新算法的涌现，光网络的智慧化程度也将不断提升。在 AI 机器学习领域，普适逼近定理的提出从理论上证明了人工神经网络实现智能化的可行性。普适逼近定理指出，如果被逼近的函数是连续的，就可以采用合适的激活函数，构建具备单个或多个隐藏层的神经网络，根据需要精确地对其进行逼近。针对光网络全生命周期运维，如果“规划、建设、维护、优化”过程中的各项任务能够用函数进行形式化描述，我们就可以构建合适的人工神经网络来逼近这些函数，让机器像人类专家一样运营光网络。不同的函数需要不同的人工神经网络模型，其中具有代表性的模型包括卷积神经网络、长短期记忆神经网络、增强学习神经网络、迁移学习神经网络。在上述人工神经网络在光网络技术领域实现应用的过程中，需要根据具体的应用场景需求优化和改善人工神经网络。

4.3.2 人工智能的关键技术

智慧光网络中的AI技术是面向光网络“规划、建设、维护、优化”全生命周期管理的一类技术。传统的AI关键技术涉及计算机视觉、自然语言处理、机器学习、智能机器人、生物仿真识别等内容。业界专家一直在尝试将上述5类AI技术应用于通信网络领域，以支持网络的自动优化、自动治愈、自动配置。有些技术能够较好地应用于通信网络领域，有些技术的应用效果需进一步提升。通过大量的理论研究和实践验证可知，未来几年，在光通信领域中，人工神经网络、知识图谱、意图识别这3类AI技术有望更高效地支撑光网络全生命周期管理迈向智能化、自动化。

1. 人工神经网络

智慧光网络通过构建人工神经网络来学习人类专家的经验和知识，提升网络运营和维护的效率。在智慧光网络中存在着大量的连接层设备，这些设备的运营和维护要耗费大量的人力和物力，传统的基于人工经验运维的模式面临巨大挑战。基于人工神经网络技术构建智慧光网络自动化运维方案有利于实现光网络的自动规划配置、业务自动部署开通、性能自动优化处理、隐患自动定位排查，这也是当前业界研究的热点。人工神经网络从信息处理的角度对人脑神经元网络进行抽象，建立模型，按不同的连接方式组成不同的网络。智慧光网络的人工神经网络是一种运算模型，由大量的节点相互连接构成，可将其分为两层神经网络和多层神经网络，将神经网络的底层称为输入层，顶层称为输出层，中间层称为隐层。两层神经网络没有隐层，而多层神经网络则包括一个或多个隐层。

通过构建人工神经网络，让机器像人类一样通过学习训练，构建智慧光网络知识库，提升自身智慧，实现光网络的自治、自愈、自优。深度学习是机器学习的一种，即机器能够自己从数据中提取特征。如图4-31所示，在深度学习过程中，机器能够自动提取特征并将其组合成更加复杂的特征，这大大降低了特征工程的成本。

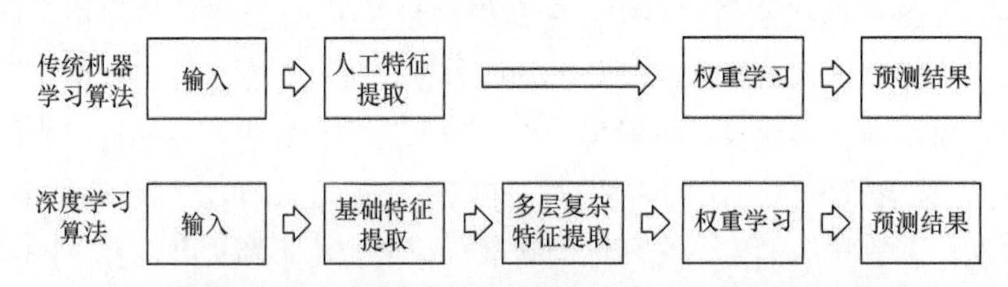

图4-31 传统机器学习算法和深度学习算法流程的对比

深度人工神经网络（DNN，Deep Neural Network）是深度学习的基础。DNN模型最大的特点就是其中间存在着多层隐藏层结构，隐藏层的作用是提取出特征更抽象的表示，有多个隐藏层就能多层次地抽象，从而更好地划分特征。深度学习有一个很重要的概念，即损失函数。损失函数一般作为学习准则用来评估模型的效果。利用DNN进行故障诊断可以抽象为多分类问题。

OSNR 计算是智慧光网络的关键功能，传统的计算方法采用理论函数公式，现实通信网络中复杂的外部环境导致传统理论函数公式的计算精确度较低，很难在实际工程中将 OSNR 计算误差控制在工程标准 0.5dB 以下。利用神经网络拟合星座图与 OSNR 的函数关系可以实现基于注意力机制的 OSNR 监测和预测算法，具体详见 4.3.3 节。不同的神经网络模型的 OSNR 计算效果不同，其中长短期记忆神经网络是效果较好的一种神经网络。长短期记忆神经网络是一种特殊的循环神经网络。循环神经网络（RNN，Recurrent Neural Network）是一种专门用来处理序列数据 $(x_1, x_2, \cdots, x_n)$ 的神经网络。

采用长短期记忆神经网络能够针对智慧光网络的不同场景拟合出高效的模型，另外，通过大量实践应用发现，将注意力机制引入人工神经网络（特别是长短期记忆神经网络）能够提升智能模型的精确度。智慧光网络采用 AI 注意力机制技术，提高解决问题的效率和准确率。AI 注意力机制能使 DNN 在训练过程中对重点特征投入更多的注意力资源，降低对无用信息的关注度，从而更好地抑制了噪声的干扰。AI 注意力机制的思想可以理解为对输入数据的每个元素分配不同的权重值（即所谓的“注意力”）。

2. 知识图谱技术

智慧光网络能够构建大规模的知识图谱，图谱包括各种概念和关系。其知识图谱以结构化的形式描述连接层和网络层客观世界中的概念、实体及其关系。实体是连接层和网络层客观世界中的事物，概念是对具有相同属性的事物的概括和抽象。这里的知识图谱可以看作本体知识表示的大规模应用。针对光网络“规划、建设、维护、优化”全生命周期管理，智慧光网络将知识图谱技术分为 3 个部分：知识图谱构建技术、知识图谱的查询和推理技术，以及知识图谱的应用。下边具体介绍这种知识图谱构建的主要方法，共包括 7 项。

（1）智慧光网络知识表示与建模

知识表示将现实世界中的各类知识表达成计算机可存储和计算的结构。机器必须要掌握大量的知识，特别是常识性知识，才能实现真正的智能化。智慧光网络的知识表示以结构化的形式描述光网络客观世界中的概念、实体及其关系，将光网络的信息表达成更接近人类认知世界的形式，为理解光网络的内容提供基础支撑。

（2）智慧光网络知识表示学习

随着以深度学习为代表的表示学习的发展，面向知识图谱中实体和关系的表示学习也取得了重要的进展。智慧光网络将实体和关系表示为稠密的低维向量，实现对实体和关系的分布式表示，这样也可以高效地对实体和关系进行计算，缓解知识稀疏，有助于实现知识融合。另外，智慧光网络知识表示学习能够显著提升计算效率，有效缓解数据稀疏，实现异质信息的融合。

（3）智慧光网络实体识别与链接

智慧光网络实体是光网络客观世界的事物，是构成智慧光网络知识图谱的基本单位。实体分为限定类别的实体和开放类别的实体。实体识别是指识别文本中指定类别的实体。实体链接是指识别出文本中提及实体的词或者短语，并与知识库中对应实体进行链接。实体识别与链接是知识图谱构建、知识补全与知识应用的核心技术。智慧光网络实体识别与链接将为光网络的智慧化提供知识基础。

（4）智慧光网络实体关系学习

智慧光网络的实体关系描述的是光网络中客观存在的事物之间的关联，定义为两个或多个实体之间的某种联系。实体关系学习就是系统自动从光网络数据中检测和识别出实体之间具有的某种语义关系，也被称为关系抽取。智慧光网络实体关系的抽取分为预定义关系抽取和开放式关系抽取。预定义关系抽取是指系统所抽取的关系是预先定义好的，开放式关系抽取是指系统自动从光网络中发现并抽取关系。实体关系学习是知识图谱自动构建和自然语言理解的基础。

（5）智慧光网络事件知识学习

智慧光网络事件是促使事物状态和关系改变的条件，智慧光网络事件知识是动态的、结构化的知识。这里将事件定义为细化的主题——由某些原因、条件引起，发生在特定时间、地点，涉及某些对象，并可能伴随光网络“规划、建设、维护、优化”的事情。事件知识学习对于智慧光网络的知识表示、理解、计算和应用而言意义重大。

（6）智慧光网络知识存储和查询

智慧光网络知识图谱以图的方式来展现实体、事件，以及实体与事件之间的关系。知识图谱存储和查询研究如何设计有效的存储模式来支持对大规模光网络数据的有效管理，实现对光网络知识的高效查询。知识图谱的结构是复杂的图结构，这给知识图谱的存储和查询带来了挑战。智慧光网络知识图谱通常以三元组形式进行存储管理。

（7）智慧光网络知识推理

知识推理指从给定的知识图谱中推导出新的实体与实体之间的关系。知识图谱推理可以分为基于符号的推理和基于统计的推理。在AI技术的研究中，基于符号的推理可以从一个已有的知识图谱中推理出新的实体间关系，可用于建立新知识或者对知识图谱进行逻辑冲突的检测。基于统计的推理一般是指关系机器学习方法，即通过统计规律从知识图谱中学习到新的实体间的关系。知识推理在知识计算中具有重要的作用，如知识分类、知识校验、知识链接预测与知识补全等。

智慧光网络运营与维护的关键技术之一是构建智能运维的知识图谱。知识图谱主要技术包括知识提取、知识融合、知识推理。通信网络由不同厂商、不同类型的设备连接而成，所以网络的运营与维护涉及多源异构设备运维流程和经验的整合与协同。如何实现知识图谱的可信共享，面向整个通信网络构建端到端统一的可信知识图谱，是智慧光网络智能运维需要解决的关键问题。传统的网络运维和知识工程相关技术能够满足单域、单厂商知识图谱的构建，但是通信网络需要构建端到端跨域、跨厂商的知识图谱，传统的方法面临知识图谱协同表示、不一致处理、可信共享三大挑战。针对上述挑战，智慧光网络采用四维分布增量式知识图谱协同表示方法、四维空间协同模型中知识图谱整合方法、四维空间协同模型中知识图谱可信共享方法，实现网络运维跨域、跨厂商知识图谱的协同构建和共享。为了实现不同厂商、不同设备的网络运维知识图谱的统一表示，这里采用高维空间协同模型，并将这个模型

形式化描述为 $S=I^{abcd\cdots}$，其中 I 表示整数域，$abcd\cdots$ 表示协同模型的各个维度，其中维度 I^a 与维度 I^b 表示网络运维知识图谱的实体标识，维度 I^c 表示实体之间的关系，维度 I^d 表示不同的知识图谱增量。这些知识图谱增量依据维度有序排列，构建起统一的高维知识图谱全量空间，每一个知识图谱增量有序地部署在高维空间协同模型中。智慧光网络采用 4 种操作算子实现知识图谱的整合，即图谱内容判定算子、增量图谱合并算子、增量图谱取舍算子、增量图谱标识算子。图谱内容判定算子用于判定两个知识图谱增量所描述的内容是否相似；增量图谱合并算子将两个知识图谱增量合并为一个新的知识图谱增量；增量图谱取舍算子对两个知识图谱增量进行分析，根据图谱包括的实体和关系判定知识图谱增量之间的包含特性，如果一个图谱增量涵盖的信息内容包含另一个知识图谱增量，则保留这个知识图谱增量，并将另外一个知识图谱增量去掉；增量图谱标识算子对知识图谱增量实体与关系进行重新标识。通信网络的运营维护贯穿网络生命周期的各个阶段，包括网络规划、业务开通、告警压降、故障排查、升级扩容等。基于每个阶段构建的知识图谱会包括各种各样的实体与对应关系，这些实体和对应关系的命名也会在网络运维过程中被修正。在网络运维过程中，实体与对应关系也会增加或被删除。为了解决网络运维过程中知识图谱构建所面临的上述问题，这里采用四维分布增量式知识图谱协同表示方法构建四维空间，实现实体与对应关系的统一描述。智慧光网络知识图谱增量创建过程中，首先需要确定实体和对应的关系，这些实体和关系可以采用表 4-8 所示的形式进行描述。

表 4-8　网络智能运维知识图谱增量实体和关系示例

名称	坐标							
	1	2	3	4	5	6	7	8
实体	Equipment	OTN	F5K	OMU40/48	OOPM_ HIGH	Fault_ Alarm	Maintenance Staff	San Zhang
关系	Type-of	Solve	Generate	Instance-of	Component-of			

表 4-8 包含 8 个实体，其中 Equipment、Fault_Alarm、Maintenance Staff、OTN 表示概念，F5K、OOPM_HIGH、San Zhang 表示具体的实例，OMU40/48 表示单盘示例。表 4-8 包含 5 类二元关系，例如 OOPM_HIGH 与 Fault_Alarm 是一个实例关系，表示光功率过高是一种具体的告警。表 4-8 中实体 Equipment 和 OTN 的坐标值分别为 1 和 2，表 4-8 中关系 Instance-of 的坐标值为 4，所以在图 4-32 的四维空间协同模型中，S(1，2，4，1)=1，其中 S(1，2，4，1）表示一个元素，这个元素的值为 1，这个元素的四维空间协同模型各个维度上的坐标值分别为 I^a=1，I^b=2，I^c=4，I^d=1。在本方法中，如果知识图谱增量中实体与实体之间没有对应关系，则四维空间协同模型中相关联的所有元素的值为 0。假如表 4-8 中坐标值为 2 的实体 OTN 和坐标值为 8 的实体 San Zhang 不存在对应关系，则在四维空间协同模型中 S(2，8，:，:)=0。

图 4-32 描述了四维空间协同模型中知识图谱的分布示意图，沿着图 4-32 四维空间协同模型的维度 I^d，一共分布着 6 个知识图谱增量，其中 A 厂商第 1 次上传的知识图谱增量嵌入维度 I^d 坐标值为 1 的位置，A 厂商第 2 次上传的知识图谱增量嵌入维度 I^d 坐标值为 2 的

位置。在维度 I^d 坐标值为 9 和 10 的位置，分别嵌入 B 厂商第 2 次和第 3 次上传的知识图谱增量。

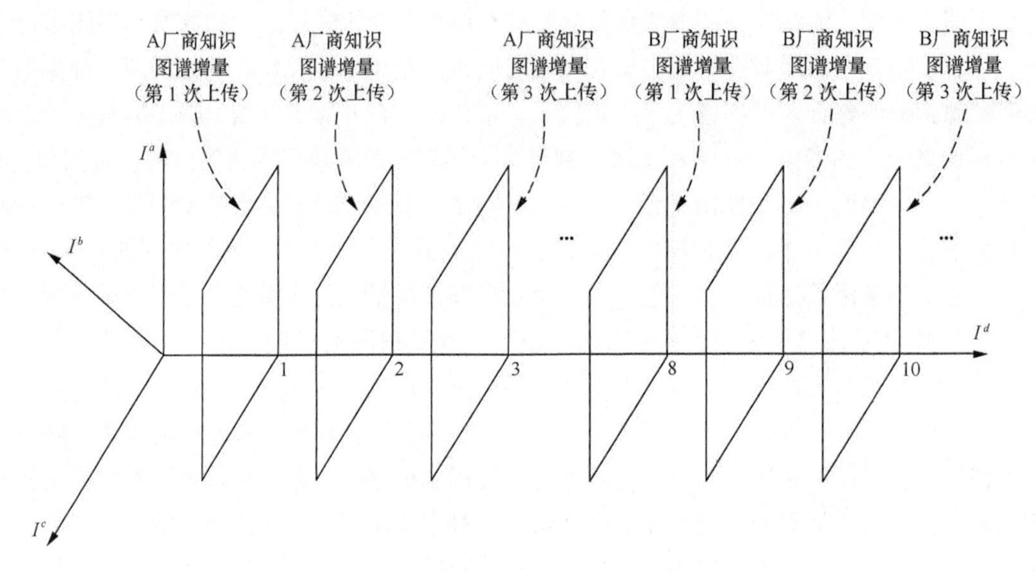

图 4-32　四维空间协同模型中知识图谱分布示意

随着大量的网络运维知识图谱增量嵌入四维空间协同模型中，四维空间会包含越来越多的实体与对应关系，智慧光网络采用整合的方法将这些图谱增量融合为完整的全局知识图谱。在融合过程中，我们采用增量图谱标识算子对存在冲突的实体或关系进行重新标识，解决知识图谱增量在整合过程中产生的冲突或者不一致等问题。另外，在网络运维过程中，随着新设备、新流程的引入，知识图谱中将会引入新的实体与对应关系，智慧光网络采用“在本地保存本厂商的整体知识图谱，将知识图谱增量上传至运营商的网络运维中心进行整合”的方法来进行灵活处理。

3. 意图识别技术

随着光网络规模的不断扩大，网络流量迅速增加，在服务质量、安全认证体系和网络管理能力等方面存在的问题逐渐突显出来，这些问题也严重阻碍了光网络的发展。在长期的“打补丁”方式的网络修补过程中，研究人员逐步认识到，当前光网络体系结构和网络协议的本质特征，导致了网络僵化，采用修补的方式很难从根本上解决上述问题。SDN 为光网络全局感知和智能管理带来了新的机遇。该项技术允许用户在应用平台上对网络进行编程，能提高光网络管理的运维效率。然而，管理员在面对网络编程时仍然需要了解相关的底层实现细节，这极大地限制了非专业人员对于光网络行为的感知和控制。为了支持业务的敏捷性，光网络需要从一个静态资源系统演变为一个能满足商业目标的动态系统，因此，意图驱动网络应运而生。智慧光网络将意图驱动网络概括为一种在掌握网络全局状态的条件下，基于人类业务意图去自动搭建和操作的闭环网络架构。根据意图驱动网络的定义及意图驱动网络的整个生命周期过程，可以概括出意图驱动网络的运行步骤。首先，获取用户所提出的光网络需求意图，将意图转译成网络策略，并验证策略的有效性；然后，将验证有效的配置策略下发到实

际的光网络中执行，当光网络发生动态变化时，实时地调整网络策略，将处理结果反馈给用户。详细步骤如下。

（1）获取意图

意图以一种声明的形式描述用户希望光网络达到的状态，而不用描述如何实现意图。用户意图实现的自动化程度与意图实现的场景成反比关系。也就是说，一个意图要想完成自动化实现，那么它可能就只适用于一个特定的场景。智慧光网络意图识别自动化程度根据意图抽象的级别从低到高分为 4 个阶段。

① 全面自动化网络。此网络能够实现绝大部分业务发放、光网络部署和维护的自动化，并实现较全面的光网络状态感知与局部的机器决策。

② 自优化网络。此网络能够实现深度的光网络状态感知、自动网络控制、满足用户网络意图。

③ 部分自治网络。此网络在特定的环境中，不一定需要人参与决策，能够自主调整光网络的状态。

④ 全面自治网络。在不同光网络环境、光网络条件下，光网络均能自动适应、自主调整，满足用户意图。

智慧光网络整个生命周期都是围绕着意图运行的。为了能实现以上功能，意图驱动网络需要具有清晰定义的意图接口，以便光网络操作者向光网络发出意图请求。

（2）转译及验证

意图给出光网络应该满足的高级操作目标的声明，而并不指定如何实现它们。光网络通过一条一条策略命令的方式执行，即光网络在具体执行时，需要意图驱动网络对用户的意图进行理解并将用户意图翻译成光网络的配置策略（即意图的转译）。转译需要基于具体的光网络基础设施进行，要保证转译成的配置在当前的光网络下可以执行。

意图的转译工作是智慧光网络的一项核心任务，它实现了用户意图到光网络策略的转变。经过意图转译得到的策略还不能直接下发到实际数据平面，在策略下发之前，需要对策略进行可执行性验证。目前智慧光网络策略可执行性验证主要考虑资源的可用性、策略的冲突及策略的正确性。其中对于资源的可用性的验证工作主要是指对当前光网络的状态进行感知，维护光网络状态信息的数据库。

（3）下发与执行

待策略验证完成之后，意图驱动网络自动将策略下发到光网络基础设施上，在此过程中需要对光网络进行全局控制，完成从一个单点集中式的意图需求到分布式全局网络配置的转换。智慧光网络有多种策略下发执行模式，例如，SDN 模式。此种模式把光网络策略转化为相应的软件定义流表规则，从而实现用户意图。目前意图识别有不同的策略下发技术，在未来光网络演进的过程中，需要统一的技术体系实现策略的下发与执行。

（4）优化与调整

光网络的状态是会不断变化的，执行之初的光网络状态与运行过程中的光网络状态可能不同。意图驱动网络需要自动地根据期望达到的状态及当前光网络的状态对策略进行适当的优化与调整，始终保证满足意图需要。

（5）反馈结果

策略下发到实际光网络后，系统需要对光网络的状态信息进行实时监控，确保光网络的转发行为符合用户意图。光网络的结果反馈是确保光网络始终满足用户意图的基础。智慧光网络如果发现意图不能在该光网络下实现，就需要重新给出意图。

4.3.3 人工智能的应用场景

1. 基于神经网络的 OSNR 评估

在智慧光网络中，基于深度学习实现 OSNR 预测是一种典型的做法，这主要是因为深度学习机制能更好拟合 OSNR 函数关系，另外，OSNR 预测相较于监测能更加准确地捕捉到光网络信号变化规律，能提前一步预测到光网络性能的变化，这更加有利于实现光网络的智能化运维，保障光网络的稳定传输。OSNR 计算方法面临的问题可以归结为如何准确地找到各种光性能指标与 OSNR 之间的函数关系。在现实的光网络线路中，虽然光性能监测盘计算实时性高，但通常采用传统计算方法给出的理论函数公式。而现实通信网络中存在的各种外部因素导致传统理论公式的计算精确度比较低，很难将 OSNR 计算误差控制在 0.5dB 以内。同时，如“关断法”等适用范围广的 OSNR 计算方法实时性较差。在深入研究长短时记忆神经网络和注意力机制相关技术的基础上，智慧光网络解决方案采用了一种新的适用于高速相干光传输系统的 OSNR 监测、预测方法。即通过调节白噪声模拟传输系统光性能参数·OSNR 随时间劣化或随人为连续操作变化的规律，能够比较准确地拟合出光通信系统接收端星座图等性能指标与 OSNR 之间的函数关系，解决 OSNR 计算误差过大的问题。智慧光网络采用新的 AI 方法能够避免计算非线性、噪声等变量，并且可以通过注意力机制比较保留信息和当前时刻星座图，挖掘共性点偏移规律，降低噪声影响，从而提高 OSNR 计算方法的精度与稳健性，预防光网络性能的劣化，实现光网络的智能运维。与以往的神经网络基于此时星座图计算 OSNR 不同，通过调节输入白噪声，模拟光线路随时间变化的规律，例如器件发热、老化，外界环境温度的改变，人为的、连续的有规律操作等，结合过去与现在时刻的光纤链路信息，系统可以更好地监测当前的光性能参数（如 OSNR），同时能更顺利地从时序中总结出光性能变化的规律，预测光性能参数，预防光网络性能的劣化。在智慧光网络解决方案中，$(t_0, t_1, \cdots, t_n)$ 表示时间序列，$(x_0, x_1, \cdots, x_n)$ 表示 OTN 系统线路接收端星座图特征数据，星座图特征数据均为 i 行 j 列矩阵，$(y_0, y_1, \cdots, y_n)$ 表示 OSNR 数据。例如 t_n 时刻 OSNR 表示为y_n，星座图特征数据表示为 x_n。输入 $t_0 \sim t_n$ 时间内星座图 $(x_0, x_1, \cdots, x_n)$，$t_0 \sim t_{n-1}$ 时间内 OSNR$(y_0, y_1, \cdots, y_{n-1})$，则输出 t_n 时刻 OSNR y_n。例如，构建基于注意力机制监测 OSNR 模型拟合输出 y_n 与输入 $(x_0, x_1, \cdots, x_n)$、$(y_0, y_1, \cdots, y_{n-1})$ 之间的函数关系，如公式（4.3）所示。

$$y_n = f(x_0, \cdots x_n, y_1, \cdots, y_{n-1}) \tag{4.3}$$

特定 OSNR 变化的原因分为共性原因与特性原因。其中因共性原因引起的变化主要包括随着时间累积、器件发热量、损耗或人为连续有序操作等时变因素的影响而导致的噪声、非线性变化。因特性原因引起的变化主要包括由此时刻独有的行为引起的变化，比如此时光纤

受外界突发情况影响而发生的变化等。本应用场景能够查寻引起变化的共性原因，去除特性原因，通过调节白噪声，模拟光纤链路连续性的时序变化，建立光链路终端星座图与 OSNR 的函数映射关系。

2. 基于知识图谱的光网络故障排查

智慧光网络通过构建知识图谱实现人类专家经验的形式化描述，支持光网络“规划、建设、维护、优化”全生命周期的自动化和智能化。构建通信领域知识图谱是解决通信行业高维度、多源异构数据融合的关键。通过专业知识图谱可根据既有的历史经验实现故障的精确诊断，在大规模复杂网络拓扑上使用图推理算法和群算法可以有效地提高算法效率，如图 4-33 所示。设备出现故障时，链路将实时数据上报至数字孪生系统；数字孪生系统监控实时全网状态，把关键指标上报知识图谱系统；知识图谱系统通过图算法寻找出所有适用的排障方法，将排障方法反馈至数字孪生系统。在数字孪生系统内对可能存在的多种排障方法进行数字模拟。设备侧将排障操作及相应结果反馈至数字孪生系统，迭代修改数字孪生的模型参数；排障方法同步被反馈至知识图谱，更新整体图结构参数。

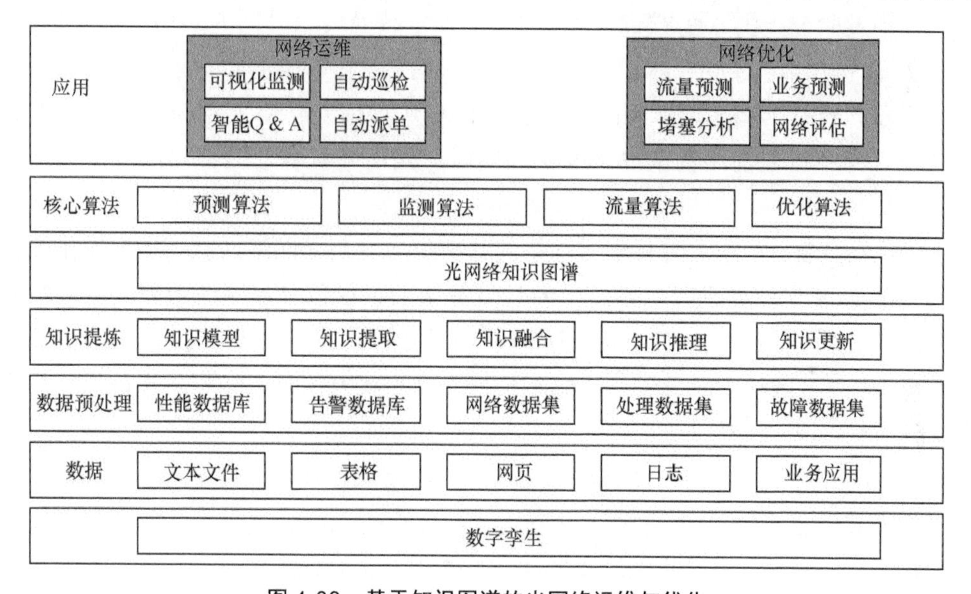

图 4-33　基于知识图谱的光网络运维与优化

智慧光网络基于知识图谱实现设备的故障诊断与故障预测。在现有光网络管理平台的长期使用过程中，工作人员针对多种不同类型的设备进行检修和维护，积累了大量的故障处理经验和相关流程记录。然而，这些在运维过程中长期积累的故障案例知识、排障专家经验等并没有得到有效的利用和共享。面对新的故障现象，运营维护人员仍会投入大量的时间、精力重复分析前人已经诊断清楚并有成熟解决方案的问题，造成了人力、物力资源的浪费，执行效率较低，故障处理的精准性和规范性也很难得到保证。智慧光网络基于运维故障经验实现图谱本体的构建，本体作为一种共享概念模型的明确的形式化规范说明，能够清楚地描述领域概念、概念间的层次和逻辑关系、概念的属性及约束等，能够保证知识在传递和共享过程中被准确理解。

3. 基于意图识别的客户需求识别

智慧光网络基于已有的光网络和业务构建意图识别，智能识别用户对连接层和网络层资源的需求，并将意图识别部署在已有的光网络架构中，或者将意图部署在客户网络中。针对运营商网络架构，光网络主要可以分为骨干网、城域网和数据中心。骨干网主要用于传输数据，实现各个城域网的互联。同时，骨干与国际互联网对接，以此实现国内、国际流量互通。城域网主要承接客户的业务接入，将客户业务连接到骨干网，实现上网或企业互联。数据中心主要用于资源存储，其东西向流量较大。针对上述网络架构的特点，智慧光网络设计面向骨干网的具体应用。骨干网主要负责承载高质量 VPN 流量、为重点客户在某些流量高峰时段提供可靠的服务保障，这就需要通过意图网络来实时监控光网络的状态信息，预测光网络未来的状态，及时预留相应带宽等资源。如可以通过往年“11 · 11”网络状态信息预测今年哪个区域的网络负载较大，然后通过预留带宽、扩容等方式保障重点客户的 QoS 及光网络的通信质量。在该场景下，意图驱动网络的执行过程如下。

（1）获取意图：客户提出在某些流量高峰时段提供可靠的服务保障，提出需要保障的应用及具体服务保障要求的等级。

（2）转译及验证：意图通过转译模块将客户需求转换为具体的光网络指标，包括带宽、时延、抖动等。

（3）下发与执行：统筹计算光网络的状态信息，包括光网络各链路的带宽、时延、抖动相关情况，并将流量的路径信息下发至控制器、光网络设备，为特定的流量选择不同的传输路径。

（4）优化与调整：系统实时采集光网络的状态信息，当光网络的状态信息发生改变、无法满足客户的 QoS 保障要求时，系统重新计算流量的路径信息，重新预测流量调整后的光网络状态，并下发新的路径执行，引导流量进入新的路径。

（5）反馈结果：系统实时收集、反馈相关的光网络状态信息及客户状态信息，跟踪其状态表的实时信息。

智慧光网络针对不同网络的特征设计相关应用，为用户提供优质服务。例如，目前城域网主要承载家庭宽带、IPTV 等业务，家庭宽带业务需要上门提供服务，并人工调整客户所购买的带宽。智慧光网络通过意图驱动网络可以实现一键开通，按需随选调整带宽，加快了业务的开通、变更，提高了用户体验。我们还可通过意图驱动网络合理地在边缘设置内容分配服务节点，为家庭客户提供更好的 IPTV 体验。

4.4 数字孪生技术

智慧光网络部署和运维过程可以归纳为 3 个空间，即物理空间、信息空间、服务空间。连接层和网络层的设备部署于物理空间，通过南向接口上报性能和告警数据，网络管理系统和控制器接收这些状态数据并进行处理，然后形成配置指令，通过南向接口下发设备。在上述描述中，网络管理系统和控制器部署于信息空间，通过北向接口与运营商的业务系统互通，接收业务指令。智慧光网络扩展了信息空间，基于数字孪生技术实现物理空间网络设备的仿真建模，实时监控、呈现物理设备的运行状态（包括器件、模块、单盘、网元、网络

各级的状态）。另外，智慧光网络通过数字孪生技术实现设备运行状态趋势的预测，支撑网络优化。数字孪生技术能够对关键配置指令预先进行测试和验证，确保指令准备无误后，再将指令下发到实际的光网络通信设备上。

4.4.1　数字孪生技术的背景

智慧光网络的管理、控制、编排实现智能化、自动化、前瞻化是发展趋势，构建自治、自愈、自优的智能化光网络是当前的研究重点。光网络智能化的基础首先是网络可视、状态可视、流程可视、结果可视，其次是智能关联、策略可管、控制可管，最后是自动执行、质量可控。这些都离不开网络的数字化，数字化必须是系统的、准确的和实时的。当前光网络数字化面临着很大的挑战，光纤实时在线管理较困难（随时间复杂演变），光传输系统损伤积累，光信号传输性能难以预测和评估，网络动态重构频繁，因此需要一个具有数据连接的特定物理实体或过程的数字化表达，该数据连接可以保证物理状态和虚拟状态之间的同速率收敛，并提供物理实体或流程过程的整个生命周期的集成视图，以便优化整体性能。智慧光网络通过数字孪生技术实现连接层和网络层物理实体的精准建模仿真。数字孪生技术是构建物理实体的实时数字化镜像的新型技术，是光网络物理实体的工作进展和工作状态在虚拟空间的全要素重建及数字化映射，是一个集成的多物理、多尺度、超写实、动态概率仿真模型，可用来模拟、监控、诊断、预测、控制光网络物理实体在现实环境中的形成过程、状态和行为。通过数字孪生技术，系统便可以在虚拟空间上对物理世界的行为进行模拟验证，既避免了对当前设备运行的影响，又降低了物理调试支付的大量开销。当光网络设备在运行过程中突发意外时，实时数据经大数据分析和仿真模拟的充分结合可以定位故障发生的位置，预测未来可能发生的各种情况，进而做出最佳决策。通过对光网络运行情况的监测，我们可以不断积累光网络全生命周期的运行规律，并基于数字孪生技术深入研究物理空间光网络器件、模块、单盘、网元、网络、材料的运行机制，在信息空间精准地模拟出数字化光网络，并基于这种数字化光网络实现物理网络的智能化决策和预测性维护。

图 4-34 所示的是智慧光网络数字孪生基础框架，共包括 4 层。最下面是物理层，由可被观测的光网络物理实体对象组成，包括网络实体、网元实体、单盘实体、模块实体、器件实体、材料实体，这些实体的物理机理、几何形态通过仿真建模技术构建对应的数字孪生模型。另外，物理实体所处的外部环境，包括温度、湿度、压力等也进行数字化建模。这些孪生模型由图 4-34 中的孪生层进行管理。孪生模型是静态的模板，需要与采集的物理实体对象数据（如性能数据、告警数据）相结合，形成动态模型实例，这些实例能够分级呈现，并与特定的算法结合，支撑场景模拟验证。另外，基于数字孪生技术实现的自主决策控制指令也通过孪生层下发至物理层。图 4-34 中的数据层实现数据实时采集、数据压缩存储、数据清洗挖掘、数据模型同步 4 类功能。其中数据模型同步功能支持将物理实体对象数据注入孪生模型，也支持将孪生模型实例验证预测的数据进行存储。智慧光网络数字孪生基础框架支持健康监测评估、故障回放诊断、性能预测分析、自主决策优化等服务，通过仿真模型和数据处理等技术支持光网络“规划、建设、维护、优化”全生命周期的智能化和自动化。

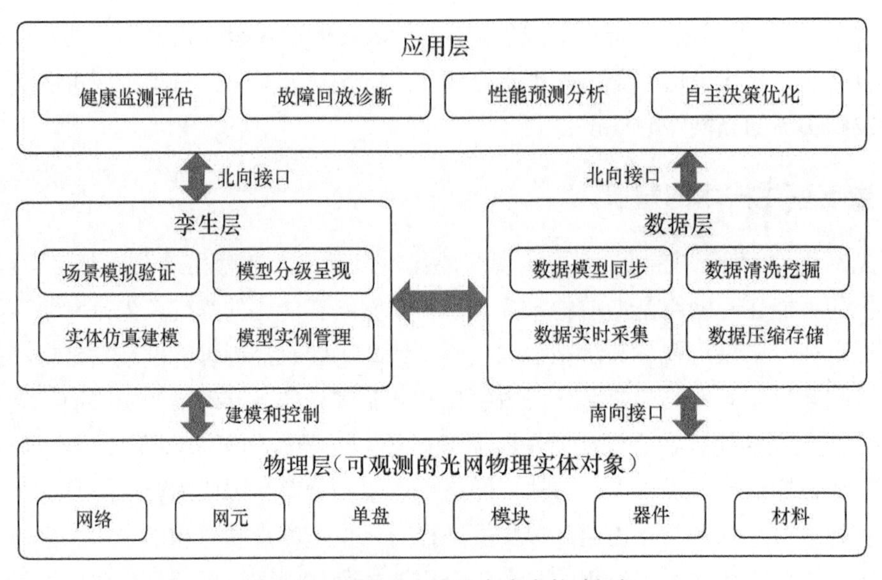

图 4-34　智慧光网络数字孪生基础框架

4.4.2　数字孪生的关键技术

智慧光网络基于数字孪生技术实现物理实体在数字空间的建模与仿真，通过数字孪生光网络对物理网络进行智能管理和控制，例如，可以在数字孪生光网络中验证重要的配置指令，确保指令正确无误后再将其下发至实体物理网络，以免配置指令错误造成业务中断。为了实现物理实体的精准数字孪生仿真建模，需要采用 3 类关键技术，即光网络实体仿真和建模技术、数字孪生模型与数据管理技术、数字孪生网络与实体网络交互技术。

1. 光网络实体仿真和建模技术

智慧光网络采用物理设备层次化建模技术实现网络、网元、单盘、模块、器件、材料等物理实体在虚拟空间的数字化仿真建模。这些物理实体的仿真模型在实际组装、集成过程中，还需要进行一些逻辑实体的仿真建模，如光功率、OSNR 等，物理模型与逻辑模型分层如图 4-35 所示，从下到上共包含 5 层。

数字孪生光网络首先通过光网络虚拟化，对光网络从设备到应用过程中的各项活动进行解析重构，真实反映设备运行过程中的各种功能、性能和状态。光传输系统、设备、应用、管控的层次性决定了需求模型的层次。通过层次化建模，数字孪生可以实时、在线、快速地评估光网络的传输性能，从而实现网络的有效管控。除此之外，数字孪生利用数据采集和预处理技术，可以有效地加工光网络中产生的大量原始数据，实现数据的关联、流动和融合，为 AI 技术在光网络中的应用奠定基础。

（1）基础组件 / 器件模型 / 知识库模型

基础组件 / 器件模型 / 知识库模型是组成光传输系统的各种单元，以及影响传输性能的各种因素的虚拟化实体，是上层模型应用的基础。光网络结构复杂，包含多样化的器件，因此，在对器件进行建模时，需要从物理属性、材料属性、资源属性，甚至是几何属性等多方面来考虑。同时，还需要对引起各种损伤的线性效应和非线性效应进行建模。

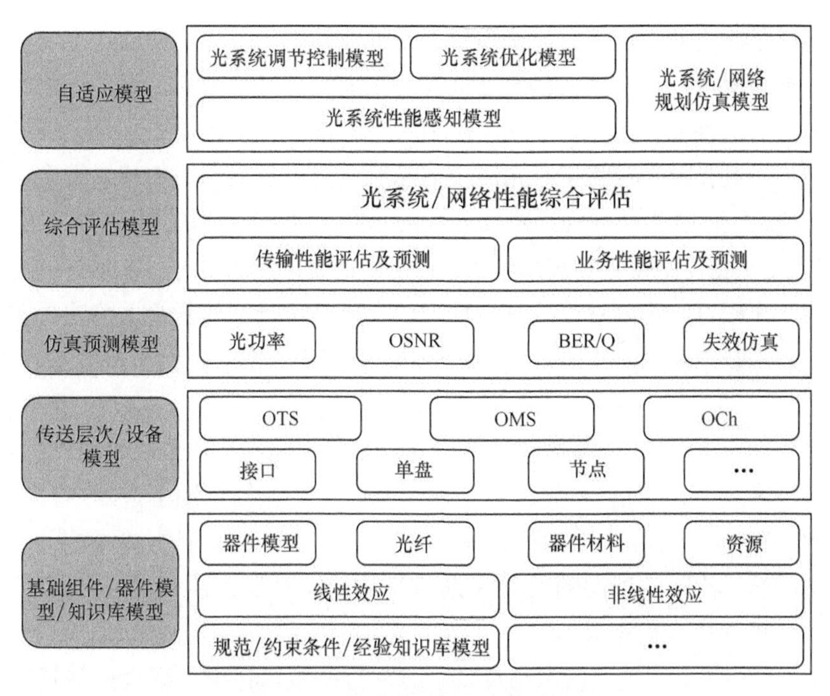

图 4-35　光网络数字孪生模型分层

（2）传送层次 / 设备模型

基础组件层之上是从系统设备和传送层次的角度来设计模型，构建数字化的设备。设备模型涉及接口、单盘、机框、机架、节点等模型。传送层次可以根据光网络分层模型分为 OTS、OMS、OCh、客户层等模型。

（3）仿真预测模型

光功率、OSNR、BER 和 Q 值等是评估光传输系统性能的主要指标。构建这些性能指标的仿真和预测模型，对于使数字孪生光网络具备及时反映网络运行状态的能力有着重要意义。各项性能指标的仿真预测可以根据相应的物理理论构建物理理论模型。当遇到难以构建物理理论模型的情况时，可以借助神经网络、知识图谱等 AI 技术来构建混合模型。

（4）综合评估模型

光信号传输从起点到目的节点，需要经过一系列的 OXC、光纤段、光放大器（如 EDFA）等光器件。OXC 产生的串扰、光纤中的色散与非线性效应、EDFA 中的 ASE 噪声等都将导致光信号质量的下降，使某些光路上的误码率难以让人接受，尤其是光纤中物理损伤对光路传输性能的影响。因此需要评估物理链路和业务质量，评估结果会作为上层应用管理评估的基础。影响光网络性能的因素多样，为进行网络性能估计，需要构建传输损伤模型，根据设计的方案搭建仿真与传输损伤评估系统。基于所建立的各种传输损伤模型，数字孪生系统可以先确立监测的参数以准确评估光网络不同维度的质量，然后建立网络基础模型、行为模型、规则模型、约束模型等，并实现各功能在虚拟空间的仿真、分析、优化、决策。

（5）自适应模型

损伤感知模型利用下层模型计算的数据，根据给定的阈值，判断当前链路的质量。优化模型中，系统通过功率动态调节功能来模拟光路传输性能的优化，通过确定功率放大器的调节量来模拟控制功率放大器，放大器通过调节量来调整每条信道的功率，在信号与噪声之间达到平衡以满足传输性能、优化 OSNR。控制模型根据优化的参数生成设备控制配置指令及配置流程信息，通过管控平台将指令和流程信息下发到设备上。损伤感知模型还可以感知业务、选择合适的路径，并根据路径距离和预测的 OSNR 选择合适的调制格式。

2. 数字孪生模型与数据管理技术

传统的系统工程方法难以解决以信息物理融合为技术特征的复杂系统的研发需求，而如今，我们可以使用基于模型的系统工程方法来实现数字孪生网络生命周期内的各模型的管理，具体如下。

（1）创建数字孪生框架：实现数据收集、运行仿真、系统改进及优化等过程。

（2）模型构建：需要从几何、物理、行为、规则等多个维度来构建各种模型。

（3）模型关联与映射：多维度模型的关联和映射，使各模型具备评估、演化、推理等能力。

（4）模型融合：各层模型间的关联关系，从结构、功能方面对这 4 层模型进行集成与融合，形成上一层次综合模型。

（5）模型一致性分析：模型状态与设备状态保持同步，保证各维模型与其实际对象之间的一致性，以及同一实际对象与自己对应的不同维度模型之间的一致性。

（6）模型评估与验证：对模型演绎过程中的输入、输出准确度，以及仿真结果可信度、仿真精度进行验证。

（7）模型修正技术：在线机器学习基于实时数据持续驱动模型完善，能够有效地对模型进行动态修正，基于试验或者实测数据对原始模型进行修正。

智慧光网络将构建数字孪生模型与数据管理系统，连接层和网络层的各类器件、模块、单盘、网元都可以显示在数据管理系统中。另外，物理设备实时上报的数据也能够详细显示在数据管理系统中，各种分析结果也会呈现和保存在智慧光网络数字孪生模型与数据管理系统中。

3. 数字孪生网络与实体网络交互技术

智慧光网络数字孪生系统与实体网络之间需要持续交互，只有这样，数字孪生网络才能实时反映物理网络的状态，以及支撑管控系统和各种业务应用功能。实际物理网络可以通过多种探针技术感知器件、设备、网络、业务的状态，以及外部环境的状态，并将由此产生的各项数据通过数据采集技术上报给大数据平台，大数据平台完成数据清理后，再将数据推送给数字孪生系统。数字孪生网络产生的模拟仿真数据也需要通过相应的数据接口和孪生服务接口传送到智能管控系统。智慧光网络的实体设备物理层支持用遥测技术、自动化采集平台采集秒级 / 亚秒级实时数据，具体采集哪些类型的数据，可以根据服务层应用场景的需要来决定。智慧光网络通过模板定义数据采集类型，能够根据业务需求动态加载模板，调整所要采集的数据及采集周期，以及其所需要的设备 / 网络配置、单盘配置项。需要获取的数据项支持在离线文件中描述，同时也支持采用在线数据描述。整体上，智慧光网络数字孪生技术可以通过交互技术将孪生网络与实体网络进行统一融合，实现物理空间和信息空间的协同。实体网络运行于物理空间，实现报文封装、传送、解封装。孪生网络运行于信息空间，通过

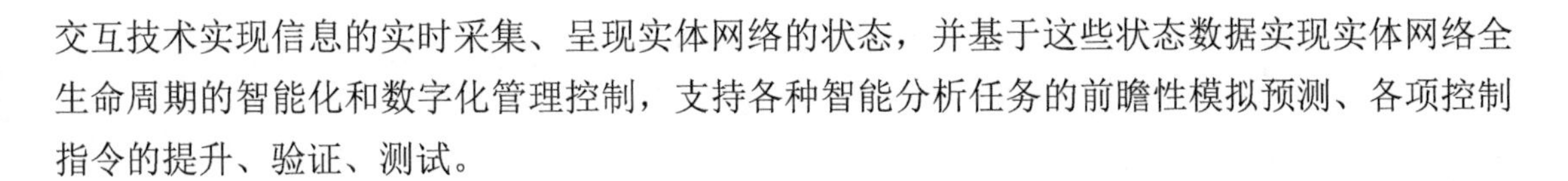
交互技术实现信息的实时采集、呈现实体网络的状态，并基于这些状态数据实现实体网络全生命周期的智能化和数字化管理控制，支持各种智能分析任务的前瞻性模拟预测、各项控制指令的提升、验证、测试。

4.4.3 数字孪生技术的应用场景

1. 光网络性能预测和评估

智慧光网络基于数字孪生技术实现光网络性能劣化的预测分析，如 OCh 层 BER 劣化预测、OTS 层 OSNR 劣化预测、激光器劣化预测等。智慧光网络采用数字孪生网络实现 WSON 保护恢复功能。利用数字孪生网络的实时数据和仿真数据，可以预算给定路径的 OSNR、BER，路由计算时选择合适的 OSNR 和与业务 BER 相匹配的路径，从而支持 WSON 保护恢复功能，缩短业务受损后的恢复时间。通过对网络链路质量的监视，路由计算时可以避开劣化的链路；当链路已劣化或业务未达到与其 QoS 匹配的 BER 时，主动触发控制平面启动保护恢复功能。智慧光网络可以基于数字孪生实现光网络性能劣化的趋势预测。如果采用秒级数据采集和上报，实现器件、模块、单盘级细粒度仿真建模，则光网络性能劣化预测趋势的准确率可以达到 95%，基于上述预测结果，我们能够高效实现光网络健康的精准评估，精准掌握光网络的性能劣化规律，提前预防各类潜在隐患，保障光网络高效、健康地运行。

2. 历史行为回放与智能分析

光网络孪生技术支撑光网络历史告警、故障等各种行为、操作的回放，并依赖大数据和 AI 技术来实现数据保障和智能分析。

（1）光网络故障智能溯源

首先系统要熟悉大数据和 AI 学习生成故障特征与故障原因之间的一系列规则，然后根据规则库，基于数字孪生技术对故障出现前 T 时间内的历史行为进行回放，并运用知识推理技术，准确定位光网络故障发生的位置。

（2）光网络链路 / 业务质量可视化及自动巡检

可视化不是实时数据的简单显示，而是指根据实时数据综合评估网络状况，图形化显示各类统计数据。孪生网络根据实时数据，实时仿真链路和业务状态，对传输性能质量、业务质量进行定量、综合评估，并将其与设定的标准相比，反馈网络链路、业务健康度、资源利用率、风险等级等信息。系统基于整个网络的统计，综合评估网络状态、业务状态，并以大屏显示状态信息（面向不同管理层次人员，显示相应的内容）。对于质量评估超过标准的链路和业务，要及时通知，并触发故障分析定位功能，结合策略实现网络自愈、自优。智慧光网络可以基于数字孪生技术实现智慧光网络的流量回放与智能分析。智慧光网络支持秒级采集网络流量数据，包括端口和链路的流量，能够根据业务需求回放选定历史周期的流量形态，分析流量变化趋势，洞察流量的变化规律，提前识别流量瓶颈，实现网络的主动运维，支持网络的智能优化。

3. 故障模拟与业务开通

智慧光网络基于数字孪生技术实现光网络的故障模拟，根据当前网络的实时状态，通过修改各种模型的配置参数，对故障（链路、器件故障等）、网络质量指标参数（如时延、抖动等）、物理拓扑、设备协议参数（如带宽、保护路径、优先级等）、外部因素（光纤弯曲、挤压等）等改变进行仿真操作，模拟可能发生的情况及网络受到的影响，对结果进行分析后给出预防措施，如图 4-36 所示。

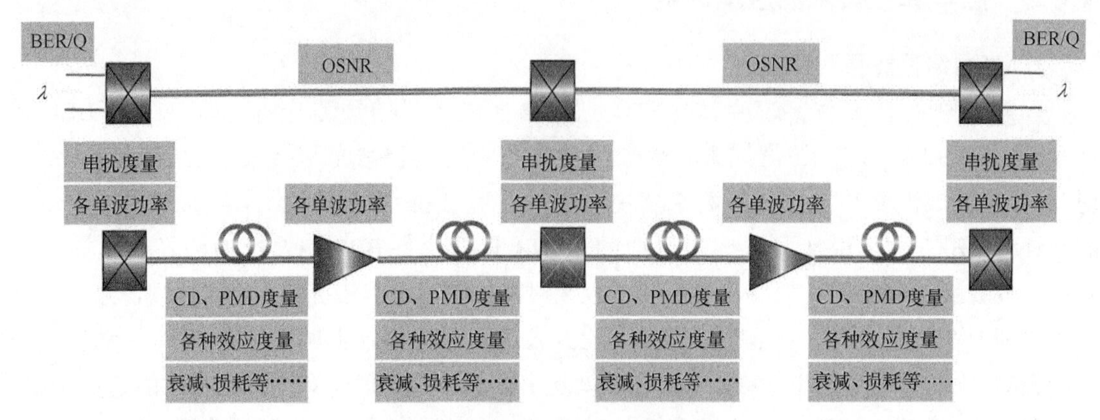

图 4-36　光网络数字孪生仿真基础数据

智慧光网络基于数字孪生技术实现网络的扩容、割接、优化，根据扩容、割接及优化要求自动制定多种方案，对每种方案进行模拟仿真，对效果进行分析，进行在线模拟仿真时，过程及效果可视化。通过对比方案和效果，与客户沟通，选择合适的方案，根据所选方案自动生成操作步骤和每步骤的具体配置指令，自动下发指令。对每一步执行的效果进行监控，并对扩容、割接、优化的效果自动评估。智慧光网络基于数字孪生技术实现业务的快速开通。管控系统建立业务前在数字孪生网络中进行模拟验证。对于给出的路径，系统基于实时网络数据计算各监控点的单波功率、OSNR 等，并且评估当前通道的质量、业务模拟调试、评估对在网业务的影响、进行线路模拟调整和自动生成配置等。在智慧光网络中，系统通过对所选路径的物理层链路的事前评估，自动判断是否需要模拟仿真自动业务配置的调整。如果需要执行模拟仿真自动配置调整等步骤，系统要预先调整业务方式，重复试错，使配置逐步逼近，以达到业务快速开通的目的。

基于数字孪生技术构建的光网络平台参考架构主要由 4 部分组成。物理网络部分具备可编程、可感知、主动推送信息等智能化的特点。数字模型部分根据领域知识和基本应用，将客户网络抽象为模型，借助 AI 技术进行模型自定义、模型抽象、规则与模型参数优化，并在物理网络、数字孪生网络和应用控制三者之间进行模型迭代，保证一致性。数字孪生网络部分根据关联关系、规则、约束条件、策略等，将各模型融合成评估链路质量、业务质量、链路损伤等应用场景的基础模型，融合物理网络、实时数据、网络基础模型的参数数据、配置应用控制层和多维度控制的数据结合体。智慧光网络数字孪生系统提供数据接口给上层应用，驱动上层应用对网络进行实时分析，同时保证智慧光网络的数据在物理网络、孪生网络、应用控制三者间的一致性和实时性，保证数字孪生光网络能够最大限度地模拟、仿真实际的光网络。

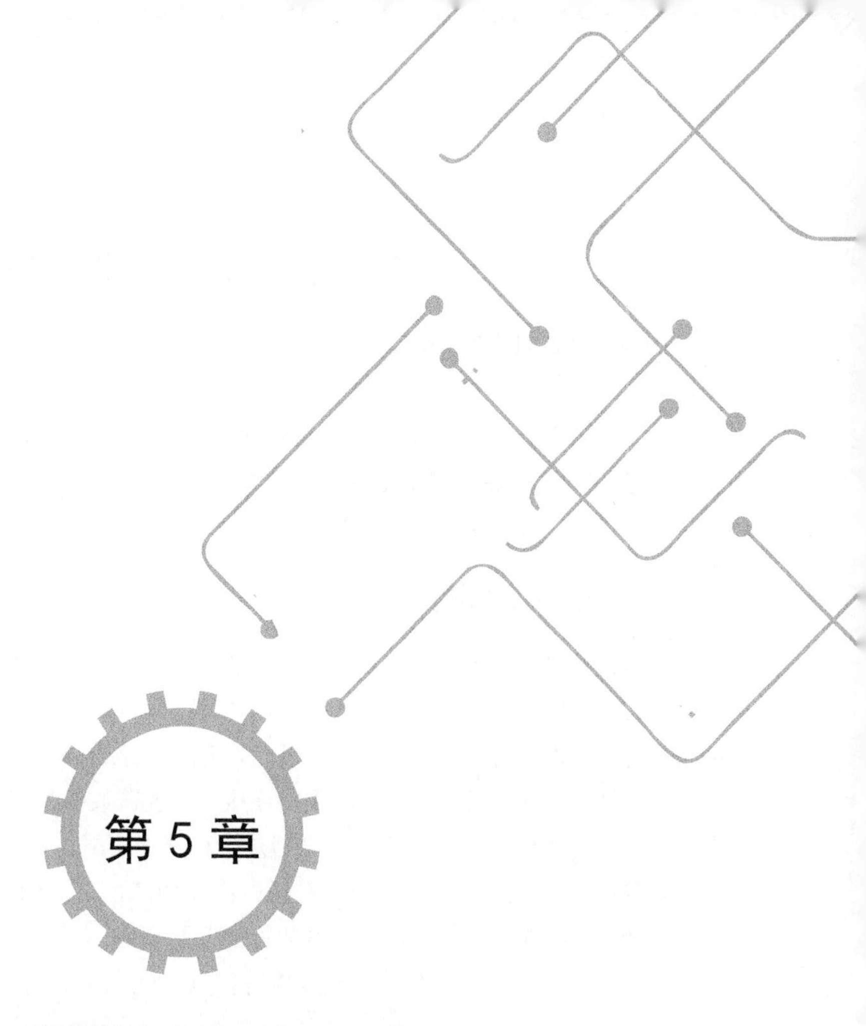

第 5 章

云网协同技术

本章简介：

随着云计算技术的日趋成熟，低成本、高效率的云服务将驱动经济向以云计算、AI 技术为基础的数字经济转型。云技术和应用在高速发展的同时，也对网络提出了更高的要求。

光网络是运营商的核心资源，也是运营商云网战略的重要支撑，通过网络方面的优势，运营商可以为客户提供面向行业应用的网络连接服务，也可以通过集成合作方和自身的云服务能力，提供云网协同的一系列服务和产品。同时，运营商也可以通过 SDN、NFV、云原生等云计算技术，构建泛在、超宽、开放、随需的智慧光网络。

本章将首先介绍云网协同和智慧光网络的关系，分析技术上的发展趋势和面临的挑战，提出云网协同的整体架构和组成元素，并简单介绍国内三大运营商的云网协同架构。然后，从网随云动、云化使能和云网协同 3 个方面分析面向云网协同的组网方案，最后对云网协同相关的一系列关键技术逐一进行深入剖析。

5.1 智慧光网络与云网协同

云网协同是目前数字科技领域重要的发展趋势，是CT与IT共同发展的产物，云计算的发展对网络提出了新的要求，需要网络能力的提升来支撑云计算的发展，同时网络也利用云计算的技术和理念优化网络资源，云和网需要高度协同。智慧光网络顺应云网协同的发展趋势，是云网协同的基础网络支撑；云网协同同时也是智慧光网络的重要使能技术，云技术在网络中的应用是实现网络智能化的关键。

5.1.1 什么是云网协同

云网协同是以满足业务需求为目的，通过技术创新将各种云和网的软件和硬件资源进行整合，云对外可以按照用户要求灵活地提供各种云服务，网可以根据各种云服务的要求按需开放网络能力，实现网与云的按需、灵活互联，并体现出超宽、泛在、随需、开放的特性。云网高度协同，打通云网、云网边、云网端的连接，实现在数字经济发展中统一的信息资源供给。

单纯从技术的角度来看，云网协同是一种云中有网，网中有云的互为使能状态，一方面，在云计算中引入网络的技术，也就是云网络化使能，以及网络中引入云计算的技术，即网络云化使能；另一方面，网络是云计算数据交互的基础，不但连接企业、总部、分支、个人等，同时也连接云中的计算、存储、数据库等，具有泛在、随需的特征。

5.1.2 智慧光网络与云网协同的关系

智慧光网络是云网协同的基础技术支撑。智慧光网络泛在、超宽、开放、随需的特性，充分满足了数字化转型背景下云对网络的需求。

在网络性能方面，智慧光网络的超高带宽，是支撑云接入、云互联的基本性能要求。在网络可用性方面，智慧光网络差异化的连接保障能力，如多层保护、多路径保护、多路由保护、QoS机制、切片隔离等技术能力，可为云计算业务提供可靠的连接服务。在网络智能性方面，智慧光网络的网络可编程、网络资源自动调优、故障预测及快速定位，可充分满足云的灵活多变的需求。在网络能力动态提供方面，智慧光网络可以根据云的需求，自动实现网络资源的调配，实现网络能力的动态提供。在网络安全性方面，智慧光网络除了提供访问控制、协议安全、身份安全和网络信息加密等传统的安全功能以外，还能通过大数据及AI等技术来实现网络攻击的主动预警和防御，为云计算业务提供网络安全保障。

云网协同同时也是智慧光网络的重要使能技术。云技术在网络中的应用是实现智能化的关键。智慧光网络要求网络从传统的以硬件为主体的架构向虚拟化、云化、服务化的方向发展，实现弹性资源分配、灵活组网、智能管控等目标。通信云作为云化网元的承载平台，成为网络功能的云化延伸；网络管控系统云化在提高网络集约化运营能力的同时也是大数据、AI和网络管控相结合的前提。

5.1.3　趋势和挑战

本节主要介绍云网协同的四大趋势和四大挑战。

1. 趋势

云网协同的四大趋势包括：简化协议逐渐成为网络协议发展的方向；网络运维由人工向基于 AI 的自动化演进；边缘计算的发展需要提升云网协同能力；云网协同到云网一体。下面将分别进行介绍。

（1）简化协议逐渐成为网络协议发展的方向

目前业界的共识是网络协议应尽量简化，降低对设备控制平面的要求，同时还要提升运维效率。简单化、标准化、自动化已经成为下一代网络协议发展的方向。

SR/SRv6 和 EVPN 是两个重要的技术，SR/SRv6 基于源路由的理念设计，主要特点是可编程、易部署、易维护及协议简化，采用 SR/SRv6 技术的网络会变得非常容易 SDN 化，网络通过可编程融合云网资源来满足差异化的需求。SR/SRv6 使用 IGP 代替复杂的基于流量工程扩展的 RSVP-TE 和 LDP，大大简化了网络协议。EVPN 为业务层技术，解决了 VPLS 的几个主要瓶颈问题，同时 EVPN 统一了业务部署方案，采用一个模型支持 L2VPN 和 L3VPN。

（2）网络运维由人工向基于 AI 的自动化演进

未来 AI 将覆盖网络“规、建、维、优”全生命周期。SDN、遥测技术的快速、持续发展，网络数据采集、建模、仿真、预测和控制能力逐步成熟，网络的数字化抽象能力逐渐增强，为数字孪生网络系统的应用奠定了基础。实时、在线的数字孪生网络系统和 AI 相结合，可以大大增强网络的运营能力，提高运营效率。

网络通过内生的“算力”，为故障定位、性能监测、拥塞防控，特别是缓变类故障的预测提供支撑。AI 在网络中的应用，可以构筑更加智能化和高效的网络，构建意图驱动网络、故障自动闭环、自动运维、自主管理的模式。

（3）边缘计算的发展需要提升云网协同能力

5G 移动通信的飞速发展促进了大量新兴业务的出现，如 AR/VR、车联网、机器视觉、工业控制、自动驾驶、IoT 等，这些业务有一个共同的特性就是需要实时处理，同时对算力和数据量也有一定的需求，终端产生的大量数据需要上传到云计算节点进行处理，并将结果送回终端，整个过程对通信时延的要求非常高。为了满足这个要求，需要一方面通过提升网络的技术能力来缩短时延，另外一个重要的方面是调整云的部署结构，让算力向用户和终端靠近。

另外，随着物联网的发展，万物互联会产生海量数据，对这些数据以中心化的方式进行汇聚处理显然不是合理的方式，应该采用分布式处理来减轻网络和核心云的压力，这也要求网络边缘具有智能化计算的能力。

以上两大类应用大大促进了边缘计算的发展，边缘计算可以看成核心云的延伸，边缘云与核心云之间的网络能力决定了云服务的提供能力，边缘计算的效率、可信度与网络的带宽、

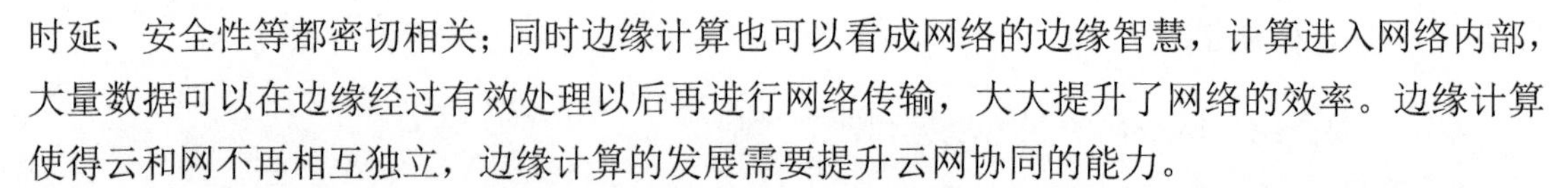

时延、安全性等都密切相关；同时边缘计算也可以看成网络的边缘智慧，计算进入网络内部，大量数据可以在边缘经过有效处理以后再进行网络传输，大大提升了网络的效率。边缘计算使得云和网不再相互独立，边缘计算的发展需要提升云网协同的能力。

（4）云网协同到云网一体

云网发展可以分为3个阶段。第一阶段是云网协同，主要特征是云和网基本彼此独立。两者在连接层相互隔离，两者的协同主要体现在网络层及服务层，可以向客户提供一站式云网订购服务；第二阶段是云网融合，其特征是云和网在连接层和网络层相互融合，采用统一的逻辑架构和共用组件来运营，实现云网能力的统一发放和调度；第三阶段是云网一体，也可以称为算网一体，特征是云网彻底打破界限融为一体，客户已看不到计算、存储和网络三大元素的差异，不同资源之间的隔离消失，对内实现统一的运营管理平台，对外提供统一的云网服务能力。

2. 挑战

云网协同的四大挑战包括：如何满足用户随需入云的需求；如何满足业务端到端的差异化需求；如何无缝对接各种异构网络；如何提供云网协同的服务。

（1）如何满足用户随需入云的需求

所谓随需入云，指的是在任何时间、任何地点，都能快速提供满足带宽和时延需求的云接入能力。传统的数据中心接入采用运营商专线接入，存在组网不够灵活、部署周期长的问题，随着云网业务的发展，对于云接入来讲，对应的需求为：就近接入、快速上云；多云互联、灵活组网；一点接入、多云访问；基于应用智能选路；云边协同、统一纳管。

（2）如何满足业务端到端的差异化需求

随着数字技术的发展，网络从人人互联到万物互联，一方面网络上的高清视频、线上课程、网络会议、直播、短视频越来越多，对于网络带宽的挑战巨大；另一方面，以VR/AR、自动驾驶、智能制造、机器人、无人机等为代表的新业务对网络服务的确定性也提出了更高要求。各种业务和客户对于网络提供的诸如带宽、时延和抖动、可靠性、数据安全等都有不同的要求。

网络由终端、接入（无线和光）、传送承载（IP＋光）、核心网和边缘计算平台等不同类型的分离网元构成，一个业务往往需要穿过多种分离网元，如何将业务对网络的需求在这些不同类型的网元中端到端拉通，满足业务所需要的网络参数要求，保障业务体验，这将是网络服务能力面临的挑战。

（3）如何无缝对接各种异构网络

随着网络技术的发展，网络连接的对象逐渐从连接人到连接万物，连接对象的多样性决定了采用网络技术的多样性，如何在多种不同的网络技术组成的异构网络之间实现无缝对接是网络服务能力面临的挑战。

对于云网协同来说，不但需要无缝对接云内和云间网络，同时还要对接实体网元和虚拟网元，甚至需要考虑网络实体和计算实体的对接。

异构网络的对接主要分为以下两个方面，第一是信息传送层面的对接，根据传统的ISO/OSI 7层模型，异构网络的对接主要在最下面的两层，三层及三层以上技术可以选择用来进行端到端拉通；第二是管控的对接，对接点在控制平面需要在不同的异构网络之间交互信令，

在管理层面需要构建统一的管控系统，比如说统一的编排器。由于不同的网络采用不同的技术和发展思想，同时自身也在不断发展，所以无论是传送层面还是管控层面，无缝对接都将是非常巨大的挑战。

（4）如何提供云网协同的服务

从业务需求的角度来看，需要的是云和网的服务和能力，而不是具体的云网资源。单一的连接或计算往往不具备提供这样服务的能力，需要两者进行协同。绝大多数的行业应用都需要云网协同的一体化服务能力。

传统运营商的优势是为网络用户提供优质的网络连接服务，在计算服务方面相对劣势，同时两者在运营商内部的技术体制和运营管理模式都存在差异。两者如何协同，将问题在内部解决而不暴露给客户，同时以连接的优势来弥补计算的劣势，向客户呈现出一体化的服务体验，是运营商云网战略面临的挑战。

5.1.4　顶层架构

云网协同通过网络与云服务之间的协同实现服务的一体化。网络从以通信机房为中心向以数据中心为中心转变，对于网络基础设施和云计算数据中心的布局，需要统一规划、统一考虑。基于网络的泛在接入和超宽、随需的连接能力，通过云化网元及云网协同的技术架构，使得网络、计算、存储、内容分发、安全等逻辑功能高度协同。通过统一的管控平台实现网络资源与云资源的统一控制，以及资源效率的最优化，向客户提供云网协同的服务。

云网协同的总体架构如图 5-1 所示，主要包括 4 个层级：基础资源层、逻辑功能层、管控编排层和行业应用层。

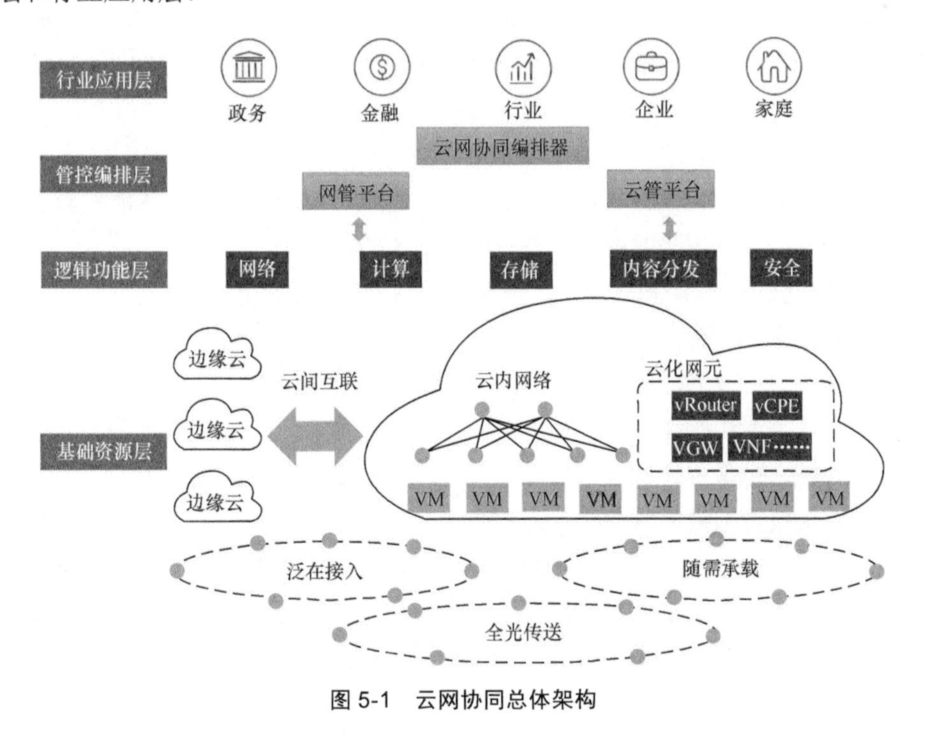

图 5-1　云网协同总体架构

基础资源层是总体架构的最底层，主要包括以实现万物互联为目标的泛在宽带接入网络，以超高带宽品质连接为目标的全光传送网络，以随需极简为目标的承载网络。除了网络资源，基础资源层还包括核心云、边缘云及云间互联网络和云内网络等各类云资源。云内虚拟化的云化网元也是云内网络或云间网络的有效组成部分。

逻辑功能层在基础资源层之上，负责云功能和网络功能的逻辑抽象，可以采用虚拟化抽象或微服务的方式，通过对应的系统和管理平台实现功能封装和纳管。主要有 5 类逻辑功能：网络类、计算类、存储类、内容分发类、安全类。

管控编排层在逻辑层之上，分为两部分。管控编排层底层为网管平台和云管平台，网管平台包括接入层控制器、光层控制器、承载层控制器等，云管平台包括虚拟资源管理器（VIM，Virtual Infrastructure Manager）、云内网络控制器等，他们负责各自专业范围内软硬件及云化网元的控制和管理。管控编排层上部为云网协同编排器，云网协同编排器对端到端的业务场景负责，控制云网协同完成业务部署、跨专业编排及资源协同。

行业应用层在总体架构的最上层。云网协同向具体的行业应用场景提供服务，对于具体的应用场景，会带有明显的行业属性，要求通过云网协同的架构充分开放云网能力，支撑数字化平台，服务千行百业。

5.1.5 运营商的云网协同架构简介

本节主要介绍近两年来国内各大运营商发布的云网协同相关的网络技术架构，包括中国电信的云网融合架构、中国联通的 CUBE-Net 3.0 架构、中国移动的算网一体网络架构。

1. 中国电信云网融合愿景架构和目标技术架构

中国电信的云网融合架构主要包括云网融合愿景架构和目标技术架构，云网融合愿景架构主要围绕愿景目标，对云网融合包含的各个要素及其之间的关系进行阐述；目标技术架构主要以云网分层的形式进行呈现，具体阐述每层包含的功能及相互之间的联系。

（1）中国电信云网融合愿景架构

中国电信云网融合的愿景是实现简洁、敏捷、开放、融合、安全、智能的新型信息基础设施的资源供给。中国电信云网融合愿景架构如图 5-2 所示。

这个架构主要分为：云网基础设施、资源、云网操作系统和数字化平台。

其中最基础的部分是统一的云网基础设施，云网基础设施一方面用于连接空、天、地、海各种网络，如图中的 5G/6G 移动通信网络、物联网、卫星网等；另一方面接入各种泛在的终端，包括手机、智能传感设备、汽车、飞机、机器人等。

云网基础设施之上是资源部分，资源部分是对具体物理资源的逻辑提炼，除包括云资源和网络资源外，还包含了数据资源和算力资源。

在资源部分之上是统一的云网操作系统，该系统负责对各种资源进行统一的抽象、管理和编排。云网操作系统中引入云网大脑的能力，通过 AI 和大数据实现云网管理的智能化。云网操作系统还支持云原生的开发环境，同时具有面向业务的云网切片能力和安全内生能力。

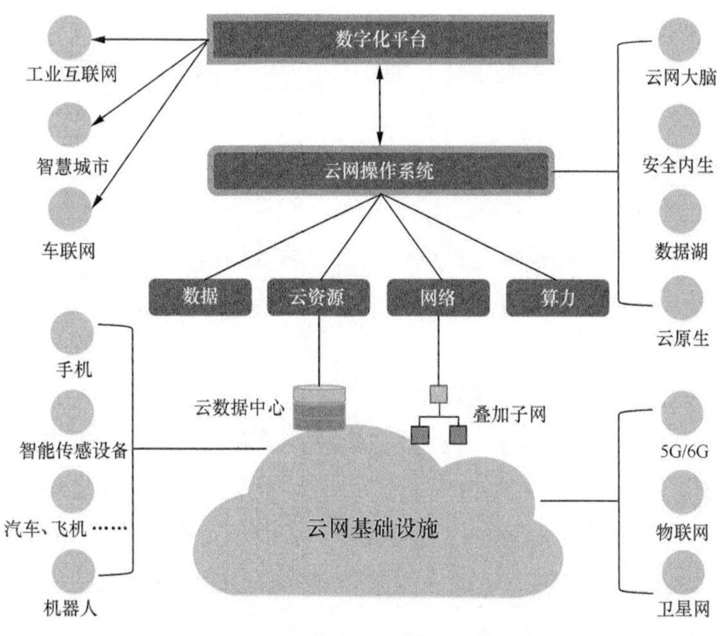

图 5-2　中国电信云网融合愿景架构

云网操作系统向上支撑数字化平台。数字化平台主要用于提供各个行业的数字化解决方案，对外提供服务。

（2）中国电信云网融合目标技术架构

中国电信云网融合目标技术架构如图 5-3 所示，主要包括 3 个部分：云网、应用平台和支撑技术。其中云网分为基础设施层、功能层和操作系统 3 层。下面主要对这 3 层进行简单介绍。

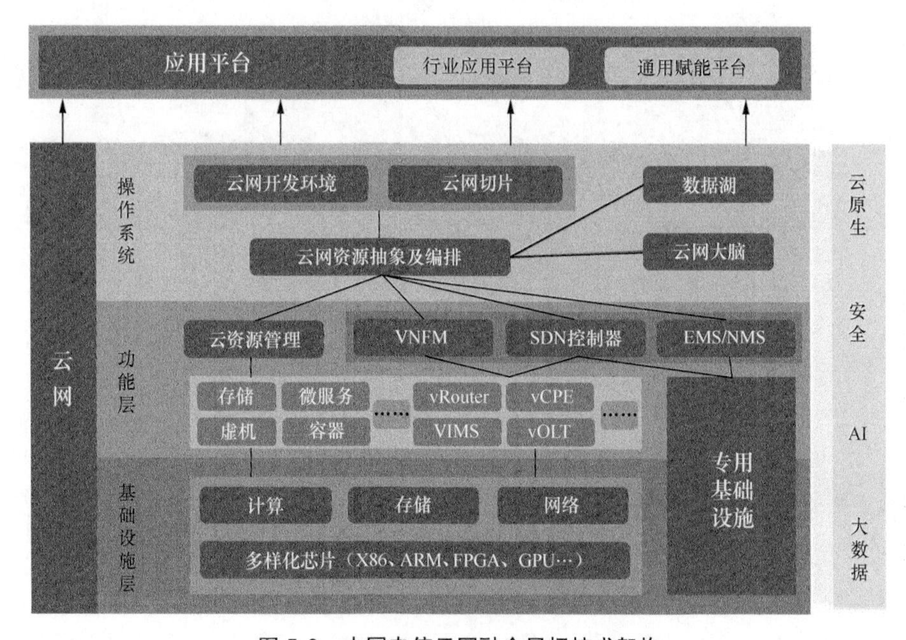

图 5-3　中国电信云网融合目标技术架构

① 云网基础设施层：在基础设施的资源形态方面包括 3 类物理资源形态，计算、存储和网络。这些物理资源其下的组成是多样化的芯片。中国电信在这里提出要尽量采用通用化、标准化、多样化的硬件形态。

② 云网功能层：负责对传统的云和网功能进行虚拟化处理，并和专用基础设施一起通过管理系统实现功能纳管。

③ 云网操作系统：负责在云网资源统一抽象和纳管的基础上，进行统一编排，向上提供良好的云网开发环境，提供云网切片的服务化能力，使得上层的应用平台能够使用云网融合的资源和服务。

2. 中国联通 CUBE-Net 3.0 顶层架构

CUBE-Net 3.0 架构是对 CUBE-Net 2.0 架构的继承和发展，整个架构融入了多种新的技术元素和产业要素，是中国联通网络方面的总体架构指引。整体网络架构包含 5 个组成部分，分别为面向用户中心的宽带接入网络、面向数据中心的云互联网络、面向算网一体的融合承载网络、面向品质连接的全光网络、面向运营和服务的智能管控平面。CUBE-Net 3.0 顶层架构如图 5-4 所示。

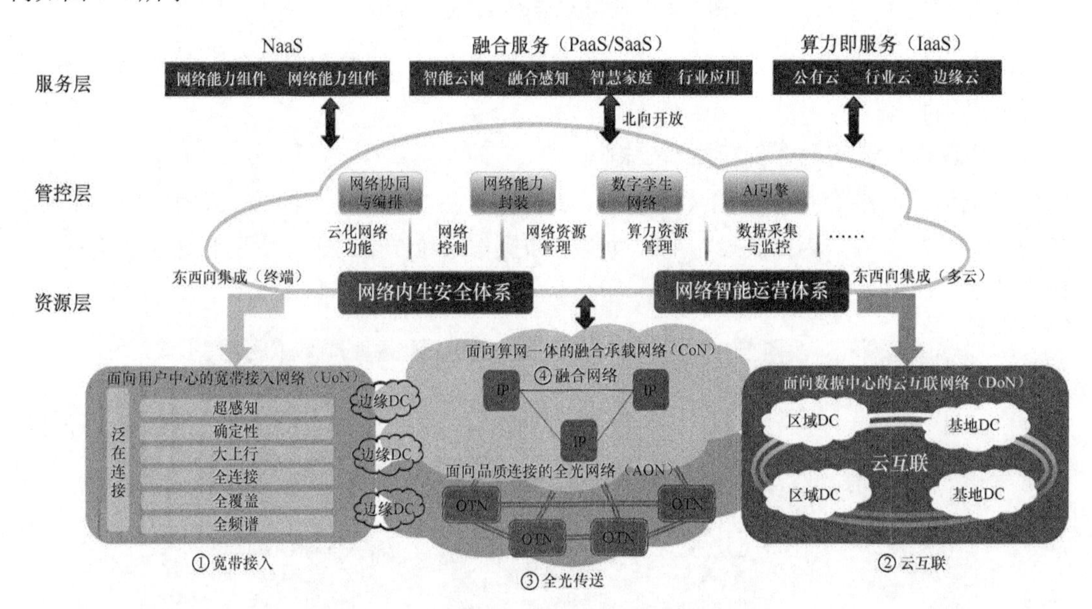

图 5-4　中国联通 CUBE-Net 3.0 顶层架构

整体网络架构的 5 个组成部分简单介绍如下。

（1）面向用户中心的宽带接入网络

宽带的使命由联接人扩展到联接物，为了实现智联万物的目标网络，需要能够满足空、天、地、海一体化的覆盖，满足多样化终端的接入要求，同时大幅增加接入容量。在确定性、智能性方面也要满足业务新的体验要求。

（2）面向数据中心的云互联网络

由于分布式云的发展，云互联网络将从核心向城域延伸，同时还要满足无阻塞、低时延

和大容量的要求。

（3）面向算网一体的融合承载网络

通过网络技术和计算技术的系统创新，提升算力的使用效率，提供算网一体的融合服务。

（4）面向品质连接的全光网络

光网络通过智能化的管控需要充分发挥超大带宽提供能力、光层组网能力、性能保障能力和绿色节能能力。

（5）面向运营和服务的智能管控平面

通过 AI 的引入，实现网络向完全自治的自动驾驶网络演进。

3. 中国移动算网一体网络架构

中国移动对未来网络的展望主要围绕 6G 的愿景来展开。6G 时代，网络技术将发挥更重要的作用。

网络架构将在面向全场景的泛在连接向分布式范式演进，面向统一接入架构的至简网络与实体网络同步构建数字孪生网络，具备自优化、自生长和自演进能力的自治网络，解决确定性时延核心问题、通信和计算融合的算网一体网络，资源按需，服务随选这些方面产生新的变革。

这里主要对通信和计算融合的算网一体网络进行简单介绍。中国移动算网一体网络架构如图 5-5 所示。

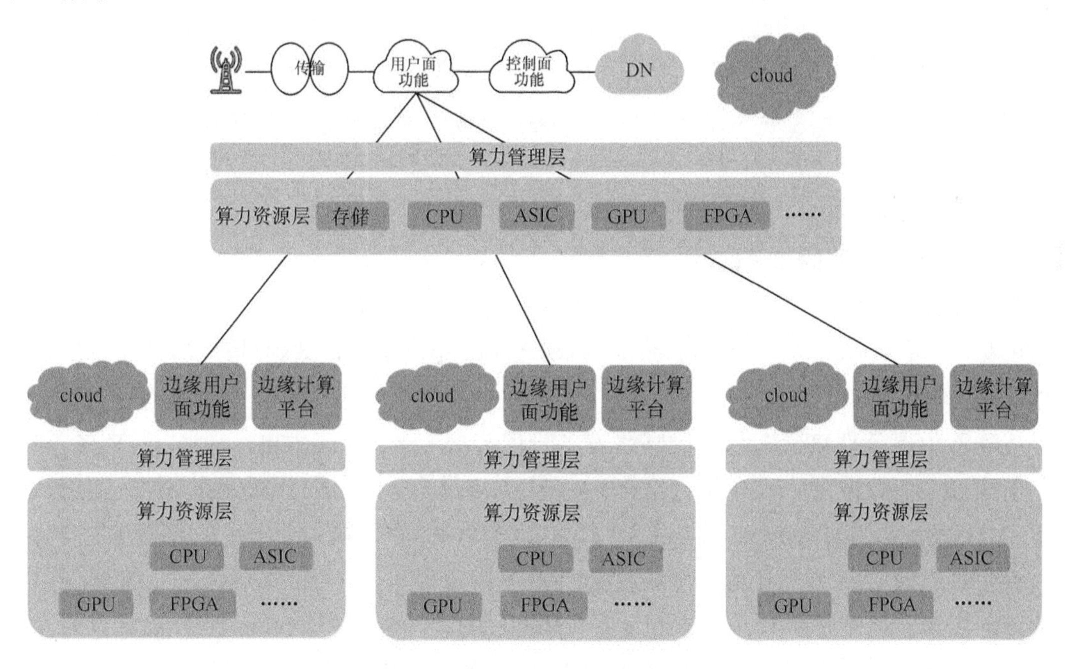

图 5-5　中国移动算网一体网络架构

算网一体网络不再是单纯的通信网络，而是集合网络、计算、存储为一体的信息网络。算网一体网络基于泛在的网络连接，将动态分布的计算资源互联，通过网络、存储、算力等多维度资源的统一协同调度，使得各种应用能够按需、有效使用不同位置的计算资源，实现网络连接和算力调度的全局优化。算网融合可以为用户提供更优的网络服务，以及最优的用户体验。

6G时代，算网一体网络将分布在各处的存储、计算和网络资源通过6G网络连接起来，根据业务需求及资源负载情况，自动为业务提供最佳的算力资源调配。算网一体网络通过无处不在的网络连接实现算力资源和业务需求的动态映射，使用户能随时随地获得最佳业务体验。同时算网一体网络也是AI实用化的基础平台和决定性力量，为6G网络奠定了自优化、自生长和自演进能力的技术基础。

5.2 面向云网协同的组网能力

云网协同有3类基础连接场景：混合云场景、同一公有云的多中心互联场景和跨云服务商的云资源池互联场景。

混合云场景连接的是企业本地资源与公有云资源池，目的主要是进行数据迁移、容灾备份、数据通信等。对传输质量、稳定性和安全性都有较高的要求；同一公有云的多中心互联场景主要是解决分布在不同地域的云资源池互联问题；跨云服务商的云资源池互联场景是解决不同的云服务商的公有云资源池间的高速互联问题，也叫多云互联。多云互联使得客户可以获得一线入多云的灵活多云访问能力。要实现以上3类基础连接场景，主要包括3个重要方面的组网能力，网随云动、云化使能和云网协同。

5.2.1 网随云动

网随云动需要网络根据云的需求进行部署、适配、开通和运维，网对云提供随需服务，从而云网对外统一提供融合产品。网随云动主要体现在以下5个方面：资源部署、基础承载、弹性业务、智能管控和一体化服务。

1. 面向云网协同的资源部署

在资源部署方面，有云的地方有网，有网的地方有云。数据中心和网络机房的界限会越来越模糊，设备使用的环境会日益趋同。机房会呈现出高密度、大容量、“随需而建”、节能减排等多方面的特点。

从外部供电条件来看，传统的网络设备一般采用–48V直流供电，–48V直流来自前级的整流器输出；数据中心设备采用220V/380V交流供电，220V/380V交流来自前级的不间断电源（UPS，Uninterruptible Power Supply）设备输出。网络设备供电的整流器环节和数据中心设备供电的UPS环节配置有蓄电池，当整流器和UPS的交流输入掉电时，由蓄电池对后级设备供电。网络设备和数据中心设备共用机房时，采用交流或高压直流（HVDC，High Voltage Direct Current）供电，不但可以缓解功耗升高带来的电流过大的问题，同时用电架构也达到了云网设备的统一。

在设备散热方面，大部分网络设备和数据中心设备融合以后均采用F-R风道，一般单面设备配置在800深的机柜内。此种风道设备可匹配机房洪灌风、机房上送风、地板送风等机房送风方式，与服务器、路由器等设备风道一致，可满足机房冷热隔离的机房热管理需求。由于网络和计算的性能提升，功耗的增加也非常显著，空气作为冷却介质，热交换效率比较

低，需要采用液体作为介质来提升整体散热效率。液冷主要用于解决大功耗、高密度部署带来的散热需求。常用的液冷方式主要有冷板式液冷、浸没式液冷和喷淋式液冷。

2. 面向云网协同的基础承载

在基础承载方面，以全光传送网为基础，以超宽为主要特质，面向云互联，提供超高带宽的一跳入云及云间互联通道，减少流量的电层穿通，降低电层核心设备的转发压力，提升整体承载品质。

基础承载提供云资源池之间的高速通道，完成云间高速互联与传送。干线数据中心互联方面，采用全光承载，采用直达为主，要求低时延、长距离传送，带宽从每秒数百比特到百万兆比特；在城域数据中心互联方面，多个数据中心之间往往采用 Mesh 或星形连接，带宽从每秒万兆比特到数十万兆比特，甚至到百万兆比特，需要更灵活的组网和带宽适配。核心层面采用全光 Mesh 组网，结合 WSON 控制平面和 OXC 功能提供光层业务的灵活调度，任意节点之间可以波长直达，减少层间转接；汇聚层支持光电混合的灵活调度，支持以太网、OTN、WDM、PON、SDH 等多种接入技术，全业务接入，同时支持从 400G 波长到 OSU 小颗粒多种带宽的硬管道，充足的网络带宽保证和灵活的带宽适配可以随时满足云的需求。

结合 IP 承载技术部署、构建云骨干网和云城域网，提供超高带宽传输，支持区域性大二层网络，传统的 IP 承载网一般采用核心、落地、汇聚、接入的口字形网络架构，且由多张并行的网络构成。这样的网络结构问题很明显，主要问题有：网络层级多；大客户承载一致性差；移动业务承载效率低等。随着云计算和 5G 的发展，网络流量由南北向流量为主变为东西向流量为主。在云网协同的趋势下，城域内流量大幅增长，下沉节点的数量大幅上升，用户流量实现就近入云，很大一部分流量将不再出城域。同时 5G 用户面功能（UPF，User Plane Function）的下沉也是其流量变化的主要因素，现有的网元间通信演变为云资源池服务间的通信。

从以上情况来看，需要一个简化层级、统一承载和满足流量发展要求的网络架构。目前对网络架构做出的调整主要有以下两点。

（1）采用叶脊（Spine-Leaf）组网架构，解决东西向流量问题。Spine-Leaf 架构最初源于 CLOS 架构，在网络中首先被应用于数据中心内部组网，满足数据中心内大规模东西向流量互通的需求，这个架构组网灵活，也易于扩展。

（2）网络构建以云为核心，网随云动，如图 5-6 所示，其中的虚框部分就是一个完整数据中心的架构，在这个云的基础上，实现多业务接入和综合承载。在接入方面，无线、宽带、大客户等都会接入网络中，网络统一建设与管理，数据网控制面等功能由通信云中的虚拟资源池实现。除中心云以外，各个层次、各种类型的云，未来都可能通过这种网络架构的网络接入，网络的叶子节点同时也可以作为通信云的云网关。

3. 面向云网协同的弹性业务

弹性业务是云网协同对外提供服务的基础，网络需要为业务提供满足其 SLA 要求的连接保障，主要包括带宽、时延、抖动、生存性等。

为了满足业务对网络的差异化需求，需要采用不同的网络切片来对业务进行承载，从广义的网络切片概念来看，包括硬切片和软切片，硬切片包括波长切片、ODU*k* 切片、OSU 切片、FlexE 切片等，软切片包括 VPN、VLAN、各种隧道技术等。另外，不同切片之间也存在嵌套关系，比如 ODU*k* 的切片可能包含在某个波长切片中，这是硬切片嵌套硬切片的情况，根据具体的业务需求，硬切片也可以嵌套软切片，软切片也可以嵌套硬切片。

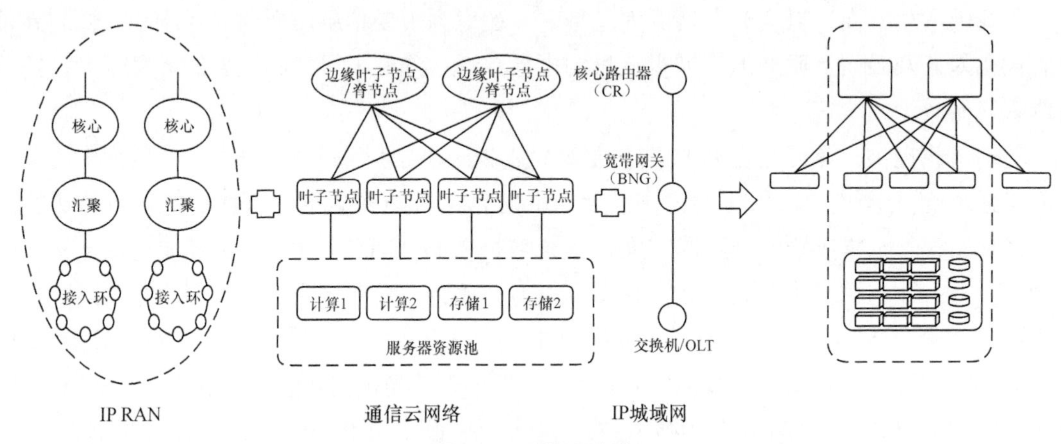

图 5-6　承载网演进

不同的切片本身由于其底层技术的差异，在带宽的提供效率、时延、抖动及生存性方面天然就存在差异，可以结合业务的需求来进行选择。另外，也可以根据路径的选择、保护机制的设置方面来保证业务的需求。例如时延，既可以直接采用波长承载的方式，直接采用最逼近物理极限的方式，也可以通过路由计算来选择端到端满足要求的路径；再比如生存性，可以对硬切片波长进行 1+1 保护、对 ODU*k* 进行 1+1 保护，也可以对软切片 VPN 进行 FRR 保护、对 LSP 进行 1∶1 保护。

4. 面向云网协同的智能管控

在智能管控方面，网络为了满足云灵活多变的需求，需要在管控方面提升智能化水平，提供网络资源动态优化、故障预测及快速发现、业务及流量的自动切换、网络可编程等功能，网络智能满足政企、公众及千行百业的差异化上云需求。

网络操作系统是实现网络智能管控的基础，是实现网络底层资源管理和控制的操作系统，同时将原本分散在网络设备之上的管控能力集中到统一的智能管控平台，实现网络资源的融合，并以此为基础，实现网络的可编程能力，向业务应用提供网络服务。在云网融合的场景下，网络操作系统也可以与云操作系统相融合，对外统一提供云网服务。

5. 面向云网协同的一体化服务

在一体化服务方面，网络需要和云协同对外提供一体化服务，网络的各种能力通过服务的方式体现和提供，完成网络供给的一站式开通、终止、变更、修改。采用云网操作系统实现对云和网络的统一纳管与编排，支持业务协同的快速提供。云和网之间以可编程的方式互为调度，统一提供云网服务。

5.2.2 云化使能

云网融合的另外一个重要特点是云化使能网络，与计算资源的虚拟化类似，NFV 技术通

过对网络设备的虚拟化来承接网络功能的软件处理，软、硬件可以解耦，资源可以充分灵活共享。云化使能网络具有云的弹性扩容、按需分配、高可靠性、高开放性等云的特性，网络同样也具备。云原生技术的引入，使得 NFV 技术得到了进一步的发展，面向多级分布式数据中心、基于微服务化、云化重构的 VNF 应用构建的云化使能网络，已经成为业界的共识。

1. NFV 是云化使能网络的基础

按照 ETSI NFV 标准化组织的描述："NFV 致力于改变网络运营者构建网络的方式，通过 IT 虚拟化技术将各种网元变成了独立的应用，可以灵活部署在基于标准的服务器、存储、交换机构建的统一平台上，实现在数据中心、网络节点和用户端等各个位置的部署与配置。NFV 可以将网络功能软件化，以便在业界标准的服务器上运行，软件化的功能模块可以被迁移或实例化部署在网络中的多个位置而不需要安装新的设备。"

云化使能网络的主要目的是为了满足业务快速迭代的需求。企业的业务上云以后，无论是对外提供的服务还是内部连接，对网络的需求会越来越多，对云服务提供商来说，需要网络能够快速提供合适的功能，同时随着业务的迭代，网络也要具备快速迭代的能力，使用传统的、标准的、封闭的网络设备，显然无法满足这样的要求。采用 NFV 技术的虚拟化网元很好地解决了这个问题，它通过软件虚拟化的技术快速灵活地提供网络功能。

云化使能网络后大量的虚拟化网元是其基本的承载形态，这些网元包括交换机、路由器、安全网关、NAT 网关、负载均衡等。这些网元有些是由纯软件实现的，有些可能具有一定的硬件加速功能，有些则可能还结合了专用的可编程芯片。但不管是什么类型网元的虚拟化，都可以通过灵活的资源组织来构建具备一定网络功能的虚拟化网元，是云化使能网络的基础。

2. 云化使能使网络具有云的特性

什么是云化，从云计算的技术角度去理解，就是计算能力的资源池化，对于资源来说，池化以后能够进行更加细化的管理和调度，具有弹性扩容、按需分配、高可靠性、高开放性等特征。

网络的云化使能其实就是网络资源的池化，通过网络虚拟化技术使得网络功能和硬件之间解耦，这种解耦对于一个网元来说，可以是全解耦状态，也可以是半解耦状态，比如一台虚拟化的路由器，可以完全由软件实现，其网络功能和硬件之间就是全解耦的状态；还有网络设备把原来设备内的控制平面和传送平面分离进行独立的部署，这是一种半解耦状态。另外，网络管理系统从传统的单一服务器向云内进行部署是网络管理能力的池化。随着网络的云化使能，网络继承了云的特性，包括弹性扩容、按需分配、高可靠性、高开放性等特性，并形成了不同于传统网络的服务模式。

虚拟化技术可以实现网络资源的弹性分配与扩容。在业务规模快速增长、承载业务越来越多样化的趋势下，网络通过虚拟化技术可以实现网络资源的高效利用，比如 IP 地址、带宽等，实现网络资源的快速聚合和弹性分配，满足业务的部署和运营需求，充分共享和高效利用底层硬件资源。

网络虚拟化可以保障网络资源的正常运行，并提高容灾能力。通过虚拟化技术可以构建多个网络或网元的实例互为备份，当其中一个出现故障后，能够快速将业务迁移到备份网络或网元，保证业务能够正常运行。网络虚拟化也可以让网络资源和云计算资源更好地协同，云计算资源的备份和迁移需要网络具备同步备份和迁移的能力。相比于传统网络，云化使能以后的网络容灾能力大大增强了，同时为备份资源所付出的成本并没有增加多少。

网络资源池化也为网络资源按需供应和按需支付提供了新的服务模式。池化资源的弹性扩容、按需购买取代了传统网络的一次性付费。用户可以根据自己对网络资源的需求进行购买，与其说是购买，更像是一种租用模式，租用的资源随着用户本身业务的变化实时扩展和缩减。同时，对于网络来说，通过云化使能可以在用户无感知的情况下对网络资源进行共享，大大提高了资源利用率。共享的前提是用户无感知，这里的用户无感知主要包括两点要求，第一，满足用户的业务需求；第二，足够的安全隔离性。

网络池化也使网络服务开放成为可能，为云网统一管理部署奠定基础。网络服务提供丰富的 API 与可编程空间，便于上层应用能够随时、灵活地调用网络能力，实现云与网络的统一管理和部署，为承载的业务提供更好的支撑与优化。最终实现能够提供全面的用户自定义和自动化的云网一体服务。

3. 云原生使能网络

近年来，云原生成了云计算的发展方向，它是一种新型的技术体系。从字面上看可以分为云和原生两个部分。云指的就是云计算，指出了功能或服务的运行环境；原生指的是这个功能或服务从设计之初开始就要考虑在云内运行，充分利用云的优势。

对于云化使能来说，云原生能一步提升网络服务的交付能力，开始成为运营商对网络进行云化使能的主要方法。云原生使能网络具备如下特性。

（1）微服务化

微服务是指将一个单体结构的应用拆解为一个个更小的服务模块，这些模块彼此可以进行通信，可以采用不同的编程实现方式，能够进行自动化部署。微服务具有复杂度可控、技术选型灵活、独立部署、高容错和灵活扩展的优点，基于微服务架构，虚拟化网元解耦为一组各自独立的微服务，各自完成独立的业务功能，独立部署，独立升级；同时配合引入 DevOps 工具，可以支持快速定制、持续快速发布网络服务。

（2）容器化部署

容器是轻量级虚拟化技术，容器可以比虚拟机（VM，Virtual Machine）节省硬件资源。在基于服务的架构（SBA，Service-Based Architecture）中，容器是微服务化 VNF 的最佳实现技术。通过容器技术可以将服务和其依赖项及配置一起打包为容器镜像，容器化的程序可以作为一个独立的单元进行测试和发布，在团队中共享，通过这种方式服务可以方便地部署于任何环境中，同时支持持续迭代，提升产品的更新和交付速度。

（3）DevOps 开发模式

DevOps 由开发（Developments）和运维（Operations）两个单词组成，百科网站的定义是“一组过程、方法与系统的统称，用于促进开发、技术运营和质量保障部门之间的沟通、协作与整合。”为了应对网络服务快速交付的挑战，团队需要按照 DevOps 开发模式来进行组织，团队从开发到部署再到维护需要负责服务的整个生命周期，采用敏捷的模式，通过较

小的、频繁的改变来升级维护负责的任务，以及通过自动化环境，实时反馈，快速改进，达到服务快速部署发布的效果。

5.2.3　云边端协同网络

按照高德纳（Gartner）的预测，分布式云就是下一代云计算。分布式云将公有云服务分配到不同的物理位置，集中式的公有云服务模式发生了重大改变。究其原因，主要是因为集中式的数据处理和存储面临难以解决的瓶颈，同时也出于成本的考虑，使得计算由集中走向边缘。终端能力上移，云端能力下移，增强边缘能力，形成云边端的协同架构。网络根据连接对象的不同可以分为端边网络、云边网络和多云互联网络。本节主要按照这个分类来分别阐述。

1. 端边网络

端边网络包括终端系统到边缘云系统所经过的一系列网络基础设施。根据应用场景的不同，主要包括以下 3 类，园区网、接入网和边界网关。其中园区网包括企业内网、校园网、厂区局域网等，常见网络技术有 L2/L3 局域网、Wi-Fi、TSN、现场总线等。接入网包括无线网络 2G/3G/4G/5G、Wi-Fi、光接入网络 PON 及各类接入专线等。边界网关包括：5G UPF、宽带网络网关（BNG，Broadband Network Gateway）、CPE、IoT 接入网关等。

端边网络具有高融合、低时延、大带宽、大连接等特性。在高融合特性方面，在多样化的接入场景下，如智慧家庭、工业互联网、IoT 等，终端设备的接口种类非常丰富，因此端边网络的 UNI 需要支持异构性，用以接入多种类型的终端设备。在低时延特性方面，边缘计算的云端算力边缘化的主要目的就是缩短端边时延，端边网络天然就需要支持低时延，对于一些需要实时控制的场景，如工业自动化、无人驾驶等，还需要更高的低时延技术。在大带宽特性方面，对网络的需求主要是高下行带宽类业务需求，如视频点播、云 VR 等，对于 AI 数据收集、智能监控这类应用，要求高上行带宽。大连接主要是出现在 IoT 相关的场景中，物物互联需要连接的对象是现在连接对象的数千倍，端边网络必须能够支持海量的设备接入。

端边网络中涉及的关键技术主要包括 5G 网络技术、TSN 技术、NFV、网络切片等。5G 网络技术具有比 4G 网络技术更高的频谱利用率和效能，高带宽、低时延、泛连接的三大特性可以有效提升端边网络的性能；TSN 主要是为确定性、可靠性要求高的业务提供服务保障，目前已经应用于很多垂直领域，如工业控制、自动驾驶；NFV 技术主要解决网络设备对专用硬件的依赖，降低成本的同时可以快速开发和部署；网络切片是一种按需组网的方式，可以在端边网络中提供差异化服务并提供一定的隔离性。

2. 云边网络

云边网络指的是从边缘云到中心云所经过的一系列网络基础设施。云边网络涉及连接多种类型的系统，这些系统可能来自不同的运营方，如云服务提供商、通信运营商等，连接的方式多种多样，同时云边网络也对低时延有一定要求。单一的技术或网络很难完成互联工作。

云边网络的关键技术主要包括软件定义的广域网（SD-WAN，Software Defined Wide Area Network）、SRv6、EVPN 等。这些技术的出发点都是跨网络隧道技术，其中 SD-WAN 是 Overlay 方案，是将 SDN 技术直接应用于广域网场景中的一种服务，实现对传统广域网的智能管控。SD-WAN 分层架构不依赖于专用的硬件设备，通过智能化、集中化、自动化的手段将网络功能和服务从数据平面迁移到更加抽象的可编程控制平面，实现数据平面和控制平面的分离。SRv6 是由 IPv6 和 SR 技术结合而成的网络技术，具有良好的网络可编程能力，SRv6 技术将在 5.3.1 节中具体介绍，这里不进行过多阐述。云边网络中 EVPN 的应用能够提升边缘计算系统的可扩展性和可靠性，并简化运维，达到降低边缘计算系统管理成本的目的，EVPN 技术的相关介绍详见 3.1.3 节。

3. **多云互联网络**

多云互联网络指的是多个云数据中心系统之间用于连接的一系列网络基础设施。

业务需求和技术创新推进云计算部署逐渐从一朵云向多云演进，多云场景主要具有四大优势：灵活性、就近响应、避免单一云商的锁定和高可靠性。在灵活性、就近响应方面，多云协同支撑业务融合创新，能够有效地控制负载和成本，多云共管提高运维效率，提升数据的可移植性和互操作性，精细化管理，统一监控，生态互补。在避免单一云商的锁定和高可靠性方面，多云协同充分利用不同云服务提供商的能力，为客户提供一致的管理、运营和安全体验。

多云互联网络主要有以下 3 个方面的特征。

（1）多云互联网络弹性扩展。多云互联网络具有云的特性，可按需、按量付费使用，并且能做到自动化的弹性伸缩管理。由于多云互联网络涉及多家云商资源，因此需要一个统一的管理平台进行资源调度。

（2）多云互联跨网、跨域。对于多个云分布在不同运营商的场景，多云互联服务商需要拉通不同地域的不同网络服务商，使多云网络具备跨网、跨域的能力。同时需要保证跨网、跨域连接符合服务等级的要求。

（3）多云容灾互联。多个云间的容灾是使用多云互联网络的需求之一。多云容灾需要多个云之间提前预搭建大带宽、低时延的互联通道，用于支持数据实时同步和迁移切换。

MPLS VPN 与 SD-WAN 是多云互联的关键技术。多云互联网络需要解决多云之间，以及多个异构环境间的互联互通，例如以多云为主，包含数据中心、总部、分支机构等一系列环境需要连接。传统云间互联的方式是企业专线拉通点到点连接，可扩展性较差。第三方服务商利用 MPLS VPN 和 SD-WAN 组建专有网络提供多云互联服务成为趋势。和云边网络一样，SRv6+EVPN 将是 MPLS VPN 更好的替代技术。

随着云计算的发展、云计算中心规模的扩大及大带宽流量的通信要求，特别是多云容灾互联的需求，云服务提供商及网络运营商开始大规模地采用光传输 DCI 产品来组建 DCI 网络，这些产品相对于传统的光网络产品在成本、空间、智能运维等方面都进行了大量的优化，更能适应云计算的通信需求。

5.3　云网协同的关键技术

要达到云网协同的目标，除了在架构和组网能力方面对网络进行全面重构，还需要从多

种关键技术方面给予支撑。这些关键技术包括用于提升网络设计和控制灵活性的网络可编程技术；用于赋予网络感知能力的网络遥测技术；用于达到网络资源隔离性的网络切片技术；用于网络云化使能的网络云化技术。本节将会对以上这些技术进行一一解读。

5.3.1　网络可编程

云网协同需要网络具备网络可编程的能力，实现网随云动、云化使能、云网协同的组网，网络需要具备灵活的全场景可定制能力。如图 5-7 所示，网络可编程能力从上往下依次为业务编排可编程、控制可编程、设备配置可编程、设备表项可编程、硬件行为可编程，常见的编程接口技术主要有 NETCONF+YANG、OpenFlow、SRv6（不单是编程接口）、P4、PCEP。本节将围绕这些编程接口技术展开，其中，业务编排和控制主要涉及网络控制器和编排器，将在网络云化技术部分具体介绍，本节暂且略过。

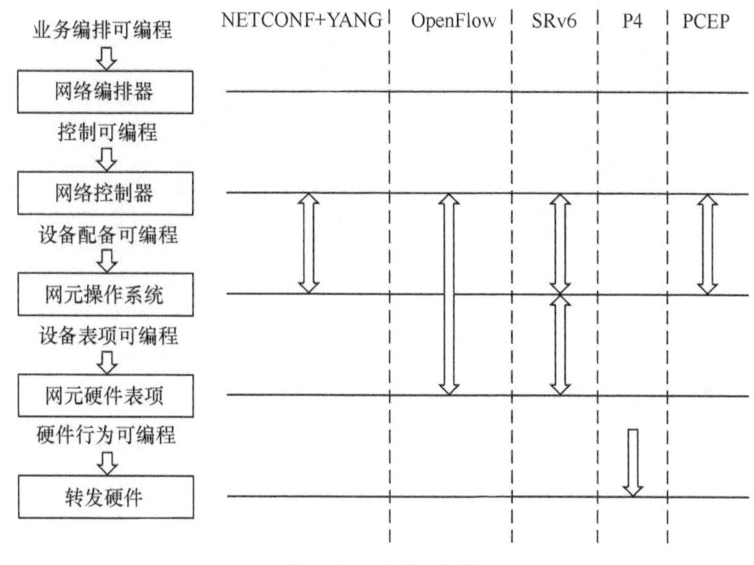

图 5-7　网络可编程

1. NETCONF+YANG

（1）NETCONF 概述

NETCONF 和 YANG 是 IETF 定义的标准化网管接口。IETF 在 2006 年 12 月通过了 NETCONF 的基本标准 RFC 4741-4744，它们分别给出了向传输协议安全外壳（SSH，Secure Shell）协议、简单对象访问协议（SOAP，Simple Object Access Protocol）和块可扩展协议（BEEP，Blocks Extensible Exchange Protocol）映射的实现方案，但 NETCONF 内容层没有被标准化，未明确数据建模语言和数据模型。2011 年 6 月，RFC 6241、RFC 6242 替代了原有的 RFC 4741、RFC 4742。RFC 6020 定义了 YANG 的语法和数据类型。RFC 6244 描述了实现 NETCONF/YANG 的参考架构。

RFC 6241 定义的 NETCONF 分为以下 4 层：内容层、操作层、远程过程调用（RPC，

Remote Procedure Call）层、传输协议层。每一层作为上层服务的提供者向上提供服务，同时作为下层服务的客户对下层服务进行调用。NETCONF 协议结构如图 5-8 所示。

① 内容层：主要包括 RFC 6020 定义的 YANG 语法和数据类型。

② 操作层：全面定义了 9 种基础操作，主要包括取值操作（get、get-config）、配置操作（edit-config、copy-config、delete-config）、锁操作（lock 和 unlock）和会话操作（close-session、kill-session）4 个方面。这些操作可以作为 RPC 层的方法调用。

③ RPC 层：RPC 层表示了基于 XML-RPC 的通信模型，定义一个简单的、与传输协议无关的消息编码格式。消息包括操作、参数、成功返回、错误返回（带详细的错误返回值）。

④ 传输协议层：用于在被管设备和管理应用之间建立通信通道，NETCONF 是面向连接的，它采用的安全通信协议包括 SSH 协议（强制）、SOAP（可选）和 BEEP（可选）。

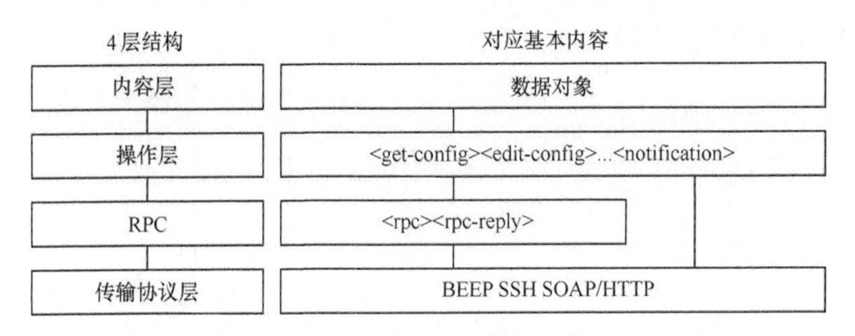

图 5-8　NETCONF 协议结构

（2）YANG 概述

NETCONF 内容层是唯一没有被标准化的层。NETCONF 未定义数据建模语言和数据模型，而是由 YANG 来提供数据建模语言。YANG 的目标是对 NETCONF 数据模型、操作进行建模，覆盖 NETCONF 的操作层和内容层。RFC 6020 定义了 YANG 的语法和数据类型，RFC 6244 描述了一个实现 NETCONF/YANG 的参考架构，如图 5-9 所示。

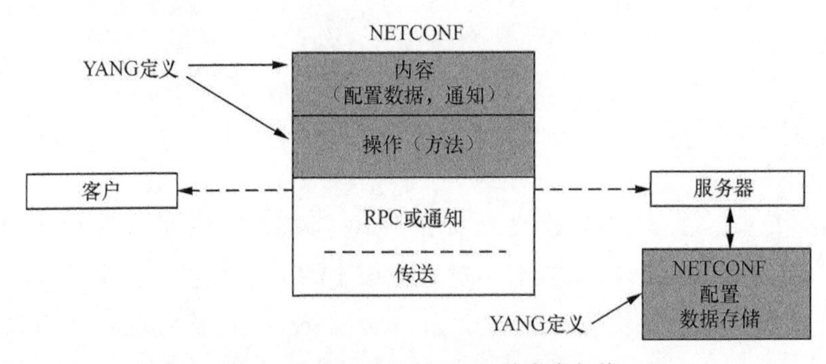

图 5-9　NETCONF/YANG 的参考架构

一个 YANG 模型定义了一个数据的层次结构，如图 5-10 所示，这些数据可以被用作基于 NETCONF 的操作，比如配置、状态数据、RPC 和通知。

YANG 建模得到的数据具备树形结构。其中每一个节点都有一个名字、一个值或者一些子节点。YANG 为这些节点及节点之间的交互提供明确、清晰的描述。

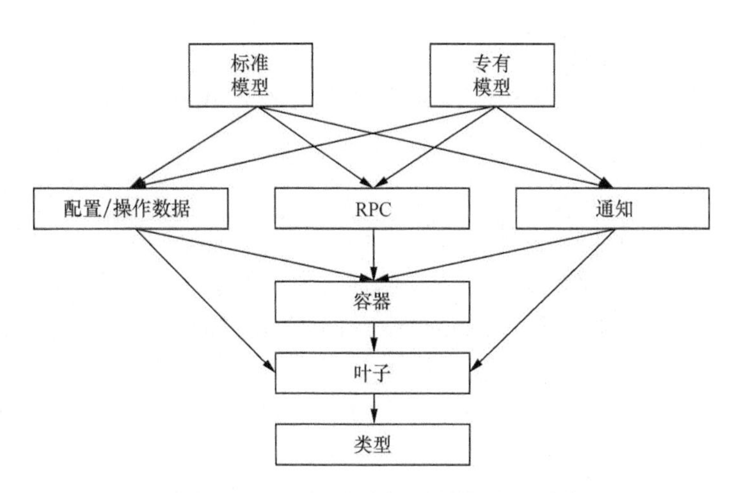

图 5-10　YANG 模型定义的数据层次结构

YANG 使用模块和子模块进行数据建模。一个模块能够从其他外部的模块中导入数据，也可以包含来自于子模块中的数据。YANG 模型定义的数据层次结构可以扩展，使得一个模块能够扩展数据节点给另一个模块，但这些扩展需要满足特定的条件。

YANG 模型还能描述数据之上增加的约束，例如基于层次结构中其他节点的出现与否，值为多少等来限制一些节点的出现与赋值。这些约束被客户或者服务器强制执行，是双方必须遵守的约定。

YANG 定义了一系列的内建数据类型，也有定义新数据类型的类型命名机制。YANG 允许对可重用的节点组中节点的定义。派生类型及节点组能够定义在一个模块或者子模块中，能够被本地其他模块的子模块导入和使用。YANG 的垂直数据结构包括了对列表的定义。列表中包含的每一项都有唯一的关键字。这样的列表有可能被用户自定义排序或者由系统进行默认排序。对于用户自定义排序的列表来说，操作是为了对列表项进行排序定义的。

YANG 模块可以被转换为等价的 XML 格式，被称为 YIN（YANG Independent Notation），这使得相关的应用可以通过 XML 解析器或者 XSLT 脚本进行操作。从 YANG 到 YIN 的转换是无损的，因此也可以从 YIN 格式转换为 YANG 文件。

YANG 试图在高层的数据建模和底层的比特数据编码（bits-on-the-wire encoding）之间追求平衡。YANG 模块的读者可以查看数据模型的高层视图，同时也能理解在 NETCONF 操作中这些数据如何编码。

YANG 是一种可扩展语言，允许标准制定者、设备商及私人定义新的声明。声明的语法使得这些扩展能够以一种自然的方式和标准的 YANG 声明共存，同时使得读者能够有效地认知这些新扩展。

2. OpenFlow

OpenFlow 协议最初由斯坦福大学一个名为 Clean Slate 的小组提出，经过多年的发展，逐步成为 SDN 主流的南向接口之一，是 ONF 主推的南向接口协议。它提出了控制与转发分离的架构，规定了 SDN 转发设备的基本组件和功能要求，以及与控制器通信的协议。

（1）OpenFlow 的基本概念

OpenFlow 协议的架构如图 5-11 所示，其中的组件包括 OpenFlow 网络设备、控制器、用于连接设备和控制器的安全通道、流表、流水线。其中，OpenFlow 网络设备和控制器是组成 OpenFlow 网络的实体。控制器位于 SDN 架构中的控制层，通过安全通道与 OpenFlow 网络设备相连，通道上传递 OpenFlow 协议消息，用于控制设备的转发。OpenFlow 网络设备由硬件平面上的流表和软件平面上的安全通道构成，流表为 OpenFlow 的关键组成部分，由控制器下发来实现控制平面对转发平面的控制。流表是一些针对特定流的策略表项的集合，负责数据分组的查询和转发。流水线用于报文的实际匹配、修改、转发等行为。

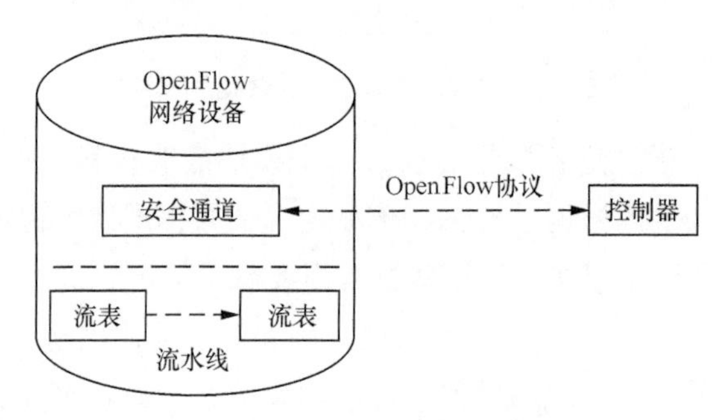

图 5-11　OpenFlow 协议的架构

（2）OpenFlow 流表

OpenFlow 控制器通过部署流表配置数据平面，数据平面通过流表来匹配和处理报文。所有的流表项都被组织在设备不同的流表中，每个设备可以有多张流表，每张流表中都可以存储多条表项，每一条表项都表征了一条流及其对应的处理方法，即动作（Action）表。一条流表的表项由匹配域、优先级、计数器、处理指令集和生存时间等组成，如图 5-12 所示。一个数据分组进入 OpenFlow 网络设备后需要先匹配流表，若符合其中某条表项的特征，则按照相应的动作进行转发处理，否则需要根据配置选择如何处理，包括上传控制器、丢弃或者传递给下一张流表。

匹配域	优先级	计数器	处理指令集	生存时间	Cookie

图 5-12　OpenFlow V1.3 协议中的流表项结构

① 匹配域。流表项匹配规则，可以匹配入接口、物理入接口、流表间数据、二层报文头、三层报文头、四层端口号等报文字段等。

② 优先级。流表项优先级，定义流表项之间的匹配顺序，优先级高的先匹配。

③ 计数器。流表项统计计数，统计有多少个报文和字节匹配到该流表项。

④ 处理指令集。定义匹配到该流表项的报文需要进行的处理。当报文匹配流表项时，每个流表项包含的指令集就会执行。这些指令会影响到报文、动作集及管道流程。设备不需要支持所有的指令类型，并且控制器可以询问 OpenFlow 网络设备所支持的指令类型。

⑤ 生存时间。流表项的超时时间。

⑥ Cookie。控制器下发的流表项标识。

OpenFlow 规范中定义了流水线的处理流程，报文匹配处理流程如图 5-13 所示。

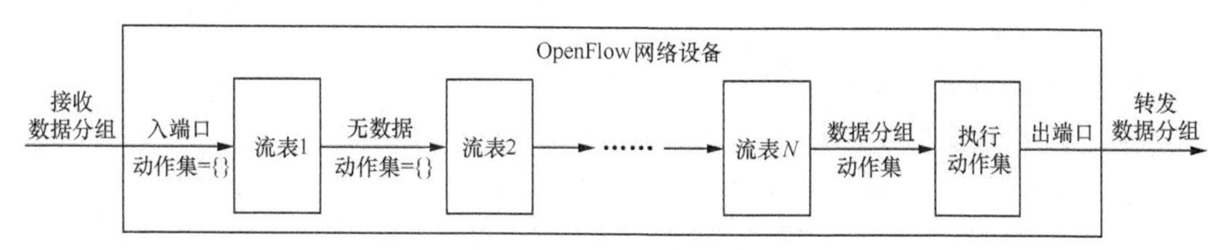

图 5-13　报文匹配处理流程

当报文进入 OpenFlow 网络设备后，必须从最小的流表开始依次匹配，也就是说流水线处理总是从流表 Table0 开始的。流表可以按次序从小到大越级跳转，但不能从某一流表向前跳转至编号更小的流表。当报文成功匹配一条流表项后，将首先更新该流表项对应的统计数据（如成功匹配的数据包总数目和总字节数等），然后根据流表中的指令进行相应的操作，比如跳转至后续某一流表继续处理，修改或者立即执行该数据分组对应的动作集等。当数据分组已经处于最后一个流表时，其对应的动作集中的所有动作将被执行，包括转发至某一端口、修改数据分组某一字段、丢弃数据包等。具体实现时，OpenFlow 网络设备还需要对匹配表项的次数进行计数、更新匹配集和元数据等操作。

（3）OpenFlow 安全通道

OpenFlow 网络设备与控制器通过建立 OpenFlow 安全通道，进行 OpenFlow 消息的交互，实现表项下发、查询及状态上报等功能。这部分流量属于 OpenFlow 网络的控制信令，有别于数据平面的网络流，不需要经过交换机流表的检查。为了保证"本地流量"安全可靠地传输，通常采用传输层安全协议（TLS，Transport Layer Security）加密，但也支持简单的 TCP 直接传输。如果安全通道采用 TLS 连接加密，当网络设备启动时，会尝试连接到控制器的 6633 TCP 端口（OpenFlow 默认设置）。双方通过交换证书进行认证。

OpenFlow 协议支持 3 种消息类型。

① 控制器到设备消息

由控制器发起，OpenFlow 网络设备接收并处理的消息。这些消息主要用于控制器对设备进行状态查询和修改配置等管理操作，可能不需要设备响应。

② 异步消息

由 OpenFlow 网络设备发送给控制器，用于通知设备上发生的某些异步事件的消息，主要包括收包（Packet-In）、流移除（Flow-Removed）、端口状态（Port-Status）和错误（Error）等消息。例如，当某一条规则因为超时而被删除时，设备将自动发送一条流移除（Flow-Removed）消息通知控制器，以方便控制器进行相应的操作，如重新设置相关规则等。

③ 同步消息

同步消息是双向对称的消息，可由控制器或者 OpenFlow 网络设备中的任意一侧发起，主要用来建立连接、检测对方是否在线等，是控制器和 OpenFlow 网络设备都会在无请求情况下发送的消息，消息类型包括 Hello、Echo 和 Experimenter 这 3 种。

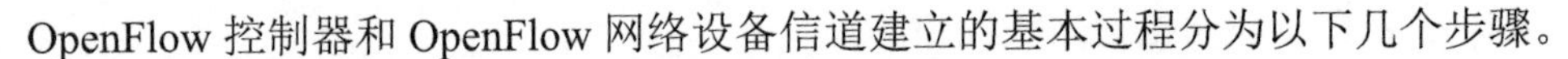

OpenFlow 控制器和 OpenFlow 网络设备信道建立的基本过程分为以下几个步骤。

a. OpenFlow 网络设备与 OpenFlow 控制器之间通过 TCP 三次握手过程建立连接，使用的 TCP 端口号为 6633。

b. TCP 连接建立后，网络设备和控制器就会互相发送 Hello 报文。Hello 报文负责在设备和控制器之间进行版本协商，该报文中 OpenFlow 数据头的类型值为 0。

c. 功能请求（Feature Request）：控制器发向网络设备的一条 OpenFlow 消息，目的是为了获取网络设备性能、功能及一些系统参数，该报文中 OpenFlow 数据头的类型值为 5。

d. 功能响应（Feature Reply）：由网络设备向控制器发送的功能响应报文，描述了 OpenFlow 网络设备的详细细节。控制器获得设备功能信息后，OpenFlow 协议相关的特定操作就可以开始了。

e. 回声请求（Echo Request）和回声响应（Echo Reply）属于 OpenFlow 中的对称型报文，他们通常用于 OpenFlow 网络设备和控制器之间的保活。通常，回声请求报文中 OpenFlow 数据头的类型值为 2，回声响应报文中 OpenFlow 数据头的类型值为 3。不同厂商提供的不同实现中，回声请求报文和回声响应报文中携带的信息也会有所不同。

3. SRv6

SRv6 是一种 SR 技术，在源节点对数据报文“编码”，在报头中插入有序的段列表，用于指示报文的转发路径。这些段列表是由 SID 组成的。SR 的转发面可以基于 MPLS，也可以基于 IPv6。对于以 MPLS 为主要转发面技术的现有网络而言，基于 MPLS 的 SR 技术提供了一种更加平滑的演进策略，分发的 SID 为 MPLS 标签，段列表就是 MPLS 标签列表，极大地减少了每个节点所需的 MPLS 标签数量。而基于 IPv6 的 SR 技术，即 SRv6 技术，分发的 SID 是一个特殊的 IPv6 地址。

（1）SRv6 SID

SRv6 的 SID 是一个 128bit 的 IPv6 地址，其格式如图 5-14 所示。最左边的 p 比特位表示路由寻址，用于路由寻址到产生该 SID 的节点，p 是定位符的前缀长度，灵活可变。随后的 n 比特位表示功能（Function），用于指示该 SID 对应的功能。剩下的 128-p-n 比特是功能调用的参数，参数部分可以没有。无参数的 SRv6 SID 的格式是 Locator : Function。

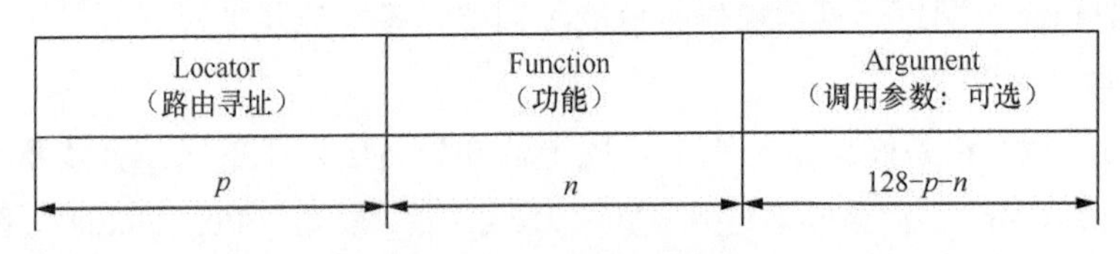

图 5-14　SRv6 SID 格式

（2）SRv6 报文格式

SRv6 还定义了一种新的 IPv6 SRH，用于携带段列表，指示分组在传输路径上要经过的节点和链路。SRv6 报文封装格式一般如图 5-15 所示。

IPv6 首部	版本	优先级	流标记	
	净荷长度		下一头部	最大跳数
	源地址（128bit）			
	目的地址（128bit）			
SRH	下一头部	头扩展长度	路由类型	分段剩余
	末项	标志（Flags）	标记（Tag）	
	段标签0（Segment List[0]）（128bit的IPv6地址）			
	……			
	段标签*n*（Segment List[*n*]）（128bit的IPv6地址）			
	可选类型对象（TLV）			

图 5-15 SRv6 报文封装格式

SRv6 报文是 IPv6 报文，外层是一个基本的 IPv6 首部，然后是 SRH，最后是携带的净荷。其中 IPv6 首部中的下一头部字段为 43，表示后面紧跟的扩展首部是 SRH。

SRH 的路由类型字段是 4，表示这是一个 SRH 类型。

分段剩余表示剩余路由段的数量，即前往最终目的节点还需要访问的节点数，同时也用于标识段列表中的指针偏移，每执行一个段标签，需要处理段列表中的下一个段标签，分段剩余值减 1。

末项表示段列表中最后一个段标签的索引，因为 SRH 中的段列表是逆序排列的，因此末项指示的索引对应的是 SRH 中第一个段标签，这个设计也可用于判断是否携带可选类型对象。

标志（Flags）用于表示数据分组的一些特殊标志，例如 O 标记，用于 OAM 报文处理。

标记（Tag）标识数据分组属于某一个数据包分类，比如携带相同的属性组等。

Segment List[*n*] 则是段列表的具体信息，采用对路径进行逆序排列的方式对段列表进行编码：最后一个是段标签 [0]，第一个是段标签 [*n*]。

（3）SRv6 可编程性

SRv6 SID 定义了各种类型的网络指令，就像计算机的指令一样，可以用于标识设备的任何功能，有的还能携带额外的参数。头节点在报文中封装 SRH，携带具有不同功能的 SID 组成的段列表，这样报文在网络中就可以按照 SRH 指示的路径和 SID 功能执行转发和处理

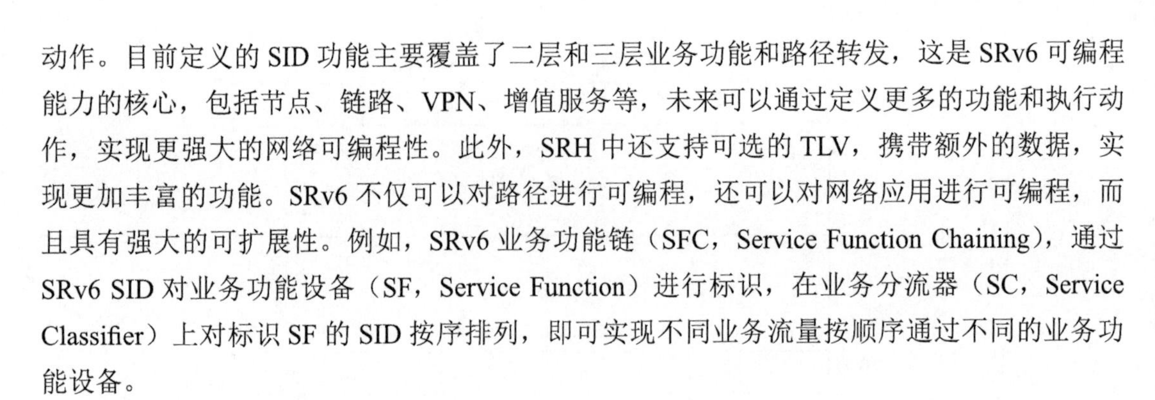

动作。目前定义的 SID 功能主要覆盖了二层和三层业务功能和路径转发，这是 SRv6 可编程能力的核心，包括节点、链路、VPN、增值服务等，未来可以通过定义更多的功能和执行动作，实现更强大的网络可编程性。此外，SRH 中还支持可选的 TLV，携带额外的数据，实现更加丰富的功能。SRv6 不仅可以对路径进行可编程，还可以对网络应用进行可编程，而且具有强大的可扩展性。例如，SRv6 业务功能链（SFC，Service Function Chaining），通过 SRv6 SID 对业务功能设备（SF，Service Function）进行标识，在业务分流器（SC，Service Classifier）上对标识 SF 的 SID 按序排列，即可实现不同业务流量按顺序通过不同的业务功能设备。

（4）SRv6 转发过程

SRv6 支持 IPv6 原生路由转发方式，数据分组可以在载荷外面仅封装 IPv6 首部，不封装 SRH，根据 IPv6 首部的目的地址查找路由，转发到目的节点，这种被称为 SRv6-BE 方式。图 5-16 所示为一个 IP 承载网络，IPv4 VPN1 的用户报文从节点 11 进来，从节点 12 出去。节点 12 为 VPN1 分配一个功能为 End.DT4 的业务 SID abcd：1234：c：：100。

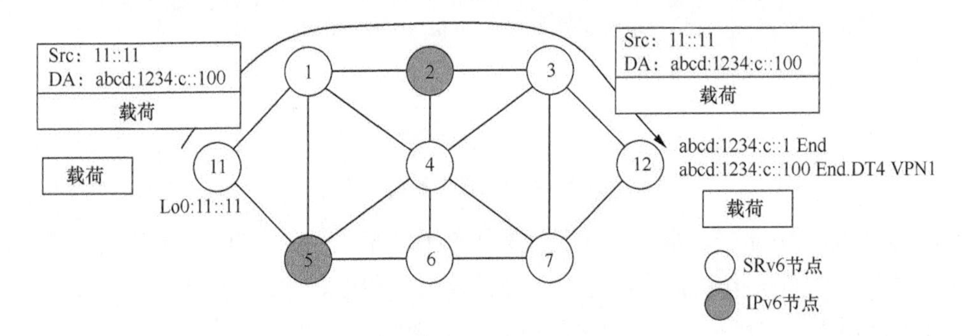

图 5-16　SRv6-BE 转发过程

节点 11 接收到 VPN1 进来的 IPv4 报文后，将其作为载荷，在报文外面封装一个 IPv6 首部，目的地址为节点 12 分发的 End.DT4 SID，源地址为本地配置的环回口地址，并按照 End.DT4 的 locator abcd：1234：c：：指示的路由进行最短路径转发至节点 1。节点 1 接收到该报文后，因报文的目的地址不是自己的 SID，将继续按照路由转发至节点 2。节点 2 不支持 SRv6，仅支持 IPv6，按照路由转发至节点 3。节点 3 接收到该报文后，因报文的目的地址不是自己的 SID，将继续按照路由转发至节点 12。节点 12 接收到该报文后，因报文的目的地址是自己的 SID，功能是 End.DT4，因此将报文解封装，并在 VPN1 中查找载荷的目的地址转发给用户。

SRv6-BE 采用原生 IPv6 路由方式转发报文，中间节点可以不支持 SRv6。另外，SRv6 也可以利用拓扑无关无环路备份（TI-LFA，Topology Independent LFA）和 uLoop 实现拓扑无关的备用路径保护。

SRv6 也支持流量工程，基于带宽、时延、路径分离等要求规划转发路径，在载荷外面封装 IPv6 首部和 SRH，通过 SRH 携带规划的路径、功能等信息，这种被称为 SRv6-TE Policy 方式。图 5-17 所示为一个 IP 承载网络，IPv4 VPN1 的用户报文从节点 11 进来，从节点 12 出去。节点 12 为 VPN1 分发功能为 End.DT4 的业务 SID abcd：1234：c：：100。网

络中节点 3 和节点 12 间的直连链路带宽小于要求的带宽，规划业务报文通过节点 3 和节点 7 之间的链路转发。因此在节点 11 上配置 SRv6-TE Policy（abcd：1234：3：：2）。abcd：1234：3：：2 为节点 3 生成的功能为 End.X SID，指示出接口是节点 3 和节点 7 之间的直连链路。同时通过配置路由策略，将业务 VPN1 承载在该 SRv6-TE Policy 上。

当节点 11 接收到 VPN1 进来的 IPv4 报文后，将其作为载荷，在报文外面封装一个 IPv6 首部和一个 SRH，目的地址为 SRv6-TE Policy 的第一个 SID，源地址为本地配置的环回口地址，SRH 中携带了 SRv6-TE Policy 的 SID 和业务 VPN1 的 SID。SL（Segment Left）值为 1，指示的为 SRH 中的第一个 SID，即节点 3 生成的 End.X SID。节点 11、节点 1 和节点 2 均按照路由的方式将报文转发至节点 3。节点 3 接收到该报文后，因报文的目的地址是自己的 SID，功能是 End.X，将报文的目的地址更新为 abcd：1234：c：：100，SL 减 1，并将报文从与节点 7 直连链路发送出去。节点 7 按照路由方式将报文转发给节点 12。节点 12 接收到该报文后，因报文的目的地址是自己的 SID，功能是 End.DT4，且 SRH 中 SL 等于 0，因此将报文解封装，并在 VPN1 中查找载荷的目的地址转发给用户。

SRv6-TE Policy 基于约束的路径计算，可以满足不同业务的 SLA 需求，部署简单、便捷。同时 SRv6-TE Policy 既可以支持 FRR、ECMP 的端到端保护，也可以支持局部的 FRR 保护。

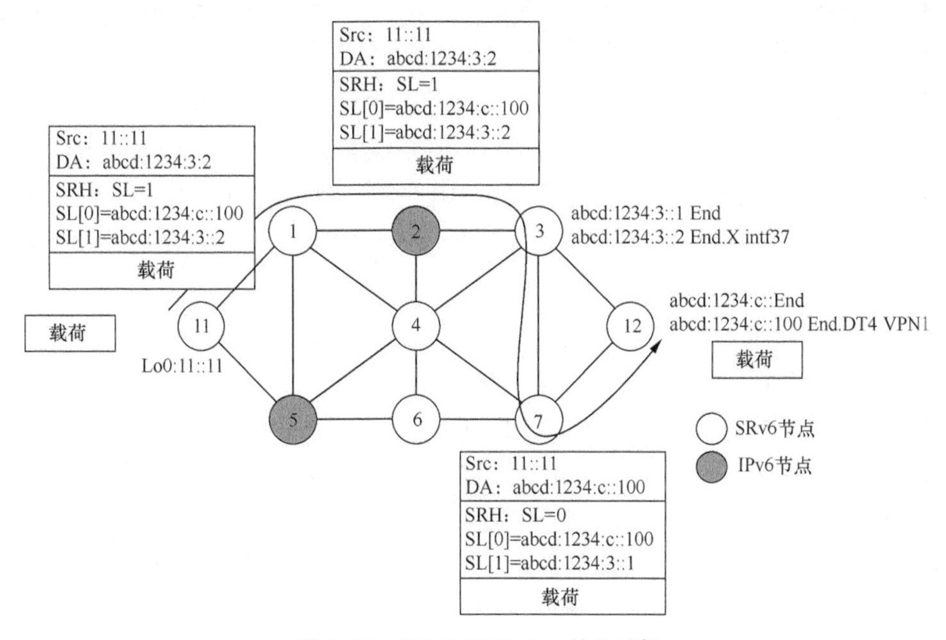

图 5-17　SRv6-TE Policy 转发过程

（5）报头压缩技术

SRv6 引入较大的报头开销，会增加网络侧的处理负荷，导致接入侧业务流量达不到线速，还可能超出 MTU，从而引起不必要的分片，对网络中的较小报文，带宽利用率低。同时 SRH 的 SID 层数越多，对芯片的处理能力要求也越高。

绑定标签（BSID，Binding SID）既可以解决现有设备标签层数的问题，又可以很好地实现跨域互通，并屏蔽不同路由域内的实现细节，但没法解决 SID 本身开销大的问题。因此提出来很多 SRv6 的报头压缩技术。主要有两种思路，一种是通过引入额外的状态，实现短 ID 到 SRv6 SID 的映射，需要增加映射表项的管理，并支持对映射表的查找、映射和转发，典型的如 SRm6（Segment Routing Mapped To IPv6）；另一种是通过合理的网络规划，对 SID 的公共冗余部分进行压缩，仅保留每个节点 SID 的不同部分，需新增 SID 类型或者属性，定义新的处理动作，例如 uSID、G-SID 等。

目前国内接受度较高的是 G-SID，较适合国内的网络规模和地址规划。在 SRv6 SID 规划中，同一路由域内的所有设备的 IPv6 地址（包括 Locator、SID）一般都是基于某个前缀地址来分配的。所以这些设备具有相同的公共前缀信息 Block ID（块编号）。节点的区分信息是 Node ID（节点编号）。Block ID 和 Node ID 构成了 SID 的路由寻址信息。这些具有相同公共前缀的 SID 组成 SRH，公共前缀具有冗余信息，可以进行压缩。G-SID 并没有修改 SRH 的定义，而是增加了一个 SI 标记，增加了 End/End.X 的 COC 属性。其中 COC 属性用于指示下一个 SID 是 G-SID（压缩 SID），对应的操作是将 G-SID 复制到 DA 对应的比特位。SI 是在 DA 中使用空闲比特位设置的一个索引值，用于指示该 G-SID 在一个 SID 容器（128bit 的标准 SID）中的位置，也是按逆序排列的。

SRv6 SID 的公共前缀需要合理规划才能提高封装效率。目前仅有 End、End.X、End.T 类型的 SID 支持压缩，其他 SID 还不支持压缩，包括一些保护场景也不支持压缩方式，G-SID 的应用场景还有待研究。

（6）SRv6 的优势和劣势

SRv6 技术简化了协议，去除了复杂的 LDP 和 RSVP-TE 协议，控制面信令协议简化为 IGP 和 BGP 两种，用来替代 LDP 和 RSVP-TE 协议进行 SID 的分发。无须维护多种协议状态以及处理复杂的节点间协议状态同步的问题。利用 TI-LFA 技术，SRv6 可以实现任意拓扑 100% 快速保护倒换，避免路由环路。

128bit 的 SRv6 SID 可以支持大量的网络连接设备，同时具有 IPv6 原生路由属性、可聚合、跨域灵活等优势，非常适合大规模跨域网络下的海量互联。

SRH 中段列表、SRv6 SID 和可选 TLV 提供了强大的网络可编程能力。SRv6 SID 可以用来标识任何对象、功能、资源、应用，有丰富的编程空间，可以实现应用与网络的结合。

SRv6 基于源路由技术，业务流的状态仅在头节点维护，中间节点无状态。支持负载分担，提高了资源利用率。可以实现各种流量工程，根据不同业务提供按需的 SLA 保障。

SRv6 继承了 SR 的优势，同时又具备更强的可扩展性、路由可达性和网络可编程性。

虽然 SRv6 简化了控制面协议，简化了中间节点状态，但对转发面芯片的要求提高了，要求转发面芯片具有较高的网络可编程能力，以适配当前的灵活处理流程及满足未来的扩展性要求。

此外，SRv6 引入的 IPv6 首部和 SRH 封装，极大地增加了报文的开销。以 10 层 SID 约束的 SRv6-TE Policy 为例，报文载荷外面要额外封装 40Byte 的 IPv6 首部、8Byte 的 SRH 及 160Byte 的段列表，达到 208Byte。不仅芯片对报文的解析深度增加了，更重要的是开销增加了，网络传输效率降低了。

（7）技术总结和展望

SRv6 不仅具有 SR 技术简洁的特点，还具有 IPv6 技术强大的 IP 可达性、路由聚合等原生 IPv6 能力，同时具有强大的网络可编程性。

① 端到端极简，跨域能力能够较好地解决业务部署复杂度的问题，技术上可以拉通云内网络和云间网络，是实现云网协同的基础协议。

② Underlay 和 Overlay 统一承载，差异化灵活调度，SRv6 可以支持 Overlay 一跳直达和 Underlay 路径调优。

③ 灵活的网络可编程，业务链、可编程能力赋能新业务创新，便于网络对外提供服务能力。

结合 SDN 技术、SR 技术和 EVPN 技术将推动 IP 网络向路由智能计算和路径可控方向发展，具备类似传输网的功能和性能，提升业务的可靠性、智能恢复和保护能力。

面对 5G 网络切片的需求，基于 SRv6 的 5G 承载网可以通过多种技术手段来使能承载网的切片服务能力，例如基于亲和属性的 IGP 扩展、多拓扑（Multi-Topology）技术、灵活算法（Flex-Algo）技术、SRv6-Policy 功能等，依托于这些 SRv6 可扩展的能力，能够为 5G 承载网提供网络资源和业务的隔离能力，较好地满足 5G 切片的规格和功能需求。

针对 5G MEC 的广泛部署，UPF 功能实体进一步实现开放和可编程，在网络层级中逐步下沉，基于 SRv6 的 UPF 能够更好地提高承载通道的灵活调度能力，增强网络的弹性。

SRv6 技术本身也面临着报头开销、转发效率和对硬件要求方面的问题。

SRv6 基础特性标准已经相对成熟，SRH、可编程特性的标准已正式发布，SRv6 切片、多播、随流检测、确定性网络、SFC、SD-WAN 等标准也在积极制定之中，面向应用感知的网络也在研究中。这些应用都对网络可编程能力提出了新的需求，需要在转发面封装新的信息。SRv6 可以很好地满足这些需求，充分体现了其在网络可编程能力方面具备的独特优势。

4. 数据平面可编程

SDN 技术实现了数据平面和控制平面的分离，同时开放了控制平面编程能力，实现了控制平面的逻辑集中，这些特点为网络的管理和开放带来了一定的灵活性。对于数据平面，前面提到的 OpenFlow 和 SRv6 都是数据平面可编程技术的典型范例，其中 SRv6 实现的编程能力更为强大和灵活。对于大多数场景和网络应用来说，网络可编程能力到这里也就足够了。

而对于云网协同的要求来说，需要网络的能力随着云一同进行更新迭代，仅仅满足当前的应用是不够的，需要数据平面有更底层的硬件编程能力来修改甚至重新定义数据平面的功能特性。

本节所提到的数据平面可编程指的是通过编程接口来管理单个网络节点上的物理资源，例如处理器、存储、分组队列和处理逻辑等，打破了硬件对数据平面的限制，让软件能够完全控制硬件的行为。对于数据平面而言，数据平面可编程就是硬件可编程。

（1）数据平面可编程的关键特性

数据平面可编程的关键特性包括可重配置性、协议无关性和平台无关性。

可重配置性，网络设备的数据分组处理方式能够被重新配置。随着业务需求的发展，网络新协议不断涌现，这个特性可以在不更换网络设备硬件的前提下通过编程的方式灵活定义数据平面的报文处理流程，从而大大降低了升级和维护的成本。

协议无关性，设备支持的数据分组处理行为不受协议类型的局限，并且管理员可以定制设备本身所支持的协议。目前设备所支持的大量协议并不会在所有场景中得到使用，存在冗余，同时支持新的网络功能依赖于新协议的定义。这个特性是为了让数据平面设备无须关注协议的语法、语义内容，让网络管理人员可以去除不需要的协议、快速定义新的协议。

平台无关性，网络管理员能够独立于特定的底层平台来描述报文处理功能，管理员编写的程序与平台实现无关。由于不同的数据平面平台可能会有相同的报文处理逻辑，存在跨平台移植代码的需求。统一异构的底层平台也会提高网络的编程门槛。需要一种类似 C 或者 C ++ 的高级编程语言来屏蔽底层差异，让网络编程更关注业务逻辑。平台无关性的好处在于使数据平面代码能够跨平台无缝移植，从而减轻网络管理员的负担。

（2）基于 P4 的可编程数据平面

传统的数据平面编程一般采用微码（用于网络处理器）或其他专用的开发语言。Nick McKeown 教授等人提出了高级编程语言 P4，P4 是一种声明性的高级编程语言，通过编写 P4 代码可以自定义网络数据平面数据分组的处理流程，也就是开放了数据平面的可编程能力。与之前的开发语言相比，P4 就相当于 C 语言相对于汇编语言。

借助 P4 带来的数据平面的编程能力，管理员不仅可以实现诸如网桥、路由器、防火墙等已有的网络设备功能与网络协议，而且还可以很容易地支持包括 VXLAN、SR/SRv6 在内的新协议。并且，诸如带状态负载均衡、大流检测、分布式计算等工作现在也可以通过 P4 在数据平面上实现，从而大幅提升了性能。

① P4 特性及架构

P4 语言在设计之初就瞄准了数据平面可编程的 3 个关键特性。

为了实现上述特性，P4 的设计主要包含 3 个部分：解析器、多级流水线和缓冲区的抽象转发模型及基于模块化设计的编译器。

P4 的抽象转发模型如图 5-18 所示。其中，解析器的功能是将报文头部提取出来，按照解析图进行解析，余下的载荷部分独立缓存，不参与后续匹配。解析图由编译器编译解析流程后生成并配置到解析器中；多级流水线主要是将多级匹配动作表串联起来，报头依次进行匹配并执行匹配后的动作，分为入口流水线和出口流水线；缓冲区用来分开缓存已解析的报头和载荷。

P4 语言的编译器采用了模块化的设计，各个模块之间的输入、输出都采用了标准格式的配置文件，如 p4c-bm 模块的输出作为载入到 bmv2 模块中的 JSON 格式配置文件。P4 的编译架构如图 5-19 所示。

其中，高级语言层是高度抽象的 P4 语言编写的程序；前端编译器用于对高级语言进行与目标无关的语义分析并生成中间表示；中间表示层是高级语言中间表示，可转换成多种其他语言；后端编译器用于将中间表示转换为目标平台机器码；目标对象层为受控制的软、硬件设备。

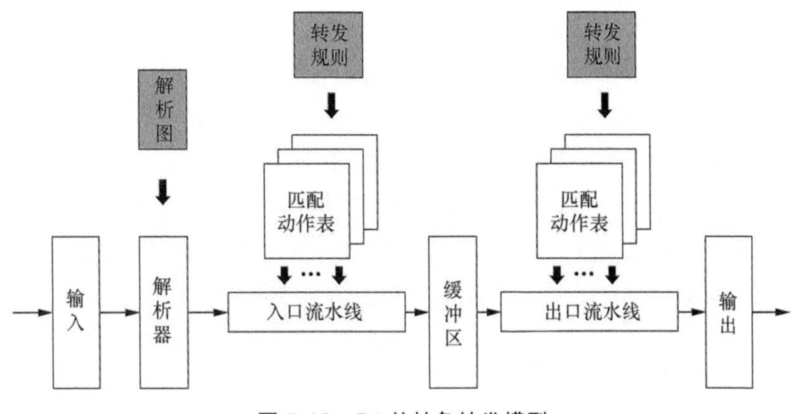

图 5-18　P4 的抽象转发模型

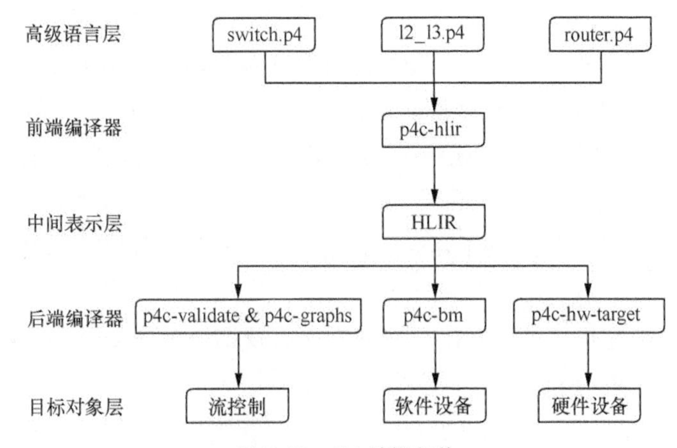

图 5-19　P4 编译架构

② P4 的应用

采用 P4 技术与可编程数据平面，网络管理员可以使用编程的方式对设备的报文处理逻辑进行更改，从而很容易地实现新功能、支持新协议，缩短了开发周期，减少了开发成本。P4 在负载均衡与资源分配，网络测量、监控与诊断，网络安全等方面得到了大量应用，同时 P4 也可以用于辅助提升其他技术的性能，比如分布式计算、NFV 硬件加速、路由与流表优化等。另外，除了云服务领域，P4 在 IoT、多媒体网络、网络体系创新等领域和方面也有所应用。

5. 传送平面可编程

实现光层的可编程，前提条件就是光层器件必须要足够"灵活"。也就是说，最底层的光模块和光器件，部分性能参数可以修改，不能"写死"。随着光通信技术的快速发展，如今，我们的光模块与器件基本都已具备了可编程能力。光收发机的波长、输入输出功率、调制格式、信号速率、FEC 类型选择，以及光放大器的增益范围等参数都可以实现在线调节。此外，Flexible Grid 技术的出现，打破了传统波长通道固定栅格的限制。ROADM 技术打破了传统波长通道 50GHz、100GHz 的间隔划分。所有这些先决条件，最终实现了光路交换的可编程。以往不可变动的光路，已经发展成为物理性能可感知、可调节的动态系统。这样的光层才能够被控制器灵活调度。

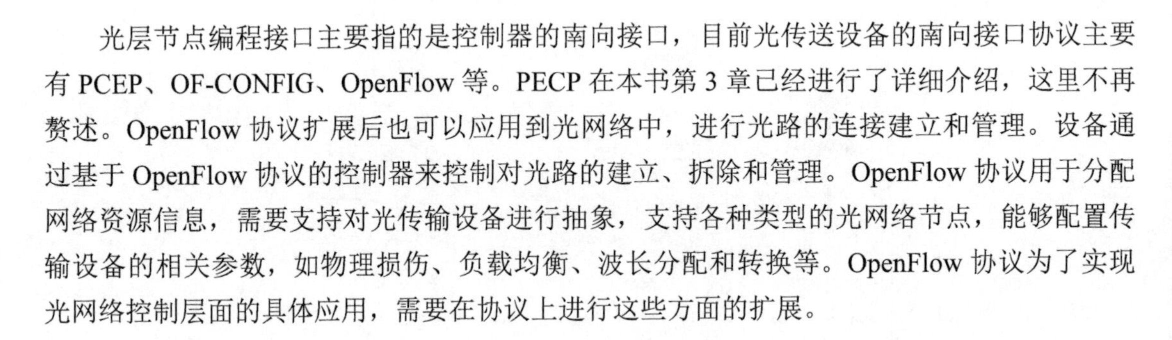
光层节点编程接口主要指的是控制器的南向接口，目前光传送设备的南向接口协议主要有 PCEP、OF-CONFIG、OpenFlow 等。PECP 在本书第 3 章已经进行了详细介绍，这里不再赘述。OpenFlow 协议扩展后也可以应用到光网络中，进行光路的连接建立和管理。设备通过基于 OpenFlow 协议的控制器来控制对光路的建立、拆除和管理。OpenFlow 协议用于分配网络资源信息，需要支持对光传输设备进行抽象，支持各种类型的光网络节点，能够配置传输设备的相关参数，如物理损伤、负载均衡、波长分配和转换等。OpenFlow 协议为了实现光网络控制层面的具体应用，需要在协议上进行这些方面的扩展。

5.3.2 网络遥测技术

随着云网协同的发展，云内和云间网络各种网络设备在快速演进，种类和数量都越来越多，承载的业务也越来越多，网络需要更加智能的管控来对业务进行端到端的管理和监控，对故障进行预判。网络数据的实时采集是智能管控的基础，这些数据需要拥有更高的精度以便及时检测和快速调整微突发流量，同时监控过程不能对设备的自身功能和性能产生影响。传统的网络监控方案诸如 CLI、SNMP 和 Syslog，都因各自的局限性不能满足云网协同对网络监控的数据采集的要求。

（1）规模受限：通过拉模式（Pull Mode）来获取设备的监控数据，不能监控大量网络节点，限制了网络规模的增长。

（2）精度受限：精度是分钟级别，只能依靠加大查询频度来提升获取数据的精度，但是这样会导致网络节点 CPU 利用率过高而影响设备的正常功能。

（3）非实时：由于网络传输时延的存在，监控到的网络节点数据并不准确。

因此，面对实时、大规模、端到端网络数据采集的需求，云网协同需要新的网络采集方式：网络遥测解决方案应运而生。

遥测技术可以满足用户这些方面的要求，通过此技术可以支持智能运维系统管理更多的设备、监控的数据可以拥有更高精度，同时更加实时、监控过程对设备自身和网络的功能和性能影响小，为网络问题的快速定位、网络质量的优化、调整提供了大数据基础，智能运维系统可以通过大数据来进行网络质量分析，是网络智能运维的基础支撑。

带内测量是遥测技术最重要的应用方向，它是一种通过路径交换节点对数据分组依次插入元数据（MD，Mate Data）的方式完成网络状态采集的混合测量方法，这里的混合指的是混合了主动测量和被动测量的机制。相较于传统的主动测量和被动测量的方案，带内测量能够对网络拓扑、网络性能和网络流量实现更细粒度的测量，甚至可以是逐分组测量。

本节后续内容按照遥测及其带内测量的两种具体应用技术：带内网络遥测（INT，In-band Network Telemetry）和随流检测来展开。

1. 遥测技术

遥测技术是一种远程从物理设备或虚拟设备上高速采集数据的技术。设备通过推模式（Push Mode）周期性地主动向采集器上传送设备信息，如接口包数统计、接口流量统计、CPU 或内存占用情况等，相对于传统拉模式的一问一答式交互，提供了更实时、更高速、更

有效率的数据采集功能。

遥测 = 原始数据 + 数据模型 + 编码格式 + 传输协议。

（1）原始数据：遥测采样的原始数据可来自网络设备的转发面、控制面和管理面，目前主要支持采集设备的接口报数统计、流量统计、CPU 或内存占用情况等信息。

（2）数据模型：遥测基于 YANG 模型组织采集数据。YANG 是一种数据建模语言，可以作为各种传输协议操作的配置数据模型、状态数据模型、远程调用模型和通知机制等的设计模型语言。

（3）编码格式：采用 JSON 编码格式，JSON 是一种轻量级的数据交换格式。它采用完全独立于编程语言的文本格式来存储和表示数据，层次结构简洁清晰，既易于人阅读和编写，同时也易于机器解析和生成。GPB（Google Protocol Buffer）编码格式是一种与语言无关、平台无关、扩展性好的用于通信协议、数据存储的序列化结构数据格式。GPB 属于二进制编码，性能好、效率高。GPB 通过“.proto”文件描述编码使用的字典，即数据结构描述。用户可以利用工具软件，根据“.proto”文件自动生成代码，然后用户基于自动生成的代码进行二次开发，对 GPB 进行编码和解码，从而实现与设备的对接。采用 GPB 编码格式的数据比采用 JSON 编码格式的数据具有更强的信息负载能力。

（4）传输协议：目前有两种传输协议，gRPC 和 UDP。

2. INT 技术

INT 技术作为一种混合测量技术，从根本上来说就是不使用单独的控制面管理流量进行上述信息收集，而借助数据面业务进行网络状况的收集、携带、整理、上报的一种技术。通过技术名称也可以看出此项技术的两个关键点：一点是带内（Inband），意味着借助数据面的业务流量，而不是像很多协议那样专门使用协议报文来完成协议想要达到的目的；第二点就是遥测，采用遥测的方式远程上报测量网络的数据。

当前，INT 技术经过多年的发展，其中涉及大量技术细节的增删，目前被广泛应用的是由 P4 联盟主导的 INT V2.0。

一般来说，一个 INT 域中包含 3 个主要的功能节点，分别是 INT Source（起点）、INT Sink（终点）和 INT Transit Hop（中间点）。其中 INT Source、INT Sink 可认为是遥测线路的起点和终点，INT Source 负责指出需要收集信息的流量和要收集的信息，INT Sink 负责将收集到的信息进行整理并上报给监控设备；INT Transit Hop 则可认为是线路上支持 INT 的所有设备。

对遥测管理者来说，需要进行遥测的业务流量会在 INT Source 节点上增加一个 INT 头部，其中带有指明需要收集信息类型的指令集（INT Instruction），从而成为一个 INT 报文，在到达关心的 INT Transit Hop 节点时，会根据指令集把收集到的信息（INT MD）插入 INT 报文，最终在 INT Sink 节点上弹出所有的 INT 信息并发送给监测设备。

对业务用户来说，上述 INT 对流量的处理过程是完全透明的，用户不能也不需要去感知这些信息。

INTV 2.0 协议中规定了 3 种工作模式，分别为 INT-MD、INT-MX 和 INT-XD，其中 INT-MD 即为从协议诞生之初就有的经典工作模式，另外两种为 INTV 2.0 协议中新增的模式。

（1）INT-MD 模式数据分组处理流程如图 5-20 所示，INT Source 节点的 INT 模块通过在设备上设置的采样方式匹配出报文，根据数据采集的需要在指定位置插入 INT 头部，包含指令，同时将 INT 头部所指定的遥测信息封装成 INT MD 插入 INT 头部之后；INT Transit Hop 节点匹配 INT 头部后按指令插入相应的 MD；INT Sink 节点匹配 INT 头部插入最后一个 MD 并提取全部遥测信息，并通过 gRPC 等方式转发到遥测服务器，将 MD 报文复原并进行正常转发处理。

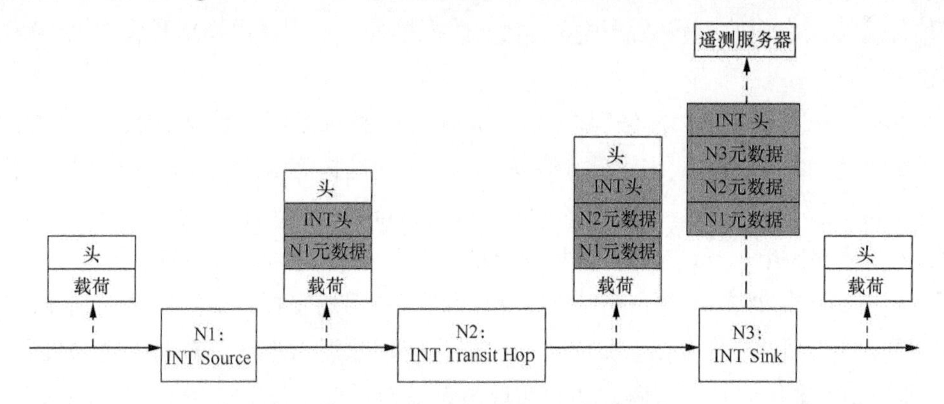

图 5-20　INT-MD 模式数据分组处理流程

（2）INT-MX 模式数据分组处理流程如图 5-21 所示，INT Source 节点的 INT 模块通过在设备上设置的采样方式匹配出该报文，根据数据采集的需要在指定位置插入 INT 头部，仅包含指令，同时将 INT 头部所指定的遥测信息封装成 INT MD 组成报文直接转发到遥测服务器；INT Transit Hop 节点匹配 INT 报文并将 INT 头部所指定的遥测信息封装成 INT MD 直接组包上报；Sink 节点匹配 INT 头部并上报本节点 MD，同时将 INT 头部弹出，将源数据报文复原并进行正常转发处理。

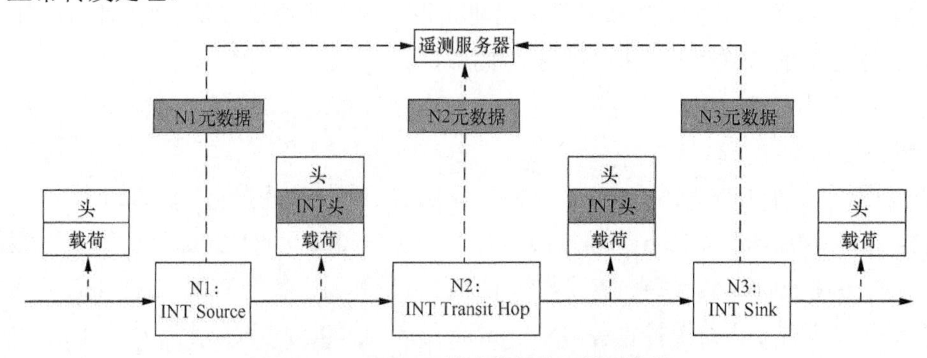

图 5-21　INT-MX 模式数据分组处理流程

（3）INT-XD 模式数据分组处理流程如图 5-22 所示，INT Source 节点的 INT 模块通过在设备上设置的采样方式匹配出该报文，按照设备上配置的监测列表中所指定的遥测信息封装成 INT MD 组成报文直接转发到遥测服务器；INT Transit Hop 节点匹配指定报文并将设备监测列表中所指定的遥测信息封装成 MD 直接组包上报；INT Sink 节点匹配指定报文并按监测列表上报本节点 MD，不干涉原有报文的任何转发行为。

3. 随流检测技术

随流检测是一种对业务质量与性能进行实时在线随路检测与监控的技术，该技术可以基

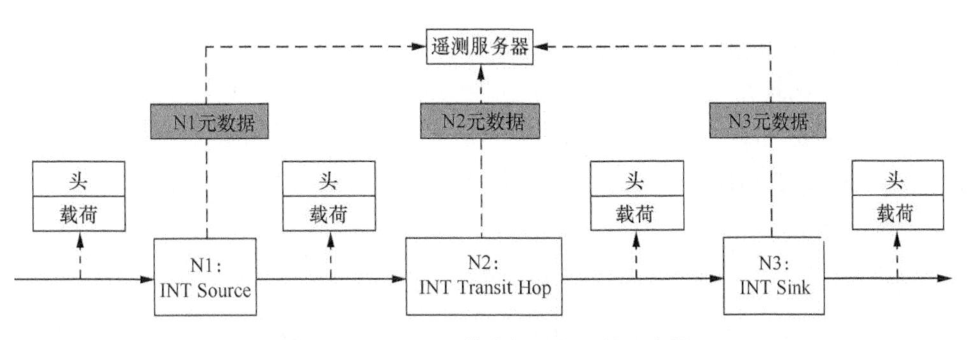

图 5-22　INT-XD 模式数据分组处理流程

于业务流的包粒度开展。随流检测技术不同于传统的主动 OAM 技术和被动 OAM 技术，主动 OAM 技术需要构造新的检测报文，如无缝双向转发检测（SBFD，Seamless Bidirectional Forwarding Detection）、双向主动测量协议（TWAMP，Two-Way Active Measurement Protocol）、单向主动测量协议（OWAMP，One Way Active Measurement Protocol），被动 OAM 技术仅观察用户数据报文。随流检测是一种主动与被动混合的数据面检测技术，它并不会主动发送探测报文，入口节点直接将业务流质量检测信息（OAM 的指令和数据）携带在业务流报文中，后续处理节点根据报文中的 OAM 指令信息收集数据并进行相应处理，如此实现逐个数据报文粒度上的流质量检测，可以提供承载网络业务流的端到端与逐跳性能检测的能力，可快速感知网络性能相关故障，并进行精准定界、排障。

（1）检测对象

检测对象为业务流，业务流可以根据业务特征信息灵活的定义，包括业务二层特征信息、三层特征信息、四层特征信息等。为了简化业务流标识（Flow ID）信息，可以将业务特征信息映射为一个流标识。业务流可以通过多种方式进行识别，对于二层业务而言，可识别的特征信息包括物理端口、MAC 地址、VLAN、VLAN Pri；对于三层业务而言，可识别的特征信息包括 IP 五元组：目的 IP 地址、源 IP 地址、目的端口号、源端口号、协议号；业务流的识别在 PE 设备入口完成。

（2）丢包测量

随流检测技术标准 RFC8321（Alternate-Marking Method for Passive and Hybrid Performance Monitoring）是一种对实际业务流进行特征标记（染色），并对特征字段进行丢包、时延测量的随流检测技术，如图 5-23 所示。

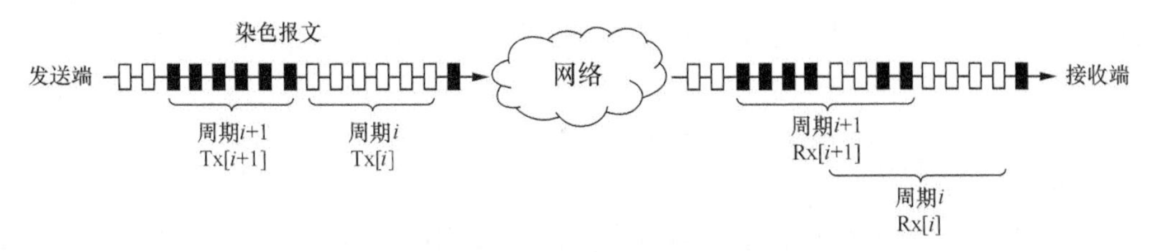

图 5-23　丢包检测原理示意

发送端按照一定周期对被检测的业务流标记字段进行交替染色，同时统计本周期发送的业务流性能，并上报给管控系统；接收端按照发送端相同的周期，统计本周期被检测业务流特征字段为染色的性能，并上报给管控平面。接收端统计的时间应在 1 ～ 2 个周期之间，保证乱序报文可被正确统计。

管控平面根据发送端和接收端上报的被检测业务流的信息，计算周期 i 业务流的丢包数：$PacketLoss[i] = Tx[i]-Rx[i]$。为保证发送端和接收端两端周期同步，需部署时间同步机制。

（3）时延测量

随流检测技术的时延测量原理如图 5-24 所示。

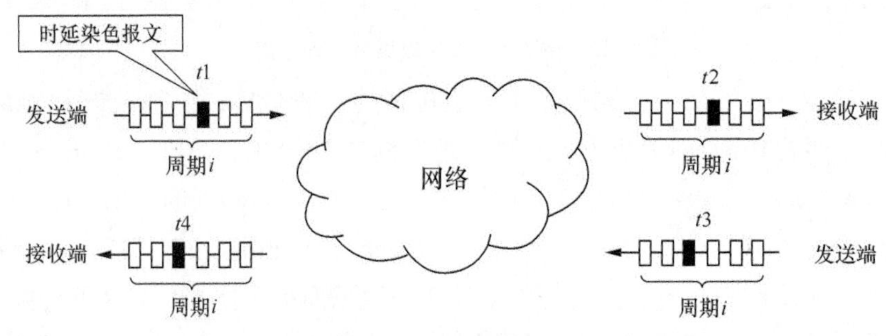

图 5-24 时延检测原理示意

发送端每个测量周期对本周期内被检测业务流的其中一个报文进行时延染色，记录该报文的入口时戳 $t1$、$t3$，并上报给管控平面。接收端按照发送端相同的周期，记录本周期被检测业务流时延染色报文的出口时戳 $t2$、$t4$，并上报给管控平面。

管控平面根据发送端和接收端上报的信息，计算业务流周期 i 两个方向的单向时延：$Delay[i] = t2-t1$，$Delay[i] = t4-t3$。单向时延要求发送端和接收端部署 1588v2 时间同步。

对于被检测业务流双向同路径的场景下，管控平面根据发送端和接收端上报的信息，计算业务流周期 i 的双向时延：$Delay[i] =(t2-t1)+(t4-t3)$。

（4）基于 SRv6 的随流检测

得益于 SRv6 灵活的扩展性和强大的网络可编程能力，随流检测的指令和数据可以根据功能需求使用不同的封装形式。SRv6 的 SRH 和可选 TLV 具有非常强大的网络编程能力，SRH 会被段列表中指定的节点处理，可选 TLV 在转发面封装一些数据面的非规则信息（满足新业务的新特性需求），因此，可以将随流检测指令和数据封装在 SRH 的可选 TLV 中，实现对指定节点的数据收集。另外，在 IPv6 网络中，可以将随流检测指令和数据封装在 IPv6 扩展首部，实现逐跳或端到端的数据收集。例如，IPv6 的逐跳扩展首部包含转发设备逐跳处理的语义，将随流检测的指令封装在逐跳 IPv6 扩展首部内，可以让沿途的每一个节点都处理随流检测指令，并且按照指令收集数据。又例如，IPv6 的目的扩展首部只有在报文封装的目的地址对应的节点才处理。将随流检测指令封装在 IPv6 目的扩展首部内，可以完成端到端的数据收集。

相较于其他 OAM 技术或性能测量技术，SRv6 的随流检测技术可以获得诸多的好处，包括可以实时监测业务的质量，保障业务的 SLA 和 KPI；可实时提供业务流向信息，便于业务路径按需、快速、灵活调整；提供高精度的流质量可视化能力；实时的网络故障告警，尤

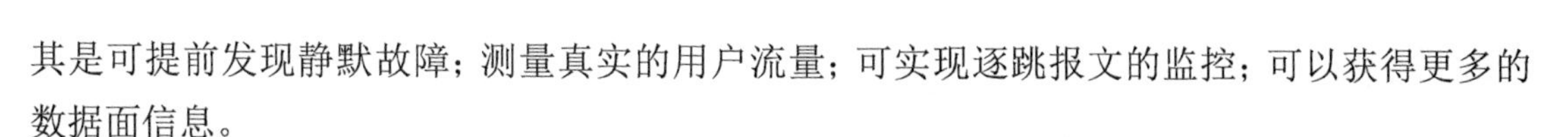

其是可提前发现静默故障；测量真实的用户流量；可实现逐跳报文的监控；可以获得更多的数据面信息。

SRv6 的随流检测技术提供了流级的 SLA 可视化能力。结合 SRv6 灵活的可编程能力，随流检测可以为网络提供更好的运维管理能力。随流检测不论是对 SRv6 BE 还是对指定路径的 SRv6-TE Policy，都能够有效地简化运维。

5.3.3 网络切片

网络切片是在共享的物理架构上形成端到端的逻辑网络，提供定制化的连接和数据处理，是将一个物理网络划分为多个以端到端、按需、隔离为特征的多个逻辑网络。这些逻辑网络可以专用或者共享资源，如处理能力、存储、带宽、队列等。构建端到端的网络切片，通常包含多个不同的网络域，如无线、核心、承载、骨干、云等，需要多个网络域协同提供切片解决方案，涉及架构、管控、安全等多方面的协同。为了实现端到端切片的预定义、差异化、自动化和快速创建，需要简化部署的复杂性，便于运维。

在组网框架方面，承载网络切片不仅是对于节点和链路资源的隔离，还是拓扑的隔离。拓扑的隔离包括物理连接、逻辑连接、拓扑类型等。承载网络切片要实现物理资源和网络切片虚拟资源的映射，实现物理拓扑和网络切片逻辑拓扑的映射。

承载网络切片方案的关键技术是资源的隔离能力。其中，管控面的隔离主要包括 VPN 业务隔离、协议隔离、虚拟化隔离技术等；转发面的隔离包括 VPN 表项隔离、QoS 调度隔离、FlexE 接口隔离等。多种隔离技术组合使用，达到承载网络切片隔离的要求。因此承载网络切片演进方案也是一个组合应用的演进过程。当前典型的方案是 VPN、SR、FlexE 和 QoS 组合方案。

网络切片不仅具有对应服务所需的自定义功能，还应具备适应不断变化的用户需求的能力。利用 SDN 和 SRv6 技术，可以通过切片控制器对整网资源进行规划和映射、调整。也可以通过分布式协议进行配置和映射，将物理网络资源动态调度到网络切片上，满足不断变化的用户需求。

本节主要就网络切片的组网框架、FlexE 切片技术及基于 SRv6 的网络切片这 3 个部分展开。

1. 5G 端到端网络切片组网框架

在 5G 移动业务应用中，包括三大典型应用场景：eMBB、eMTC、uRLLC。在这些场景中，具体应用及数据服务存在着明显的差异，业务对网络传输的速率、安全、带宽、可靠性等的需求存在着差异化，这就需要将不同的网络连接在一起，采用 5G 网络切片技术来满足这些需求。

端到端的 5G 网络切片跨多个异构通信域，包括终端、无线接入网络、核心网和承载网。对于涉及的每个通信域来说，网络数据指标可以单独设置并根据需要进行调整，通过配置，在异构通信域之间能进行切片映射，从而端到端地保证差异化 SLA。

图 5-25 所示的是 5G 网络切片管理的总体架构，包括网络切片管理域和网络切片业务域

两部分。

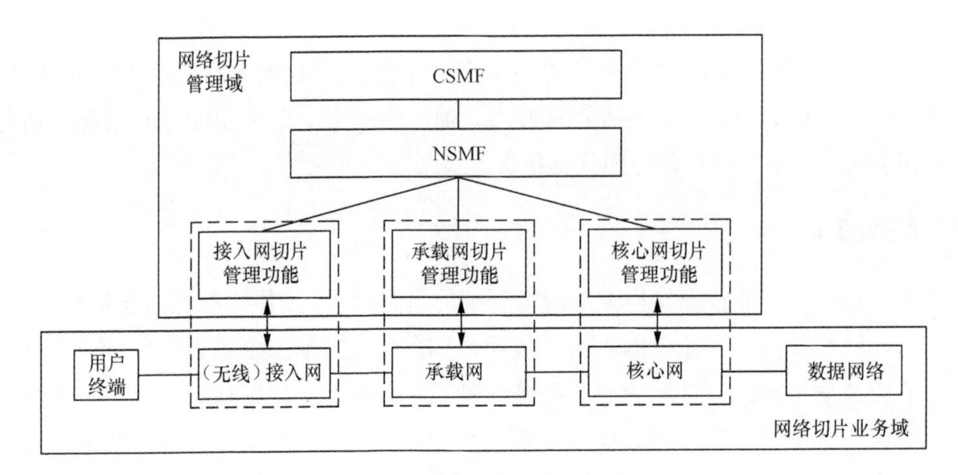

图 5-25　5G 网络切片总体架构

在网络切片管理域中，用户通过通信服务管理功能（CSMF，Communication Service Management Function）订购网络切片，提交需求，CSMF 将用户需求转化为网络需求，也就是通常的 SLA；网络切片管理功能（NSMF，Network Slice Management Function）根据 SLA 选择合适的切片；各个网络子网中的网络切片子网管理功能（NSSMF，Network Slice Subnet Management Function）完成子网切片的资源申请，并对子网切片进行整个生命周期的管理。

网络切片业务域主要由用户终端、（无线）接入网、承载网、核心网、数据网络构成。

用户终端需要支持多个切片，并且支持多种切片选择策略，比如缺省配置、允许配置、路由选择策略。

（无线）接入网切片需要支持的功能为核心网网元选择、切片内数据流感知、切片内会话资源管理、切片资源共享与隔离、用户终端切片关联、切片可用性管理、承载对接。

承载网切片需要支持网络物理或逻辑资源的软隔离或硬隔离，不同的隔离资源应能够满足业务差异化的连接需求和质量保证，在端到端的网络中，承载网切片用于连接（无线）接入网和核心网，需要支持根据切片标识进行对接的功能。

核心网针对切片的隔离需求，主要采用云化网元的编排，通过共享和独享部署的形式来实现网络切片。核心网与承载网对接，核心网切片子网与承载网切片子网之间根据切片对接标识进行映射对接。

2. 承载网 FlexE 切片技术

承载网切片隔离方案可以分为软隔离和硬隔离，一般采用数据分组头特性进行区分和隔离的为软隔离，如 VPN+QoS、VLAN、QinQ、VXLAN 都属于软隔离；采用时隙、波长或物理端口进行隔离的为硬隔离，如波长、SDH 时隙、物理端口、FLexE 接口、MTN（ITU-T G.mtn）交叉属于硬隔离技术。以上大多数技术都已经在网络上被广泛使用，无须再进行过多的介绍，下面重点介绍近年来逐步成熟并得到广泛应用的 FlexE 技术。

OIF 最早于 2015 年提出 FlexE 标准，2016 年 3 月发布了 FlexE 1.0 标准，支持 100GE 物理层。2017 年 1 月 OIF 启动 FlexE 2.0 标准的制定，并于 2018 年发布 FlexE 2.0 标准，完善了对 DCI 和移动承载等方面的应用，增加了对 200GE 物理层和 400GE 物理层的支持，增加了对 IEEE 1588v2 时间同步的支持。在 OIF 标准工作之外，ITU-T、IETF、BBF 等标准组织也开始启动了 FlexE 相关标准化工作。随着 FlexE 技术的发展及标准的正式发布，FlexE 技术在通信领域逐渐引起运营商、设备商和芯片商的广泛关注，相关产业链逐渐成熟，目前已经在运营商的网络中得到了广泛的应用。

（1）FlexE 技术原理

基于 IEEE 802.3 标准，FlexE 技术在 MAC 层和物理层之间引入 FlexE Shim（FlexE 垫层）实现了 MAC 层与物理层的解耦，从而实现了灵活的速率匹配。相比 MPLS 技术，FlexE 技术更接近物理层比特流传输，因此更易实现超低时延转发，从而更好地满足低时延网络切片需求。

① 通用架构

FlexE 通用架构包括 FlexE Client（FlexE 业务子接口）、FlexE Shim 和 FlexE Group（FlexE 绑定组），如图 5-26 所示。

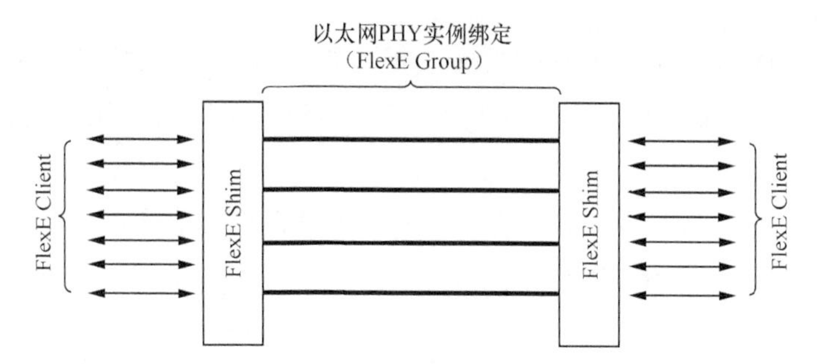

图 5-26 FlexE 通用架构示意

FlexE Client 是基于 MAC 层数据速率的以太网流，对应于网络中的各种 UNI，与物理层速率不直接相关，可以根据需求进行灵活配置，通过 64B/66B 的编码方式将数据流传递至 FlexE Shim。FlexE Client 速率主流可支持 n×5Gbit/s 的粒度，正在向小颗粒方向发展，目前已经有 10Mbit/s 小颗粒的实现。

FlexE Shim 是插入传统以太网架构的 MAC 层与物理层之间的一个额外逻辑层，是实现 FlexE 技术的核心架构。用于实现 FlexE Client 数据流在 FlexE Group 中的映射、承载与带宽分配等功能。

FlexE Group 是 IEEE 802.3 标准定义的以太网物理层，它由多个以太网物理层实例绑定而成，可通过带宽绑定实现超大带宽接口。

② 帧结构

FlexE 的帧结构如图 5-27 所示。

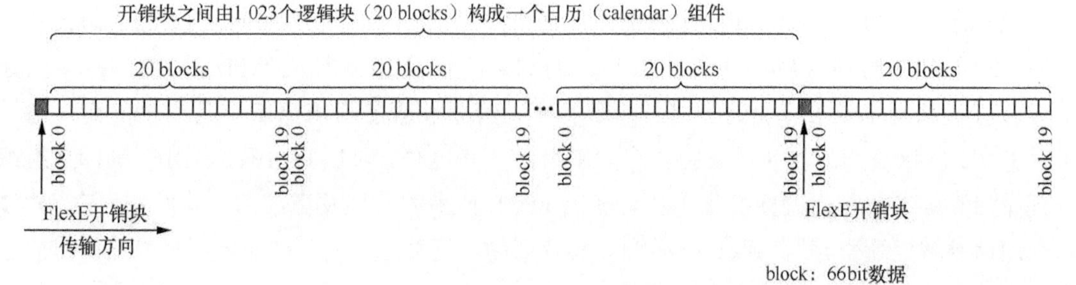

图 5-27　FlexE 帧结构

a. 将比特流层面以 66bit 为单位进行划分，1 个 66bit 数据被称为一个数据块（block）。

b. 将 block 以 20 个为单位进行分组，将这“20 blocks”作为 1 个逻辑单元。

c. 每 1023 个逻辑单元作为一个日历（calendar）组件，该组件循环往复最终形成了以 5G 为颗粒度的数据承载通道。

d. 每个逻辑单元前有 1 个 block 作为开销块，每 8 个开销块组成 1 个开销帧，每 32 个开销帧组成 1 个开销复帧，从而形成 FlexE 带内管理通道，用于在两个对接的 FlexE 接口之间交互配置、管理、链路状态等 OAM 信息。

③ 工作机制

FlexE 的核心功能主要通过 FlexE Shim 实现，通过 calendar 工作机制实现多个不同速率 FlexE Client 数据流在 FlexE Group 中的映射、承载与带宽分配。它的主要功能通过以下方式实现。

a. FlexE Client 的原始数据流，由 FlexE Shim 以数据块为单位进行切分，这些数据块可以在 FlexE Group 的多个物理层之间分发。

b. FlexE Shim 把 FlexE Group 中的物理层以 100GE 为单位进行划分（FlexE 2.0 标准还支持 200GE、400GE），每份物理层（100GE）再划分为 20 个时隙的数据承载通道，其中每个时隙所对应的带宽为 5Gbit/s。每个物理层所对应的这一组时隙被称为一个 sub-calendar。

c. 按照每个 FlexE Client 数据流所需带宽及 FlexE Shim 中对应每个物理层的时隙（带宽为 5Gbit/s）分布情况，计算、分配 FlexE Group 中可用的时隙，形成一个 FlexE Client 到一个或多个时隙的映射，再结合 calendar 机制实现全部 FlexE Client 数据流在 Group 中的承载。

（2）FlexE 功能及应用

根据 FlexE 的技术原理，FlexE 可以通过 FlexE Shim 实现 FlexE Client 带宽与 FlexE Group 带宽的解耦，向上层应用提供各种灵活的带宽。根据 FlexE Client 和 FlexE Group 的映射关系，FlexE 可以提供以下 3 种应用模式：链路捆绑、子速率、通道化。

① 链路捆绑

链路捆绑时通过捆绑多个物理通道，流量在 FlexE Shim 转化为多路 FlexE 物理层共同承载，形成一个更高速率的接口。例如，可将 400G 的 MAC 层带宽转化为 4 路 100GE 物理层共同承载，实现 400G 传输带宽的接口。该功能可以用于代替 LAG 或 ECMP 功能，同时还可以避免以上两种功能因为散列算法导致的流量分配不均的问题。

② 子速率

单个 FlexE Client 速率小于一条物理通道速率，FlexE 能够在一条物理通道的不同时隙上分别传送多个 FlexE Client，采用不同的时隙，相当于实现物理隔离。同时提供一种时隙填充的方法，开销帧将未使用的时隙标记为不可用时隙，并填充错误控制块实现降速控制。例如可以在单路 100G 物理层上仅承载 50G MAC 层数据流，实现对带宽的降速控制。

③ 通道化

通道化可以使得客户业务在多条物理通道上的多个时隙传递，多个 FlexE Client 可以共享多个物理通道，通过时隙进行隔离，共享的同时又互不干扰。例如，可将 25G、50G、75G、150G 共计 4 路 MAC 层带宽在 4 路物理层（100G）上承载。

（3）FlexE 技术总结

FlexE 技术通过自身的特点及其链路捆绑、子速率、通道化 3 种应用模式，可以实现超大带宽接口、带宽按需分配、硬管道物理隔离、网络分片、低时延保障等功能特性。同时，结合 SDN、NFV 等云网技术，可以更好地满足网络切片、硬管道大客户专线、IoT、VR/AR 等业务发展的需求。

3. 基于 SRv6 的网络切片

设备实现资源和拓扑隔离和映射的管控方式有多种，可以采用 SR/SRv6 的多拓扑、IGP 多实例、多算法，SR/SRv6-TE Policy 等技术实现。SRv6 相较于 SR 技术在跨域的场景更具优势。以上方式在 SRv6 中都体现在不同的路由寻址（Locator）对应不同的切片，分配不同的 SID。对 SID 的数量需求成倍增加，但可以很方便地将数据面流量引流到不同的切片中。

SRv6-TE Policy 结合 SDN 控制器实现端到端、自动、按需、集中分布式结合的路径计算。承载网络切片通过 VPN 业务 / 隧道区分统一运维。在头节点规划业务类别（Color 模板）、多种业务路径计算的指标（时延、IGP Cost、亲和属性等），通过 BGP VPN 路由分发携带业务类别（Color 模板）的属性。头节点 VPN 路由触发 SRv6-TE Policy 的创建和自动引流，支持 SRv6-TE Policy 自动、按需创建和删除。SRv6-TE Policy 既可支持分布式节点计算路径，又可支持集中式 PCE 计算路径（SDN 化）。

SRv6-TE Policy 还可以和 Flex-Algo 结合使用。不同算法配置不同的 SID（Locator），实现多个逻辑拓扑的隔离。通过 SRv6 BE 的方式实现具有优化目标和约束属性的路径，增加 ECMP 和 TI-LFA 能力，减少路径更新，增强重优化，同时支持路径不相交等新业务场景。

图 5-28 所示的是基于 SRv6 的网络切片示例。SDN 和 SRv6-TEPolicy 技术结合 NETCONF、BGP-LS、PCEP/BGP SRv6-Policy、遥测和随流检测等技术，可以实现满足业务 SLA 的网络切片解决方案。网络侧互联端口可采用 FlexE 端口提供硬隔离。

SDN 控制器通过 NETCONF 对路由器设备进行配置，创建互联端口（如 FlexE Client 端口），配置端口参数，配置链路亲和属性，加入虚拟网络。在各逻辑端口上配置 IP 地址，接入层、汇聚层配置、规划不同的 IGP 实例，接入汇聚间路由重分发打通路由。使能 IGP SRv6，配置不同的 SRv6 Locator，配置 BGP SRv6 和 VPN。不同实例 IGP 分发不同的 End 和 End.X SID，代表不同的节点、链路资源。BGP 分发 VPN 业务 SID。通过 SRv6 Locator

或者 SRv6-TE Policy 可以实现业务承载在不同的切片上。

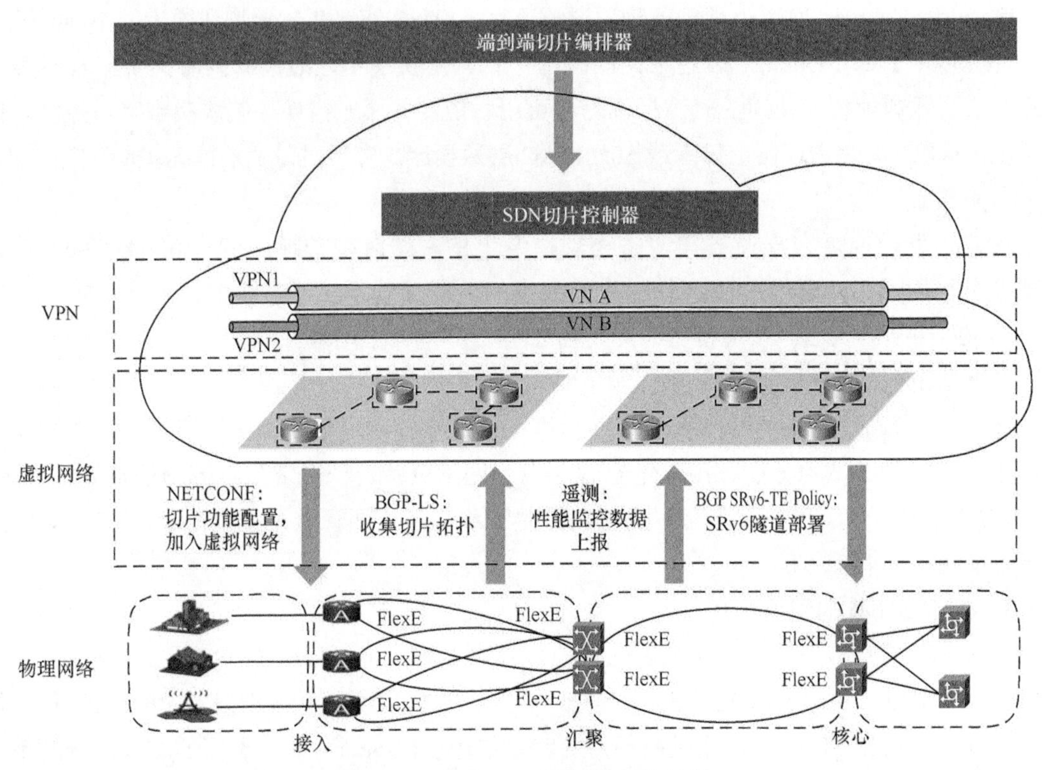

图 5-28 基于 SRv6 的网络切片示例

通过 BGP-LS 向 SDN 控制器通告拓扑信息和链路 TE 信息。SDN 控制器根据收集的 TE 数据库信息计算满足 SLA 要求的路径，并通过 PCEP SRv6-TE Policy 或者 BGP SRv6-TE Policy 将 SRv6 路径信息下发给头节点。头节点将流量引入 SRv6-TE Policy，以满足流量的 SLA 要求。

使用随流检测技术检测 SRv6 端到端丢包、时延，并通过遥测通告给 SDN 控制器，SDN 控制器监测路径是否满足 SLA 要求，如果不能满足要求，控制器重新计算新路径或调整网络切片，满足 SLA 要求。

5.3.4 网络云化技术

简单地说，网络云化就是通过将网络 CT 和 IT 云计算技术结合，将网络全部或部分功能放到云上去，利用云端对网络资源进行统一的管理和弹性调度，实现对网络和 IT 资源的高效利用，以及网络能力的按需服务。网络云化主要涉及网络基础设施面的云化（即网元系统云化）、网络管控面的云化及云网智能协同（即云网协同管控）3 方面，其中管控面的云化是管控系统技术演进的内生需求，它在 3.2.7 节已进行了介绍，本节将重点对网元系统云化和云网协同管控进行阐述。

1. 网元系统云化

网元云化技术的主要目的是通过云技术采用通用硬件和软件相结合的方式实现网络功

能，降低网络建设和运维成本，提升网络的灵活性和扩展性。传统的网络设备内部架构通常包括 3 个平面：管理平面、控制平面和数据平面。管理平面主要对接用户或上层管控系统，处理下发的配置、上报设备状态及告警；控制平面主要是处理各种网络协议，通过协议完成网元之间的协同；数据平面通常是业务转发的执行单元。管理平面和控制平面的云化主要是采用云技术对原来运行在网元内的管理和控制软件系统进行改进、优化，当前控制软件系统最典型的例子是 SONiC（Software for Open Networking in the Cloud）。网元云化再往下涉及数据平面云化，就是我们经常谈到的 NFV 技术。

（1）SONiC

SONiC 是微软基于 Debian Linux 打造的一款开源网络操作系统，它运行于 Linux 的用户空间，以远端字典服务（Redis，Remote Dictionary Server）键值数据库为交互中心，Redis 为 SONiC 所有软件模块构建了一个松耦合的通信载体，同时提供数据一致性、信息复制、多进程通信等机制，采用了最新的容器架构，除 SONiC 命令行接口（CLI，Com-mand Interface）和 SONiC Configuration 这两个软件模块外，构成 SONiC 的其他模块均被隔离在独立的 Docker 容器中。使用者无论需要增加新的功能，还是改变一个容器，都不需要做太大的变化。SONiC 架构如图 5-29 所示。

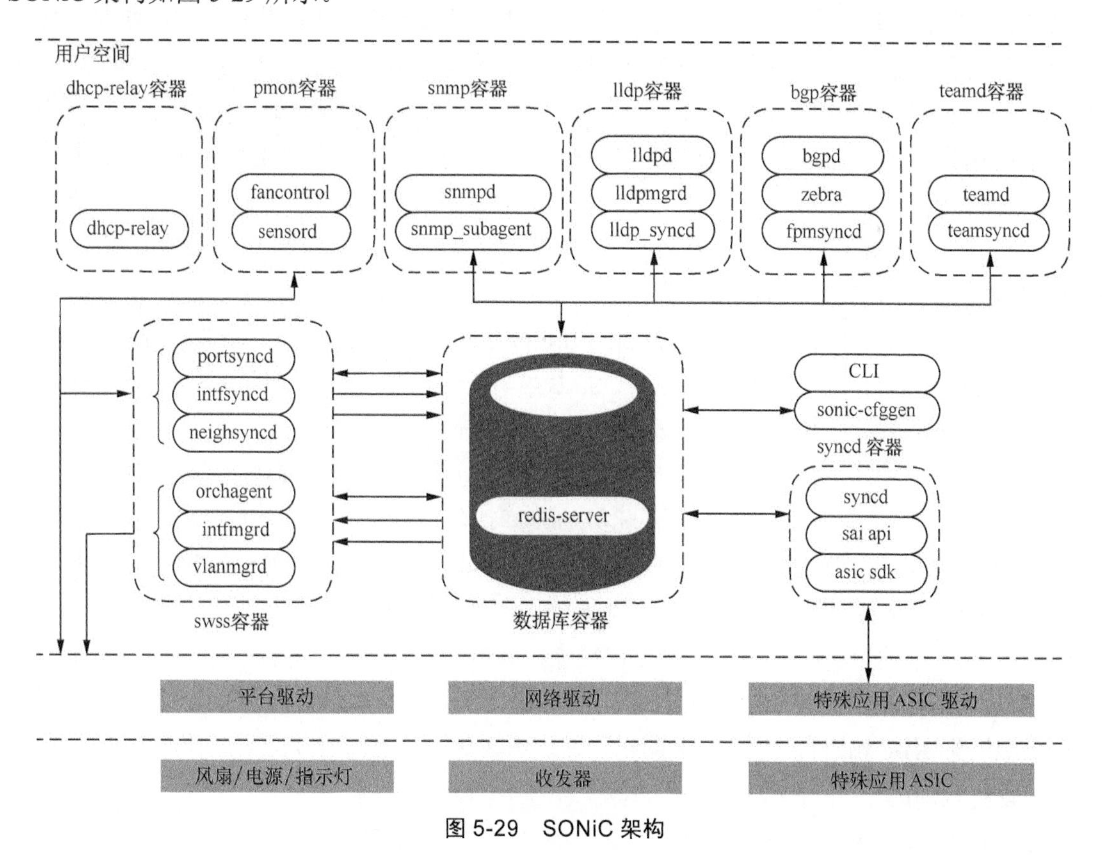

图 5-29　SONiC 架构

从整个架构来看，lldp 容器、bgp 容器等都属于控制层，生成控制面的表项，syncd 容器、swss 容器相当于软转发层面，用来将控制面的数据转化为 ASIC 的数据，然后下发驱动。硬件转发层包含 SDK 和硬件，从上面的逻辑架构来看，与传统的交换机并没有本质的区别。

主要区别在于传统的交换机开发中，更注重流程、过程，而 SONiC 引入数据库，实际带来了思维的转变，将面向过程的开发转化为面向对象的开发，从关注流程变为关注数据，更加符合 IT 的思维，便于融合。除了带来思维的转变，引入数据库还有非常多的好处，数据的处理清晰，避免了以前在流程中多个地方对数据进行变更后带来的隐患。然后，完全实现模块间解耦及实现方式与结果解耦。以访问控制列表（ACL，Access Control List）功能为例，以前必须通过 CLI 或者管理信息库（MIB，Management Information Base）来实现，使用数据库后，不再关心实现方式，只要数据库中写入数据即可实现，那么 ACL 也可以是一个脚本，甚至可以采用其他的 App 远程写入。最后，借助数据库，可方便地实现同步、集群、备份等功能，简化了功能实现。

SONiC 最初进入开源软件社区是在 2016 年，在过去的这些年，SONiC 一直在不断发展。SONiC 社区非常活跃，截至 2020 年，社群成员已经超过了 50 个。目前 SONiC 已经是一个成熟的解决方案，对于降低组网和管理的复杂度非常有效。后续的主要努力方向在多机框场景，另外也在努力支持 K8S，结合 K8S 可以提供更有适应力的云化解决方案。

（2）NFV 技术

NFV 是一种通过采用通用硬件和虚拟化技术来实现网络功能的新技术。通过软硬件解耦及功能抽象，使网络设备功能不再依赖于专用硬件，可以充分灵活地共享资源，新业务可以快速地开发和部署，极大地提升了网络构建和运维效率。2012 年，13 家运营商在 ETSI 的组织下成立了 NFV 工作组，致力于该项技术的需求定义和系统架构的制定，陆续发布了 NFV 参考架构等系列文稿。目前相关成果得到了业界普遍的认可，已经成为业界的事实标准。

① NFV 标准架构

ETSI 定义了 NFV 网元的分层架构，如图 5-30 所示。这个标准参考架构定义了一系列功能块和这些功能块之间主要的参考点。这些功能块主要包括：网络功能虚拟化基础设施（NFVI，Network Functions Virtualization Infrastructure）、VNF、网元管理（EM，Element Management）、运营和业务支撑系统（OSS/BSS，Operations and Business Support Systems）和 NFV 管理与编排层（NFV MANO，NFV Management and Orchestration）。

a. NFVI 是 NFV 网元部署、管理和执行的基础，包括各种计算、存储、网络等硬件资源，以及相关的虚拟化层，虚拟化层将硬件相关的计算、存储和网络资源全面虚拟化，实现资源池化。NFVI 可以是多个地理上分散的数据中心，这些数据中心通过通信网络连接起来，实现资源池的统一管理。

b. VNF 就是软件实现的网络功能，运行于在 NFVI 之上，实现各种网络的业务功能，将物理网元映射为虚拟网元 VNF。VNF 使用底层提供的虚拟化资源，包括虚拟计算、虚拟存储和虚拟网络，通过软件的方式实现网元功能。VNF 与实际物理网元相比，其功能状态及外部接口都是相同的。

c. EM 用于对 VNF 的管理，如图 5-30 中的 EM 1、EM 2 和 EM 3。

d. OSS/BSS 为了适应 NFV 发展的趋势，需要实现与 VNF MANO 的互通，同时也要对 NFVI 中的硬件资源进行管理。

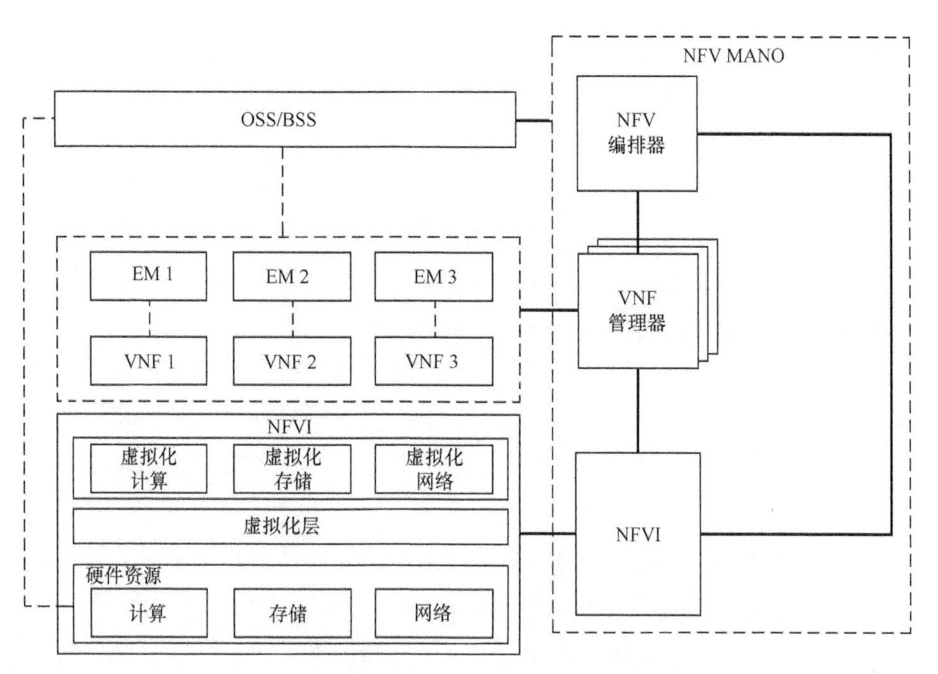

图 5-30 NFV 参考架构（ETSI GS NFV 002V1.2.1）

e. NFV MANO 负责对整个 NFVI 资源的管理和编排，还负责业务网络和 NFVI 资源的映射与关联，以及 OSS 业务资源流程的实施等。MANO 内部包括 NFVO、VNFM 和 VIM3 个实体。其中，NFVO 负责编排和管理 NFV 基础设施与软件资源，在 NFVI 上实现网络服务的管理；VNFM 负责实现 VNF 的生命周期管理，如实例化、更新、查询、弹性扩展和终结等；VIM 负责控制和管理 VNF 与计算、存储和网络资源之间的交互及这些资源的虚拟化。

② NFV 技术的发展

NFV 没有改变设备的功能，而是改变了设备的形态。从网络层次上看，NFV 网元普遍工作在四层或七层，三层也有，但一般会增加特定的硬件加速引擎（如 DPDK）或硬件（如网卡、GPU 卡、FPGA 卡），对于三层以下，目前基本还没有涉及。

从转发层面看，NFV 技术的发展经历了 3 代。第 1 代 NFV 技术采用 Linux 内核方式来构建网元，由于 Linux 内核本身就提供了大量的网络功能，因此这种方式的优点是快速可得，缺点是性能低下；随着 DPDK 技术的出现，产生了第 2 代 NFV 技术，该技术是基于裸金属服务器和 DPDK 转发的 NFV 技术，相较于第 1 代 NFV 技术，在同样的硬件条件下性能有 10 倍以上的提升，但是由于其基于裸金属服务器，也造成了这代技术在弹性扩容、交付效率和开放能力方面的局限和不足；随着云技术的发展，产生了第 3 代 NFV 技术，这一代 NFV 技术基于云原生技术优化，让虚拟网元基于云上资源，采用容器技术构建，而不再直接部署在裸金属服务器上，同时通过服务网格提供 NFV 所需要的高级网络功能。基于云原生的 NFV 技术将从根本上解决前两代 NFV 技术的问题，使 NFV 技术迈入高级阶段。

2. 云网协同管控

云网协同要求网和云从以前基于各自独立资源的封闭式管控向面向云网资源一体化、网和云彼此状态深度感知、主动关怀和主动适应的方式转变，通过网管系统和云管系统的智能动态协同来支撑云网业务一体化的应用需求。

（1）云网协同管控架构

云网协同管控涉及网和云多个管控域之间的协同，覆盖接入网（无线、有线）、承载网（分组、传送）及核心网的完整入云网络，以及云间互联 DCI 网络，需要考虑不同管控域异构网络的资源预留、统一编排、协同部署，以及端到端线路质量探测和协同保障等问题。基于电信视角的云网协同分层管控架构示意如图 5-31 所示。

在编排层通过一个独立的云网一体化编排系统将来自客户业务系统的商业意图转换为云网协同逻辑，并最终分解成云网协同编排请求、NFV 协同编排请求和云协同编排请求，通过 API 分别向网络协同编排器、NFVO 和云管平台传递，由后者完成各自管辖域的资源编排和结果上报，协同云网编排系统完成网和云的端到端编排，以及最终结果的融合展现。其中，网络协同编排器（简称网络协同器）负责多个网络域跨厂商网络的集中编排与协同，完成跨网络端到端连接的创建、配置优化和质量保障，NFVO 负责 VNF 的统一编排，云管平台负责对各种云平台的统一管理、编排和调度。网络协同器向下对接各厂家不同专业与不同地理域的分域控制器，通过标准北向接口与分域控制器交互。在系统部署上，整个云网协同系统都可以部署于云计算环境中，网络编排层、控制层面可以为电信私有云部署，云管系统可以为公有云或混合云部署。在云网协同管控架构中，主要存在以下几种类型的域间协同关系。

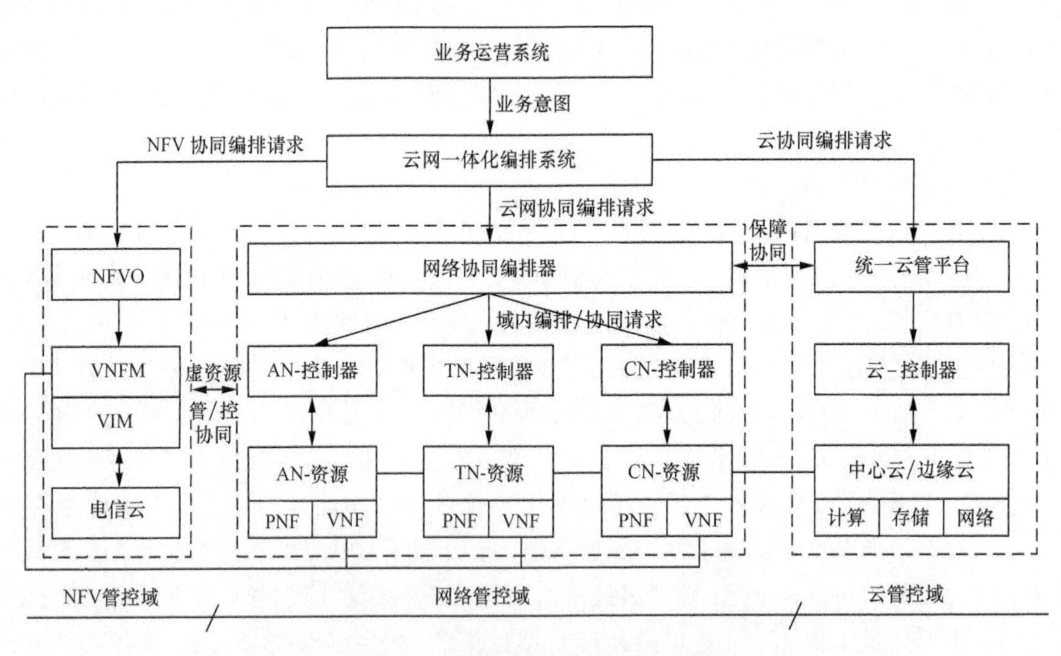

图 5-31 云网协同分层管控架构示意

① 编排协同：是指面向业务资源的编排协同，主要发生在上层的云网编排系统与下层的网络协同器、NFVO 和云管平台之间，以及网络协同器与更下层的分域控制器之间，协同方式是上层按需获取下层的边界资源状态，并向下层下发分解后的分段编排任务和 SLA 要求，

下层向上层反馈分段编排的结果。

② 保障协同：是指面向 QoS 的运行保障协同，主要发生在同层不同域之间，如网络协同器与统一云管平台之间。主要协同方式是各管控域对资源状态的运维监测与协调互动，比如资源的协同创建、删除与变更，资源告警通知与性能测量，跨域故障恢复策略的协同处理及处理结果的通报等。

③ 运维协同：是指面向故障分析与排障的运维协同，主要发生在网络协同器与各分域网络控制器之间，由于跨域导致故障诊断和定位困难，需多种智能分析和检测手段来协同运维，如对网络故障的协同检测与定界定位分析等。

④ 虚拟资源协同：是指网络在部分基础设施云化、虚拟化后，面向网络虚拟资源的管控协同，主要发生在 NFV 管控域中的 VNFM 与网络管控域中的各分域控制器之间，主要协同方式是 NFV 域负责对虚拟资源网元级的管理，包括虚拟网元的编排部署、运行状态监控、告警性能上报等，网络管控域从资源和业务层面对虚拟网元实施与物理网元类似的统一管控，如统一拓扑管理、统一业务配置等。

在云网协同管控架构下，各个管控域子系统之间是相对独立的，都有着各自独立的功能与策略设计，如有独立的系统数据、用户管理、安全认证等，随着电信网络云网融合的不断演进，我们期待的云网协同是云和网最终能够打破彼此的技术边界、实现完全的融合，此时各管控子系统经过逐步技术整合，最终形成一个层次化分工、无缝协作的统一云网操作系统，实现对云网资源的统一抽象、统一管理、统一编排和统一优化，并支持云网融合应用的云原生开发。

（2）云网端到端编排

集中编排与分域管控相结合是云网协同管控的主要架构特征，统一编排有利于屏蔽各网络域、云平台的差异性，是面向云网业务端到端交付的必然选择，而各域管控系统的分域就近部署则有利于保障各个网络域、云平台的敏捷高效，提升系统的整体性能和高可靠性，以及实现区域自治。

云网一体化编排系统是云网集中式编排的功能展现层，它为上层客户系统提供面向云网业务和用户业务意图的功能接口，实现从业务意图到云网协同需求的转译，并进一步转化为对云域、网域和 NFV 域的具体资源需求和业务编排逻辑。云网一体化编排系统调用下层接口动态地获取各个管控子域所开放的公共资源，实时掌握各类资源状态、各子域所能提供的业务类型、SLA 级别、编排能力等信息，并将分解后的各子域编排请求自动下发和调度，最终完成云网业务端到端的一站式发放。

对于网络管控域而言，在云网协同管控架构下，其资源管理范围需要向云侧拓展，从用户终端一直延伸到数据中心入云 POP 点之间的全域网络，其中可能会穿越接入网、IP 承载网、光传送网和核心网等多个专业网络，特别是还可能穿越一个或多个不同运营商的管理网络，如何在多个不同专业域和不同管理域的网络间保证用户体验的一致性，是对网络协同编排器的一个主要技术要求。网络协同编排器向下对接各个分域网络控制器，向上对接云网一体化编排系统，通过定义标准化的协同编排接口，消除不同厂商、不同网络域之间技术形态上的差异性，实现对跨多域网络完整线路的端到端路径规划与编排。从功能层面看，网络协同编排器应支持对用户各类跨域云专线、云专网、云切片等业务的统一编排与对接，具备对全网预留资源及状态的实时获取、同步刷新与统一管理，具备对各类业务的统筹调度、业务路径的端到端优化等功能，能够统一编排用户上云、云间各种 DCI 互联组网的业务流程，为用户提供“云下一张网”的业务快速打通服务。

（3）端到端切片管理

网络切片是 5G 网络最重要的技术特性之一，用以满足各行各业数字化转型的差异化网络需求，提供不同的业务服务等级和安全可靠的业务隔离性。一个完整的用户业务往往须贯穿整个网络，拉通用户终端与云端数据网络的端到端网络分片，需要无线网络、核心网和承载网共同配合完成。因此，网络管控层需要提供端到端切片的管理能力。如图 5-32 所示，5G 网络端到端切片管理功能域由 NSMF、各专业 NSSMF 组成。

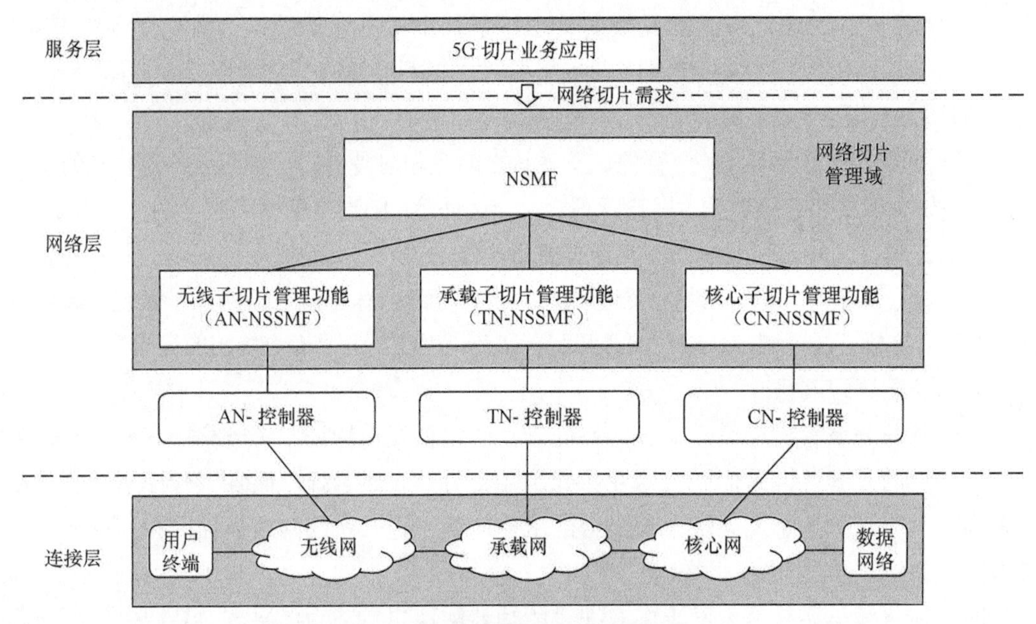

图 5-32　端到端网络切片框架示意

NSMF 涉及对多个专业网络设备的编排管理及运维保障。对于无线接入网和承载网，NSMF 主要是对网络切片参数配置的需求，没有实例化新的资源的需求。对于核心网，网络切片子网中资源的动态创建是基于 NFVO 提供的网络服务编排和管理功能来完成的，在资源的生命周期管理基础上增加网络切片参数的分发和配置。

端到端网络切片管理最主要的功能是网络切片的生命周期管理，即须支持网络切片完整生命周期流程中的各项功能要求。网络切片完整生命周期管理流程如图 5-33 所示。

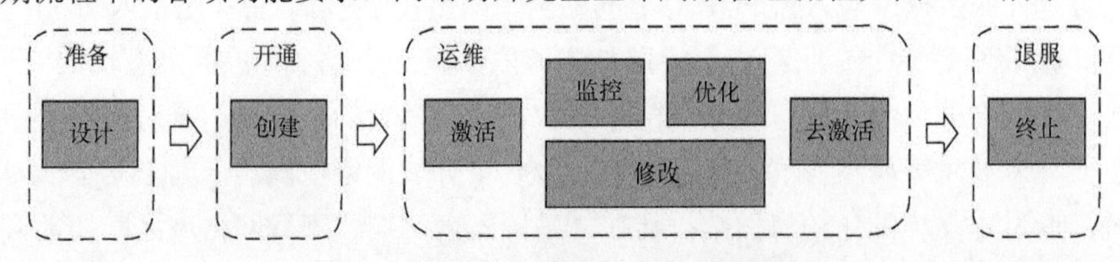

图 5-33　网络切片完整生命周期管理流程

准备：包括网络切片模板设计和上载、网络切片容量规划、网络切片需求的评估、网络环境的准备等。

开通：网络切片的创建。创建网络切片时对所有需要的资源进行分配和配置以满足网络切片的需求，网络切片可分为共享和非共享两类，网络切片实例上可创建多个网络切片来满足多个切片需求。

运维：运维阶段的操作可以分为两类，指配类操作和监控类操作。指配类操作包括针对一个网络切片的激活、修改更新及去激活，而监控类操作包括对网络切片的状态监控、数据报告（如 KPI 监测）和资源容量的规划。

退服：网络切片服务的终止。退服网络切片时，可以删除对应网络切片实例中该网络切片对应的配置和资源，当网络切片实例中不包含任何网络切片，则该网络切片实例可删除。

为满足网络切片的完整生命周期管理流程的要求，端到端 NSMF 需要与各专业 NSSMF 配合完成网络切片 / 切片子网的管理，主要功能包括：网络切片 / 切片子网设计、网络切片模板 / 切片子网模板的管理、网络切片 / 切片子网的生命周期管理、网络切片 / 切片子网的配置管理、网络切片 / 切片子网的性能及告警等 FCAPS 管理、网络切片 / 切片子网的 SLA 闭环保障与故障自愈、网络切片 / 切片子网资源和性能及告警等数据的开放。

（4）网络资源和能力抽象

在云网协同管控架构中，网络资源和能力的统一抽象与模型化是支撑云网一体化服务与跨域协同的基础。随着网络技术与业务的发展，网络基础设施面形成了一个多源异构的资源体系，多种不同技术形态的设备网元在同一网络中大量共存，如既有传统的不同专业功能的物理网元，也有转化与控制解耦分离的 SDN 网元、软硬解耦分离的虚拟化网元，同时还面临多厂商设备的统一纳管问题，不同设备在技术、能力及可编程性等方面存在差异。因此，需要首先对这些不同形态的网络混合资源，以及资源之间的关系进行统一抽象，以整合异构网络设备并实现解耦。

网络资源能力抽象将涉及对多种不同网元技术栈协议、不同厂家定义的 YANG 模型、命令内容、配置方式等的协议适配和模型化。通过统一的模型定义和数据封装，一方面，网络控制层便于实现资源一体化管控，以提供最优资源分配策略和灵活按需调整等；另一方面，网络协同层便于将整个底层分布式多域网络简化为“单一”逻辑网络资源池，并通过软件定义的自动化流程实现多个分域网络的联动控制，协同完成业务端到端的自动部署。在技术与功能层面，协同层需要实现对不同网络域间资源定义、业务定义和 SLA 定义等多类数据的映射和转换，统一收集并实时掌握全程网络的业务资源信息，包括网络全域拓扑、资源预留、时延带宽、流量等，并建立与多个分域控制器的数据协同与同步机制，保证网络资源、业务及状态等关键数据的实时一致性，实现对多域资源的统一预留和端到端优化配置，同时通过北向接口向上层的云网一体化编排系统按需提供不同速率和时延要求的网络全路径连接。

（5）云网协同质量保障

云和网之间欲实现高效动态协同，必须依赖于云域和网域对各自关键业务数据和状态的深度感知，并基于数据感知进行各自内部资源的智能调度和主动调整，协同完成一致性的业务质量保障。

要达到此云网协同目标，网络管控域和云管平台间需定义统一、具有高效的协同接口，这个接口应支持云向网、网向云的双向状态查询和关键数据提取。对于网络侧而言，通过这个协同接口可实时或准实时获取云侧各类云业务的基本信息，比如业务类型、应用特征、业务状态、服务等级、用户体验等，以及云业务对应的网络切片、云专线等信息，并结合网络全域拓扑、端到端资源配置、带宽时延、流量负载等已有数据，为对应的云业务自动生成最优的资源配置和调整策略，自动进行资源的弹性分配和调度，实现对云服务的主动适配。同时，网络管控域需进一步提升对网络故障的主动监测和主动发现能力，以快速发现网络的故障隐患，并在故障发生时快速地进行流量切换，保障云业务的 QoS 和用户体验。

在保持云网协同接口稳定性的同时，云网协同管控还支持云域和网域各自独立的技术创新，以更好地实现云网智能协同的目标。比如网络管控域可以面向云业务进行云网统一画像分析，通过对云业务相关的网络资源及其状态的采集、监控和大数据特征挖掘，从云业务的应用特征、流量特征、QoS 特征、用户特征、访问量特征、需求变化特性、故障异常特征等多个维度进行自动化标签分类，构建与云业务对象关联的全面网络特征画像，实时反映云和网的业务状态、行为和流量等的特征和变化规律，基于云网统一画像为云网协同管控提供一种更为快速、高效的技术手段。

（6）云网协同故障运维

云网协同故障运维的重点有两个，一个是对网络性能跨段监测和故障快速发现，另一个是对网络跨域故障的准确定界、定位分析。由于网络基础设施的多样化、多种技术制式共存、网络虚拟化分层解耦等，同时由于网络管控分层解耦，引入了跨域编排、分域管控、VNFM、NFVO 等多个子系统，这些因素导致了跨厂商、跨段、跨界、跨域故障诊断难的问题，网络面临着更多可能的故障点，网络告警数量成倍增长，运营商面临更为复杂的故障定位、根因分析和责任划定问题，因此，需要有更加高效的故障检测手段和更加智能化的故障分析能力。

由于网络域管理和保障的是从用户入云及云间的网络业务质量，当用户业务体验下降时，用户很自然地将问题归结为终端问题或网络问题，而实际上 50% 以上的“网络”问题并不是由网络引发的，因而网络故障的快速检测和快速发现就显得非常重要了。通过对云网业务全路径性能的逐跳自动检测，可以快速发现并定位网络故障，如基于 SR 的 Ping/Trace 检测、TWAMP 检测及随流检测等。同时，网络管控域须具备对带宽、时延、抖动、丢包等性能指标更细粒度的监控能力，通过低至秒级甚至亚秒级的性能采样监测和异常分析，有助于准确识别网络早期的问题，实现故障的快速、提前预警。

同时，通过网络协同层和控制层之间的两级智能协同，实现对单域、跨域、跨专业、跨厂商等各个场景下网络故障的一体化智能分析。其中在网络协同层上基于多域历史运维数据的分析和推演，构建跨域故障分析 AI 模型，故障发生时先通过跨越模型进行故障的定界、定段推理分析，而后根据定界分析结果，触发相应的分域控制器进行定位分析。分域控制器则一方面在故障告警发生时先期进行域内分析，对告警实施精确过滤后上报协同层；另一方面，接收协同层的故障定位分析请求，并基于单域故障 AI 模型最终完成故障的精确定位。

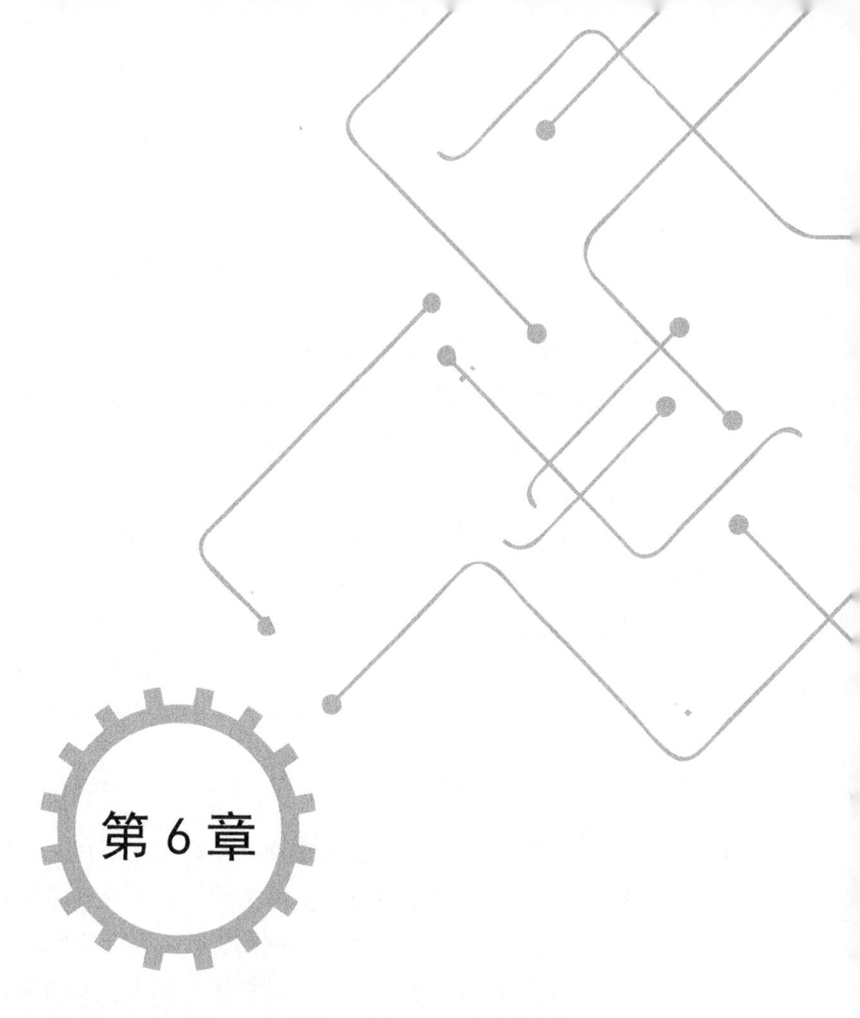

第 6 章

智慧光网络的应用实践

本章简介：

本章概述了智慧光网络在商业模式、技术场景和应用场景 3 个方面的升级，介绍了智慧光网络在跨省 ROADM/OXC 全光区域网、5G 承载网、OTN 政企专网、数据中心光网络、工业光网络、家庭光网络和海洋光网络的应用，充分体现了智慧光网络泛在、超宽、开放、随需四大特性。

6.1 概述

为满足新业务需求及用户体验的提升，作为底层基础资源的光网络也逐步从幕后走向台前。以用户对业务体验的提升和商业模式的创新为驱动，基于智慧光网络泛在、超宽、开放、随需的理念，构建以用户体验为中心的智慧光网络来提升商业价值正成为业内研究和关注的焦点。

本章就智慧光网络的典型应用实践进行介绍，如以数据中心为核心趋势下的跨省ROADM/OXC全光区域网；以满足5G承载需求的5G前传和中回传网络建设方案；互联网应用蓬勃发展趋势下的数据中心光互联；工业光网络和全光家庭光网络及覆盖全球的海洋光网络。这些均是业内关注的焦点，本章内容的介绍也充分体现了由传统光网络到智慧光网络的商业模式、技术场景和应用场景升级的应用需求和内生动力之所在。

6.1.1 商业模式升级

在智慧光网络概念和技术普及之前，依托光网络提供基础连接和带宽服务是运营商传统的商业模式。随着光网络的泛在化、智能化、开放化及未来与云服务、算力的融合，各种业务创新将会层出不穷，NaaS成为新的商业模式。智慧光网络可为消费者提供确定性、差异化、智能化及融合化的服务。智慧光网络涵盖用户接入、城域和骨干传输，已实现泛在接入和超宽传输并不断增强网络的端到端确定性服务能力，包括高带宽保障、确定性时延、有界时延抖动、高精度定位及网络无损传输等，并基于确定和稳定的基础网络能力，针对行业客户需求，提供可管、可控和安全可靠的确定性服务。智慧光网络除提供传统光网络的带宽和连接服务外，还可根据用户需求在带宽灵活性、业务时延、业务可靠性、网络切片等方面提供差异化服务。智慧光网络通过SDN集中管控、AI和数字孪生技术的引入，主动学习用户行为特征，自动感知需求，自动分配网络资源，实现敏捷、精准的业务调度与优化，以智能化的服务手段为用户提供最佳的业务体验。智慧光网络通过技术协同及融合，可提供融合化服务产品，如光传送与云服务相结合的云光一体服务、网络与算力深度融合的算网一体服务。

6.1.2 技术场景升级

随着5G、IoT的广泛部署，网络连接主体、应用场景多样化，光网络作为信息通信的基础网络在需求方面发生了重要变化。一方面是连接数量和流量规模的爆发式增长，另一方面是用户对网络的容量、速率、时延、稳定性、安全性等性能的要求不尽相同，并且要求实现按需供给。以上两方面的变化，要求智慧光网络既要提供可靠连接和足够的带宽容量，又要具备高度的弹性、灵活性、隔离性来满足个性化、多样化和按需供给的需求变革。

另外，互联网巨头已凭借云服务方面的优势进入基础通信领域。过去几年，互联网巨头凭借其极强的IT能力，在云服务提供市场占据主导地位。现在，伴随业务和应用上云的发展趋势，以互联网巨头为代表的云服务商以降低自身运营成本、满足客户“云网融合”需求为出发点，开始构建 DCI 网络，并通过“云”+“网”融合的营销方式和提供在线自助管理的服务方式，抢占基础通信服务在企业市场的价值空间。为应对互联网企业的竞争，电信运营商需要以更灵活、更优质、更低成本、更快速的方式提供网络服务。

智慧光网络通过引入 SDN/NFV、云计算、大数据、AI 等技术及网络重构实现了“柔性”网络的建立，其具备的确定性、弹性、云化和智能化特性是电信运营商满足用户多样化需求、实现数字化转型的关键所在。

6.1.3 应用场景升级

智慧光网络凭借超宽的终端连接能力和网络承载能力，构建全场景、全域、全生命周期的智能化网络，实现了通信基础网络质的飞跃。曾经的“通信管道”已向“开放、融合的网络资源平台”演进。智慧光网络可更好地支撑上层业务的开展，赋能智慧城市建设，助力千行百业的数字化转型，为数字经济发展注入源源不断的动力，为创新发展带来无限的可能性。

智慧光网络作为新基建的重要组成部分，为信息通信行业带来了前所未有的前景和机遇，还将作为智能制造、智慧交通、智慧教育、智慧医疗、智慧金融等融合基础设施的关键支撑。

6.2 跨省 ROADM/OXC 全光区域网

随着互联网业务的开展、5G 核心网的云化，网络建设以数据中心为核心，业务流量“南北向”与“东西向”同时存在。从业务对网络的需求来看，除关注业务可达性、网络容量外，业务调度的灵活性、网络时延和网络的稳健性同样受到关注。2016 年开始，国内各大运营商开始在长途干线层面以区域组网的方式构建 ROADM/OXC 区域网络，建网思路、ROADM/OXC 区域组网的优势和实践及思考等方面总结如下。

6.2.1 从传统建网思路向跨省 ROADM/OXC 区域网络建设思路转变

在过去以话音业务为主的时代，业务流量根据行政区划逐级收敛，业务流量呈“南北向”特征分布。光缆网及 OTN 的规划和设计多数是点到点的链型或环网设计，关注业务可达性、网络容量。各大运营商的长途干线网络传统上采用 WDM/OADM 技术进行链状系统建设，即线性组网，主要用来承载电信自有业务。线性组网的形式为电路的转接、调度带来了天然的壁垒，不同系统之间的转接只能通过 OTU 白光接口背靠背解决，光层的穿通只能在系统内通过跳纤实现。

从传统建网思路向跨省 ROADM/OXC 区域网络建设思路的转变，本质上是网络架构的重构。运营商的骨干网以提高人口覆盖为导向，从末端用户接入开始逐级汇聚，信息访问跳数多、时延较高。互联网服务提供商则以用户信息消费模型为导向，自建骨干网和超级节点以减少转发跳数并降低时延。网络架构重构需要实现两个根本性转变。第一，实现从“被动的适应网络向主动、快速、灵活适配的网络”的根本性转变；第二，网络资源的部署应打破行政管理体制和传统组网思路的制约，例如从传统以行政区域分层为导向的组网转向以数据中心为核心的组网新格局。

基于以上思路，国内运营商在干线 OTN 层面以面向未来业务发展、网络能力弹性化、云网协同发展为目标，打破此前各省行政区划集约化以分域的思路建设一张覆盖全国的区域 ROADM 网络，其主要思路如图 6-1 所示。

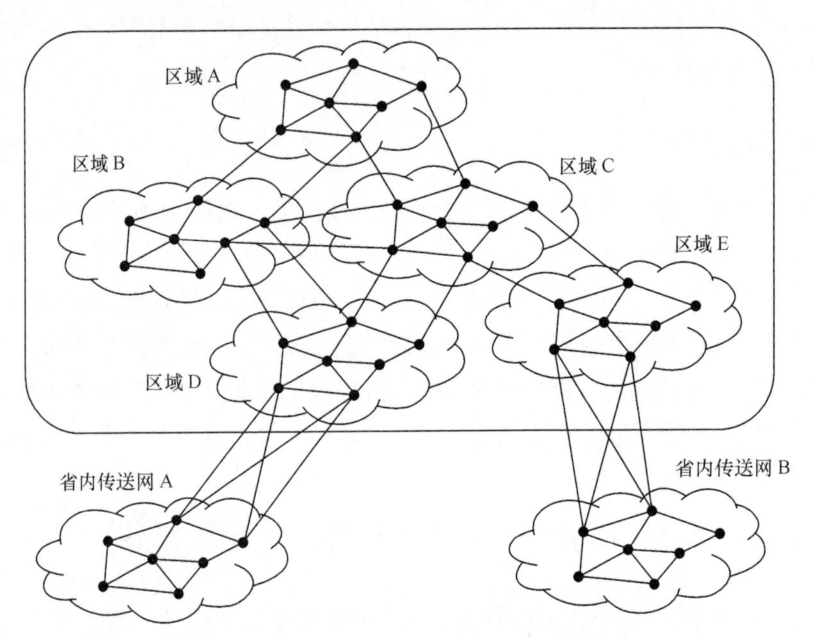

图 6-1　国内运营商干线区域 ROADM 组网示意

首先，在全国范围内，构建覆盖所有骨干互联网节点城市、DC、IDC 及其他重要业务节点的骨干 ROADM 平面。骨干 ROADM 平面作为打底网络，负责疏通全国范围内的跨省业务。其次，在经济发达、业务繁荣且集中的京津冀、长三角、粤港澳大湾区等区域分别建设区域 ROADM 网络，吸收区域内的跨省业务，缓解骨干 ROADM 网络的压力。不同于骨干 ROADM 网络，区域 ROADM 网络覆盖节点可以更密集，根据区域内地市出省业务量来确定需要覆盖的节点；最后，在京沪、京穗、沪穗等业务量超大城市之间分别建设点对点直达 WDM，疏通热点局向的业务，进一步缓解骨干 ROADM 网络的压力。

在目标架构下，骨干传输网仍旧定位于承载跨省业务。其中，点对点直达 WDM 承载两点之间固定局向的业务，区域 ROADM 网络承载区域内节点之间的跨省业务，骨干 ROADM 网络承载其他跨省业务，业务在骨干层面不跨网。为了适配业务网结构，骨干网光层（包含骨干 ROADM 网络、区域 ROADM 网络、直达 WDM）的目标架构按照双平面设计，各平面上传输网节点与业务网节点严格匹配。

6.2.2　ROADM/OXC 区域组网的优势

光传送网发展初期，WDM 背靠背部署方式只提供传输的管道，OTN 电层交叉技术的出现，一方面解决了小颗粒业务（如 GE、10GE）的调度及向大管道复用（如 100G）的问题，另一方面可在电层对业务进行调度，使得 OTN 节点具备了组网的能力。近年来，随着 IDC、核心路由器等大带宽业务的发展，节点调度在容量、时延、成本方面的要求进一步提高，ROADM 光交叉技术受到了业内普遍关注。ROADM 光交叉可在波长层面对业务进行灵活调度，且无须进行光 - 电 - 光（O-E-O）转换，因此在交叉容量、时延和成本上具备综合优势。随着 WSS 光器件的提升，ROADM 光交叉可支持 32 个光方向（目前商用水平）的业务调度，且具备波长无关、方向无关、竞争无关、灵活栅格（CDCF，Colorless，Directionless，Contentionless，Flexible-grid）特性，较好地支持了大型骨干节点的发展需求。OXC 则进一步采用光背板、光层 OAM 等技术实现大型 ROADM 节点不同光方向间的“免连纤”，进一步降低了建设和运维的复杂度。如表 6-1 所示，ROADM/OXC 光交叉在交叉容量、节点功耗、业务时延等方面具备优势，OTN 电交叉则在小颗粒业务处理灵活性、网络规划等方面具备优势。

表 6-1　ROADM/OXC 光交叉与 OTN 电交叉差异化对比

	ROADM/OXC 光交叉	基于 ODU*k* 的 OTN 电交叉
1	存在波长冲突，波长相同的不同业务不能重用在同一根光纤上，波长转换成本较高	存在时隙冲突，但时隙切换成本便宜，容易复用在一起
2	模拟网络，需要系统考虑功率、OSNR、色散、PMD 等因素影响	数字网络，只需要考虑抖动、漂移因素的影响
3	交叉容量不受背板限制，易于实现大容量扩展	交叉容量受背板限制，难以实现大容量扩展
4	系统对协议和速率透明	系统受协议和速率适配的影响
5	光层调度，节点功耗低	基于 O–E–O 转换进行调度，节点功耗相对较高
6	通过波长标签提供随路开销	通过帧开销提供随路开销
7	只在源宿和中继节点切换，总体时延较小，WSS 切换时间约几百毫秒	逐点引入时延，总体时延相对较大，节点切换速度较快

如图 6-2 所示，从综合业务接入、调度容量、时延和成本等多种因素考虑，“ROADM+OTN”光电混合交叉及在光缆资源丰富的大型网络节点将 ROADM 升级为 OXC 是未来 OTN 在节点调度方面的发展方向。ROADM/OXC 区域组网模式把 OTN 从传统的点到点的链型系统升级、演进为多维度的 Mesh 网络。

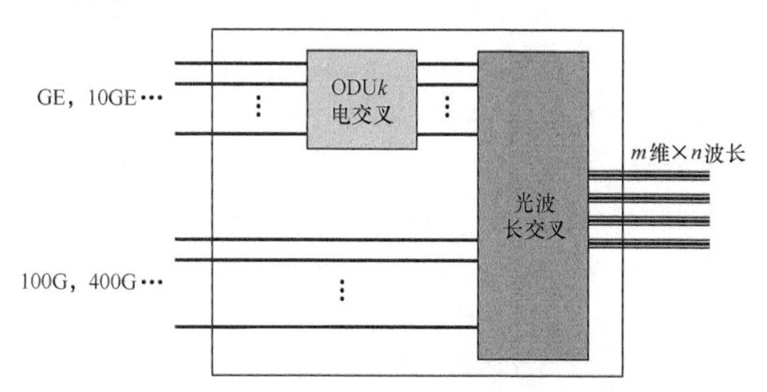

图 6-2　“ROADM+OTN”光电混合交叉示意

“ROADM+OTN”光电混合交叉的优势体现在以下几个方面。

（1）业务灵活调度，网络可扩展性强。传统的 WDM 背靠背组网波长级业务在不同光方向之间的调度需要维护人员进入机房进行光纤跳接，不仅花费时间较长而且容易出错。采用ROADM/OXC区域组网，波长级业务在不同光方向之间的调度通过网管操作即可完成。并且根据网络节点的需要可部署CDCF特性的ROADM/OXC区域组网，最大限度地实现业务调度的灵活性。在容量扩展方面，当前已大规模部署20维ROADM网络，超大节点已部署32维OXC网络，无论是节点的光方向还是本地上下话业务组的数量，在光缆资源具备的情况下都可按需平滑进行扩展。

（2）减少O-E-O转换次数，节省投资。在ROADM/OXC区域组网模式下，最大限度地利用区域光缆路由资源和业务在光层穿通的能力，减少了O-E-O转换次数，从而在中继层面减少了设备投资，并在机房基础资源配套方面减少了投资和支出。

（3）最优化路由选择，降低时延。业务端到端时延由设备处理时延和线路传输时延两部分组成，采用ROADM/OXC区域组网均能将上述两部分时延最优化。在设备时延方面，业务的O-E-O转换次数较少，减少了设备处理带来的时延。在线路传输时延方面，为业务选择最短路由，从而降低了线路传输带来的时延。

（4）加载WSON控制平面，提升网络健壮性。采用ROADM/OXC区域组网模式，为业务传输提供多条路由，具备抗多次断纤的能力，网络健壮性较强。同时依托WSON控制平面可为业务提供不同等级的保护恢复能力，在满足业务差异化需求的同时实现网络资源利用最优化。

6.2.3 ROADM/OXC区域组网的实践及思考

传统WDM网络的分层架构无法避免路由绕远和层间转接，导致了业务发放效率较低、网络建设投资和运营成本高，制约了网络能力的提升。因此，运营商干线OTN的建设模式逐步从局部环形组网演进到以数据中心为核心的区域化Mesh组网，并引入ROADM/OXC区域组网和WSON技术，采用一二干融合的扁平化架构，以实现更高效的业务发放、更优的路由选择、更低的链路时延、更强的网络恢复能力和稳健性，并具备更优的建设和运营维护成本。国内的中国电信和中国联通在干线层面均已采用该模式进行覆盖全国的ROADM区域网络建设。

以中国电信为例，中国电信在2021年已建成五大区域ROADM网络，并实现了一二干融合。五大区域ROADM网络已覆盖全国31省198个地市，线路总长度近2.6×10^5 km，总容量超过620Tbit/s，为全球总容量最大的ROADM网络。中国电信骨干ROADM网络的成效明显：有利于减少电中继，降低功耗，节约成本，减少机房占用，减少约50%的OTU数量，节省功耗和占地约50%，节省成本约30%；有利于快速、灵活地进行业务调度，进一步缩小业务开通时间，极大提升了维护效率；有利于提升业务可用率，基于WSON的快速动态恢复，实现秒级的快速恢复。与此同时，一二干融合的ROADM架构，能够提升利用率、减少时延：首先，波道资源可以共享，盘活了网络资源，提升了网络利用率，减少了纤芯占用，进一步减少了机房占地；其次，减少了从省会不必要的路由迂回及背靠背的电层中继，避免了重复建设；此外，从网络结构和路由组织上减少了时延。

干线ROADM区域网络的建设在带来上述若干优势的同时，也面临新的挑战。其中以下几点在干线 ROADM 区域网络的规划和维护方面是比较典型的挑战。

1. 如何提升大规模组网能力

从理论上来说，区域越大，能获得的光层穿通收益的可能性就越大。但受 WSON 管理能力、WSS 光层穿通代价、业务恢复时长等因素的限制，ROADM 区域网络的区域并不能无限扩大。光信号的无电中继传输距离、WSS 级联穿通代价、WSON 控制平面管理能力和业务恢复时长是 ROADM/OXC 区域组网分域要考虑的关键因素。

2. 如何减少波长冲突

在 ROADM/OXC 区域组网中，各站点不同光方向之间的波长信号调度和本地上下话组均存在一定概率的“冲突”。当前 ROADM/OXC 区域组网节点出于器件成熟度、成本等原因尚未采用“波长无冲突”配置，因此，通过扩展维度来增加本地上下话组的数量是减少波长冲突的有效手段。而减少不同维度间因“波长碎片”引起的冲突则依赖于智慧光网络的在线规划软件对整网波长信号进行梳理和合理分配。

3. 如何优化业务恢复时间

如图 6-3 所示，ROADM 区域网络的业务恢复时长主要由设备倒换时间消耗（硬件层面）和控制层时间消耗（软件层面）两部分构成。在设备层面，光层业务硬切换的最小时间，即排除了一切控制软件的计算和控制时间，单纯由光学器件和 OTU 板卡的光模块件决定。其中波长切换前后未发生变化的业务完全由 WSS 决定，目前业内常见的水准在 500ms ～ 2s。波长切换前后发生变化的业务由 WSS 和 OTU 板卡的光模块同时决定。OTU 板卡的切换波长生效时间一般取决于 ITLA 及波长标定算法，根据供应商的不同，业内设定在 5 ～ 30s。WSON 控制层时间消耗包括告警定位上报、路由计算、新路由下发。在 ROADM 区域网络中，考虑到光学损伤参数的计算（包括 OSNR、非线性效应的影响等），以及由这些参数计算带来的波道、路由、中继等的计算，其整个计算过程比传统电层 ASON 网络要复杂。

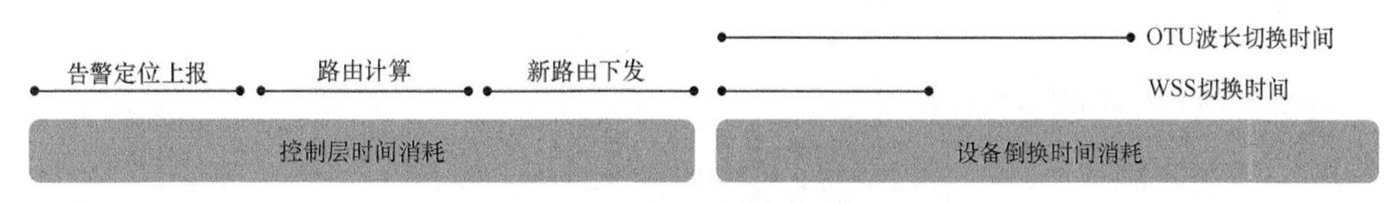

图 6-3　ROADM 区域网络的业务恢复时长构成

在设备硬件层面，WSS 光器件端口切换时间典型值在 1s 左右，当前可提供高维度 WSS 器件的厂商比较集中，因此改进空间较小。OTU 板卡的激光器波长切换时间可通过自研算法进行优化。如何对 WSON 控制平面业务恢复时长进行优化是业内研究的重点。

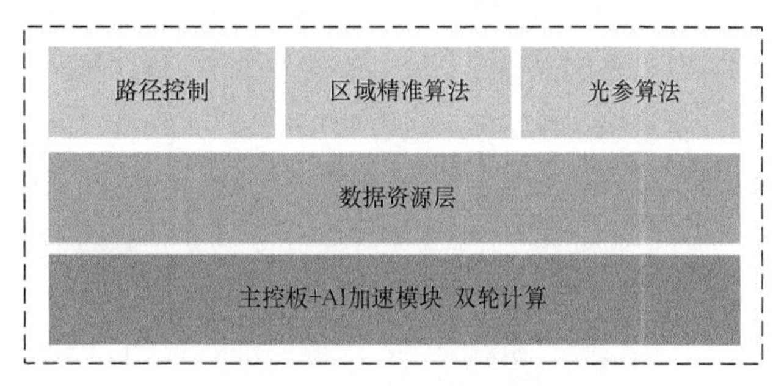

图 6-4　WSON 动态全局算路单元

如图 6-4 所示，在控制软件层面引入集中式路由，由“集中式计算 + 分布式控制”取代传统的“分布式计算 + 分

布式控制”并在 WSON 主控单元引入 AI 算法来提升算力是优化时长的有效手段。

4. 如何实现大规模 ROADM / OXC 区域组网的自动规划和优化

在大规模 ROADM/OXC 区域组网方式下，业务规划初期由于流向复杂、路由选择较多、网络节点数量较多且规模庞大、WSON 保护恢复策略的差异化等因素的影响，需综合考虑路由策略、光层穿通、保护恢复、波长一致性等约束条件，业务规划早已突破了人脑处理的极限，须通过自动化规划功能的应用软件进行网络的规划和设计。网络规划设计人员只需在软件中进行路由策略、路由个性化需求和保护恢复方式的设置，软件自动会进行路由和资源分配，进行模拟仿真后，自动输出网络建设方案。在网络的运营期间，无论是“波道碎片”带来的网络优化需求，还是业务及站点的调整引起的网络设计的变更，均依靠自动化网络规划工具快速响应。形成完整的数据闭环，此外，规划工具可以进一步打通与现网网管数据的接口，实现与网管的数据实时交互，从而实现网络优化方案的自动化生成。

5. 如何进行大规模 ROADM / OXC 区域组网的管理和跨域互通

ROADM/OXC 区域组网在单个域内是通过厂商的控制器和网管对域内网元和业务进行管理和控制的，从运营商视角来看，需要连通各个独立的区域网络来进行统一控制和管理。由于各厂家设备的差异性，设备物理层和协议层的互通非常困难，需要运营商或第三方开发上层超级控制器进行统一数据建模，屏蔽差异性，实现端到端的网络管控。

ROADM/OXC 区域组网为运营商带来了巨大收益，其组网和应用技术日趋完善。随着智慧光网络的应用与发展，未来 ROADM/OXC 区域组网在网络容量、网络的智能化“规 - 建 - 维 - 优”、超大规模网络管理控制和业务恢复时长方面均可进一步得到优化，从而满足业务的增长需求并提升用户的体验。

6.3 5G 承载

6.3.1 5G 承载的需求与架构

5G 在带来新的业务体验和新型商业应用模式的同时，对基础承载网络提出了多种新的需求。相较于 4G 网络，5G 采用更宽的无线频谱、更大规模的 MIMO 技术，将峰值带宽和用户体验带宽提升了数十倍，远程医疗、自动驾驶等新型业务对承载网提出了毫秒级超低时延及高可靠性等需求。5G 的智能灵活、高效开放、网络架构变革，推动承载网架构相应地演进并具备网络切片、灵活组网和调度、协同管控及高精度同步等功能，从而满足 5G 差异化业务承载需求。5G 承载网需要在技术指标、网络架构及功能等方面进行发展与创新才能满足应用的需求。

ITU-R 定义了 5G 3 类典型业务场景，其分别为 eMBB、mMTC、uRLLC，这些应用场景对无线网络和承载网络均提出了新的要求。其中无线侧网络架构的划分对承载网架构也产生了深远影响。相对于 4G 无线接入网（RAN，Radio Access Network）的基带处理单元（BBU，

Base Band Unit）、射频拉远单元（RRU，Remote Radio Unit）两级结构，支持 5G 新空口的 5G 基站（gNB，Next generation NodeB）可采用 CU、DU 和有源天线单元（AAU，Active Antenna Unit）三级结构。原 BBU 的非实时部分将被分割出来，重新定义为 CU，负责处理非实时协议和服务，主要包含分组数据汇聚协议（PDCP，Packet Data Convergence Protocol）和无线资源控制（RRC，Radio Resource Control）；BBU 的部分物理层处理功能和原 RRU 合并为 AAU，主要包含低层物理层（Low-PHY，Low Physical Layer）和射频（RF，Radio Frequency）；BBU 的剩余功能重新定义为 DU，负责处理物理层协议和实时服务，包含无线链路控制（RLC，Radio Link Control）、MAC 层和高层物理层（High-PHY，High Physical Layer）等。

如图 6-5 所示，5G RAN 的 CU 和 DU 存在多种部署方式。当 CU、DU 合设时，5G RAN 与 4G RAN 结构类似，相应承载也是前传和回传两级结构，但 gNB 的接口速率和类型发生了明显的变化，当 CU、DU 分设时，相应承载将演进为前传、中传和回传 3 级结构。在 5G 商用初期 RAN 部署将以宏站为主；随着 5G 规模商用，将呈现宏站和室分基站分场景部署的局面，具体部署方式分为分布式无线接入网（D-RAN，Distributed-Radio Access Network）和集中式无线接入网（C-RAN，Centralized/Cloud-Radio Access Network）。5G 接入网云化将推动 CU、DU 和 AAU 分离的大规模 C-RAN 的部署。

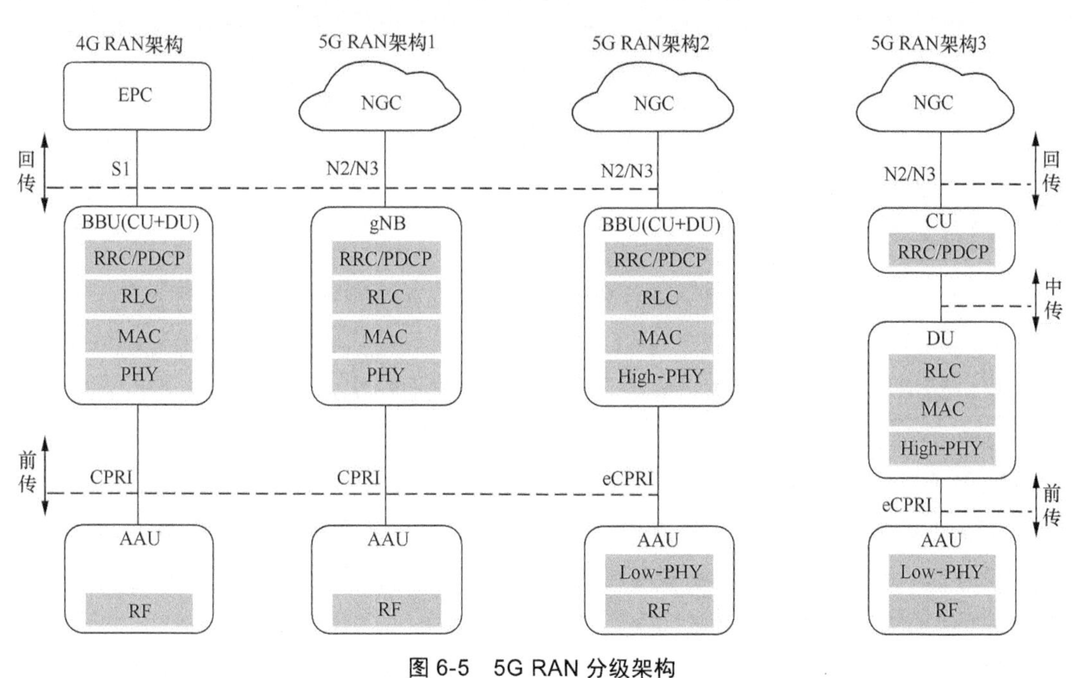

图 6-5　5G RAN 分级架构

对于承载网而言，5G 的需求和挑战主要来自于网络带宽、网络时延、资源动态分配，以及差异化承载等几个方面。

网络带宽是 5G 网络的关键性指标之一。5G 前传带宽需求与 CU/DU 物理层功能分割位置、基站参数配置（天线端口、层数、调制阶数等）、部署方式等密切相关。如图 6-6 所示，按照第三代合作伙伴计划（3GPP，3rd Generation Partnership Project）和通用公共无线接口（CPRI，Common Public Radio Interface）组织等的最新研究进展，CU 和 DU 在低层物理层分割存在多种方式，典型包括 PF 模拟到数字转换后分割（选项 8，CPRI）、低层物理层到高层物理层分割（选项 7）、高层物理层到 MAC 分割（选项 6）等，其中选项 7 又可进一步细分，图 6-6 所示是其中一种分割方式。

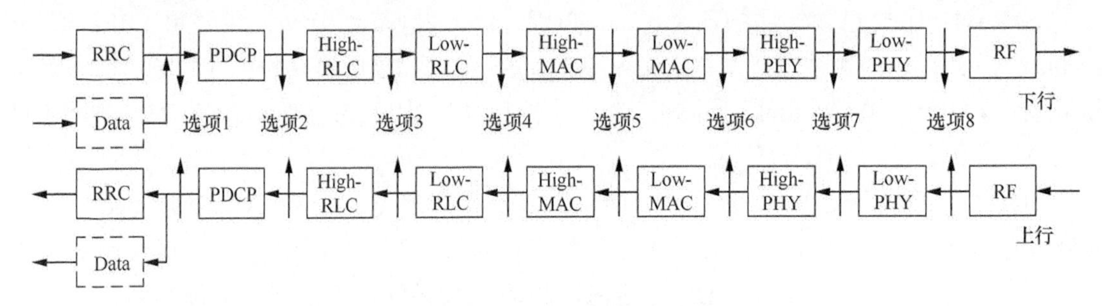

图 6-6　CU/DU 物理层分割示意

参考 3GPP 制定的 TR38.801 和 TR38.816，不同分割方式的前传带宽需求评估结果如表 6-2 所示。从评估结果可以看出，前传的带宽需求与 CU 和 DU 物理层分割的位置密切相关，范围为每秒几兆比特到几百兆比特。因此，5G 前传需要根据实际的站点配置选择合理的承载接口和承载方案，目前业界对于选项 7- 2 的关注度较高，在 700MHz 频段部署时采用 10Gbit/s 的接口，在 2.6GHz、3.5GHz 频段部署时采用 25Gbit/s 接口。

表 6-2　前传带宽需求评估

CU/DU 分割方式	选项 8（CPRI）	选项 7-1	选项 7- 2	选项 6
前传带宽需求 [DL]（Gbit/s）	157.3	113.6	29.3	4.546

对于中传、回传而言，在 3.5GHz 频段，按照带宽为 100MHz 计算，单站峰值带宽将达到 5Gbit/s，单站均值带宽也将能够达到 3Gbit/s。5G 高频基站带宽为 20Gbit/s，回传带宽主要与空口频率宽度和天线有关，高频点可用频率带宽会更宽，因此回传带宽需求会更大。考虑低频和高频基站共同部署，或高频基站单独部署的情况，5G 单基站采用 $n\times$10GE 或 $n\times$25GE 的接口。5G 承载接入层、汇聚层及核心层的带宽需求与站型、站密度及运营商部署策略等众多因素密切相关，存在多种带宽需求评估模型。通常按照 D-RAN 和 C-RAN 的不同部署方式、一般流量和热点流量等对不同的应用场景进行区分，并按照业务流量的基本流向选取带宽收敛比、不同层环的节点个数、口字型结构上连个数、单基站配置等关键参数进行估算。当前 SPN、智能城域网等设备在承载接入环需具备 25G/50G 带宽能力，汇聚层 / 核心层需具备 $n\times$100G/200G/400G 带宽能力。

低时延是 5G 的关键特征之一，5G 的 uRLLC 业务和 CU/DU 的部署都对时延提出了新的挑战。NGMN（Next Generation Mobile Network）、3GPP、CPRI 等标准组织对 5G 时延指标进行了研究和规范。如表 6-3 所示，3GPP 在 TR38.913 中对 eMBB 和 uRLLC 场景下的用户面和控制面时延指标进行了描述，要求 eMBB 业务用户面时延小于 4ms，控制面时延小于

10ms；uRLLC 业务用户面时延小于 0.5ms，控制面时延小于 10ms。

表 6-3　5G 网络时延要求

时延类型		时延指标	参考标准
eMBB	用户面时延（UE-CU）	4ms	3GPP TR38.913
	控制面时延（UE-CN）	10ms	
uRLLC	用户面时延（UE-CU）	0.5ms	
	控制面时延（UE-CN）	10ms	

光网络的时延主要由设备转发时延和设备间的光纤传输时延两部分组成。设备转发时延是指设备转发数据时产生的时延，光纤传输时延与传输距离相关。设备转发时延通过使用新的技术实现，如 SPN 设备采用 FlexE 技术在物理层上基于时隙进行转发处理，能大幅降低设备的处理时延，并且通过使用大速率接口组网，从 GE/10GE 提升到 50GE/100GE/400GE，增加了设备的转发速率，降低了时延。光纤传输时延的降低主要通过降低光纤链路的长度来实现，包括 MEC 或者 GW 部署位置下沉使得业务端到端的距离减少，并且在转发调度层面通过 SDN 的全局智能管控，实现了最短路径的查找，降低了光的传输距离。

5G 无线空口对时间同步提出了更高要求，为支撑基本业务的同步需求，5G 承载网在城域核心节点（优选与省内骨干交汇节点）部署高精度的时钟源（PRTC/ePRTC），承载网络具备基于 IEEE 1588v2 的高精度时间同步传送能力，实现端到端 ±1.5μs 时间同步，满足 5G 基本业务的时间同步需求。对于具有高精度时间同步需求的协同业务场景，可按照端到端 300ns 量级目标进行高精度时间同步地面组网。一方面，提升时间源头设备的精度，并遵循扁平化思路，考虑在局部区域下沉部署小型化增强型 BITS 设备，通过跳数控制满足 5G 协同业务百纳秒量级的高精度同步需求；另一方面，提升承载设备的同步传送能力，采用能有效减少时间误差的链路或接口技术。

5G 承载网络架构的变化带来网络切片、L3 功能下沉、网状网络连接等新型特征，此外，还将同时支持 4G、5G、专线等多种业务的承载，业务组织方式也将更加多样化，向承载网络的管控提出不少新的需求。传统移动承载网是基于网管架构，通过厂家网络管理系统和 EMS 提供统一的北向接口，屏蔽不同厂家的接口差异。5G 承载网由于网络切片及 SR 技术的引入，上层管理平台需要具备智能算路的功能，即具备 PCE 的能力，而传统的网管网依然存在需求，提供控制器加 EMS 融合的产品平台，既能满足传统网络运维的要求，又能满足未来 SDN 场景下 SR、网络切片、网络虚拟化的演进要求。5G 承载网的管理控制平面应具备面向 SDN 架构的管理控制能力，提供业务和网络资源的灵活配置能力，并具备自动化和智能化的网络运维能力。具体功能特性包括：统一管理能力，采用统一的多层、多域管理信息模型，实现不同域的多层网络统一管理；协同控制能力，基于 Restful 的统一北向接口实现多层、多域的协同控制，实现业务自动化和切片管控的协同服务能力；智能运维能力，提供业务和网络的监测分析能力（如流量测量、时延测量、告警分析等）实现网络智能化运维。

6.3.2 5G 前传

5G RAN 组网分为 D-RAN 和 C-RAN。D-RAN 方式下组网简单，单点失效影响小，但对末端机房需求量大，增加机房租金成本。C-RAN 通过集中池组化部署，可减少末端机房及传输设备的需求，节省站址获取、机房租金及传输资源等成本。由于 DU 集中放置，便于统一维护，还可实现 DU 的池组化或云化，实现基带资源共享和多站间业务协同，因此在建设成本、维护成本和网络云化上有一定优势，C-RAN 已成为 5G 前传网络建设的主流模式。

从技术实现来看，5G 前传有多种技术实现方案，如光纤直连、粗波分复用（CWDM，Coarse Wavelength-Division Multiplexing）、中等波分复用（MWDM，Medium Wavelength-Division Multiplexing）、细波分复用（LWDM，LAN Wavelength Division Multiplexing）、DWDM 等多种方式。

在光纤资源充足的情况下，5G 前传也会采用光纤直驱方案，该方案施工和维护管理都比较简单，可满足前传接口的性能要求。但多数情况下考虑光缆敷设、维护周期和成本等因素，以及 C-RAN 方式下无线设备拥有成本方面的优势，运营商普遍选择基于 WDM 的 C-RAN 建设方案。WDM 技术使得多个扇区可通过不同波长共享光纤资源，从而实现一芯（或一对）光纤解决单个站或多个站的 5G 前传需求。这种将 WDM 下沉至网络接入层边缘的技术方案，可以大大提高光纤的利用率，满足光纤稀缺区域 5G 建设的迫切需求。根据波长分配方案的不同，常见的 WDM 技术实现方式下的 C-RAN 前传方案波长分配如表 6-4 所示。

表 6-4　CWDM、MWDM、LWDM 波长分配方案

（以下波长方案均是 10km 距离内波长分配方案）

CWDM 6 波方案（nm）	MWDM 12 波方案（nm）	LWDM 12 波方案（nm）
1271	1267.5	1269.23
1291	1274.5	1273.54
1311	1287.5	1277.89
1331	1294.5	1282.26
1351	1307.5	1286.66
1371	1314.5	1291.10
	1327.5	1295.56
	1334.5	1300.05
	1347.5	1304.58
	1354.5	1309.14
	1367.5	1313.73
	1374.5	1318.35

CWDM 方案使用 ITU-T G.694.2 规范的 1271 ～ 1371nm 波长范围，通道间隔 20nm，共有 18 个波长。考虑成本及产业链成熟度等情况，目前采用最多的是 3 通道 25Gbit/s（6 波 CWDM）或 3 通道 25Gbit/s 加上 3 通道 10Gbit/s（12 波 CWDM）。目前 CWDM 方案产业链

高度成熟，可获得性较高，已进行广泛部署。但 CWDM 方案采用固定波长，网络建设和运维中存在波长识别困难、不便于管理的问题。因波长差异，需要备品备件的型号和数量较多。当需要波长数较多时，成本迅速上升。CWDM 方案均采用无源方式，光模块无 OAM 能力，需要由无线设备网管提供光模块的管理功能。

MWDM 方案使用的波长，在 6 个标准 CWDM 波长（1271 ～ 1371nm）的基础上通过设计激光器波长、左右扩展得到非等间距波长间隔的 12 个波长。MWDM 方案需要相对严格的波长控制，因此普遍采用温控模块（TEC），保证了较好的性能。MWDM 采用调顶方式实现 OAM 管理，根据实际需要可采用无源或半有源配置方式。

LWDM 方案使用的波长范围为 1269.23 ～ 1318.35nm，波长间隔 800GHz，支持连续 12 个波长，并可以符合 IEEE 802.3bs 规范的 400GE LR8 为基础扩展至 16 ～ 20 个波长。LWDM 方案需要相对严格的波长控制，因此普遍采用 TEC，保证了较好的性能。LWDM 采用调顶方式实现 OAM 管理，根据实际需要可采用无源或半有源配置方式。

DWDM 方案是将目前骨干和城域光传输网络中大量使用的 DWDM 技术用于 5G 前传。可调谐激光器工作在 100GHz 通道间隔下，波长可调范围包括 6 波、12 波、20 波和 40 波等。目前最具代表性的适用于 5G 前传的 DWDM 技术方案是基于 ITU-T G.698.4（原 G.metro）标准的波长自适应城域接入型 DWDM 系统。该方案采用波长可调谐光模块，具备端口无关、波长自适应特性，尾端设备（TEE）具备自动将其光模块工作波长调节至其所连合分波或 OADM 端口的能力；光模块只需连纤至正确物理端口，上电后即可正常工作，无须波长配置，极大地简化了网络建设和运维，并减少了备品的种类和数量。该系统基于 DWDM 技术，采用单纤双向传输，对称性好，系统容量大。同时规范了基于调顶的消息通道，可实现简洁有效的 OAM 功能（包括独立设备和光模块型态 TEE）。该方案可调谐光模块的使用可实现一种光模块满足所有应用场景，大大简化了网络建设和运维。但是，可调谐光模块的高成本也成为该方案的重要制约因素。为了解决成本问题，业内还提出了固定波长 DWDM 方案，采用 C 波段固定工作波长，可支持 48 波或 96 波。但是该方案采用固定波长，模块型号多，其网络建设和运行维护复杂度相对较高，由于系统容量大，光纤利用率高，目前在欧美等海外运营商中有商用部署。

根据 C-RAN 设备远端和局端设备的实现，基于 WDM 技术的 5G 前传方案可分为有源、半有源和无源等形态，不同形态的部署方式、成本及对设备管理功能的支持均有不同，具体部署可根据实际需求进行选择。

6.3.3　5G 中传和回传

5G 中传和回传承载网络方案的核心功能要满足移动回传业务灵活化连接调度、层次化网络切片、4G/5G 混合承载及低成本高速组网等承载需求。为更好地适应 5G 和专线等业务的综合承载需求，我国运营商提出了多种 5G 承载技术方案，目前规模部署的主要包括切片分组网络和面向云网协同的新型城域网方案。

1. SPN 5G 承载及在行业网络中的应用

SPN是中国移动在承载3G/4G回传的PTN的基础上，面向5G和政企专线等业务承载需求，提出的新一代切片分组网络技术方案。SPN具备前传、中传和回传的端到端组网能力，通过FlexE接口和切片以太网（SE，Slicing Ethernet）通道支持端到端网络硬切片，并下沉L3功能至汇聚层，甚至综合业务接入节点来满足动态、灵活的连接需求。在接入层引入50GE，在核心层和汇聚层根据带宽需求引入100GE、200GE和400GE接口。SPN设备及网络具有以下基本的技术特征。

（1）基于城域传送网通道（MTN Channel）的端到端交叉连接：通过基于66B码块的序列交叉连接提供分组网络硬切片、低时延转发和带宽保障，通过MTN Channel层的端到端OAM和保护提供硬切片的电信级运维能力。

（2）分组层面向连接和面向无连接业务的统一承载：通过SR-TP隧道技术提供面向连接业务的承载能力，为点到点或点到多点连接业务提供高质量、易运维的传送服务；同时具备通过SR-BE隧道技术提供面向无连接业务的承载能力，为多点到多点业务提供易部署、可靠的传送服务。

（3）集中管理和控制的SDN架构：支持业务部署和运维的自动化能力，以及感知网络状态并进行实时优化的网络自优化能力。同时，基于SDN的管控融合架构提供简化网络协议、开放网络、跨网络域或跨技术域的业务协同管控等能力。

（4）电信级故障检测和性能管理：具备网络级的分层OAM故障检测和性能管理能力，支持对网络中各逻辑层次、各类网络连接、各类业务通过OAM机制进行连通性、丢包率、时延和抖动等属性的监测和管理。

（5）高可靠网络保护恢复：具备网络级的分层保护能力。支持基于设备转发面预置保护倒换机制，在转发面检测到故障时进行电信级快速保护倒换；支持基于SDN控制平面，通过IGP实时刷新网络拓扑状态，在感知到网络状态变化后重新计算业务最优路径。

（6）时钟和时间同步机制：支持同步以太网功能，实现稳定可靠的频率同步；支持PTP功能，实现高精度的时间同步。

（7）低时延转发：支持网络级三层就近转发和设备级物理层低时延转发能力，匹配时延敏感业务的传送要求。

（8）兼容PTN网络：具备兼容PTN能力，支持通过MPLS-TP线性保护、MPLS-TP共享环网保护、PW双归保护、静态L2VPN和静态L3VPN等技术承载集团客户、家庭宽带和LTE业务；支持与存量PTN设备的对接和混合组网。

2. SPN 5G 业务承载网络组网方案

SPN网络切片分组层客户业务子层支持点对点、点对多点、多点对多点业务承载需求，支持L2VPN（E-Line、E-Tree和E-LAN）、TDM仿真业务（CES、CEP和ATM仿真）和L3VPN业务模型，以及L2VPN和L3VPN分段部署，兼容PTN处理方式。为满足5G边缘设备Xn业务就近、低时延转发需求及其他横向流量灵活转发需求，SPN设备及网络支持L3域扩大至边缘接入的大网L3VPN管理能力。

如图 6-7 所示，SR-TP 技术是基于 SDN 集中管控的、面向连接的 SR-TE 隧道增强技术。通过在 SR-TE 邻接标签的栈底增加一层标志业务连接的通路段标识（Path SID），实现双向隧道能力。SR-TP 支持基于 MPLS-TP 的端到端 OAM 和保护能力，适用于面向连接的业务承载。SR-BE 隧道通过 IGP 自动扩散 SR 节点标签生成，可在 IGP 域内生成全互联的隧道连接。SPN 网络支持通过网管或控制器集中分配节点标签。SR-BE 隧道使用 TI-LFA 协议，适用于面向无连接的 eX2 等业务承载。

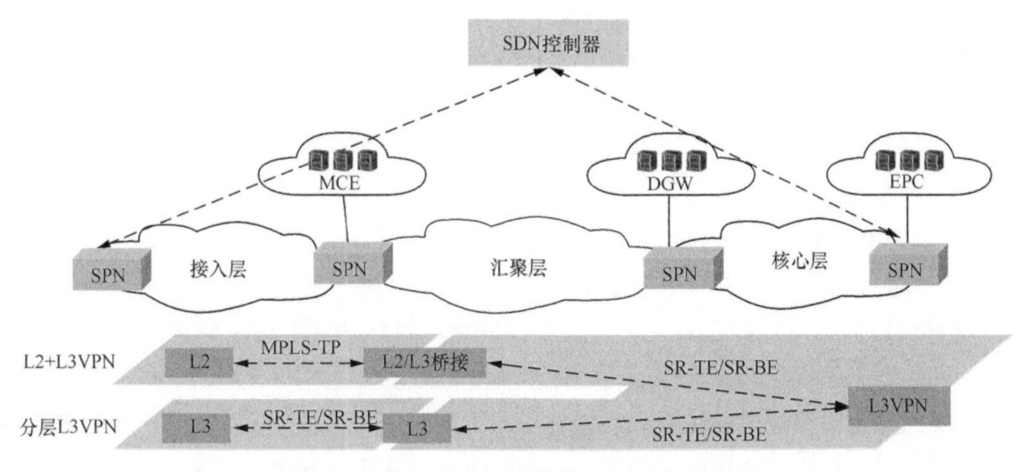

图 6-7 SPN 5G 业务承载网络组网方案示意图

3. SPN 网络切片在行业的应用

SPN 具备低时延、大带宽、超高精度同步、灵活管控等技术优势，除满足 5G 承载应用需求外，可满足众多行业用户的需求。垂直行业更多复杂应用场景的出现和高价值专线业务的涌现，带来了大量小带宽、软硬隔离结合、确定性低时延、高安全性和高可靠性的承载需求，推动 SPN 技术突破 5Gbit/s 颗粒度的硬切片单位，向 Mbit/s 级别硬隔离切片平滑演进，以满足 5G+ 垂直行业应用及政企专线的发展需求。

基于分组的承载网络切片在物理层可以基于物理端口、FlexE 端口及 ITU-T G.mtn（MTN）技术提供切片，其中 FlexE/MTN 切片技术的切片颗粒度为 5Gbit/s。在物理层通过细粒度时隙划分，可以进一步提供兆比特级别的硬隔离切片颗粒。FlexE 技术通过在 50GE 以上 IEEE 标准速率中划分时隙的方式提供 $n\times$5Gbit/s 的子速率或通道化接口，在 FlexE 端口上支持标准 5Gbit/s 的切片颗粒。ITU-T MTN 技术定义了点到点的段层（Section 层）和端到端的通道层（Path 层），其中段层完全重用了 FlexE 技术，因此，端到端通道层的切片颗粒度也是标准的 5Gbit/s。因此，基于 FlexE/MTN 切片技术可以在传统的分组网络中提供 5Gbit/s 的切片颗粒度，满足大带宽业务或按照业务类型切片的需求。SPN 小颗粒技术（FGU，Fine Granularity Unit）继承了 SPN 高效以太网内核，将颗粒度切片技术融入 SPN 整体架构，提供了低成本、精细化、硬隔离的小颗粒承载管道。FGU 将硬切片的颗粒度从 5Gbit/s 细化为 10Mbit/s，以满足 5G+ 垂直行业应用和政企专线业务等场景下小带宽、高隔离性、高安全性等差异化业务的承载需求。SPN 承载网的小颗粒切片能力将成为助力 5G+ 垂直行业及政企专线应用部署的关键力量。

不同的切片业务要求不同的切片隔离度。对于安全性和隔离性要求高的切片业务，一般要求提供硬隔离的切片，即业务对切片资源是独占且具备物理隔离的特性；对于只有时延和抖动性能要求的切片业务，一般要求提供软隔离的切片，即业务对切片资源可以共享。SPN可提供多种切片关键技术的组合，在承载网中可以提供多种网络切片类型。在实际切片部署应用中，可结合切片的业务特性、质量要求、网络资源和资费情况等多重因素，灵活选择不同的切片类型，满足不同应用场景的需求。

总体而言，SPN是主要面向城域综合业务承载的传送网技术机制，对移动前传和中传及回传、企事业专线/专网、家庭宽带上联等高质量要求的业务进行综合承载，具备在一张物理网络进行资源切片隔离，为多种业务提供差异化（如带宽、时延、抖动等）的业务承载服务能力。

4. 面向云网协同的新型城域网方案

随着5G和云网融合业务的发展，现有城域网面临着网络云化、固移融合承载等方面的挑战，同时城域网本身也存在着路由协议技术老化、设备功能复杂、网络灵活性不足等问题。面向5G和云网融合，城域层面网络将以网络架构简化，实现通信云、移动业务、政企客户接入及固网宽带等业务的综合承载为目标，引入简化的网络设备，提升网络流量疏导的能力，构建一张以通信云数据中心为核心的融合承载的智能城域网。中国电信和中国联通等运营商从顶层架构设计着手，创新网络架构，引入新型城域网技术构建城域叶脊网络（Metro Spine-Leaf）、引入转控分离vBRAS新设备和SRv6/EVPN/FlexE新型承载技术，同步推动新一代云网运营系统的演进，实现固移融合、云网融合承载。

新型城域网涵盖网络架构设计、组网协议选择及网络切片、网络监测等多种关键技术。基于上述新架构和新技术的引入，新型城域网具备以下特点。

（1）简洁架构——通过简化网络结构，实现简单、标准化的架构，便于维护和扩展；通过简化的协议，降低设备要求和建网成本。

（2）融合承载——网络能够实现对家庭宽带、5G移动承载、通信云等业务的融合承载，避免多张网络带来的问题。

（3）自动高效——网络具备基于SDN的自动化和可编程能力，实现快速的业务开通和差异化的服务保障。

（4）网业分离——将网络和业务能力分离，网络主要负责连接和承载，业务基于SDN和云化网元实现，保证业务的快速开发和灵活性。

5. 智能城域网承载5G方案

传统城域网多采用树形或口字形的扁平化架构，随着5G、云网融合业务的规模部署，城域内网络流量本地化趋势更加明显，东西向流量占比进一步提升，Spine-Leaf架构开始受到关注。Spine-Leaf架构其实存在已久，该架构源于无阻塞交换网络架构，初衷是通过模块化设计，采用廉价、通用的交换机设备来搭建三层网络，实现网络架构的规模、灵活、弹性扩展，满足数据中心内大规模东西向流量的互通需求。如图6-8所示，Leaf（叶节点）负责所有的接入，Spine（脊节点）只负责在 Leaf 间进行高速传输，网络中任意两台服务器都是 Leaf-Spine-Leaf 三跳可达的。Leaf 和 Spine 间是全 Mesh 的，即两个 Leaf 间可以通过任意一个 Spine 进行中继，Leaf 通过等价多路径技术将不同的流量分散到不同的 Spine 上进行负载均衡。Leaf-Spine 均可以使用通用的交换机，基于不同的角色突破单一节点设备能力限制，降低网络的构建成本，提高网络的可扩展性。该架构目前已在阿里等大型互联网企业的数据中心成熟商用。Spine-Leaf 架构具备灵活的伸缩能力，可根据不同场景进行差异化部署，后续需要视业务规模的发展情况灵活扩展，实现城域内流量本地化及云化组网。

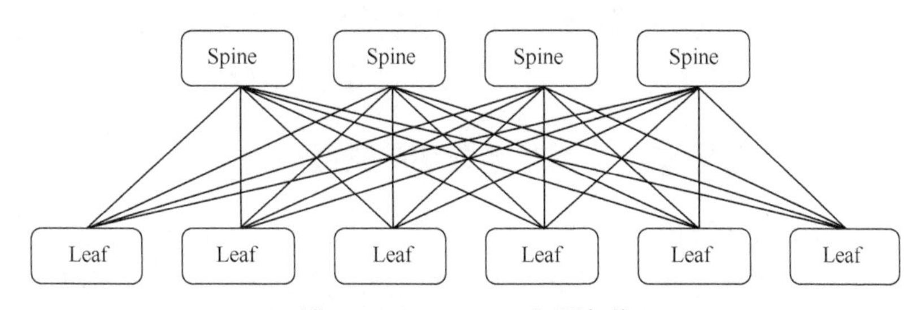

图 6-8　Spine-Leaf 组网架构

Spine 设备完成 POD 内组网和 POD 外网络互连，实现 Leaf 设备间的流量无阻塞转发及国内城域流量快速疏导。Spine 设备主要提供 100GE 端口为主的大容量能力，满足城域网 IGP 表容量、路由表容量、ACL 表容量需求，支持 ECMP/UCMP、丰富 QoS 队列 / 接口的传统能力。并支持 FlexE、SR/SRv6、EVPN 等新技术。Leaf 设备负责全业务综合接入能力，完成云资源池和骨干网互联，实现 POD 内流量汇接。Leaf 设备主要提供 10GE、25GE、50GE 与 100GE 等丰富接口，满足宽带接入、移动回传、大客户专线、多播等多种业务综合接入需求。Leaf 设备支持用户接入能力，包括 VLAN/QinQ 接入、非 Session（会话）级 IPoE 接入和 MPLS、VPN 和 SR/SRv6 多业务接入。

通过在智能城域网边缘 Leaf 节点接入基站业务，智能城域网可满足 5G 业务的 S1 及 Xn 承载需求。对新 5G 站点，实现端到端的 SR+EVPN 部署与承载。对现有的 IP RAN 接入，可保持现有的接入环内配置，仅在汇聚设备上实现业务的拼接，与智能城域网远端设备建立 BGP L3VPN 连接，实现 S1 及 Xn 业务。5G 前期，5G 核心网集中部署，业务实现集中式访问。5G 后期，随着 5G 逐渐云化，UPF 下沉，逐步实现视频边缘计算等业务本地化访问、mMTC 及 5G 控制面流量集中访问。基于用户或者业务视角实现网络软切片或硬切片，并结合 SDN 及 SR Policy，为不同业务配置不同的资源，实现业务的差异化承载及业务优化重新选路等功能。

6.4　政企专网

全球化、信息化、互联网 +、大数据和云计算的发展，促使企事业单位向数字化转型，专线需求将越来越多，企业专线是运营商介入企业信息化的最佳入口。全球各大运营商普遍将专线业务与个人移动通信业务、固定家庭宽带业务列为规模保障和收入增长的三大支柱。

政企专线作为每用户平均收入（ARPU，Average Revenue Per User）高价值业务，尤其是以互联网企业、金融机构为代表的高价值客户成为运营商必争的焦点。

高价值政企专线具有“高可用”“硬管道隔离”“全在线”“敏捷”“可保证时延”等特征。过去很长一段时间内专线业务的承载根据业务类型、资费、接入手段的不同采用分组、MSAP、SDH/MSTP、PON 等多种方式进行承载。尽管满足了用户专线业务的接入需求，但很难提供差异化服务并提高 ARPU 值。因此，采用新的承载技术打造一张高价值政企客户专用承载网络是运营商共同关注的焦点。2018 年底中国三大运营商相继开启了品质专线网络的大规模建设，截至目前全国大部分省分公司已建设了省内政企精品网并完成产品发布，推进商业变现，促进双跨（跨国、跨省）专线业务的快速增长。高品质专线发展也使运营商获得了显著的收益。

6.4.1 差异化服务能力是政企专线业务成功的关键所在

当前数字经济是经济增长的主旋律，联接和计算是数字经济的基础。各行业数字化进入生产系统，对联接的需求也发生了巨大的变化，对联接的需求也从量变到质变，从整体上看，对联接有 5 个方面的需求：低时延、可保证带宽、高可靠性、用户自管理能力、业务开通时间。在以上几个方面具备差异化服务提供能力是运营商政企专线业务商业成功的关键。

（1）低时延：时延是指客户侧传输设备之间双向往返传输时延，时延抖动是指时延的变化范围。对于实时类业务（如高频交易、在线游戏、在线计算等），时延和时延抖动对上层业务的质量会造成非常大的影响。当前，时延指标已成为运营商在专线市场竞争的关键指标。低时延是专线网络综合竞争力之一，高清视频、网游、云计算等应用服务对时延有相关的要求，如图 6-9 所示，4K 视频服务对承载网络的时延要求小于 20ms，网络游戏时延超过 50 ～ 100ms 时，将降低游戏玩家的体验；对于金融类企业，时延就是金钱，低时延能够保护金融客户的投资利益。根据业务端到端传输时延指标可以形成差异化服务。

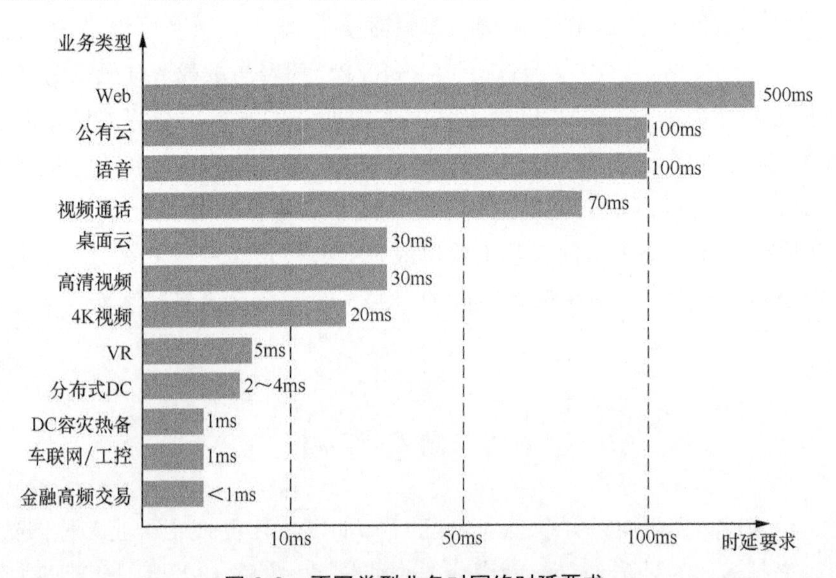

图 6-9　不同类型业务对网络时延要求

（2）可保证带宽：在新应用和新业务驱动下，专线业务带宽不断提速，专线业务颗粒逐步从 2M、10M 上升到 10M、100M，甚至出现较多的 GE 需求，波长级出租业务也逐渐增多。运营商在提供专线租赁服务时，网络带宽是必备资源。传统专线租赁主要分为城域内带宽、省内带宽及跨省带宽，而新型云专线则分为云接入带宽和云间互联带宽。专线区别于公网业务的重要特征就是端到端可保证的带宽。即每一个租户的带宽是独立占用，不能被其他用户所抢占。从承载技术上来看，使用不同的技术，客户最终的带宽占用结果也不同，直接体现为客户的业务是否受损，因此可保证的带宽根据不同的保障效果，定义出不同的等级，从专线产品属性上匹配不同类型客户的诉求，从而提供差异化的服务。

（3）高可靠性。可靠性是专线的重要属性之一，专线业务的可靠性体现在对网络资源的占用和业务的保护恢复两个方面。在网络资源的占用方面，随着未来大量的企业上云，则企业内部局域网变为专线连接，对专线安全性的要求与企业局域网同一个级别，即必须要与其他企业做好硬管道隔离，防止信息泄露及业务互相影响。在业务的保护恢复方面，专线用户对倒换时间要求较为严格，一般为 50ms，专线用户根据服务等级规定一定的修复时间，最快要小于 1 小时。

（4）用户自管理能力：智能管控系统支持对专线业务重要 KPI 的控制及监控。在业务发放时，针对重要属性可制定差异化策略，以满足不同层次的客户诉求，如根据最短时延或者时延区间策略保障业务的 SLA。对业务也能够进行差异性监控，确保重要的业务得到重点监控。为满足专线客户临时的带宽需求，客户按需付费，同时节省运营商的带宽资源，达到资源分时共享的目的。

（5）业务开通时间：业务开通时间是指从客户签订协议开始到运营商最终交付电路的时间。这个指标与其他指标不同，不是评价业务质量的指标，而是评价运营商整体网络能力和服务能力的综合指标。目前客户对于该指标已经非常关注，随着互联网提供商的进入与竞争，各运营商也在通过多种技术手段以加快业务开通速度。

综上所述，为了满足专线业务的发展，迎合未来变化趋势，专线承载网络需要具备低时延、可保证带宽、高可靠性、用户自管理能力、快速业务开通等品质。针对专线实际承载的业务，满足客户对专线产品的差异化需求，实现对诸如超低时延等高品质专线的溢价，这是未来专线市场的发展方向。不再单独以专线承载技术来划分专线产品类型是运营商统一管理并高效利用其网络资源的重要趋势。

6.4.2　专线业务承载技术及组网方案

现有政企专线主要承载技术有几类，分别为 SDH/MSTP、IP RAN、分组增强型 OTN 等。各类承载技术在政企业务承载中有各自的特点。SDH/MSTP 是运营商的传统传输网络，主要用于提供标准 2M 电路，用于 2G 基站、传统语音电路、政企综合接入高可靠数字电路等；MSTP 是在 SDH 的基础上增加了以太网交换技术，同时实现 TDM、ATM、以太网等多种业务的接入、处理和传送，提供 2 ～ 1000M 的接入带宽；IP RAN 是指使用 IP/MPLS 技术来承载业务的组网方式，适合承载电信自营业务，包括移动回传、固定语音、交互式网络电视（IPTV）、政企专线等业务。目前，IP RAN 主要承载 3G、LTE 移动回传业务，并逐步推进政企专线的承载。分组增强型 OTN 是一种新兴的承载技术，融合了 OTN、TDM 和分组 3 个平面的技术，使得 L0、L1、L2 能够协同工作，可以完全满足对带宽、品质和成本方面的综合要求。相比 MSTP，分组增强型 OTN 的带宽更大，并带有统计复用的功能；相比 IP RAN，分组增强型 OTN 在时延、可靠性、安全性方面具备明显的优势。

随着 SDH/MSTP 逐步停止建设，企业专线带宽的持续提速及企业云化的演进带来的业务快速开通、弹性带宽、用户自管理能力、一站式服务等智能化诉求，分组增强型 OTN 专线是继 SDH/MSTP 专线之后面向云时代的最佳精品专线承载方案。本节主要就分组增强型 OTN 承载专线技术和组网思路进行介绍。

如图 6-10 所示，分组增强型 OTN 基于 OTN 架构，同时支持 VC、分组和 ODU*k* 3 种封装方式。物理层面采用统一线卡，实现 VC、分组和 ODU*k* 的统一适配和交叉调度，最终数据单元被汇聚到同一大容量的波长中传输。支持 2Mbit/s ～ 100Gbit/s 的多速率业务接入，满足多样化的专线发展需求，实现 TDM、分组和 ODU*k* 业务的统一承载。分组增强型 OTN 设备采用统一的 Packet/ODU/SDH 交换架构以节省 CAPEX，所有的 OTN/PKT/VC 都能被汇聚到同一波长传输，支持 2Mbit/s ～ 100Gbit/s 任意业务（如 SONET、SDH、OTN、Ethernet、SAN、视频等），对于以太网业务，设备增加了收敛限速功能。

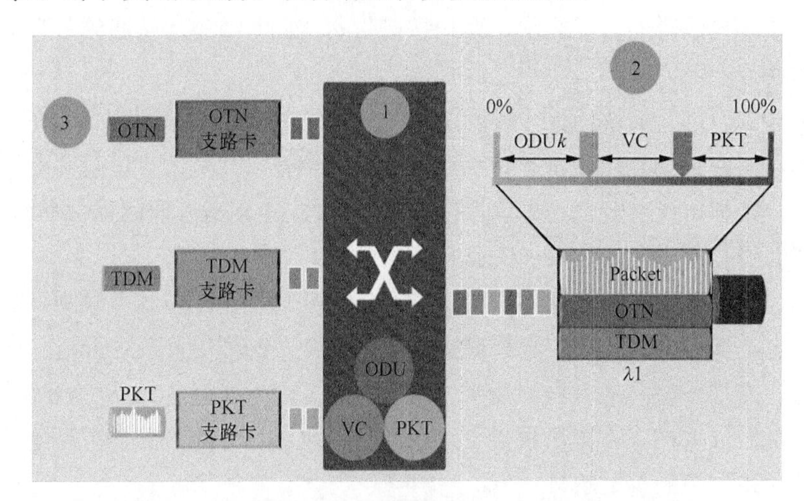

图 6-10　分组增强型 OTN 采用混合线卡多业务统一承载

6.4.3　运营商政企专线组网思路和案例

运营商专线业务在国内分为跨省专线、省内专线及城域内专线，涉及的节点包括城域、省干、国干节点。省干、国干的典型网络结构为网状网，采用 ROADM 实现波长级的光层调度，采用电层 OTN 交叉实现子波长级的调度，以达到最高的网络调度效率和网络最优时延体验。未来省干、国干分层架构可进一步扁平化、网格化为一张网络，各大节点间光层 ROADM 一

跳直达，从而达到进一步优化时延体验、吸引更多大客户的目的。城域内 OTN 专线网络建议最大按四层架构规划，即城域核心层、城域汇聚层、综合业务接入层、接入层，客户侧机房通过部署 CPE 将客户业务接入到运营商网络。

运营商政企专网省内建设需要考虑现有城域网络的利旧、新增用户接入及与省际干线的对接，其建设思路比较具有典型性。如图 6-11 所示，城域网络按照利旧和新建的原则共有 5 种场景。场景 1，利旧省内城域网透传；场景 2，新增省内汇聚节点（环形结构）；场景 3，利旧省内城域网透传；场景 4，新增省内汇聚节点（星形结构）；场景 5，新增点到点直连设备。省际之间互联通过新增省内对接设备完成。

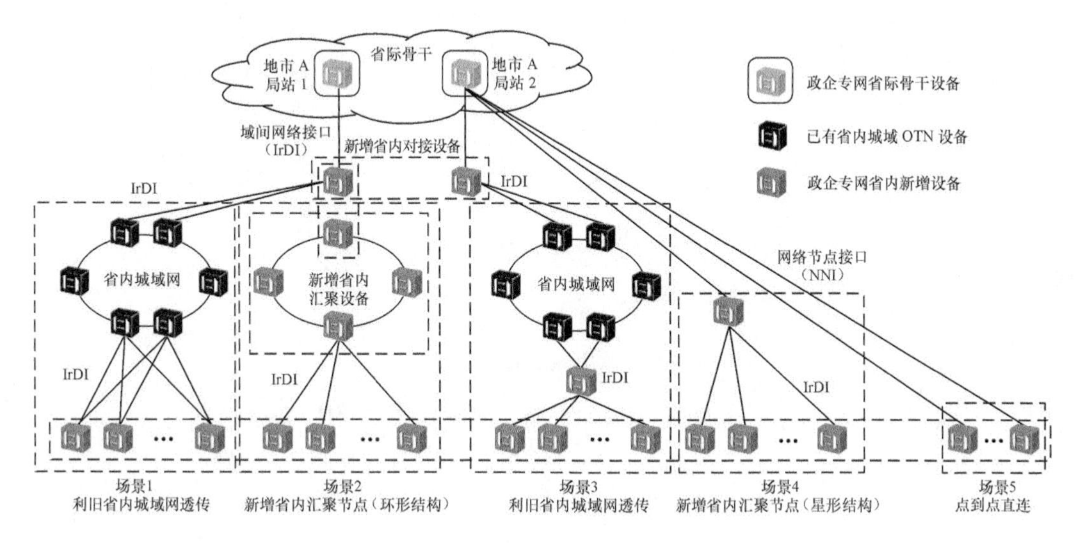

图 6-11　运营商政企专网省内建设场景示意

以下通过某典型城域 OTN 承载政企业务案例来介绍 OTN 承载政企业务的思路。该客户自 2015 年起通过采用 100Gbit/s 及超 100Gbit/s 技术、ROADM 光层技术的分组增强型 OTN 设备构建了一张覆盖全市的 OTN 政企网络。

该网络在网络架构、业务承载、业务差异化等方面均采用先进的思路，在业内具备领先性。

（1）网络架构：如图 6-12 所示，骨干层、核心层、汇聚层及 IDC 机房统筹考虑，采用 ROADM/OXC 技术构建 Mesh 网络（骨干、核心节点高度 Mesh 化，已形成立体骨干网）。该架构下网络架构简化、网络扁平化，通过减少业务转接次数，有效缩短网络时延。

ROADM 和 OTN 作为传统 WDM 在光层和电层的演进方向，在成本、功耗、调度能力等方面各有优劣，该网络采用“ROADM+OTN”光电混合交叉技术。ROADM 的优势在于快速的波长业务提供、光层穿通节省 OEO 成本、低时延，劣势在于波长冲突导致低带宽效率、OAM 能力弱、无子波长调度能力、网络规划困难。OTN 的优势在于可实现波长转换器消除波长阻塞、任意速率业务处理、支持子波长调度、毫秒级倒换时间、强大的 OAM 性能、可实现中继功能消除光层距离限制。但由于 OEO 引入了一定的时延，成本和功耗较高。通过“ROADM+OTN”光电混合交叉技术实现光电协同，光层ROADM完成波长级业务的快速建立和线路维度的扩展，电层OTN解决了传输距离限制和波长阻塞的问题，完成子速率业务调度，提高带宽的传送效率。光电协同可以提升组网的灵活性及网络传输效率，使网络功效最大化。

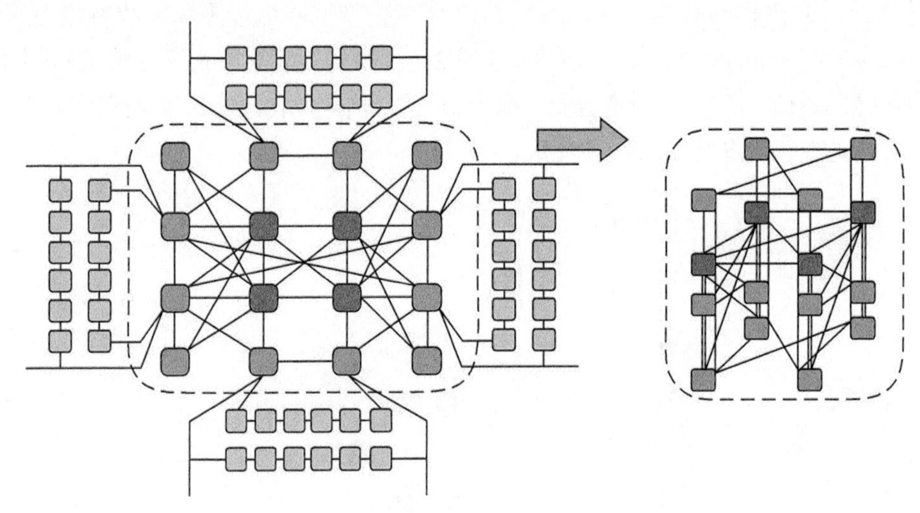

图 6-12　典型城域 OTN 网络拓扑

（2）业务承载：基于分组增强型OTN，采用“ROADM+OTN”光电混合交叉技术，通过在统一的“ROADM+OTN”物理网络上划分逻辑子网，面向不同的业务提供“一网统一承载、颗粒分层适配、灵活智能管道”的传送、承载和调度能力。分组增强型OTN具备网络切片能力，将OTN实体网络从功能层面划分为3个逻辑子网，达到业务与网络实体解耦、刚性管道灵活适配刚性和弹性业务、封闭网络异构化的目标。其波道资源在逻辑上分为3层，分别为L0层，规划波长级管道，用于承载L0（波长级）业务；L1层，规划VC、ODU*k*管道，用于承载子波长级业务；L2层，规划三混波道，用于承载以太网、分组等业务，并通过NNI接口与接入型OTN实现端到端的业务开通和运维。

通过分组增强型OTN技术，OTN网络不仅可下沉至接入层，而且还可向下融合ASON、MSAP等现有中小颗粒承载网，解决中小速率业务的接入需求，同时充分发挥ASON、MSAP等网络覆盖全市、节点扩容快捷的优势。

（3）业务差异化：主要体现在业务的承载方式和时延两个方面。如表6-5所示，通常政企专线业务主要有大颗粒专线、分组专线及低速SDH专线3类。大颗粒专线主要包括大于622Mbit/s速率的SDH专线、IDC互联、存储类等专线，通过端到端OTN承载，基于ODU*k*、ODUflex管道进行调度；分组专线，通过CPE或IP RAN接入，在核心层、汇聚层采用分组增强型OTN，基于LSP进行调度；低速SDH专线包括155Mbit/s速率以下的TDM、FE/GE等专线，通过CPE、MSAP、MSTP等设备接入，在核心层、汇聚层采用分组增强型OTN，基于VC进行调度。

表 6-5　不同业务承载及带宽保障方式

接入接口类型	业务带宽（最大带宽）	承载方案
以太网	小带宽（小于 100M）	VC 承载（EoS）
	中等带宽（100M ≤带宽 <500M）	分组以太网二层
	大带宽（不小于 500M）	ODU*k*
SDH	155M（STM-1）	VC 承载
	622M（STM-4）/2.5G（STM-16）/10G（STM-64）	ODU*k*
OTN	OTU2/OTU4	ODU*k*

通常 500M ～ 1G 以太网业务直接采用 ODU0 通道进行承载；1G 及以上以太网业务直接采用相应速率的 ODU*k* 通道进行承载，10GE 业务建议采用 ODU2e 承载，非标准速率采用 ODUflex 承载；100 ～ 500M（含 100M）以太网业务采用用户端接入型 OTN 设备（CPE）接入，局端政企 OTN 分组处理，对业务按方向进行梳理；100M 以下以太网业务采用用户端接入型 OTN 设备（CPE）接入，采用 VC12/VC3/VC4 封装，复用到 ODU1 中 SDH 接口业务的承载：STM-1 业务全程为 VC4 通道进行承载；STM-4 业务全程为 ODU0 通道进行承载；STM-16 业务全程为 ODU1 通道进行承载；STM-64 业务全程为 ODU2 通道进行承载。

基于上述技术，该用户网络在时延、多业务支持和网络智能化方面具备明显的差异化优势。早在 2016 年，该用户通过建成一张本地低时延专线网络，在全市范围内提供本地低时延专线的普遍服务。该网络从网络架构、光电混合交叉、简化封装 3 个方面系统性对时延进行优化。

网络架构：在传统网络中，业务需要经过逐层转发，导致网络业务路径长，耗费大量中间站点传送资源，增加了整体网络的时延。该网络选择立体化 Mesh 网络架构，扁平化组网，业务实现一跳直达，减少中间站点转发次数，可有效减少整体网络时延。立体化 Mesh 网络架构有利于业务传输选择最短路径，避免路由迂回，缩短传输距离，每减少 1km 传输距离可降低 5μs 时延。

光电混合交叉：OTN 设备可以分为电层与光层两种处理方式，其中单个节点电层处理的时延一般在几十微秒左右，而光层处理时延极小，一般为纳秒级，可忽略。采用“ROADM+OTN”设备跳过不必要的电层处理环节，在中间站点实现光层直通，合理选用处理方式可有效减少整体网络时延。

简化封装：TDM 类业务通过 VC-3 容器进行复用，OTN 映射采用单极复用取代逐级复用，城域范围内传输距离短的业务在线路侧采用 DSP 优化算法，从而大大降低了业务在电层映射、复用和因传输性能优化引入的时延。

如图 6-13 所示，根据传输设备和板卡时延测试数据，结合光缆线路资源，采用大数据分析手段，该客户创新性地提出了金融核心 200μs、内环 1ms、中环 1.5ms、外环 2ms 时延圈，全市范围内 3ms 时延圈的客户承诺指标体系，并于 2016 年底实现了产品化的目标。同时，基于现有资源管理系统，针对客户的低时延需求，开发了专线时延预估功能，实现了售前和售中的专线时延预估能力。

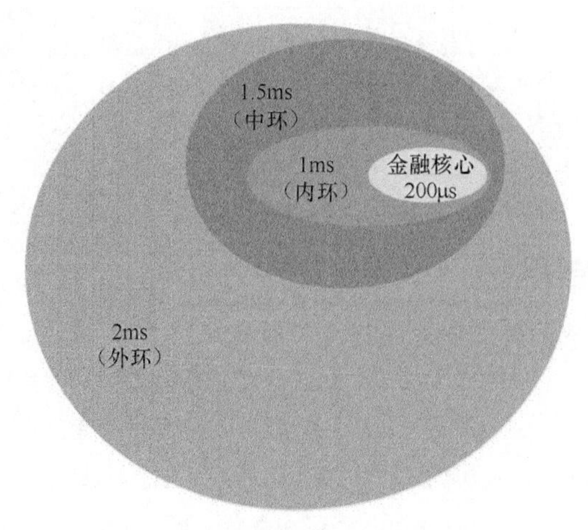

图 6-13　业内首创“时延圈”概念

网络智能化：在本案例中，网络站点规模庞大，光缆资源丰富，业务量较大且调整频繁，因此网络的规划和优化需要引入自动化和智能化功能，以便满足业务需求并提升运营维护效率。目前，智慧光网 App 已成功实现与网管系统的在线交互，并在网络中运行。智慧光网 App 在网络的规划和运营环节提供网络拓扑、资源管理、优化设置、结果分析、业务模拟、网络报表、设备仿真、器件模拟等功能。在网络运维方面，已成功在现网应用“性能趋势预测”“故障数据分析”等功能，大幅提升网络的稳健性和运营维护效率。未来网络的智能化将在“规、建、维、优、析”全生命周期得到应用。

6.5　数据中心光网络

过去 10 年，互联网和云计算的迅速发展催生了超大规模数据中心的建设与发展，传统网络技术已无法满足超大规模数据中心组网的需求。以数据中心互联为例，在 10GE 速率之前，服务器与交换机之间比较经济的互联方式是 RJ45 双绞线。随着速率的提升，对传输信号的衰减要求愈发严苛，到 25GE 时代，已经全部统一到铜缆或光纤进行互联。后续随着 50GE、100GE 等更高速率接口在数据中心的规模部署，铜缆在数据中心的应用范围将被进一步压缩，设备之间、设备内部甚至芯片之间乃至芯片内部都会走向光互联。光互联在数据中心的应用将会越来越普遍，并成为影响数据中心规模和性能的重要因素之一。

6.5.1　数据中心网络光互联

数据中心光互联包括数据中心之间和数据中心内部的光互联。如图 6-14 所示，在区域（Region）内，即互联网厂商提供云服务的一个区域，其目的是为了用户能就近接入，降低网络时延。通常是一个城市的若干个可用域（AZ，Availability Zone）组成一个区域。用户通过 PoP 点或 SP 接入互联网数据中心，本地若干数据中心之间通过 DCI 设备进行互联，为

隔离故障通常将若干数据中心划分为一个 AZ。AZ 是一个逻辑上的概念，是故障的隔离域。一个 AZ 可能包含多个数据中心，一个数据中心也可以设置多个 AZ。一个区域内至少有两个 AZ，通常为 3 个 AZ，其用途是为了搭建高可用架构。不同区域通过运营商骨干网络或互联网厂商自建的骨干网络进行互联。

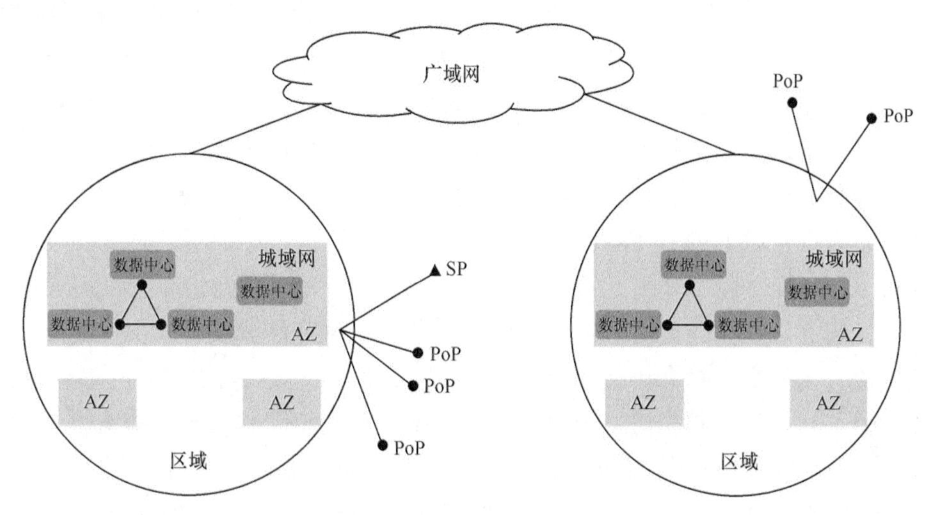

图 6-14　数据中心光互联示意

如图 6-15 所示，数据中心网络光互联主要包括服务器与架顶（ToR，Top of Rack）交换机、ToR 交换机与 Leaf-Spine-Core 交换机、交换机和出口路由器、出口路由器和 OTN 设备间的互联。

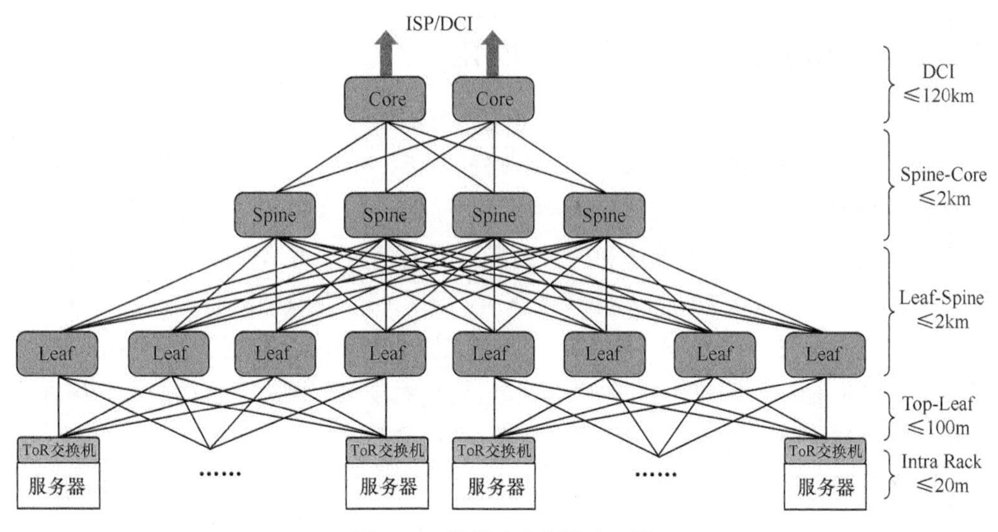

图 6-15　数据中心网络光互联

我国数据业务增长较快的互联网企业在 2017 年开始 25Gbit/s 服务器开始规模使用，匹配上行 100Gbit/s 的 ToR 交换机。当前 25Gbit/s 接入速率仍占主流，未来 100Gbit/s 服务器也会进行部署。服务器到 ToR 交换机一般机架内连接长度在 5m 内，少量跨机架互联在 20m 以内。25Gbit/s 时代用户普遍采用了 AOC 或 DAC 互联，但随着接入速率的提升，由于 DAC 互联面临诸多限制，比如传输距离较短、线缆直径较粗、可弯折程度低及针对不同厂家设备的兼容互通测试复杂。因此，在服务器 100Gbit/s 接入时代，可能选择 AOC 或多模模块互联。

当前 ToR 交换机到 Leaf-Spine 交换机基本满足需求 70m，使用多模传输，后续希望提升到 100m。Leaf-Spine 交换机之间为 500m ～ 2km，当前大部分由 CWDM 的单模覆盖。针对下一代大带宽互联，用户期望 ToR 交换机保持 48+8 的配置，即下行 48 个 100Gbit/s 端口用于服务器接入，上行 8 个 100Gbit/s 端口连接 Leaf-Spine 交换机。Leaf-Spine 交换机的目标交换容量将达到 20Tbit/s+，支持 800Gbit/s 端口。800Gbit/s 速率的数据中心内部署需要依据当时业务数据容量需求。1.6Tbit/s 在数据中心内的应用将会在此之后考虑。数据中心之间的互联可能会最先应用 800Gbit/s 速率。

未来在 AI、大数据、分布式存储和高性能计算等新业务的驱动下，数据中心内流量和互联带宽将以每 2 ～ 3 年翻番的节奏快速增长。当前 100Gbit/s 服务器、400Gbit/s 交换机已逐渐开始部署，未来交换机会出现 800Gbit/s 及以上速率应用。总体而言，我国数据中心的规模和数量近年来都保持着较快增长的态势，业界需要下一代 100Gbit/s 服务器与 800Gbit/s 互联技术的进一步发展和成熟，以支撑未来 5 ～ 6 年数据中心低成本互联的演进需求，满足互联网服务、HPC、AI 和分布式存储等业务的发展。多模连接方式具有较大的成本优势，预计将会继续演进至单波 100Gbit/s，支持 100Gbit/s 服务器短距互联，以及 800Gbit/s 时代的交换机互联。未来 800Gbit/s 时代，可插拔模块仍然占主流。板载光和光电合封是解决系统功耗的有效途径，也是业界公认的未来大带宽接口形态的必然趋势，但尚需标准和规范的完善，大规模应用还需面临诸多技术挑战及整个产业链的推动。

6.5.2 开放式光传输系统在数据中心的应用

由于光信号本身的性质，很久以来，光传输系统都是一个封闭的专有系统。其硬件（包括光收发器、光放大器、波长多路复用器 / 多路分解器、WSS 和增益均衡器）紧密耦合在一起，而且其控制和管理软件也与硬件紧密绑定在一起。如 1.3 节所述，运营商在建设干线或城域 OTN 时考虑系统性能、维护便利性等因素，普遍分区采用单厂家提供的从设备硬件到管理控制软件的一体化解决方案。与运营商网络不同的是，互联网厂商在长途干线普遍租用运营商网络，其 DCI 多用于数据中心短距离连接（通常情况下传输距离小于 100km）。在应用场景上，特别对于 DCI 需求，其网络结构和设备相对于电信网络而言更加容易部署，这也是很多互联网厂商想要采用开放光网络的原因。当然最根本的目的还是运营商希望通过开放解耦的光网络系统来提高网络效率，从而降低 CAPEX 和 OPEX。

如图 6-16 所示，当前用于点到点简单应用场景的 DCI 组网，普遍采用开放式光线路系统（通常也被称作部分解耦的光网络）。在该方案中包括 OA、分合波单元、ROADM 等由同一厂商提供集成，光线路系统（OLS，Optical Line System）作为公共平台提供给不同光转发器 / 多路子速率复用光转发器厂商使用。其控制软件，无论是自主开发的还是来自第三方的，都可以管理来自不同厂家的设备。该方案支持同一线路系统上的不同波长可以来自不同的设备商，既降低了网络建设的扩容成本，又有利于网络后期的维护，因此该方案是当前业内普遍采用的方案。

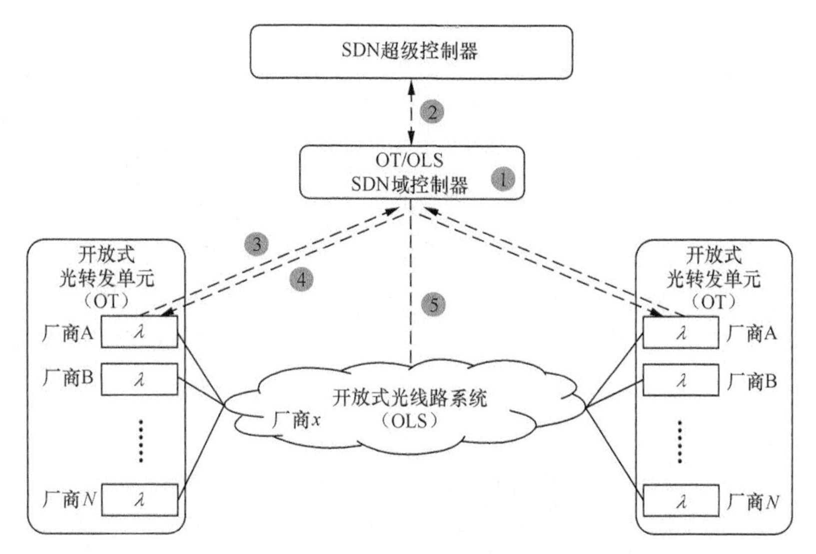

图 6-16　部分解耦的光网络

出于对成本的持续追求，互联网厂商也在研究完全解耦的光网络（通常也被称作白盒光网络）。该方案在硬件上，由标准化和模块化的硬件组成。系统中每个模块，包括光放大器、光收发器及开放的 ROADM 系统都是标准互通的。特别是开放 ROADM 系统也必须遵循由标准定义的规范，如 OpenROADM 多源协议（MSA，Multi-Source Agreement）。从而允许来自不同供应商的设备可以在一个 OLS 中进行交互操作。在软件上，该方案是基于统一的云的软件平台。通过 YANG 模型和 NETCONF 构建开放式光学传输设备的北向接口标准。同时也要求大多数设备支持传统的简单网络管理协议（SNMP，Simple Network Management Protocol）和 CLI 协议。在这个系统中，控制器可提供对硬件设备和整个网络的控制和管理功能，包括配置、性能监视和告警管理。也可以通过 NETCONF 或流遥测进行性能监视，并通过 SNMP 或流遥测进行告警通知。控制器还可以通过发现设备功能及其连接来构建网络拓扑模型。该控制器向上层业务和服务应用程序提供其功能，例如数据分析等。

在每比特传输成本降低方面，考虑到互联网厂商数据中心间的超大流量带宽需求以及自身光纤资源的限制，对单波速率和系统容量的提升一直是互联网厂商降低每比特传送成本的有效手段。与运营商在干线网络需要考虑无中继传输距离不同的是，互联网 DCI 传输距离一般在 100km 以内，因此在 DCI 设备上早于运营商部署了单载波 400Gbit/s、600Gbit/s 和 800Gbit/s, 并通过 C 波段和 C+L 波段扩展来进一步提高系统传输容量。在设备集成度提升方面，DCI 设备普遍采用开放式 OLS 光层设备，将 MUX、DEMUX、OA、OTDR、OCM、OSC、OLP 等多种功能板卡进行合并，在不高于 2U 高度的机框内实现了多种不同 DCI 组网场景的应用。

6.5.3　运营商光网络在开放解耦方面与数据中心的差异

互联网厂商聚焦云计算和应用服务，自建网络用于 DC、POP 点互联，网络接口和拓扑简单、聚焦低成本。运营商网络服务和云计算服务并重，在全国范围内提供网络服务。同时，运营商网络规模巨大，普遍采用分层、分域建设方案，如果采用全解耦方案，也面临着巨大挑战。

在光网络系统实现和运营维护过程中，难度最大的是系统集成和故障定位。与交换机这类数字信号设备不同的是，光网络系统是复杂的模拟信号系统，容易被干扰。在100Gbit/s、200Gbit/s甚至400Gbit/s的超高速传输时代，光纤中传输的都是复杂的超高速高阶调制信号，光模块在硬件实现和软件参数设置上的差异都可能导致传输性能劣化或失效。接收机的热噪声频谱分布、光模块的频带响应特征、激光器的光谱特性与功率、光纤放大器的增益分布、电域色散补偿算法参数设置、信号的时钟同步问题、DSP芯片均衡算法配置等不同细节方面的影响同样不可忽视。正因为光传输系统的稳定运行受到大量参数的影响，因此，高度的复杂性导致系统具有多种潜在的不确定性，必须紧密结合硬件、软件来进行整体设计、优化和测试，才能获得稳定的系统性能。

与此同时，在一个由多厂家设备构成的网络系统中，不同厂家之间的协同十分关键。网络开放性越高，涉及的供应商越多，不确定性就越大，网络故障责任划分难以界定。一旦出现故障，就难以进行故障定位并出现责任难以划分的情况，故障的解决需要由网络建设方来牵头进行方案制定和实施。而在传统系统中，网络可靠性是由设备供应商负责，设备供应商提供全套解决方案，有能力对系统的整体可靠性进行充分评估和测试，确保业务的正常运行和网络故障的快速定位与处理。

从上述分析中不难看出，针对光网络的开放，最大的障碍来自于光传输本身的物理特性，导致其传输性能、系统稳定性、安全性存在潜在风险，比较适合简单的DCI短距传输场景。而运营商复杂的DC网络，面对多种多样的业务承载需求，要求大带宽、低时延、高可靠，稍显力不从心。实际上，市场的最终诉求并非开放网络光层，而是让运营商和最终网络用户获得更多的自主权利，并实现业务在不同运营商网络之间的管理、调配、互联互通。针对运营商网络环境，一个更加实际的方案是，通过开放北向接口对接第三方网络控制 / 规划系统，赋予运营商最大程度的网络自主权，实现不同供应商网络之间的互联互通，以及优化网络资源，降低成本；同时，底层传输网络依旧由设备供应商进行集成整合，以保障系统性能、安全性能和可靠性，运营商无须在业务不相关的物理传输层耗费大量的人力、物力进行额外投资、研究、管理。

如图6-17所示，从近期各运营商政企专网省内实践来看，在用户接入侧CPE全解耦、"横向"转发层面分域、"纵向"管控层面采用SDN控制器分层的"灰盒"方案，既实现了业务的端到端特性，又避免了网络的过度封闭和开放，是当前建网的最佳实现思路。在网络控制面最大限度地开放北向接口，完全释放网络控制权：底层光传输系统由设备商负责整体系统集成，以确保传输系统的性能与可靠性，同时充分开放上层软件控制权限，通过定义和开放北向接口标准，实现与运营商的系统连接，赋予最终网络用户更多的网络自主配置权利。在网络转发面，推动不同供应商网络的互联互通，运营商界面实现统一管理：推动接口协议成为业界标准，使运营商的运营系统能够统一控制来自不同供应商的网络，实现业务在不同供

应商网络之间的互联互通、自由配置。

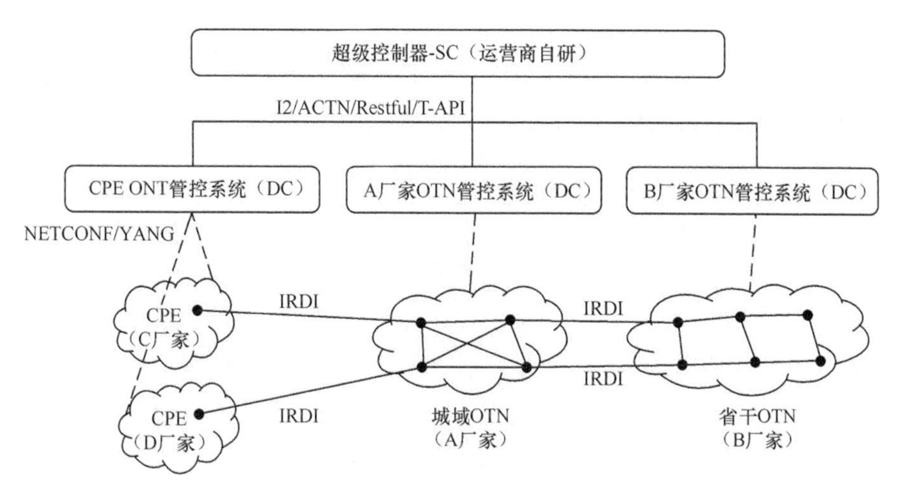

图 6-17　运营商省内政企 OTN 网络开放式建网示意

6.6　工业光网络

随着工业互联网技术的发展，越来越多的工业企业希望以工业互联网为抓手，提高生产效率、良率及实现生产管理的智能化。在众多工业互联网技术中，工业光网凭借其高效、灵活、易管控等网络特点使其作为工业互联网中有线网络的一种部署方案涌现出来。工业光网采用光通信技术互联工业企业生产要素，以光纤作为传输媒质，使网络具有高带宽、低时延、低损耗、抗干扰等特点，可满足企业在智能制造的生产及管理过程中对网络性能提出的要求。我国作为全球最大的全光基础网络部署国，光产业蓬勃发展，可以提供面向不同工业场景下光互联的整体解决方案。本节将对工业光网络的概念、总体架构、应用范围及行业部署场景等多个方面进行阐述。

6.6.1　工业光网络的概念和总体架构

中国工业制造业经过近几十年的飞速发展，规模已经跃居世界第一，目前正处在转型的攻坚阶段，以完成量到质的转变，向制造业强国迈进。工业互联网是企业转型升级的抓手之一。与此同时，我国拥有全球最大的全光基础网络，也是光通信产业最蓬勃发展的国家之一。光网络具有高带宽、低时延、低损耗、易运维、抗干扰的优点。这些优点可满足企业在智能制造转型升级过程中的网络需求，同时又可以保证其网络的安全性、便捷性和易用性。

工业光网络是采用光网络技术互联工业企业全生产要素的组网形式，采用光纤作为传输介质，属于工业互联网中的有线网络。工业光网络不只是将工业以太网或工业总线简单地承载在光纤中进行传输，而是采用已在公用电信网络中广泛应用的光网络技术（如 PON、OTN 技术等）为用户提供兼具保障性和扩展性的光网组网方案。企业可以通过建设一张全光网实现工业网络的生产控制、厂区监控、办公业务的统一接入等，实现人、机、物的全面互联。

此外，还可以按照发展需要将工业光网络与工厂内现有网络相融合，实现工业光网络与工业以太网、5G、Wi-Fi 等网络技术的融合组网。

工业光网络是工业 OTN、工业 PON、工业光总线等光网络技术的总称，整体架构如图 6-18 所示，企业可根据实际的建网需求部署。

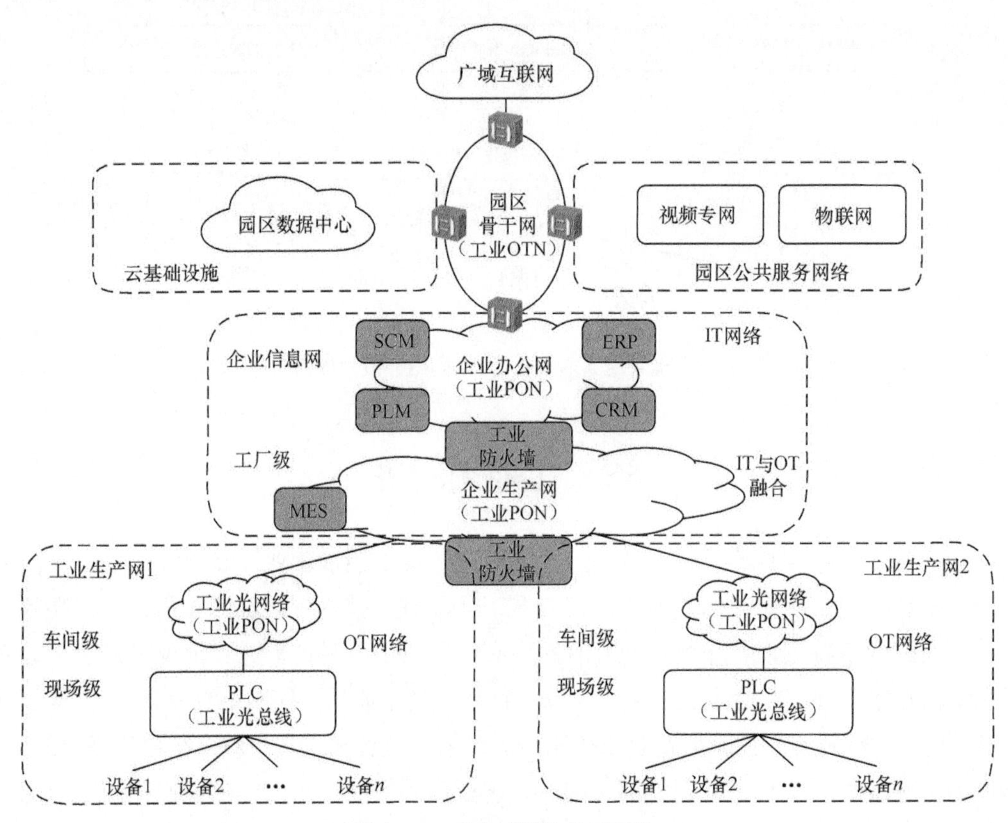

图 6-18　工业光网络体系架构

工业 OTN 设备可以部署于工业园区网络中的园区骨干网，用于连接园区云基础设施、园区公共服务网络和企业生产网络，此外还可通过部署 OTN 实现不同园区的互联互通及园区到公有云 / 公共客户网络的连接。工业 PON 设备可以部署于企业车间级和工厂级，用于承载企业的生产、监控和办公业务。此外，还可以通过在车间级部署工业 PON 设备实现工业协议的转换，为不同类型的现场级设备、传感器与企业信息管理和云服务平台之间提供基于标准化统一协议的业务承载能力。工业光总线设备可以部署于企业生产网络中的现场级，用于现场级主站 PLC 之间，或主站与生产网内其他从站的全光总线互联。

6.6.2　工业 OTN

OTN 是继 SDH 和 WDM 技术之后的新一代大颗粒光网络传输技术，目前已广泛应用于运营商网络和行业专网。OTN 技术是电域和光域技术的融合，其中电域采用基于容器的业务承载方式，支持大颗粒业务的直接映射。光域以 WDM 技术为基础，引入了丰富的光层管理维护开销，可根据用户的实际应用需求选择。工业 OTN 不仅具有 OTN 光域和电域的技术

特点，还可适用于复杂的工业场景，需要针对高低温范围、湿度、防尘供电方式等进行相应的加强和改进，以便为工业企业提供可靠的大容量、远距离传输，此外在一些工业场景下还可以应用其小颗粒技术为网络提供精细化的承载和维护管理能力。

在工业园区内，可通过工业 OTN 构建园区骨干网络，提供企业网络和园区公共服务网络及云数据中心的互联。在工业园区间，OTN 技术可用于不同园区间的网络协同、园区与公有云 / 公共客户网络的连接。一些工业园区在其前期的工业网络中已经部署了基于 SDH/MSTP 技术的业务承载网络，但随着生产的数字化转型，生产规模不断扩大，自动化设备和监控设备的增加等，需要对业务传送网进行升级和扩容，工业 OTN 可作为优选的解决方案。

6.6.3　工业 PON

PON 技术已经在家庭中获得广泛应用，其具有的成本优势、保护倒换、简化的网络层级等特性也非常适合在工业场景中应用。采用 PON 技术结合工业场景业务和技术的特点，建立安全、可靠、融合、先进的工业网络，实现工厂内车间数据的采集、组网，成为工业互联网领域的解决方案之一，也是业界研究的热点。

工业 PON 在工业互联网体系中处于车间级网络位置，工业 PON 接入网关连接 PLC 实现工业现场控制，同时工业 PON 接入网关也具备数据采集能力，通过光分配网络实现工业 PON 接入网关到 OLT 的汇聚，通过 OLT 与企业 IT 网络对接，从而实现 OT 和 IT 的融合组网及工业数据的可靠传输。此外，工业 PON 也可应用在工厂级网络的企业办公网中，用于承载企业的管理信息数据，并按需将数据上传至工业网络的骨干节点。

在工业场景中应用，需要解决连接性需求、多种工业协议的互联、实时性、确定性、可靠性、工业级环境适应能力、网络智能运维等需求，这些需求是工业 PON 在工业互联网应用中需要满足的。

1. 工业 PON 的保护

为了满足工业场景中的高可靠性业务的要求，工业 PON 系统在 ODN 支持保护倒换、流氓 ONU 的检测及隔离等方面提供了技术保证。PON 技术支持的保护倒换可以采用两种方式，一种是由故障检测触发，如信号丢失、帧丢失或信号劣化等引起的自动倒换；另一种是由管理事件触发，如光纤重路由、更换光纤等引起的强制倒换。光纤保护倒换主要有两种，分别是主干光纤保护倒换和全光纤保护倒换。其中主干光纤保护倒换，通常采用 2∶N 的光分路器，主干两根光纤，任何一根光纤出现问题，另外的一根光纤仍然可以保证光路的正常，但是到工业 PON 接入网关的分支光纤未得到保护，在工业 PON 中不建议采用这种保护方案。为了满足工业场景的需求，通常采用全光纤保护方案，即 OLT 双 PON 口、工业 PON 接入网关双 PON 口，主干光纤、光分路器、配线光纤均双路冗余的方式来实施保护。

在 OLT 设备中，主用、备用 PON 端口均处于工作状态，主用 PON 端口的业务信息能够同步备份到备用 PON 端口，在保护倒换时，备用 PON 端口能够维持工业 PON 接入网关的业务属性不变。在 ODN 网络中采用两个 1∶N 的光分路器，可满足倒换要求。对于工业 PON 接入网关，配备了 2 个独立的 PON 端口，分别注册到 OLT 的主用、备用 PON 端口上。

工业 PON 接入网关的两个 PON 端口处于一主一备的状态。在全光纤保护倒换配置方式下，倒换过程需要保证上行、下行通道的保护倒换时间均应小于 50ms。

在工业 PON 的应用中，也需要流氓 ONU 的检测及隔离。流氓 ONU 是指光发射机发生了故障，在这种情况下，其上行信号的发送不遵守 OLT 预先分配的时隙进行发送，导致在同一光路上与其他 ONU 信号发生碰撞，干扰了其他 ONU 设备的正常通信。为了减少流氓 ONU 的产生，需要从几个方面进行防护，如提高 ONU 的防水、防尘等级要求，对关键器件、模块实施 IP68 防水等级，避免在恶劣情况下，如 ONU 进水或水汽侵蚀导致硬件故障，触发流氓 ONU 行为。另外，OLT 侧通过高效的检测算法，建立故障模型，支持长发光检测、随机发光检测等，能够快速检测流氓 ONU，并能够通过下发指令来关闭流氓 ONU 的发送，或者将流氓 ONU 切换到备用光路进行进一步的检测及隔离等。

通过以上的保护措施，可基于 PON 技术构建高可靠性的网络。

2. 工业网关的数据采集和多协议转换

在工业 PON 系统中，除具有传统 PON 系统的功能外，工业 PON 接入网关还可以作为开放平台，配置多种嵌入式数据采集功能，包括用于过程控制的对象链接和嵌入技术（OPC，OLE for Process Control）数据采集、数据处理等支持网关与可编程逻辑控制器（PLC，Programmable Logic Controller）、生产管理系统、生产装备的通信。同时，工业 PON 接入网关支持集成开源或者客户定制化的工业应用，进行个性化工业数据采集和转换处理，并与工业云平台进行交互。在部署工业 PON 系统时，OLT 设备提供集中化的数据处理、交换控制功能。ONU 设备处于终端侧，可以提供以太网 RJ45、Wi-Fi 多种常规网络用户侧接口，以及 RS485/RS232、控制器局域网络（CAN，Controller Area Network）等多种工业类型的业务接口。ONU 设备采集的工业生产数据经过 ODN 汇聚到 OLT 设备侧，由 OLT 设备北向接口传输给企业信息网络的上层实体，如云平台服务器、制造执行系统（MES，Manufacturing Execution System）等，以实现数据采集、生产指令下达等功能。工业 PON 接入网关代替了传统使用的数据采集设备，也简化了工业现场设备的组网，减少了设备的数量。

在工业现场，设备种类繁多，接口和总线协议不统一，且多数工业现场设备是非标准总线接口和非标准总线协议，为了实现数据互通，实现设备数据的采集，实现数据上云等，需要将不同的网络和通信协议统一映射成为统一协议，实现各种不同协议的转换，需要实现其协议兼容技术，包括协议字段转换、数据转换、地址空间重映射等。而工业 PON 接入网关自身具有丰富的数据采集接口，是数据的汇聚点，因此，在工业 PON 接入网关上实现多协议的转换具有非常大优势。工业现场常用的总线协议可以考虑采用统一协议实现承载，统一协议的选择可以是 OPC 基金会的 OPC 统一架构（OPC-UA，OPC-Unified Architecture）。通过 OPC-UA 提供一致、完整的地址空间和服务模型，解决数据不能被统一方式访问的问题，同时 OPC-UA 的标准安全模型为应用程序之间传递消息的底层通信技术提供了加密、标记技术，保证了消息的完整性，防止信息泄露，其平台无关性、面向服务的体系结构（SOA，Service-Oriented Architecture）、灵活的数据交换等优势使得其在工业互联网领域具备较好的应用前景。

3. 工业 PON 的边缘计算能力

根据边缘计算产业联盟与工业互联网产业联盟联合发布的《边缘计算参考架构 3.0》报告，边缘计算是在靠近物或数据源头的网络边缘侧，融合网络、计算、存储、应用核心能力的分布式开放平台，就近提供边缘智能服务，满足行业数字化在敏捷连接、实时业务、数据优化等方面的关键需求。

工业系统的检测、控制、执行的实时性高，部分场景实时性要求在 10ms 以内，如果数据分析和控制逻辑全部在云端实现，难以满足业务的实时性要求。而工业 PON 中的 OLT 和 ONU 具备较强的计算能力，且靠近工业现场设备，因此具备成为很好的边缘计算平台的条件。

工业 PON 接入网关作为数据采集的边缘节点，通过在网关上提供基于容器的计算环境，为在网关上提供 App 创造了条件，可以根据工业现场应用的需求、采集的数据就近完成计算和分析，并基于结果产生一些控制、告警等。

工业 PON 的局端 OLT 可以通过设备上集成的边缘计算板卡，提供在汇聚层面的边缘计算能力，通过在各工业 PON 接入网关采集的数据，进行综合的计算和分析，从而实施相应的控制和告警等。

4. 工业 PON 支持确定性网络

随着工业 IoT 的兴起和工业 4.0 的提出，确定性网络成为讨论的热点话题之一。确定性网络是将网络“从尽力而为”转变为“准时、准确、快速”，并降低端到端时延的技术。2015 年 IETF 成立了确定性网络工作组，专注于在二层桥接和三层路由上实现确定的传输路径，这些路径可以提供时延、丢包、抖动的状况，以此提供确定的时延。2012 年 IEEE 建立了 TSN 工作组，而 IETF 的确定性网络工作组致力于把 TSN 中开发的技术扩展到确定性网络研究中，因此，TSN 实际成为了确定性网络的底层技术支撑。

工业 PON 在应用到工业现场时，也应具备对确定性网络的支撑能力，因此借助 PON 的高精度时钟及协作 DBA（coDBA，coordination DBA）调度算法、支持 TSN 特性等，也成为了工业 PON 研究的热点。

6.6.4　基于无源光局域网的全光园区的构建

随着大型园区，如产业园区、大学校园、医院、密集办公场所等的数字化改造的需求不断提出，特别是“新基建”的推出，为信息通信网络的快速发展带来了新的契机。以 IoT、大数据、云计算等为代表的新一代信息技术在园区获得了大量的应用，而这需要园区基础通信网络的支持。

传统的园区建设仍然以传统的以太网交换机构成的局域网络 / 同轴网络等企业交换网络为主，这种传统的二、三层交换机构成的园区网络，以太网线布线的距离、点到点的网络连接、多层的网络架构、有源连接的网络等诸多限制，导致园区网络的运维日益困难。

随着无源光局域网（POL，Passive Optical LAN）技术的发展，这种新型局域网的组网方式优化了局域网的基础布线和网络架构，网络架构更加扁平和简洁，同时也具备了PON网络的大带宽、高可靠性、绿色节能、扁平化、易于管理、设备种类减少等优点。POL可为用户提供融合的数据、语音、视频及其他智能化业务，其架构主要为P2MP架构，由OLT、ODN、ONU三部分组成，相比于以太网交换机构成的企业网，其在以下几个方面具有一定的优势。

1. 传输介质的优势

传统铜线网络的每次带宽升级，线缆都需要更新换代，从10Mbit/s的三类网线到100Mbit/s的五类线、千兆的六类线。而光纤更具备通用性，并不会随着带宽的升级需要更新。光纤具备体积更小、空间更省、价格更低、使用寿命更长的优势。

从使用寿命的角度来看，一般铜线的使用寿命为10年左右，而光纤不易腐蚀，使用寿命可达30年以上。同时，在速率的支持上，光纤具备提供更高带宽的能力，远超传统的网线。在传输距离方面，光纤的传输距离远超网线，传统网线约100m的传输距离，随着速率的提升，传输距离进一步减少，而光纤不存在这方面的问题，一般可达20km。

2. 网络层级简单

二、三层交换机构成的园区网络，通常的网络层级在3～4层，一般包括接入层、边缘层、汇聚层、骨干层等，网络层级较复杂。同时网络升级也更复杂，从百兆升级到千兆网络，涉及的设备都需要更换。而通常PON技术构成的网络是两层，分别是OLT和ONU，中间的无源分光器汇聚替代了传统的有源汇聚设备，实现了网络层级方面的简化。

3. 更好的覆盖

以二、三层交换机构成的园区网络，网线只能到楼道或者一定范围的办公区域，而POL技术能够提供更多的选项，例如FTTR、FTTD等，然后再通过ONU设备集成的Wi-Fi进行延伸，可提供更好的无线覆盖能力。

4. 更好的安全保护

PON技术支持主干光纤保护、全光纤保护等多种类型的保护机制，提供了端到端的保护机制，而二、三层以太网的保护机制通常是分段冗余机制且不易于维护。

5. 更易维护

传统的二、三层交换机构成的网络，由于其中间的连接为有源连接，相比于PON技术的无源网络，其故障点较多，故障的查找不容易。而POL一般不会出现故障，可免维护。同时，无源分光器无须供电，弱电机房可减少电源设备，可减少通风空调等用电设备的使用，节省了能源的消耗。传统的二、三层交换机构成的网络，来自于多个厂商的设备，实现统一的管理较为困难，而基于POL技术构建的网络，可以采用集中统一的网络管理，支持可视化管理，对OLT、ONU、ODN等能够进行有效的管理，能够实现用户认证、告警管理、性能管理、报表管理、PON资源管理等诸多管理功能，运维更加简单。

另外，在网络进行升级时，由于光纤的速率无关性，可根据终端的需求，按需升级ONU，已布线路可以继续使用，大大降低了网络升级的代价，升级维护也更加简单。

POL全光园区解决方案如图6-19所示。

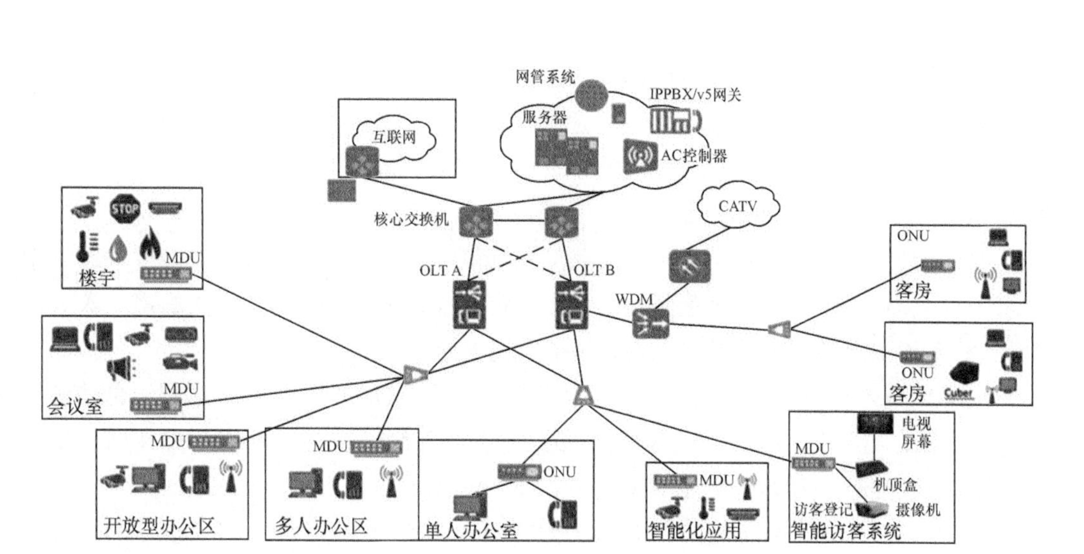

图 6-19　POL 全光园区解决方案

在企业园区中，无线办公解决方案也是非常重要的。基于 POL 的无线覆盖解决方案如图 6-20 所示。

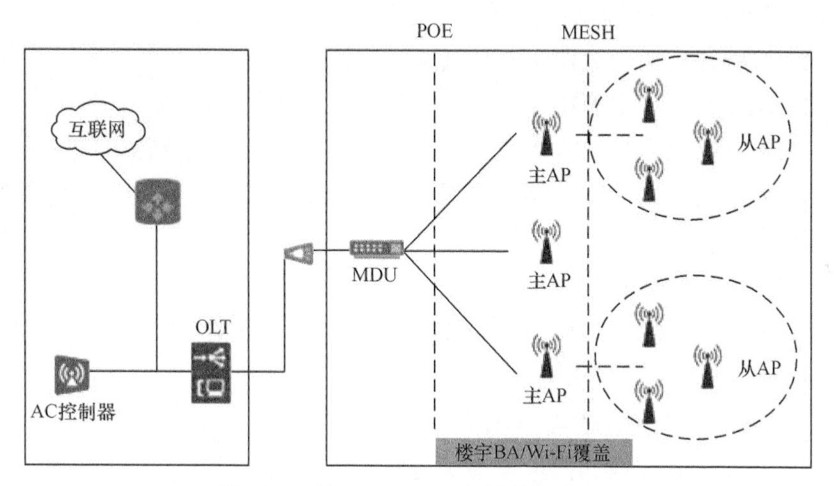

图 6-20　基于 POL 的无线覆盖解决方案

6.7　全光家庭网络

从固定网络的发展历程来看，从最早的 PSTN/ISDN 接入到后续的 ADSL、ADSL2、VDSL、VDSL2、EPON/GPON，再到目前的 10G GPON 为主流的高速宽带接入技术，很好地解决了 1 ～ 20km 的接入技术。但在家庭内部存在最后 10 ～ 100m 的全光纤化的问题，一些新提出的技术方案为构建全光接入网奠定了基础。

6.7.1　光纤到户（FTTH）

随着宽带接入技术的发展，家庭宽带接入从 ADSL、VDSL 及 FTTB 技术逐渐过渡到以

FTTH 为主的宽带接入技术。FTTH 技术相比之前的宽带接入技术，网络层级较为简单且为无源网络，运营、维护成本较低。

在 FTTH 中，ONU 是用户家中的核心设备。在最早的 FTTH 工程中，主要采用单一功能的 ONU，又被称为 SFU，后来逐渐演变成为具备综合业务能力的家庭网关产品。在 IEEE、ITU 等技术规范中，对于设备需要完成的功能、设备的形态、如何在运营商网络中应用等均没有明确定义，因此，运营商开始积极制定企业标准，推出了如天翼智能网关、移动智能网关等多种不同形式的光终端，并得到了大规模应用。

由于 PON 技术标准的前向兼容性，运营商可在现有 ODN 网络基础之上，通过在局端 OLT 设备升级、用户侧的 ONU 设备替换来实现平滑升级。实现了从 1G PON 网络到 10G PON 网络的平滑升级，用户的带宽速率也从百兆升级到千兆。

随着 5G 移动通信的逐渐普及和 10G EPON/XG-PON 的技术及 Wi-Fi 6 技术的应用，从移动通信、家庭宽带、家庭无线 3 个方面，都具备提供千兆速率接入的能力。于是，运营商提出了“三千兆”的概念，从套餐的角度向家庭宽带用户提供“三千兆”的接入能力。

1. 多种 ONU 产品形态

在 EPON、GPON 等系列标准中，对 ONU 的设计和实现提供了依据，但是在承载业务等方面，并没有详细的定义。运营商针对自身业务的需求，定义了多种形态的光终端产品。其中，在中国移动家庭网关相关技术规范中定义了 HGU 的产品形态、在中国电信家庭网关技术规范中定义了天翼网关的产品形态。这些技术规范主要定义了网关的接口，其中主要的特点是增加了 Wi-Fi AP 的功能，使家庭用户的计算机、手机、平板电脑、智能电视等设备通过 Wi-Fi 来接入宽带网络。

在普通型家庭网关基础之上，运营商又提出了智能网关，其可以运行智能插件、支持手机应用、远程管理，可动态扩充普通型家庭网关的功能。目前的主要光终端均为智能网关。

2. FTTH 光终端 ONU 的管理方式

EPON 系统的管理采用 OAM、GPON 系统，采用 OMCI 来提供业务的管理，但是 OAM、OMCI 中定义的管理较为简单，为了适应业务的发展，继续进行 OAM、OMCI 管理的扩展，会导致引入大量的私有定义，不利于不同厂家设备的互通。而宽带论坛 BBF 提出了完整的 TR-069 系列标准，在该标准中有较为完整、统一的管理模型，便于各个厂家能够遵循标准，快速实现、接受统一管理。

另外，传统的 OLT 设备的管理，主要采用的是各个 OLT 设备厂家的 EMS 系统，EMS 系统与 OLT 之间虽然采用的是 SNMP，但是不同厂家的互通较为困难。而业界实现的基于 TR-069 的 ACS 管理系统，其管理完全基于统一的数据模型，互通性较好。

3. FTTH 光终端 ONU 的 Wi-Fi

光终端从初代产品采用 802.11n、2×2 Wi-Fi，到采用 802.11ac 2×2、3×3、4×4 等多种不同制式，再到最新的采用 802.11ax 2×2、4×4 等不同制式。在其发展过程中，完全紧跟了 Wi-Fi 无线技术的快速发展。在 FTTH 工程中，ONU 一般放置在家庭的信息箱，随着网

络的进一步扩展，通过配合路由器无线接入点（WAP，Wireless Access Points）来实现家庭网络的进一步覆盖，并支持路由器 WAP 之间的无线 Mesh 组网，支持家庭中无线漫游、无线覆盖。

6.7.2 光纤到房间（FTTR）

宽带接入领域一直在持续加快光纤宽带的升级，当前，接入网络已大部分实现了光纤接入，FTTH 的全球平均水平已达到了 65%，在中国更是达到了 90% 以上，在全球居于领先地位。

光宽带进入家庭后，由于光终端主要放置在家庭信息箱或者家庭入口，导致家庭无线因为穿墙、距离等原因性能下降，家庭内部的网络覆盖，主要通过以太网的方式进行扩展，而网络布线不合格、网线质量问题等降低了网线的承载能力，且家庭布线的以太网线也存在不便于后续升级的问题。

另外一种技术 G.hn 是作为基于电源线、电话线、同轴电缆的一套协议规范，由 ITU-T 负责制定标准，该标准可解决现有楼宇及家庭内部网络布线的困难，实现基于现有管线资源提供高带宽、多业务的联网技术，其数据传输速率可达 1Gbit/s，但在实际应用中，采用电力线进行承载，较易受到干扰，带宽提供不稳定，提供运营商级服务质量存在问题。因此选择光纤承载是一个更好的解决方案。

业界领先的厂家，基于运营商打造的全屋 Wi-Fi 的愿景，提出了 FTTR 技术，即在 ONT 下行提供光纤接入房间，将该 ONT 升级成为 FTTR 光网关。

从家庭内部光纤技术的进一步延伸来看，也存在两种技术选择，一种技术选择是基于 P2MP 架构，另一种技术选择是基于 P2P 架构来构造家庭光纤网络。两种技术各有特点，但是从可扩展性及维护管理的角度来看，P2MP 技术具备更好的扩展性。

典型的全光家庭场景如图 6-21 所示。

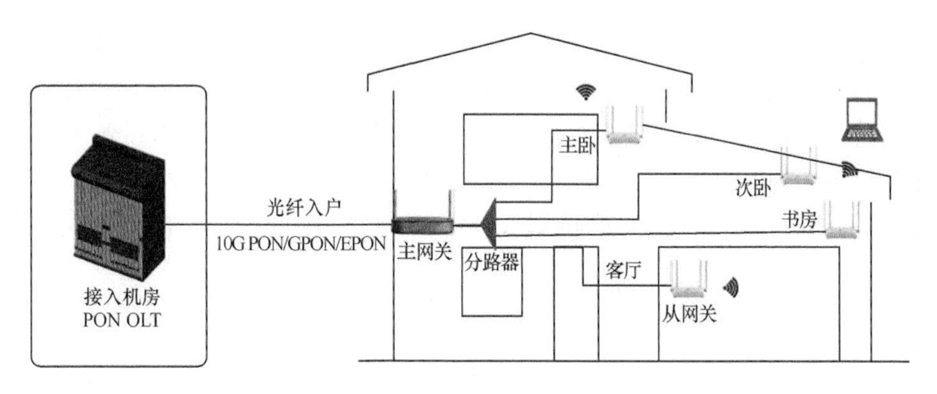

图 6-21　全光家庭场景

在这个技术架构中，组成包括 FTTR 光网关、边缘 ONT 及光纤组件（面向家庭场景使用，主要包括不等分、等分小型分光器、蝶形光缆）等。而边缘 ONT 也有多种不同的形态，如独立设备、面板式 ONT 等。由于 GPON 技术已成为运营商 PON 技术的主流，因此 FTTR 主要采用 GPON 技术。

边缘 ONT 支持最新的 Wi-Fi 6 技术，同时支持 EasyMesh，组成家庭无线网络，能够支持手机、平板电脑等设备漫游，提升了用户体验。同时光纤作为无线网状网络的回传网络，也进一步提升了整个无线网状网的可靠性。

在采用 P2MP 架构的 FTTR 技术中，为了保持其与传统的 ONT 的互通性，基本上采用了兼容 ITU-T GPON 技术标准，但是也需要针对家庭网络的短距环境进行一些优化，例如开窗窗口的时间可以大幅缩小，改进的 DBA 算法提升了带宽分配的效率，降低了二级 PON 网络带来的时延等，这些都是在应用 FTTR 技术中需要重点进行优先考虑的。

6.8 海洋光通信网络

海洋光通信网络是以海底光缆为传输载体进行信息通信的光通信网络，是海洋信息网络的重要组成部分。海洋光通信网络目前承载了全球 95% 以上的国际间信息通信的传输，是全球通信重要的信息载体和基础网络。随着国际间信息交互越来越频繁及数据流量的爆发式增长，海洋光通信网络所起到的重要作用愈发突显。

6.8.1 海洋光通信网络的构成

海洋光通信网络主要应用于国际跨洋海底光缆通信、大陆与近海岛屿及海洋岛屿间的海底光缆通信等场景。海洋光通信网络按照应用场景和传输距离的不同，可分为有中继系统和无中继系统。其中，国际跨洋海底光缆通信的传输距离可达数千至上万千米，多数场景需采用技术相对复杂的有中继系统技术，在信号传输过程中使用中继器进行信号放大；大陆与近海岛屿及海洋岛屿间的海底光缆通信传输距离一般为数百千米（无须使用水下中继器），采用无中继系统即可完成信号传输。

如图 6-22 所示，海洋光通信网络按照设备组成要素可分为水下设备（Wet Plant）和岸上设备（Dry Plant）两部分。水下设备一般由海底光缆、中继器和分支单元等构成，中继器实现光信号的放大，分支单元用于实现多个站点之间的网络互联，岸上设备一般由海底光缆线路终端设备（SLTE，Submarine Line Terminal Equipment）、线路监测设备（LME，Line Monitoring Equipment）、远供电源设备（PFE，Power Feeding Equipment）和网络管理控制（MC，Management Control）单元构成。

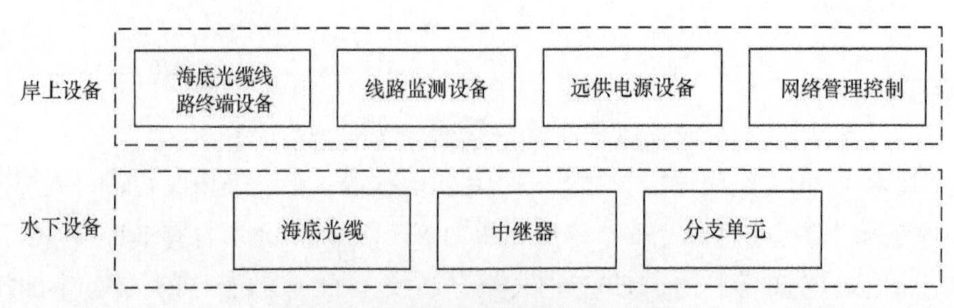

图 6-22 海洋光通信网络的设备构成

6.8.2　海洋光通信技术发展的趋势

海洋光通信系统的主要特点是通信距离长、传输容量大，系统运行寿命长，一直是光纤通信技术的应用高地。相较于陆地光通信系统技术，海洋光通信系统还面临水下设备供电受限、体积受限和极高可用率等特殊的挑战。为持续优化单比特传输成本，除借鉴陆地光通信系统的高速调制、接收技术外，海洋光通信系统还需要在海底光纤光缆、水下中继器（Repeater）、水下分支器（BU，Branching Unit）、远端供电设备和采用开放解耦的建设方式等若干维度持续进行技术创新。

1. 海底光纤光缆

随着通信技术和光纤制造技术的不断革新，通信光纤正朝着超低损耗，大有效面积方向发展。我国生产的光纤种类不断丰富，新型光纤技术不断取得突破，实现了超低损耗、大有效面积光纤的规模化与批量化生产。具备超低损耗、大有效面积特性的 G.654E 光纤已应用于陆地超高速光通信系统。目前国内主流光纤厂商已成功开发出损耗接近于 0.16dB/km、有效面积为 $130\mu m^2$ 的具备商用能力的产品，技术上，随着光纤制造技术的不断提升及研发的投入，未来可能开发出有效面积更大、衰减系数更低的超高性能海洋光纤。

海底光缆系统增加容量最简单的方式是采用更多的光缆芯数，有中继海底光缆系统将由 16 芯增加到 24/32 芯，未来还将研发 48/64 芯，无中继海底光缆系统将从 24、48、96 芯增加到更多。除提高光缆芯数外，从空分复用的角度，有两种方法可以将多空间路径引入光纤。第一种方法是将多个独立的纤芯合并到一根光纤中，一个包层中含有多根纤芯，即 MCF；第二种方法是利用光纤中的多种不同模式来同时传输，即 FMF。在长距离传输领域，MCF 受到更多的关注，在实现低损耗化和攻克与解决器件相关的关键技术问题后，低损耗 MCF 也将成为未来海洋通信技术发展的重要方向之一。

2. 水下中继器

水下中继器通常应用于长距离的海底光缆传输系统中，用来补偿光信号长距离传输后的衰减，实现光信号的功率放大，通常需要满足 8000m 水深和 25 年运行寿命的要求，产品实现门槛较高。

近 20 年，DWDM 技术极大地促进了海底光缆系统容量的提升，但在增益效率较高的 C 波段，WDM 技术已经接近能力极限，如果将光谱带宽从 C 波段扩展到 C+/C+L 波段，可继续扩大系统的传输带宽。目前 39nm 的 C+ 波段技术在海底光缆系统中的应用已相对成熟，对于 C+L 波段技术的应用，在目前技术水平下 L 波段的泵浦转化效率较低，需要更高的泵浦功率实现同等效果的放大。未来随着 L 波段铒纤转化效率的提升，远端供电能力的增强，光纤非线性效应的降低等多方面技术的突破，可促进 C+L 波段技术的应用。

多纤对（HFC，High Fiber Count）技术是近期可以带来系统容量倍增的技术，海缆空分复用包括 HFC。HFC 是在现有成熟的海底光缆通信技术基础上，通过扩展光纤对数来实现系统容量的倍增，其器件成熟、产业完备、维护和升级容易。因此，HFC 技术在未来 3 ～ 5 年内将是最可靠、性价比最高、产业最成熟的技术，它将成为海底光缆行业公认的发展方向。

多纤对海缆通信系统中最关键的是 HFC 水下中继器，涉及多项关键技术，主要包括大芯数光纤的馈通技术、高效泵浦驱动技术、超高工作电压、超大浪涌防护技术、多纤对泵浦共享技术等。

HFC 的应用同样带来许多挑战，其中最重要的挑战包括系统的高压供电。系统设计电压增加，需要所有配套产品都具备耐高压的能力。供电方面，提高水下中继器电路效率及降低海底光缆阻抗是主要的研究方向，对于电路效率的提升，可在泵浦共享、驱动、防护及整流电路等方面进行设计优化。

3. BU 和 ROADM

BU 通常应用于非点对点连接的海底光缆系统中，BU 包括光信号路径切换、光信号放大，以及供电路径切换等功能。BU 按光功能设计演进主要有分纤型分支器（FFD BU，Full Fiber Drop-Branching Unit）、固定式光分插复用分支器（FOADM BU，Fixed Optical Add/Drop Multiplexer Branching Unit）、光开关分支器（FS-OADM BU，Fiber Switch Optical Add/Drop Multiplexer）及光开关可重构光分插复用分支器（FS-ROADM BU，Fiber Switch Reconfigurable Optical Add-Drop Multiplexer）。

BU 按供电需求可分为无源分支器和有源分支器，其中电源可倒换分支器（PSBU，Power Switch BU）通过有源开关器件可实现电源各级之间及与地极之间的相互倒换。目前 PSBU 电源切换技术已经由早期的控制端 PFE 上电顺序发展为通过端站发送命令来控制 BU 切换的智能控制方式。在切换电压限制上，通过加强 BU 内部单元的绝缘设计及高可靠性继电器的选取，由原来几百伏低压发展到 15kV 高压热切换或更高 20kV/25kV 高压热切换，减少了 PSBU 电源切换过程中 PFE 上下电操作及极性调整时间，从而提升了业务恢复速度、减少了业务中断时间。

随着海底光缆承载业务量的增加，对业务的稳定性要求也越来越高。对出现故障的海底光缆段，长时间业务中断只允许发生在故障侧，无故障侧要求实现快速业务恢复，支路故障时 BU 的光切换时间应能小于 500ms，系统级故障从故障发生到业务恢复总时间不超过 60s。支路自动切换有基于光功率检测及电流检测两种方式，其中光功率检测将具有更多的技术优势，可覆盖的故障场景范围更广。

灵活性一直是光网络追求的一个发展方向，为了使不同站点之间的业务调度更加灵活，水下分支器已经由分纤型和有限灵活性的基于“光开关 + 固定滤波器”的分支器发展到更加灵活的基于 WSS 技术的可进行波长级任意带宽分插复用的分支器。FS-ROADM BU 可采用光开关分支器（Fiber Switch BU）和 OADM 单元独立腔体设计，二者配合使用，完成复杂度更高的业务调度及故障容灾。

在 ROADM 单元的集成度上，目前主流是单体 2 纤对，支持多个级联，业界领先技术可做到单体 4 纤对，未来需要进一步选用更高集成度的 WSS 模块来提升空间利用率，做到更高纤对数的单体结构，减少级联带来的施工成本及后期维修回收难度。海底光缆系统设备主要受限于水下腔体的大小，由于 ROADM 单元功能设计的复杂度较高，在极小的空间里要实现光谱平坦度调整、EDFA 光功率补偿、1+1 WSS、三方向控制与反馈电路等，未来可在

EDFA 及 WSS 的集成度上进一步压缩空间或采用更大腔体来容纳更多光纤对。

4. PFE

海底光缆系统的 PFE 为所有水下设备提供高压直流的电力供应，长期以来业界 PFE 单端供电能力最高为 15kV，一般用于跨洋等超长距系统。为适应今后 HFC 技术应用的需求，我国企业已在研发能力更强的 PFE，其中的 18kV 技术已经具备初步商用条件，最大输出电流、最大输出电压、最大输出功率指标均将高于业界的常规能力。在相同泵浦架构、相同纤对数的情况下，18kV 可实现更长距离的单端供电。在超长距场景下，相同传输长度、相同泵浦架构，18kV 可支持更多纤对数，以实现更大的系统容量。

海洋光通信网络的发展在速率和容量上充分体现了智慧光网的“超宽”特性，并在节点容量上持续演进。在建设方式上随着开放式建设思路的引入，其发展趋势和理念与智慧光网“开放”的建设理念高度契合。

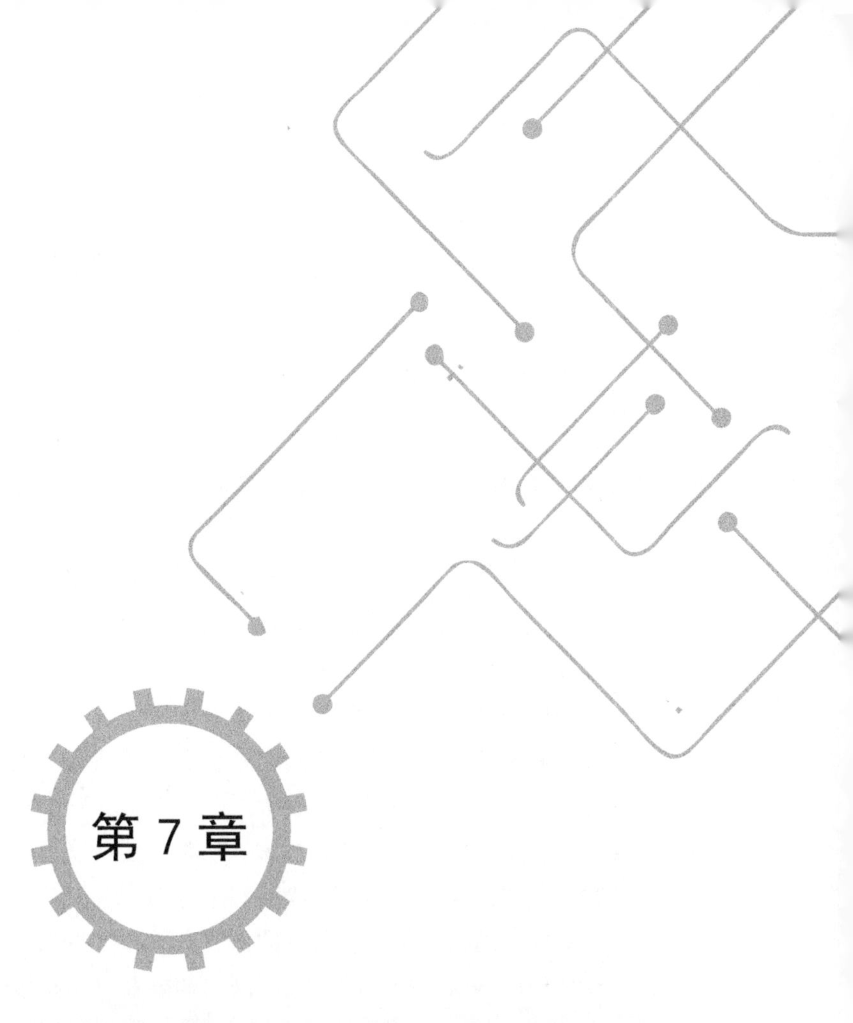

第7章

智慧光网络面向未来的演进

本章简介：

本章介绍智慧光网络面向未来的演进趋势，包括未来网络的国内外研究概况；未来智慧光网络的关键场景和需求，如6G承载、XR、全息通信、触觉互联网、AIoT、工业互联网、海洋信息网络、天地一体化、全光一体化底座等场景；基于这些关键场景和需求，未来智慧光网络架构、关键技术的演进方向，简要探讨下一代大容量SDM技术和空间自由光通信技术及其发展趋势。

7.1 未来光网络概述

7.1.1 未来网络的概念

信息通信网络已经成为各国的重要基础设施和战略资源。随着网络规模越来越大，以及网络业务形态的不断演进和业务需求的增加，“尽力而为”的传统网络架构在服务能力、QoS、安全性、可维护性等方面面临巨大的挑战，因此，各国从新型体系架构、新型网络协议、核心关键技术、网络试验床等方面研究和布局未来网络。

未来网络尚没有统一的定义。ITU-T 定义的未来网络是指能够提供现有网络技术难以提供的业务、能力和设施的网络，未来网络的内涵可以是以下两个方面之一。

（1）新型网络或者对现有网络的增强。

（2）多个新型的或已有的异构网络融合成操作层面上的单一网络。

基于这个定义，未来网络的研究涉及从现在到未来某个时期的网络领域的所有方面，包括网络架构、特征、需求、业务、技术、协议、应用场景、实现机制等。虽然业内并没有对未来某个时期划线，但共识体现在如下两个方面。

（1）未来网络的研究是可以预见的，且在不远的将来是可以实现的。

（2）受传统网络研究的影响，未来网络的研究呈现阶段性、渐进性和代际性。

7.1.2 未来网络在国内外的研究情况

世界各科技强国从国家政策和战略支撑、芯片、技术研究、网络试验等方面开展对未来网络的研究。

1. 美国

先进制造伙伴计划是美国“再工业化”战略中规模较大的制造业产学研联合的创新计划之一，重点突破信息物理系统（CPS，Cyber-Physical Systems）、先进传感与控制、大数据分析、可信网络、高性能计算、信息安全等工业互联网的关键技术，为工业互联网的发展和应用提供有力支撑。这些措施意在通过生产关系、生产方式及技术革新，使美国工业重新焕发强大的生命力和竞争力，并通过新一轮技术革命的成果引领和对其他产业的改造，推动产业优化、升级，加速第 4 次工业革命进程。

美国为了强化网络空间安全，以网络安全为核心制定了大量的战略和计划。2016 年 3 月，美国陆军首席信息官办公室发布的《塑造陆军网络 2025—2040》指出，到 2025 年，通过构建全球覆盖、安全可靠、高吞吐量和计算资源充足、边缘 IT 化、强化管控的未来网络环境，实现军事、民用和其他国合作伙伴的融合互联。2019 年 12 月，美国国家科学研究委员会发布了新版本的《联邦网络空间安全研究和发展战略计划》，旨在指导美国联邦政府对于网络安全研发投入的总体方向，指出了 5G/B5G 无线网络的安全和弹性、边缘计算和雾计算的安全性、IoT 安全性、CPS 和关键基础设施的安全性 4 个方面的网络安全挑战。

美国国家科学基金会和美国国防部高级研究计划署资助一系列新一代网络的研究、开发和探索项目。包括建立适用于各种新型网络试验的综合网络环境的 GENI 计划；采用自顶向下的方法设计全新的互联网体系结构的 FIND 行动。之后 NSF 支持了 NDN、Mobility First、NEBULA、XIA 4 个未来互联网体系结构（FIA，Future Internet Architectures）项目。美国为了确保其先进信息技术的世界领先地位，制定了联邦投资计算机、网络和通信前沿科技的国家目标，授权通过了网络与信息技术研究与发展计划（NITRD，Networking and Information Technology Research and Development），其中未来网络基础技术体系主要研究内容包括软件定义基础设施、未来网络架构与协议研发等。

2018 年，美国联邦通信委员会（FCC，Federal Communications Commission）的一位官员首次在公开场合展望 6G 技术。2019 年，FCC 决定开放部分太赫兹频段，将 95GHz ～ 3THz 频段作为实验频谱，未来可能用于 6G 服务。2020 年 10 月，美国电信行业解决方案联盟（ATIS，Alliance for the Telecommunications Industry Solutions）牵头组建了 NextG 联盟，NextG 联盟的战略任务包括建立 6G 战略路线图、推动 6G 相关政策及预算、6G 技术和服务的全球推广等，希望确立美国在 6G 时代的领导地位。NextG 联盟的网络计划强调嵌入式计算能力和 AI 技术对现代通信网络的变革作用及网络弹性对未来经济社会发展的重要性。目前，全球已有高通、苹果、三星、诺基亚等三十多家信息通信巨头加入了 NextG 联盟。

在 6G 技术研究方面，美国主要通过赞助高校开展相关的研究项目，如纽约大学无线中心正开发使用太赫兹频率的信道传输速率达 100Gbit/s 的无线技术；美国加州大学的 ComSenTer 研究中心开展“融合太赫兹通信与传感”的研究；加州大学欧文分校纳米通信集成电路实验室研发了一种工作频率为 115 ～ 135GHz 的微型无线芯片，在 30cm 的距离上能实现每秒 36Gbit/s 的传输速率。

美国在空天地海一体化通信特别是卫星互联网通信方面遥遥领先。早在 2000 年，美国国防部就提出要建设“天地一体化”的全球信息栅格（GIG，Global Information Grid）网络。截至 2020 年 2 月底，美国太空探索技术公司（SpaceX）已发射近 300 颗“星链”（Starlink）卫星，已成为迄今为止全世界拥有卫星数量最多的商业卫星运营商，并于 2020 年中期开始在美国提供卫星互联网宽带服务。

2. 欧盟成员国

2020 年 2 月，欧盟委员会启动了新的数据战略“塑造欧洲数字未来”，并发布了《塑造欧洲的数字未来》《人工智能白皮书》《欧洲数据战略》3 份数字战略文件。《塑造欧洲的数字未来》旨在推动欧洲的数字化进程，减少欧盟对关键技术的依赖，维护欧洲的技术主权。2020 年欧盟发布《全面工业战略基础》，提出对 6G 在内的新技术进行大量投资。欧盟的各个成员国也制定了未来网络相关的发展战略，如德国联邦政府经济与能源部于 2019 年 2 月发布《德国工业战略 2030》，该战略要求德国必须专注于 AI 领域的企业研究和政策研究，缩小关键技术的竞争差距，建立自己的数据主权，充分发挥新关键技术的经济潜力。2013 年英国启动的《工业 2050 战略》是定位于 2050 年英国制造业发展的一项长期战略研究，该研究指出科技改变生产，信息通信技术、新材料等科技将在未来与产品和生产网络融合，极大地改变产品的设计、制造、提供及使用方式。

地平线2020（Horizon 2020）项目是欧洲面向未来研究的代表性项目，涵盖了欧洲在多个新技术领域的目标，包括纳米领域、网络领域、光领域、太空领域等。Horizon 2020强调了对未来互联网的研究，2021年至2027年欧盟需要建设更高能力、以零时延为目标的互联网，灵活利用新的频段。借助B5G、智能机器学习、IoT、动态频谱等新技术，未来网络的覆盖和容量都将得到扩展，特别是太赫兹频率的光通信和卫星系统。

称为"4WARD"的项目也是欧洲面向未来网络架构和设计的重要项目。该项目采取创新性方式、方法来研究未来互联网的问题。4WARD利用移动和无线技术，采用激进的架构方式突破应用层面的创新瓶颈。

在一体化网络方面，欧盟的SUITED（Multi-Segment System for Broadband Ubiquitous Access to Internet Services and Demonstrator）项目将卫星网络、地面蜂窝网和无线局域网等多种网络进行融合。

在6G的研究方面，芬兰率先发布了全球首份6G白皮书，对于6G愿景和技术应用进行了系统性展望：6G将在2030年左右部署，6G服务将无缝覆盖全球，AI将与6G网络深度融合，白皮书提出了6G网络的传输速率、频段、时延、连接密度等关键指标。芬兰诺基亚和瑞典爱立信领衔成立了Hexa-X联盟，受欧盟Horizon 2020研究与创新计划的资助。Hexa-X联盟认为6G具备智能连接、多网聚合、可持续性、全球覆盖、极致体验和值得信赖6大特征。芬兰奥卢大学联手产业界及多国大学成立"6G旗舰"组织，致力于6G通信技术的先期研究。英国的企业和大学也对6G进行了探索，布朗大学实现了非视距太赫兹数据链路的传输。

3. 俄罗斯、日本、韩国等国家

俄罗斯政府发布《俄罗斯联邦数字经济规划》，推广利用现代数字技术，保证国家信息的安全。其中的现代数字技术主要包括大数据技术、神经网络技术、AI、分布式存储系统、量子技术、先进制造技术、工业互联网、机器人和传感器技术、无线通信技术、VR和AR技术等。

日本关于未来的畅想"Society 5.0"中与信息技术和网络关联的描述包括对工业进行数字化改造、超智能社会、信息共享、大数据等方面。日本"新一代网络研发项目"的目标是覆盖未来网络研究的各个领域，通过有效的合作探讨未来网络相关领域的核心技术，支撑大规模、多终端情景下的高层次用户需求，从而解决未来互联网的可持续发展问题。2020年，日本发布以6G为国家发展战略目标的"6G技术综合战略计划纲要和路线图"，提出2025年实现6G关键技术的突破，2030年正式启动6G网络。基于B5G发展路线图，日本与美国合作投资45亿美元用于B5G/6G技术研发。日本总务省发布的B5G促进战略认为，AI是未来实现海量数据治理和交换的基础使能工具。日本在太赫兹等电子通信材料领域全球领先优势明显，NTT公司开发出传输速率达5G 5倍的6G超高速芯片，不过传输距离极短，离实用化还有很长的一段距离。

日本的STICS（Satellite/Terrestrial Integrated Mobile Communication System）项目也提出

了共享频谱带宽的天地一体化移动通信网。

2020 年 8 月，韩国发布《引领 6G 时代的未来移动通信研发战略》，重点提出布局 6G 国际标准并加强业产生态系统，确保在 5G 之后继续成为首个 6G 商用国家，并明确 5 个重点领域：数字医疗、沉浸式内容、自动驾驶、智慧城市和智慧工厂。作为全球第一个实现 5G 的商用国家，韩国对量子信息技术、可信网络、云计算、5G 和 6G 网络等方面都有较大研究投入，政府投资 2000 亿韩元用于 6G 基础技术研发。2019 年韩国通信信息研究院成立了 6G 研究组，定义 6G 及其应用，开发 6G 核心技术，将 6G 超高频段无线器件研发列为首要课题。韩国与芬兰达成协议，两国将共同研发 6G 技术。2020 年 1 月，韩国政府宣布将于 2028 年在全球率先商用 6G。韩国的 LG、SK 电讯、三星电子等企业也设立了 6G 研究中心，探索 6G 核心技术和商业模式，把 6G、AI 作为未来发展方向。

4. 国际标准组织

ITU-T 第 13 组研究组（SG13，Study Group 13）在 2018 年 7 月成立了网络 2030 焦点组（FG-NET-2030，Focus Group on Network），旨在探索面向 2030 年及以后的网络技术发展，包括完全后向兼容的新理念、新架构、新协议、新解决方案，以支持现有应用和未来新应用，并发布了网络 2030 白皮书《2030 网络——迈向 2030 年及以后的技术、应用和市场驱动力的蓝图》。网络 2030 白皮书给出的网络 2030 愿景：在新兴的全息社会（由全息技术驱动的未来数字社会）中开展新一轮网络创新，借助于联邦新型的基础设施提供新的通信服务，从而使能新型垂直行业。

2019 年 5 月，ITU-T 讨论了 6G 标准（IMT-2030），IMT-2030 旨在提供革命性的新用户体验，传输速率将达到每秒百万兆比特，提供如触觉、味觉、嗅觉等全新感官信息。IMT-2030 将是一个由多种不同网络构成的混合网络，包括固定、移动蜂窝、高空平台、卫星和其他尚待定义的网络。根据 ITU-T 官方网站的信息，ITU-T 早期研究计划正式启动，2021 年开展未来技术趋势的研究，2022 年完成未来趋势研究报告，2023 年提出包括 6G 整体目标、主要应用场景、主要性能指标的《未来技术愿景建议书》。

3GPP 将于 2023 年启动 6G 技术标准研究，2026 年启动首个 6G 标准 R21 的制定，预计 2028 年完成相关标准的制定，2028 年下半年将会有 6G 设备产品面市，2030 年冻结 6G R23 版本。

IEEE 自 2008 年起开始了太赫兹的标准工作。IEEE 已针对 6G 的一个重要场景“触觉互联网”开展相关研究和标准化工作。

5. 中国

未来网络的发展对推动新一代信息技术创新、应用落地和促进我国工业化和信息化融合发展具有重大的意义，是抢占技术制高点和经济增长点的有力手段。“十二五”以来我国面向未来网络发展，出台了一系列政策、法规，旨在大力推动未来网络快速、有序、健康发展。

2012 年，国务院印发了《“十二五”国家战略性新兴产业发展规划》，指出要把握信息技术的升级换代和产业融合发展的机遇，发展下一代信息网络产业，加快新一代信息网络技术的开发和自主标准的推广应用。

2013年，国务院印发了《国家重大科技基础设施建设中长期规划（2012—2030年）》，指出在工程技术科学领域，瞄准未来信息技术等发展的基础和前沿工程技术中的重大科技问题，探索和逐步推进相关设施建设，解决未来网络和信息系统发展的科学技术问题，为未来网络技术的发展提供试验验证支撑。

2016年，国务院出台《"十三五"国家科技创新规划》。规划指出，面向2030年部署和启动新一批体现国家网络强国等战略意图的重大科技项目，其中包括推进天基信息网、未来互联网、移动通信网的全面融合，形成覆盖全球的天地一体化信息网络，增强接入服务能力，推动空间与地面设施的互联互通。

2017年，国务院《关于深化"互联网+先进制造业"发展工业互联网的指导意见》出台，将"夯实网络基础"作为主要任务之一，提出大力推动工业互联网网络建设。2019年工业和信息化部发布《"5G+工业互联网"512工程推进方案》，推进了5G与工业互联网的融合。

2020年4月，国家发展和改革委员会首次明确了"新基建"的范围，主要包括信息基础设施、融合基础设施、创新基础设施3方面的内容。其中信息基础设施主要是指基于新一代信息技术演化生成的基础设施，包括以5G、IoT、工业互联网、卫星互联网为代表的通信网络基础设施，以AI、云计算等为代表的新技术基础设施，以及以数据中心、智能计算中心为代表的算力基础设施等。2020年5月，加强新型基础设施建设被首次写入政府工作报告中，国家将重点支持"新基建"的建设，并再次明确了要发展新一代信息网络和5G应用。2021年7月12日，工业和信息化部联合9部门发布《5G应用"扬帆"行动计划（2021—2023年）》，加强面向行业的5G网络供给能力。2021年7月14日，工业和信息化部发布《新型数据中心发展三年行动计划（2021—2023年）》，明确用3年的时间，基本形成布局合理、技术先进、绿色低碳、算力规模与数字经济增长相适应的新型数据中心发展格局。未来网络作为"新基建"的重要支撑技术之一，不仅能为"新基建"的持续、快速建设提供坚实的基础，还将进一步激发我国巨大的发展潜力和发展空间，助力我国制造业升级和数字经济的蓬勃发展。

2019年5月，网络5.0产业和技术创新联盟10家成员单位联合承担了科学技术部2018年国家重点研发计划"宽带通信和新型网络"重点专项"新型网络技术"之"基于全维可定义的新型网络体系架构和关键技术（基础前沿类）"项目。该项目以网络技术创新为驱动，以IP为突破口，设计全维度可定义、协议操作灵活、安全机制内生化的下一代网络协议体系，突破寻址、路由、确定性QoS、内生安全等下一代网络核心技术，研发验证系统，开展试验验证。

"十三五"期间，由国内的创新研究机构联合清华大学等搭建了国家级"未来网络试验设施"，为研究未来网络创新体系结构提供简单、高效、低成本的验证环境。

2019年11月，工业和信息化部牵头，联合科学技术部和国家发展和改革委员会成立了中国IMT-2030推进组，负责协调国内参与6G研究的主要单位力量、聚焦6G无线技术关键创新点及推动中国6G技术的研究。此外，由科学技术部牵头，联合国家发展和改革委员会、

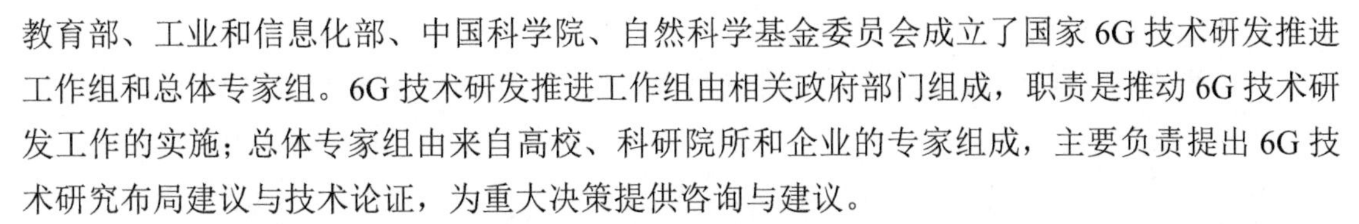

教育部、工业和信息化部、中国科学院、自然科学基金委员会成立了国家 6G 技术研发推进工作组和总体专家组。6G 技术研发推进工作组由相关政府部门组成，职责是推动 6G 技术研发工作的实施；总体专家组由来自高校、科研院所和企业的专家组成，主要负责提出 6G 技术研究布局建议与技术论证，为重大决策提供咨询与建议。

中国已开展 6G 网络技术的研究。科学技术部发布的《国家重点研发计划“宽带通信和新型网络”重点专项项目申报指南建议》提出“专项总体目标”之一是“开展新型网络与高效传输全技术链研发，使我国成为 B5G/6G 无线移动通信技术和标准研发的全球引领者，在未来无线移动通信方面取得一批突破性成果”。其中，2019 年专项中至少有 6 个 6G 研究项目，2020 年专项中至少有 5 个 6G 研究项目。2021 年，科学技术部公布了年度拟启动的两个 6G 研究项目，即《6G 通信 - 感知 - 计算融合网络架构及关键技术》和《6G 超低时延超高可靠大规模无线传输技术》。立足国家重大专项指引，多个高校及科研院所加快进行 6G 关键核心技术的研究。

我国电信运营商在 6G 技术、网络重构与创新方面高度重视，积极布局。

中国电信在该领域的主要进展包括：发布了《中国电信 CTNet2025 网络架构白皮书》，全面启动网络智能化重构；2020 年发布《云网融合 2030 技术白皮书》，提出“网是基础、云为核心、网随云动、云网一体”的发展原则。云网融合愿景架构及技术创新方向包括空天地海一体化的泛在连接、云网边端智能协同、数据和算力等新型资源融合、云网资源一体化管控的云网操作系统、一体化智能内生机制、自适应安全内生机制。

中国移动在该领域的主要进展包括：2020 年 6 月发布《未来 IP 网络 IDEAS 关键技术白皮书》，提出基于智能寻址与路由（I）、确定性 QoS（D）、算力感知网络（E）、异构网络互联（A）、内生安全（S）五大核心技术领域，构建新型 IP 网络技术体系。中国移动发布了《2030+ 愿景与需求研究报告》，提出了未来网络“按需服务、柔性网络、至简网络、智慧内生、安全内生、数字孪生”的技术特征构想。2021 年 7 月发布《网络自动驾驶白皮书》，提出在 2025 年达到 L4 级自动驾驶网络。

中国联通在该领域的主要进展包括：发布了面向云服务的泛在宽带弹性网络（CUBE-Net 2.0），并于 2021 年升级为 CUBE-Net 3.0，旨在打造连接数据与计算、增强网络内生能力、提供智能服务的新一代数字基础设施，以及聚焦产业链条，优化产业生态，加快推动数字产业化与产业数字化进程。

我国也将“天地一体化信息网络”列入“科技创新 2030 - 重大项目”，天地一体化信息网络由天基骨干网、天基接入网、地基节点网组成，并与地面互联网和移动通信网互联互通，建成“全球覆盖、随遇接入、按需服务、安全可信”的天地一体化信息网络体系。建成后，我国将具备全球时空连续通信、高可靠安全通信、区域大容量通信、高机动全程信息传输等能力。

我国正在研究的天地一体化信息网络重大项目是按照“天基组网、地网跨代、天地互联”的思路，以地面网络为基础、空间网络为延伸，覆盖太空、空中、陆地、海洋等自然空间，为天基、陆基、海基等各类用户活动提供信息保障的基础设施。通过融合天基卫星通信网络、空基、飞行器通信网络、地基通信网络，实现天、空、地三网协同，达到全球覆盖、随遇接入、按需服务、安全可信的全球网络连通的目标。近期，中国信息通信研究院携手卫星互联网领域的企业开展了一系列低轨卫星技术试验，采用基于5G的信号体制，依靠自主研制的低轨宽带通信卫星、信关站、卫星终端和测运控软件系统，通过自主开发的专用测试设备和仪表开展验证工作，突破了卫星通信系统和地面移动通信系统因信号体制差异难以融合的问题，实现了低轨卫星网络与5G网络的深度融合。

2021年4月，由国务院国有资产监督管理委员会组建中国卫星网络集团有限公司，在统筹规划下，我国卫星通信的发展无疑将进入快车道，快速构建一张无所不在的卫星网络，走向国际竞争的舞台。

在中国产业界，包括中信科移动、华为、中兴在内的信息通信企业，均组建了6G研发团队，研究、开发满足6G性能要求的网络架构及使能技术。

综上所述，目前对未来网络的研究，可归纳为以下几点。

（1）未来网络的发展，关乎国家安全、科技、经济和民生福祉，科技发达国家都特别重视，从国家战略、政策、法规、安全、规划、资金投入上支持和保障未来网络的研究。

（2）全球信息通信企业、大学、科研院所、国际标准化组织等特别重视对未来网络的研究和开发，不断取得阶段性研究成果。

（3）对未来网络的研究，涉及网络架构、网络协议、芯片、技术、产品和试验网络等方面。

（4）网络架构的持续演进、支持“确定性网络”的新型网络协议、面向第6代移动通信的网络技术、云网算融合、空天地海一体化、AI、内生安全等是未来网络研究的重要内容。

7.1.3 未来光网络的概念和特征

因光网络的大带宽、确定性等特征，光网络 / 全光网络将成为连接和承载移动通信网络、IP数据通信网络、卫星通信网络、海洋信息网络的最底层、最基础的网络，即信息通信网络的底座。光网络 / 全光网络将不断演进，以信息通信网络底座的角色支撑未来的万物智联。

未来智慧光网络，是现阶段智慧光网络的升级，是具有更泛在连接、更高带宽、智慧内生、安全内生、云网算融合等高级智慧属性的自愈、自治的光网络。

未来智慧光网络，是由太空和空地无线光通信网络、陆地光纤网络和海洋光纤网络互联而成的“空天地海”一体化组网的基础网络设施，以满足未来网络全覆盖、全场景、全要素的智能连接的需求。

未来智慧光网络具体特征体现在以下6个方面。

1. 更泛在

无处不连接：太空、陆地、海洋、岛屿、沙漠、山丘等。

无时不连接：室内或室外、休闲或办公、居家或旅行、陆地或飞行等，时刻在线。

无物不连接：人、网、物、境万物智联。

2. 更超宽

传输媒介的超宽：SDM 的 MCF 与 FMF；太空无线光通信、大气无线光通信、水下无线光通信；室内无线 Wi-Fi7。

单通道速率的超宽：单波速率从 400Gbit/s 向 800Gbit/s 及 1T/2Tbit/s 乃至更高速率提升。

全波道的超宽：C++、C+L、S+C+L+U+E 全波道波分复用，系统总容量向 Pbit/s 级提升。

SDM 的超宽：在单波道速率、全波道波分复用的基础上，SDM 构建下一代更大容量的光通信系统。

全光交叉交换侧超宽：波长级的全光交换技术，克服光电转换的时延、带宽和效率瓶颈，实现大容量光信号的自由连接。

3. 更开放

通过 SDN 实现端到端的业务编排、网络控制、网元管理，支撑端到端的业务质量。

未来光网络跨越了空天网络、陆地网络、海洋网络，需要支持跨域融合，包括协议兼容、协同调度、部署融合。

提供标准的南向接口和北向接口，支撑异构、不同厂家系统的在网络管理层面的互联互通。

提供标准的开放光层接口，支撑在光接口层面的不同厂家系统的互联互通。

4. 更随需

更随需包括确定性、智能化和柔性 3 个方面。

（1）确定性：在传统 IP 网络“尽力而为”服务模式之外，未来光网络将提供端到端的确定性服务能力，保障特定业务流传输的确定性时延和抖动，从而满足未来工业互联网、智能制造、全息通信、触觉互联网、自动驾驶等众多对网络服务质量保障有严苛要求的应用。

（2）智能化：面对万物互联、万物智能、万物感知的未来数字化网络，网络运维管理、灵活扩展和可靠性保障都将面临巨大挑战。未来光网络应是以 AI 技术为核心、网络数据为基础的智能网络架构，支持闭环的自动化运维管理，自识别业务问题，简化运维操作，持续改善业务健康状况。

（3）柔性：面对更加复杂多变的差异化场景需求，未来光网络需要以云计算、SDN 和 NFV 技术为基础构建新型柔性网络的架构，通过网络功能组件化、网络服务定制化等，支持异构网络设备的灵活无缝接入、灵活组网，实现灵活动态的网络资源配置、高效的资源利用率和敏捷智能业务的开发。

5. 更安全

未来光网络除各个层面的安全以外，将是安全内生的，利用系统的内在因素实现网络和安全的一体化设计，实现端到端协同设计的智能安全网络，支撑工业互联网、车联网等业务高安全的需要。

6. 更绿色

绿色低碳是信息网络设备的一个非常重要的指标。国家“十四五”规划制定了“碳中和和碳达峰”的远景目标。未来光网络也需要通过技术创新不断地降低单位比特带宽的能耗，降低碳排放，支撑国家战略目标的实现。

7.2 未来智慧光网络的应用场景和需求

未来智慧光网络的应用场景将包括但不限于6G移动承载、VR/AR/混合现实（MR，Mixed Reality）、全息通信（HTC，Holograghy Type Communication）、触觉互联网（TI，Tactile Internet）、工业互联网、智能物联网（AIoT，Artificial Intelligence & Internet of Things）、空天地一体化（卫星－陆地通信）、海洋信息网络，而最终需求是支撑以上场景连接和计算的“空天地海一体化全光网络底座”。

7.2.1 6G移动承载需求

本节从6G网络能力愿景出发，分析6G网络的典型场景及6G承载网络的性能需求。

1. 6G移动网络能力愿景

6G网络能力愿景，涉及覆盖、峰值速率、时延、连接数密度、频谱效率、吞吐量、移动性、算力等方面，如图7-1所示。

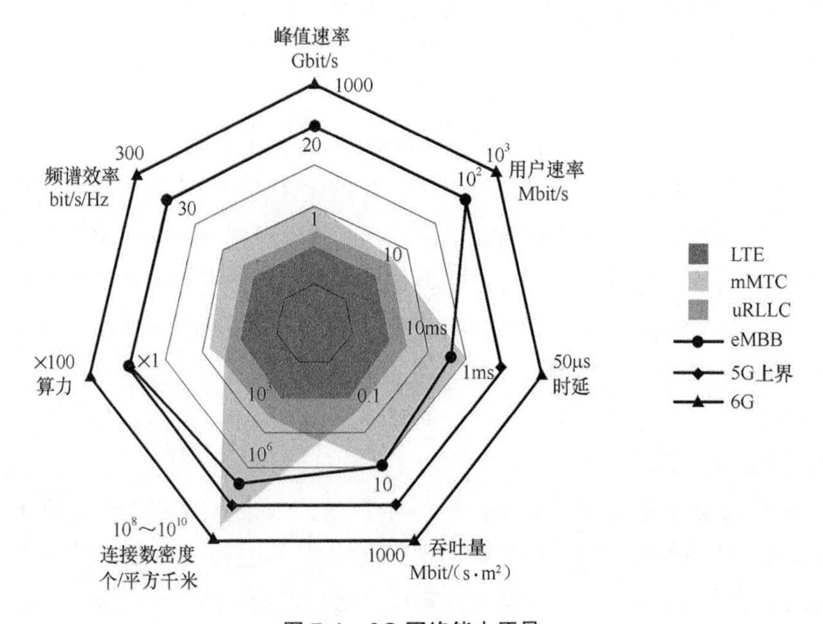

图7-1 6G网络能力愿景

（1）覆盖：6G网络需要从陆地向高空、太空、深海、远洋、岛屿、极地、沙漠等扩展，构建一张无所不在的海陆空天地一体化覆盖网络，实现任何人、任何物体在任何时间、任何地点、任何业务间的通信和信息交互。

（2）峰值速率：从无线通信系统每10年一代的规律和6G业务愿景来看，6G峰值速率将进入Tbit/s时代。

（3）时延：考虑到触觉、嗅觉、味觉、意识、情感等的引入，6G对端到端的时延要求将进一步提高到小于1ms。6G的低时延特性以支持工业精密制造、智能电网控制、智能网联汽车、全息远程手术等超低时延应用。

（4）连接数密度：由于 6G 连接设备的种类和部署范围的扩大，6G 网络需要连接数将达万亿级，连接数密度将达 10^8 ～ 10^{10} 个 / 平方千米。

（5）频谱效率：频谱效率是无线通信系统一个重要性能指标，频谱效率越高，单位带宽信道上每秒可传输的比特数就越多，一定频谱资源内可支持的用户数越多。6G 的频谱效率将在 5G 的基础上再提升 10 倍。

（6）吞吐量：吞吐量是指单位面积内的总流量数。6G 的流量密度将是 5G 的 10 倍～ 100 倍，达到 1Gbit/($s \cdot m^2$)。

（7）移动性：6G 不仅要支持地面高铁的高速移动，还要支持空中飞行器的高速通信，6G 移动性的性能将达到 800 ～ 1000km/h。

（8）算力：智能化是 6G 的重要特征，表现为数据、算法和算力的总和。6G 将引入算力指标，6G 算力要求将是 5G 的 100 倍以上。

6G 时代向承载网提出了比 5G 时代更高的要求，包括更高的带宽、“空天地海”全场景覆盖、确定性网络、网络 AI 等。

2. “空天地海”全覆盖场景

目前 5G 网络存在空间范围受限和性能指标难以满足某些垂直行业应用的问题。从通信网络空间覆盖范围看，在基站所未覆盖的沙漠、无人区、海洋等区域内将形成通信盲区，预计 5G 时代仍将有部分陆地区域和 95% 以上的海洋区域无移动网络信号。此外，5G 的通信对象集中在陆地地表 10km 以内高度的有限空间范围，无法实现“空天地海”无缝覆盖的通信愿景。

6G 将包含多样化的接入网，如移动蜂窝、卫星通信、海洋通信等多种接入方式，构建跨地域、跨空域的空天地海一体化网络，实现真正意义上的全球无缝覆盖。

3. 高性能行业应用场景

从行业应用的网络性能需求看，更大的连接数密度、更大的传输带宽、更低的端到端时延、更高的可靠性和确定性及更智能化的网络特性，是移动通信网络与垂直行业融合应用得以快速推广和长远发展的必然需要。例如对于智能工厂，6G 能够将时延缩减至亚秒级甚至是微秒级，从而能够逐步取代工厂内机器间的有线传输，实现制造业更高层级的无线化和弹性化。另外，目前 5G 的连接数密度约为每平方米一个连接设备，随着传感器技术和 IoT 应用的发展，在很多应用场景下，每平方米连接的设备数量不止一个，5G 网络将无法承担更多数量连接设备的接入，必须依赖下一代 6G 网络超大连接数性能的支撑。6G 将在传输速率、端到端时延、可靠性、连接数密度、频谱效率、网络能效等方面进行大幅度的提升，满足各种垂直行业多样化的网络需求。

4. 6G 承载网络性能指标需求

5G 3 种典型的应用场景是 eMBB、uRLLC、mMTC。6G 将演进为增强型移动宽带 Plus（eMBB-Plus）、安全超可靠低时延通信（suRLLC）、超大规模机器类通信（umMTC）。另外，6G 还新增了两种应用场景，应用于深海、太空、高铁的长距离移动性通信（LDHMC），以及应用于纳米设备、电子医疗的极低功耗通信（ELPC）。6G 应用场景如图 7-2 所示。

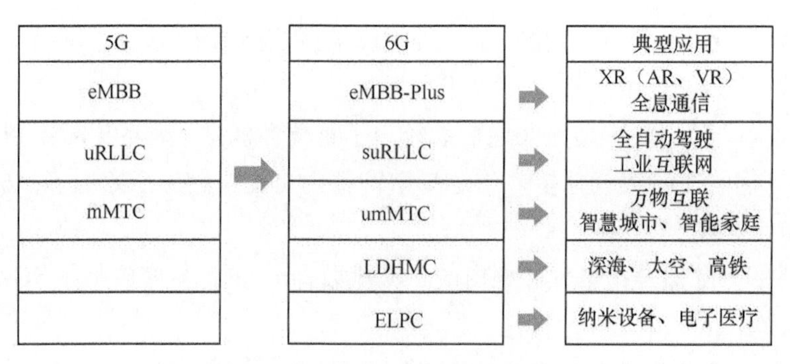

图 7-2　应用场景：从 5G 到 6G

6G 对承载网络性能的要求体现在“确定性网络”指标上。

正如前面章节所分析的，确定性网络是实现设备间实时、确定和可靠的数据传输网络，相较于传统的统计复用而言，意味着网络从面向资源向面向服务升级，比如确定性资源分配、确定性时钟同步、确定性路由、确定性 QoS 感知等。

对于 6G 承载网而言，确定性指标包括带宽、时延、抖动、丢包率、可用性等。这些确定性指标要求与应用场景强相关。

生产过程控制、自驾导航地图的更新、电网配电保护等，传输带宽要求在 1 ～ 10Mbit/s，传输时延要求在 10 ～ 50ms。

工厂机械臂的控制、遥控驾驶、自动电网则需要 50 ～ 100Mbit/s 带宽，0.5 ～ 1ms 低时延。

要求更高的，如 AR 辅助远程手术、公路自动驾驶、AR/MR/ 云游戏，需要 500Mbit/s ～ 1Gbit/s 带宽和微秒级的超低时延。

7.2.2　XR 场景需求

XR 主要包括 VR、AR 和 MR。XR 是能够彻底颠覆传统人机交互内容的变革性技术，应用在消费领域、商业和企业市场中，场景包括 XR+ 游戏、XR+ 影视、XR+ 直播、XR+ 社交、XR+ 电商、XR+ 教育、XR+ 旅游、XR+ 机器视觉等。

比如 XR+ 电商，用户戴上 VR 设备，进入虚拟店铺→选中产品→查看商品信息→变换颜色、款式、尺码→虚拟试穿→导购员讲解→加入购物车→下单支付，完成整体类似于线下的体验式购物过程。又比如 XR+ 旅游，用户借助 VR 头戴式显示器，能将动人心魄的海洋、雨林、山地和野生动物以 3D 交互视频的形式、360° 全景式呈现在眼前。

为了达到 XR 应用的性能指标要求，从视觉、听觉、触觉 3 个维度上为用户提供良好的沉浸式体验，针对每个 XR 应用，网络至少应满足如下的需求。

1．带宽

对于 XR 类应用，虚拟实体及虚实结合场景下的虚拟空间会产生大量数据；物理世界到虚拟世界的映射，数字化、建模、抽象表达，形成真实世界和虚拟世界交互的数字孪生，也需要消耗大量的网络带宽，一般认为需要 Tbit/s 级的网络带宽。

未来 XR 将成为网络承载的主体业务之一，XR 清晰度将从 8K 向 16K/32K 甚至更高升级，

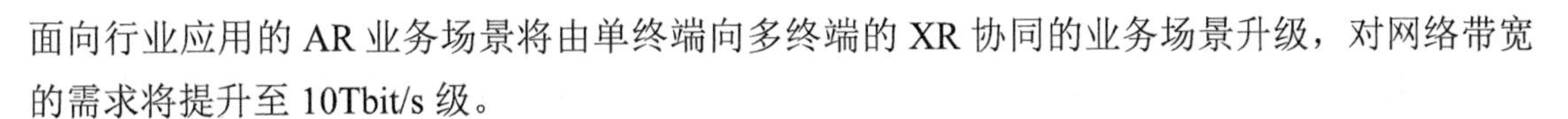

面向行业应用的 AR 业务场景将由单终端向多终端的 XR 协同的业务场景升级，对网络带宽的需求将提升至 10Tbit/s 级。

2. 时延

在 XR 应用中，运动到成像的时延不能超过 20ms。相比 VR 应用，AR 应用更注重虚拟信息与真实世界的同步，对时延的要求更加严格。一般来说，人类听觉反应时间为 100ms，视觉反应时间为 10ms，触觉反应时间为 1ms。传输全感官类业务的端到端时延必须小于 1ms，否则使用者操作不流畅，也没有身临其境的体验。

有些场景需要网络同时具有大带宽和低时延的能力，比如 XR+ 机器视觉的产品质量检验等场景。

3. 数据同步

网络应能保证用户接收的各个维度信息数据流的同步，避免用户感觉不适。

4. 抖动和分组丢失率

抖动和分组丢失会引起 AR/VR 应用的卡顿、画面模糊、画面丢失等不良情况，极大影响了用户的沉浸式体验。

5. 算力

XR 应用中会伴随着 AI 技术的应用，所以 XR 应用对算力和算法的要求很高。

6. 安全性

如果虚拟世界关联到物理世界中的人类和公共基础设施，为了避免人类或基础设施受到攻击，这类 XR 业务对安全性和私密性也提出了要求。

7.2.3 全息通信需求

1. 全息通信场景

随着全息影像技术的发展，在未来人们可以完全抛弃电视、计算机、手机等带有屏幕的显示产品，就像在科幻片中，用手一挥，眼前就可呈现这样的情景：不同时空的人们面对面交谈，或同场打球，或同台表演。这就要用到全息技术和 HTC 技术。全息技术利用干涉原理记录物体的光波信息，利用衍射原理再现物体的光波，广泛应用于三维光学成像。全息多媒体主要通过 HTC 技术实现，即利用计算全息图（CGH，Computer Generated Hologram）远程显示某物体或场景的动态三维影像，完全再现物体或场景的所有真实时空信息，诠释全部视觉线索。此外，全息多媒体还提供听觉、触觉、嗅觉和味觉等其他维度的感官感受，为用户提供“身临其境”的沉浸式体验。未来 HTC 将应用于全息视频通话、沉浸式购物、远程全息手术等服务，打破时间、空间的限制，实现虚拟场景和真实场景的深度融合。

2. HTC 对网络性能的需求

HTC 的实现过程如图 7-3 所示。数据采集和全息再现由包括各类穿戴式设备、投影设备、其他终端设备在内的终端设备实现。数据处理和传输由全息通信网络实现。在发送端，采用高效的压缩编码技术处理全息数据、处理多个数据流（如视频、音频、触觉、味觉、嗅觉等）的排序和封装，再经过网络传输。在接收端，数据流被解封和解码，经过重渲染后生成

CGH。

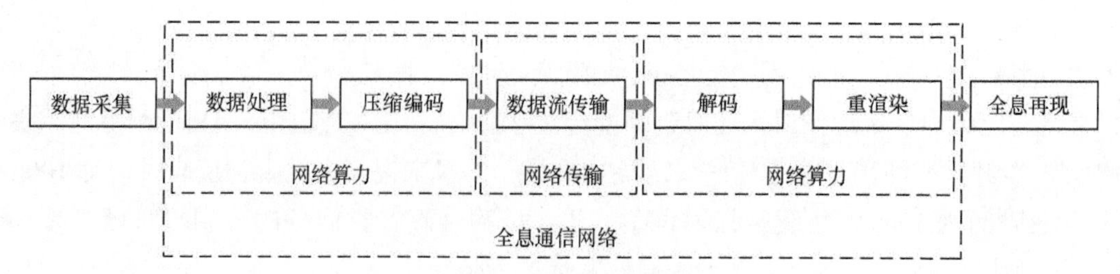

图 7-3 HTC 的实现过程

根据上述实现原理，HTC 对网络性能指标的要求如下。

（1）大带宽：真实感决定了全息应用对网络带宽的高需求。从 CGH 的角度看，CGH 的分辨率、像素间距、位深度、图像大小、编码方式等都影响 HTC 对网络带宽的需求。理想的高质量 CGH 的分辨率高达十亿级像素（Giga-pixel）甚至万亿级像素（Tera-pixel），像素间距接近光的波长，因此 CGH 传输要求极大的带宽，传输速率达到 10Tbit/s 甚至更高。

（2）低时延：全息多媒体应用要对用户的交互行为进行实时响应，时延要求远比 AR/VR 应用严格，6G 全息类业务时延要求小于 1ms。时延的影响因素主要包括 CGH 的计算时间、编码时间和网络传输时间。

（3）严格同步：由于全息多媒体应用涉及多维信息，比如不同路径图像传输不同步，将造成 CGH 的扭曲变形、交互时延和抖动、景深不匹配，用户会有头晕目眩的感觉。只有各维度信息保持严格的同步，才能给用户带来身临其境的感觉。组成 CGH 需要的同步媒体流从几十条到几百条。

（4）极低抖动和分组丢失：抖动和分组丢失会导致全息的失真和串扰，也会影响视差变化的平滑性，进而影响用户体验的沉浸感。

（5）算力：3D CGH 的合成、渲染、重现均需要算力和边缘计算的支撑。

（6）安全性：比如远程全息手术类业务，网络的安全性和可靠性将直接关系到术者的生命安全。

7.2.4 触觉互联网需求

TI 是指能够实时传送控制、触摸、感应 / 驱动信息的通信网。TI 的 3 个关键要素是物理实时交互、用于远程控制的超实时响应的基础设施、将控制和通信融入一个网络的应用程序。

1. TI 应用场景

TI 融合了 XR、触觉感知（Haptic Sense）、HTC、B5G/6G 移动通信、智慧光网络等最新技术，是网络技术的又一次演进。TI 技术可以实现对远程基础设施的实时控制，在工业 4.0 或远程医疗等行业开辟新的应用领域。沉浸式视频流应用程序使操作人员和远程机器间的实时和沉浸式交互成为现实，如 HTC 3D 图像流。

利用 TI 技术远程操控机器人手术的例子如图 7-4 所示。外科手术医生和待外科手术的病人物理上不在一个房间甚至不在一个城市，外科医生通过 TI 控制远程的手术机器人给病人手术。在人体系统界面（HSI，Human System Interface）安装一个主控台，外科医生从那里获取病人和手术室的实时视听信息、诊断信息，以及触觉信息。外科医生可以佩戴头部设备或与全息图交互，视觉反馈由 HTC 类型的流技术支持。外科医生在 HSI 上操纵触觉设备，并根据病人的实时视觉和触觉反馈，通过给机器人传递触觉信息来执行外科手术操作。

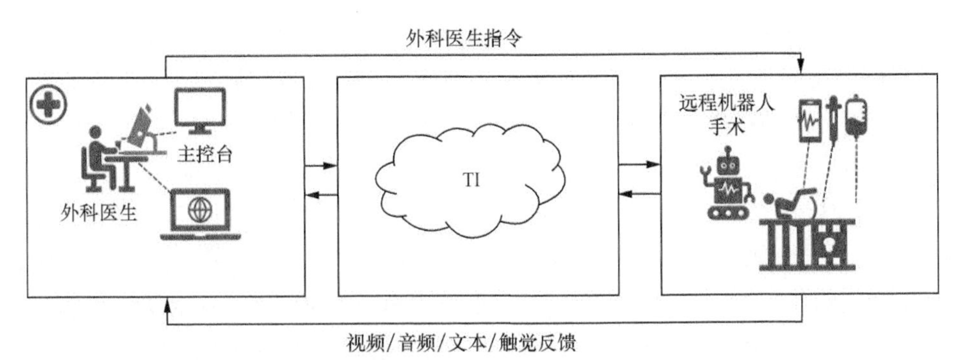

图 7-4　利用 TI 技术远程操控机器人手术

这个案例要求接近于零的端到端网络时延来进行实时交互，并要求高带宽来支持可视化提要，各个提要之间要严格同步。

2. TI 的网络性能需求

远程控制的 TI 应用的关键网络特性如下。

（1）大带宽：从 2D 图像到 360° 视频，再到 CGH，所需带宽急剧增长。VR 传输需要 5Gbit/s 带宽，而大尺寸 CGH 则需要 1Tbit/s 带宽。

（2）低时延：人眼察觉不到的最大时延约为 5ms，为了承载的流畅性和沉浸性，即时触觉端到端的时延要在亚毫秒级。

（3）严格同步：人脑对不同的感觉输入的反应时间不同，例如触觉 1ms、视觉 10ms、听觉 100ms。在多触觉输入的情况下，来自不同位置的混合感觉输入的实时反馈需要严格同步。

（4）高安全性和可靠性：在远程操作的过程中，数据传输的安全性应保证，尤其是涉及人的生命或高价值的机械装置等触觉场景。信息的丢失意味着可靠性的丢失，可靠的数据重传方案也应在可容忍的时延内进行。

（5）优先级：网络要根据流的直接相关性和关键度对流进行优先级排序。比如视觉反馈涉及沉浸式媒体的多个视角和角度，网络应能根据它们的相关性加以识别，更重要的流具有更高的优先级。

7.2.5　工业互联网需求

工业互联网是新一代信息通信技术与工业经济深度融合的新型基础设施、应用模式和工业生态，通过对人、机、物、系统等的全面连接，构建起覆盖全产业链、全价值链的全新制造和服务体系，为工业乃至产业数字化、网络化、智能化发展提供了实现途径。

1. 工业互联网

互联网与工业应用的结合形成了工业互联网，它以网络为基础、平台为中枢、数据为要素、安全为保障。工业互联网由 3 个部分组成：一是底层物联网，也称 OT（Operation Technology）系统，如分布在生产车间的生产装备、智能仪表、工业机器人、各种传感器和接入控制网关等；二是连接 OT 系统和 IT 系统的企业内网 CT 系统，包括工业 PON、工业 OTN 等工业光网、工业以太网，未来将越来越多采用 5G/6G 切片的企业专网，像云化机器人等移动的智能装备必须要用 5G/6G 来安全可靠地连接；三是支撑企业研发、生产、销售、供应链、服务等全场景、全生命周期的多个 IT 系统的工业互联网平台。

工业互联网既是工业数字化、网络化、智能化转型的基础设施，也是互联网、大数据、AI 与实体经济深度融合的应用模式。数据技术（DT，Data Technology）是工业互联网中的关键要素之一，以智能制造为例：一方面，工业互联网平台基于实时业务流，驱动车间 OT 运行，实现智能制造；另一方面，工业互联网聚合来自 OT 的数据，借助 AI、大数据分析技术，反过来优化 OT 运行参数、提高运行效率，进而为企业提供决策支撑。企业的工业互联网平台需要与外部工业互联网平台互联，如与行业互联网标识解析平台对接，与合作伙伴生产系统、供应链系统连接，实现网络化制造、零库存等提质增效的目标。所以，工业互联网是 DOICT（DT+OT+CT+IT）的融合。

工业互联网成为开启互联网下半场的新网络、打造工业操作系统的新平台、赋能产业链的新价值、拓展服务 IT 应用的新生态。工业互联网与制造业的融合将使能智能制造，如平台化设计、智能化生产、网络化协同、个性化定制、服务化延伸、数字化管理等。

2. 融合组网的企业内部 CT 网络

工业互联网体系架构中包括企业外部网络和企业内部 CT 网络。

企业外部网络主要用于工业生产办公各分支机构之间的互联、与行业工业互联解析平台的连接、与合作伙伴的连接。企业通过光网络、5G 专线或 SD-WAN 与外部网络连接，实现远程生产协同、办公，如视频会议等多种业务。

企业内部 CT 网络的建设趋势是工业光网（工业 PON、工业 OTN）、工业以太网、5G/6G 专网融合组网，如图 7-5 所示。工业 PON 与家庭宽带 PON 的原理相同，但工业 PON 的安全可用性更强、接入的业务种类和接口协议更多，工业 PON 除了要连接工业视频、机械手、数字机床、数字仪表、AGV 机器人等，还要考虑比家庭环境更恶劣的工业环境，如对温度、烟雾、气体等有特殊要求的工业环境。

3. 智能制造的主要场景及网络性能需求

企业内部网络面向未来工业的智能制造的主要场景包括异构网络数据采集和预处理、高精度协同制造、柔性制造、工业视觉等。这些场景对网络性能的需求又可归纳为低时延类、大带宽类、大连接类等。

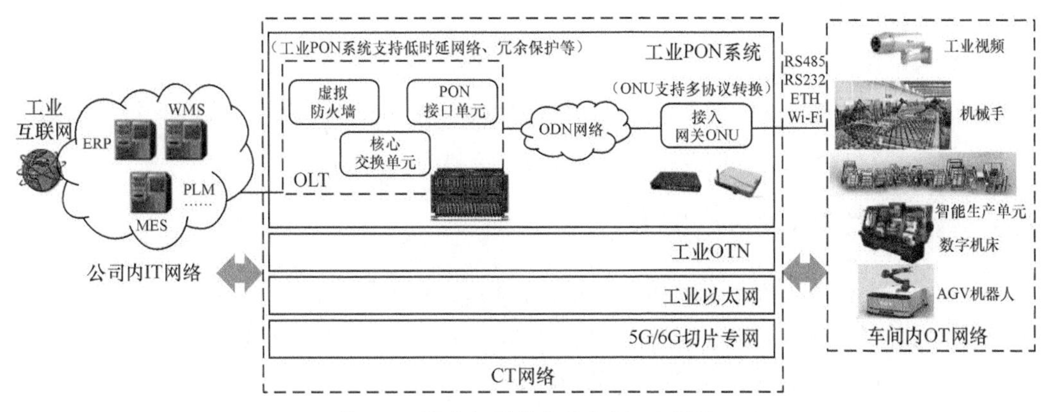

图 7-5 融合组网的企业内部 CT 网络

（1）低时延类

自动化控制是制造工厂中最基础的应用，核心是闭环控制系统。低时延及时间的精准性对闭环控制系统非常重要。

工业自动化的目的是提高机器设备的利用率和提升能源效率，以提高整个工厂的质量和成本效益。当生产线上每台设备的等待时间接近于零时，利用率最大化，减少了重试，也节省了能源。工业互联网上有大量的可编辑逻辑控制器、传感器和执行器、网络物理系统、机器人等，通常需要以低于 10ms 的时间精度执行，尤其当几个操作是准同步时，一组作业必须按照每个作业的精准时间确定的顺序来操作，这就要求采集到的各类信号（数据）不仅要低时延地到达工业互联平台应用服务程序，而且多个信号到达的时间顺序也要精准。反之亦然。

除时延外，工业自动化控制对于通信的可靠性也有着极高的要求，丢包、误包会导致时延增加，从而造成巨大的损失；而由数据传输导致的误操作，轻则影响产品质量，重则造成重大安全事故。工业控制中的可靠性需求需要达到 99.9999%，甚至更高。

（2）大带宽类

生产区域需要高清视频的回传，以提供生产现场的实时画面，或采用机器视觉进行图像分析，对视频流的传输速率有较高要求。根据高清视频的帧格式和常用的百倍压缩率，采用 8K、12bpp（比特 / 像素）、60f/s（帧 / 秒）视频传输需要约 240Mbit/s，按照 4 路计算，约需要 960Mbit/s，即接近每秒千兆比特的传输带宽。智能制造场景通常需要 1 ～ 10Gbit/s 级别的传输带宽。

（3）大连接类

生产区域需要部署海量传感器，对生产制造的各个环节的环境参数、设备参数进行实时的收集和监测。生产现场设备密集，连接数密度需求在 10^4 ～ 10^6 个 / 平方千米。对于在较大范围部署的设备，如环境传感器，需要采用电池供电方式，并实现较长时间的免维护，因此对设备的低功耗有较高的要求。

从智能制造应用场景来看，工业互联网的应用场景对大带宽、低时延、大连接、可靠性均有严格的要求。

而工业精准控制、智能电网控制等业务对网络的确定性指标有更严格的要求，即要求网络传输信息“准时（on time）”到达。如在智能电网中，继电器保护业务的时延抖动要求小于 100μs，广域远程保护业务的时延抖动要求小于 10μs。

7.2.6 智能物联网和车联网需求

IoT 是一个基于互联网、固定通信网络、移动通信网络等的信息承载体，它让所有能够被独立寻址的普通物理对象形成互联互通的网络。《GB/T 33745—2017 物联网术语》对物联网的定义是，通过感知设备，按照约定的协议，连接物、人、系统和信息资源，实现对物理和虚拟世界的信息进行处理并做出反应的智能服务系统。

随着以新一代移动通信技术和智慧光网络为代表的信息通信技术的飞跃发展，AI 技术与物联网技术加速深度融合，形成了 AIoT。AIoT 是 IoT 的高级阶段。在 5G 时代，AIoT 的目标是人-网-物三元互联；而在6G时代，AIoT 的目标是人-网-物-境的智联。这里的“境”指的是情境，借助于脑机接口、人体通信、视觉互联网和触觉互联网等技术，“网”能读懂“人”并根据“人”的意愿做出调整。

广义上，车联网可以视为物联网在智能交通领域的应用，本节以车联网尤其是智能网联汽车（ICV，Intelligent Connected Vehicle）为例展开分析。

1. ICV 典型应用场景

车联网主要包括人、车、路、通信、服务平台 5 类要素。其中“人”是道路环境参与者和车联网服务使用者；“车”是车联网的核心，主要涉及车辆联网和智能系统；“路”是车联网业务的重要外部环境之一，主要涉及交通信息化的相关设施；“通信”是信息交互的载体，包括车内、车际、车路、车云信息流；“服务平台”是实现车联网服务能力的业务载体、数据载体。

ICV 是指车联网与智能车的有机联合，是搭载先进的车载传感器、控制器、执行器等装置，并融合现代通信与网络技术，实现车与人、车、路、后台等智能信息的交换、共享，实现安全、舒适、节能、高效行驶，并最终可替代人来操作的新一代汽车。

车联网典型的应用场景包括远程驾驶、编队驾驶、自动驾驶、信息娱乐等，如图 7-6 所示。

行业定义了 5 种自动驾驶的等级：驾驶辅助、部分自动驾驶、有条件自动驾驶、高度自动驾驶及完全自动驾驶。完全自动驾驶状态下，无人驾驶系统可以完成驾驶员能够完成的所有道路环境下的操作，不需要驾驶员介入。

完全自动驾驶要对更多不可知事件做出反应，通常需要几毫秒。事件发生和通知之间时间的准确性决定了自动驾驶系统所采取动作的安全结果。自动系统和自主系统对时间有更高的依赖性。

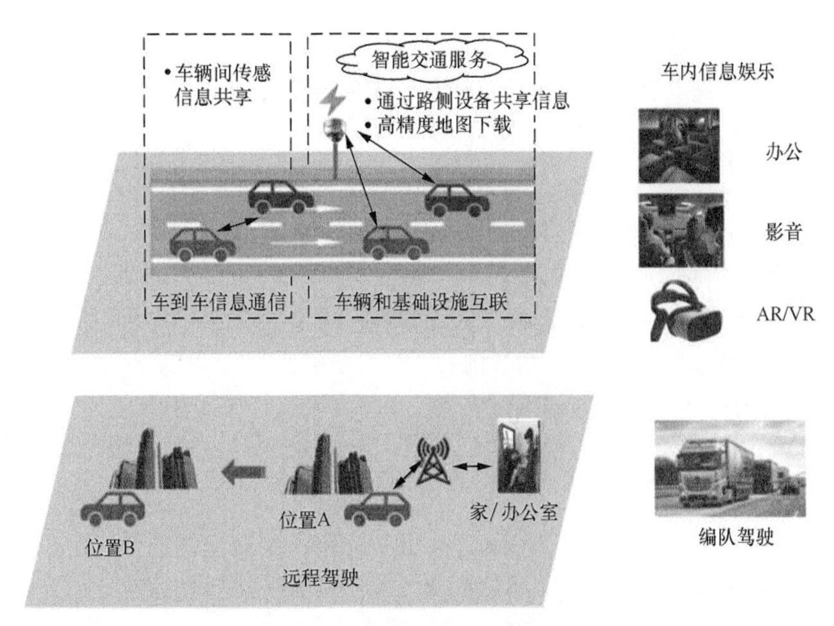

图 7-6　车联网典型的应用场景

2. ICV 的通信性能需求

ICV 的通信性能要求可以归纳为以下两类。

一类是车与车的通信，它对通信时延要求比较高：时延小于 5 ～ 10ms，而可靠性要高于 99.999%。

另一类是车与道路基础设施和网络的通信，它对通信带宽的要求较高，为 10Mbit/s ～ 40Mbit/s，而对端到端时延的要求为 10 ～ 50ms，这个值低于车与车通信的要求。

3. AIoT 对网络性能的要求

（1）大带宽和低时延

峰值速率是移动 IoT 始终追求的关键技术指标之一，而高保真沉浸式 AR/VR 和 HTC，对低时延、网络平均速率和覆盖也有极高的要求。无论是无线连接还是有线连接，IoT 应用对未来网络的连接速率和传输时延都提出了更高的要求。

（2）随时随地的连接

未来需要构建一张无所不在（覆盖空天地海）、无所不连（万物互联）、无所不知（借助各类传感器）、无所不用（基于大数据和深度学习）的网络，真正实现随时随地的连接及交互需求。

（3）自聚合通信架构

在万物互联逐渐实现的过程中，将不得不面临与其他复杂多样的垂直行业标准和技术融合的问题。未来网络必须具备对不同类型网络智能、动态地自聚合能力，以更加智能灵活的方式，动态地融合多种技术体系，自适应地满足复杂多样的场景及业务需求。

（4）低单位比特能效

超大规模物联连接已成为世界能源消耗不可忽视的一部分，无所不在的感知网络传感器及物联终端，超高吞吐量、超大带宽、超低时延的未来网络，将为能耗带来前所未有的巨大挑战，包括庞大的设备数量带来高昂的总能耗、如何方便有效地对无处不在的部署进行供能的挑战，因此仍需要尽可能降低每比特的能量消耗。

（5）高安全性

在 IoT 系统中，主要的安全威胁来自以下几个方面，IoT 传感器节点接入过程中的安全威胁、IoT 数据传输过程中的安全威胁、IoT 数据处理过程中的安全威胁、IoT 应用过程中的安全威胁等。这些威胁是全方位的，有些来自 IoT 的某一个层次，有些来自 IoT 的多个层次。不管安全威胁的来源如何多样，都可以将 IoT 的安全需求归结为以下几个方面：感知安全、接入安全、通信安全、数据安全和系统安全等。

7.2.7 海洋信息网络需求

海洋信息网络是人类社会用于认识海洋、开发海洋、经略海洋的信息网络系统，它包含海洋信息探测与采集网络、海洋信息传输网络、海洋信息处理系统、海洋信息应用服务系统等，将陆地信息系统无缝地延伸到海洋中，覆盖水下、水面和空中。

海洋信息传输网络包括海上通信、水声通信、水下光通信（UOC，Underwater Optical Communication）及海缆光通信，如图 7-7 所示。

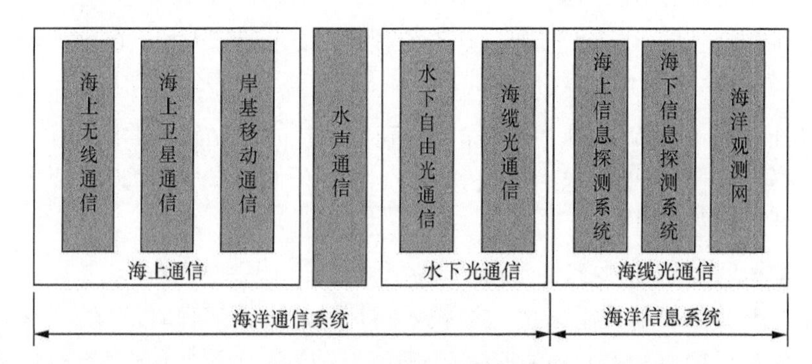

图 7-7 海洋信息传输网络

1. 海上通信系统

海上通信主要包括海上无线通信、海洋卫星通信和岸基移动通信。海上无线通信主要采用中 / 高频通信和甚高频通信，例如奈伏泰斯系统（NAVTEX）和船舶自动识别系统（AIS，Automatic Identification System）；海洋卫星通信主要依靠海事卫星系统，例如北斗导航卫星系统和 GPS 系统；岸基移动通信主要由近海岸的陆地蜂窝网基站与船只基站构成，例如在近海岸、海岛及海上漂浮平台上布置了大量的 4G/5G/6G 基站，为近海船只用户提供即时通信服务。

2. 水下通信系统

水下通信是指水上实体与水下潜艇、无人潜航器、水下观测系统等目标之间，以及水下多个目标之间的通信。水下通信可以声波、电磁波和光波作为信息载体。

水声通信是解决水下长距离通信的重要手段，主要利用声波来进行通信，其特点是能以相对较低的能量在几十千米的范围内远距离传输数据。水声通信的优点是通信距离长，缺点是传输速率仅为每秒千比特，时延大，安全性较差。

UOC 是以光作为信息传输的载体，通过水下信道进行信息传输，主要集中在蓝绿激光波段。实验证明，蓝绿激光通信能在暴雨等恶劣环境下正常工作。UOC 需要支持海底传感器、中继浮标、自主水下航行器等组成的水下无线传感网络的感知、处理和通信。相较于水声通信和无线电磁波通信，UOC 具有传输速率高、时延短、安全性高的优势，但受水介质的吸收、散射和湍流的影响，传输距离较短，理想的传输距离仅为几十米。

3. 海缆光通信系统

海缆光通信是利用海底光缆作为载体进行信息传输的，是当今国际通信的重要手段，承担了 90% 的国际通信业务，是全球信息通信的主要载体。海缆通信由岸上光通信系统（OTN 传输设备、馈电设备、网管等）、岸基设备 [海缆接头盒、海洋地（OGB，Ocean Ground Bed）等] 和海底光通信系统（海底光中继器、海底光分支器、海底光缆等）组成。海底光通信系统的总带宽、最大海底无中继传输距离是海缆光通信系统重要的性能指标。随着技术的进步，海缆光通信正向着更高带宽、更智能化的方向演进。智能化是将系统管控、智能运维及线路实时故障监测、定位等技术应用到海洋光通信网络中，有效提升了海洋通信网络的智能化水平。

4. 海洋信息系统

海洋信息系统包括海上信息探测采集、海下信息探测采集、海洋观测网及海洋信息处理系统。

海上信息获取的主要手段包括海洋卫星、海上巡逻机等。

海下信息探测、采集主要通过声、光、电磁等手段对水下目标进行探测、观察和识别。声学手段是目前最为成熟的技术手段，主要包括声信号的获取和处理，其中光纤水听器和矢量水听器是水声研究领域最具有代表性的两大技术。光纤水听器具有很强的抗电磁干扰能力，常用于海底阵、拖曳阵等声学探测系统中。矢量水听器可以同步 / 共点测量声压标量和质点振速矢量，提高声呐系统的声学性能。

海洋观测网将海下探测采集系统中的各种水下传感器网络联系起来，形成大范围的有效覆盖，应用于环境监测、水下探测、灾难预测、港口安全和国防等方面。典型的传感器有水温、盐度、流速、声呐及各类生物和化学传感器等。

海洋信息处理系统利用不同设备采集的海洋数据，对所采集的数据进行融合处理，其将运用大数据、云计算、AI 等技术实现近海及中远海、水上及水下的全面信息覆盖，实现全天时、全天候、全海域的海洋信息网络。

5. 海洋信息网络对网络性能的需求

从上面的分析可知，海洋通信需求广泛且复杂。海洋通信关乎国家安全、海洋经济发展、海上和近海人民的生命健康。但占地球表面积 70% 以上的海洋的大部分区域却没有覆盖无线宽带信号。

所以，全天时、全天候、全海域的全面高效网络信息覆盖是海洋通信最迫切的需求。

海洋通信要为海上行驶的船只之间、船只与海岸间提供连续的通信服务。在浩瀚无边的大海上全覆盖 4G/5G/6G 移动网络是不现实的，可行的解决方案是构建基于卫星通信、海底海缆通信相结合的海洋通信网络。这样，空天地海一体化通信的需求就愈发重要和迫切。

7.2.8 天地一体化需求

卫星互联网是一种能够向地面和空中终端提供宽带互联网接入等通信服务的新型网络，是由低轨、中轨、高轨等多类通信卫星及高空平台、地面站等组成的复杂通信网络。按照轨道高度，卫星主要分为地球同步轨道和非对地静止轨道，其中地球同步轨道也叫作高轨道，非对地静止轨道又可以分为中轨道和低轨道。低轨道卫星由于传输时延小、链路损耗低、发射灵活、应用场景丰富、整体制造成本低，非常适合卫星互联网业务的发展。

地面通信网络存在覆盖受限、难以支持高速移动用户应用、广播类业务占用网络资源较多、易受自然灾害影响等问题，而卫星通信网络具有空间跨度大、覆盖范围广、稳健性高、抗毁能力强等优势，作为地面通信的补充手段实现用户接入互联网，可有效解决边远、海上、空中等用户的互联网服务问题。

地面通信网络与卫星通信网络融合的天地一体化信息网络符合未来网络的发展趋势。

1. 卫星通信场景

现阶段，卫星互联网的典型应用主要包括航空通信、航海通信、海岛通信、偏远地区通信及高频量化通信。所涉及的业务场景主要有单向业务场景、双向业务场景及专网业务场景等。下面以应急专网业务场景为例进行分析。

依托卫星互联网覆盖范围广、灵活部署、超低功耗、超高精度和不易受地面灾害影响等特点，未来通信网络在应急通信抢险、“无人区”实时监测等领域应用前景广阔。例如，在发生地震等自然灾害造成地面通信网络毁坏时，可以整合天基网络（卫星）和空基网络（无人机）等通信资源，实现广域无缝覆盖、随时接入、资源集成来支撑应急现场远距离通信保障和扁平化的应急指挥。此外，利用卫星通信网络还可以对沙漠、海洋、河流等容易发生自然灾害的区域进行实时、动态监控，提供沙尘暴、台风、洪水等灾害预警服务，将灾害损失降到最低。应急专网是指在保障战备、抢险救灾、出现恐怖事件和通信网故障时，能临时、机动地提供应急服务的通信方式。如图 7-8 所示，卫星应急专网主要包括语音、视频、图像、数据传输、定位业务等多种业务类型。

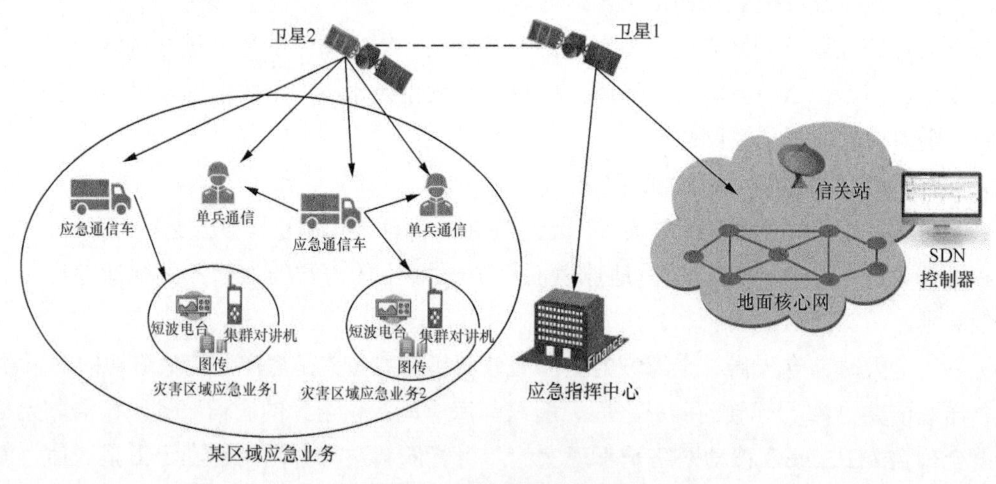

图 7-8 卫星应急专网场景

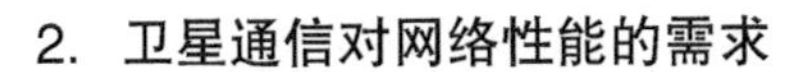

2. 卫星通信对网络性能的需求

时延是卫星互联网比较重要的指标，包括控制面时延、用户面时延。

控制面时延是以下时延的累加：用户和卫星间的交互时延、星间链路的转发时延、卫星通过信关站与地面核心网交互的时延、地面站核心网间的交互时延。

用户面时延主要包括协议栈处理时延、调度时延、传播时延等。协议栈处理时延一般是微秒或更低的数量级，可忽略不计。调度时延取决于先期到达的、正在排队等待向链路传输分组的数量，需根据系统的实际运行情况进行计算。

3. 卫星互联网演进趋势

卫星互联网领域的演进趋势和挑战如下。

卫星通信由传统高轨星座向中低轨星座发展。由于中低轨星座具有用户多样性、用户容量大、传输时延短、终端设备小、发射功率低等特点，新兴的卫星互联网星座普遍倾向于采用中低轨道。例如，OneWeb 轨道高度 1200km，星间链路星座轨道高度为 1150 ～ 340km。

卫星通信与地面移动通信网络和光纤通信网络协同发展。吸取早期铱星系统破产的经验，近几年发展的全新卫星互联网星座采取了与地面网络合作发展的理念，将电信运营商作为客户，主要着眼于光纤无法覆盖的地区，成为地面通信手段的扩展。新一代静止地球轨道（GEO，Geostationary Earth Orbit）系统采用辅助地面组件技术，通过设置天地统一的空中接口和工作频段，用户终端可根据网络覆盖情况，实现空天地网络之间的无缝切换。

卫星互联网最大的技术挑战是时延和带宽。一是卫星互联网无法实现 5G/6G 网络的高可靠、低时延。全球范围长距离传输方面，卫星互联网优于地面通信网络，但针对短距离传输，5G 空口可以达到 1ms 时延，这是卫星互联网无法实现的。以星间链路为例，其轨道高度 550km，“地－空－地”的传输时延至少为 3.6ms。二是卫星互联网无法提供 5G/6G 网络的巨大带宽。整个星间链路前期的 3200 颗卫星将达到 64Tbit/s 带宽，单星带宽为 20Gbit/s。

如果采用无线光通信（FSO，Free Space Optical Communication）来实现卫星之间的通信、卫星和地面信关之间的通信，以上技术问题将得到大幅度改善。

7.2.9 全光一体化底座需求

陆地光网络主要以光纤为承载介质，包括接入网（包括 Wi-Fi 固定接入）、IP 承载网和 OTN。海洋网络以水下光缆传输网络为主干，并在陆地、海岛或海上漂浮平台与其他网络互联互通，接入水下水声网络、海洋信息探测与采集网络、海洋信息处理系统、海洋信息应用服务系统等网络信息。低空无线网络主要以 4G/5G 和未来的 6G 为代表，部分采用热气球或者无人机作为补充。卫星通信网络包括低轨、中轨和高轨互联的网络，覆盖海洋、沙漠、湖泊等无人或者人烟稀少、其他网络难以接入的地区。

一体化网络是将陆地网络、海洋网络、低空无线网络、卫星通信网络等目前相互分割、隔离的异构网络进行重构和融合，充分发挥空、天、地、海信息技术的各自优势。通过空、天、地、海等多维信息的有效获取、高效协同、大容量传输和汇聚，以及资源的统筹处理、任务的分发、动作的组织和管理，达到时空复杂网络的一体化综合处理和最大有效利用，实现空天地海一体化、满足全球无缝覆盖需求的高开放性、高质量、高带宽、高机动、低时延、高可信、易维护、低成本的未来网络，为各类用户提供实时、可靠、按需服务的泛在、机动、高效、智能、协作的信息基础设施和决策支持系统，从而将目前以地面信息网络为主的网络边界，扩张到太空、空中、海洋等自然空间，使人类的网络空间跃升到一个新的维度。

1. 一体化网络应用场景

一体化网络构成“全球覆盖、随遇接入、按需服务、安全可信”的天地一体化信息网络体系，形成全球时空连续通信、高可靠安全通信、区域大容量通信、高机动全程信息传输等能力，构成一个从用户角度来看，采用统一终端，可以在任意地理位置、空间和时间都可以最低成本接入网络，实现所需的业务服务。

从社会意义来看，通过空天信息网络标准一体化来实现低成本的广域覆盖，能够为偏远地区、海洋经济、低空经济等领域提供有力的支撑。

但总体来说，目前陆地通信网络、海洋通信网络、低空无线网络、高空卫星通信网络等均处于独立发展的阶段，尚须大量的研究和产业布局来推动一体化网络的发展。

2. 一体化网络对网络性能的需求

由于人类活动的全球移动性，需要在任意地理位置、空间和时间接入网络，因此一体化网络需要实现陆地网络、海洋网络、低空无线网络、卫星通信网络之间的互联互通和无缝切换，从而需要实现网络多架构、多层次和多功能融合。一体化网络运行状态极其复杂，需要基于智能管控的网络跨域和全局的协作能力，以及对信息进行传输交换一体化的智能处理能力，从而实现对网络的高效协同和业务的低成本承载。一体化网络如图 7-9 所示。

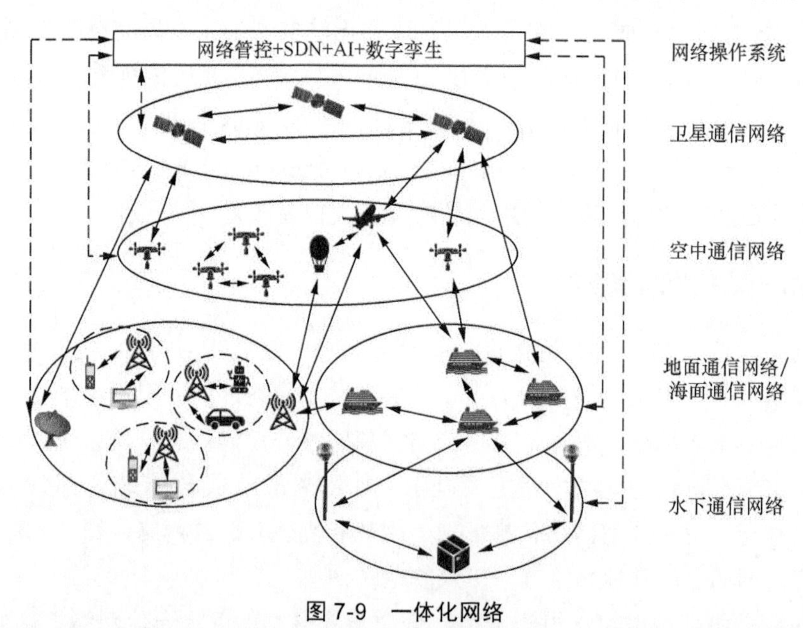

图 7-9　一体化网络

一体化网络需要构建融合、动态可编程、可持续演进、易建设、易维护的网络架构，定义统一开放标准化的网络协议、有线和无线用户接口、南北向和物理层网络接口，并研究异构网络之间及同构网络不同层次之间的业务协同、虚拟化和优化机制、业务流的意图识别、

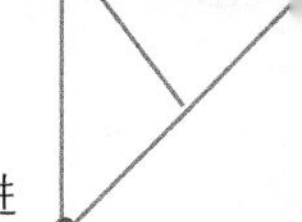

网络拓扑发现、路径优化计算和下发、监控和保护机制、智能化和精准化的网络运营维护的闭环自治决策机制。一体化网络需要解决如下问题。

（1）网间开放的接口和协议

一体化网络需要定义陆地、海洋、天空、卫星等网络统一开放标准化的用户接口、网络接口和南北向管控接口，实现异构网络相互间的互联互通和协作。

一体化网络还需定义不同网络间的快速切换协议，特别是卫星网络和其他网络的切换方式，实现泛在连接，并在低成本网络可获得时，能够随时从高成本网络卸载，降低用户网络的使用成本。

（2）随需的智能网络操作系统

一体化网络需要智能化的网络操作系统，网络操作系统包括陆地、海洋、天空、卫星等网络的域管控系统，以及跨网络的超级管控系统。网络操作系统在 AI 和数字孪生技术的驱动下，对一体化网络进行协调、抽象和优化，使得异构网络之间、同构网络不同层次之间有效地互动，实现网络全局的最优化。

一体化网络需要全局的流量工程。人类活动的群聚特性，会导致一体化网络呈现出地理上的不均匀和时间上的突发性，进而导致网络性能下降甚至局部拥塞，因此需要网络流量的全局动态控制、区分业务优先级、调度业务流、实现负载均衡、提高网络带宽利用率。

一体化网络还需要根据用户意图，采用性价比最优的方式建立网络连接，如将业务尽可能地在低层级和低成本的网络承载，让用户可在全球任意地理位置采用同一网络终端设备，可移动、高质量、高可信、低成本地接入网络。

目前这些研究，都处于起步阶段，需要不同领域的人员打破网络壁垒，通力合作，对网络架构、理论和技术进行深入研究，并开发相应的芯片、器件和设备并组网进行验证。

通过本章的进一步分析研究，可以大致勾勒出未来光网络的画像。

（1）客户需求方面：支持超低时延、超高通量弹性带宽、超大规模连接、智慧内生等能力，满足 6G 承载、XR、HTC、TI、智联网、工业互联网、卫星互联网、海洋信息网络、全光底座、空天地海一体化等功能和性能的新需求等。

（2）网络架构方面：以云网为中心，云网边端协同；从操作层面出发，空天地海异构网络融合；以应用为导向，网络全方位可编程、可重构。

（3）网络特征方面：智能化、虚拟化、确定性、内生安全、开源开放、绿色低碳等。

（4）技术实现方面：需要多技术的融合和创新，包括网络基础技术（MCF/FMF 等新型通信介质、高速无线通信技术、高速网络接口技术、全光网络技术、无线光通信技术、卫星通信技术等）、新的网络协议、虚拟化技术、网络感知技术、AI 技术、大数据分析技术、管理编排控制技术等。

（5）业务支撑方面：满足与实体经济融合的需求，支持确定性服务和差异化服务的能力，并根据及时业务、准时业务、组合业务等不同业务的需求，快速划分不同的网络软、硬切片，建立承载通道。

（6）网络建设和运维方面：综合采用大数据分析、AI、数字孪生等技术，实现需求映射、数据感知、分析、决策和执行的完整流程的智能化闭环，实现全场景网络建设和运维的完全智能化。

（7）网络安全方面：基于身份认证的网络信任体系，支持ID内置的安全属性，提供自认证功能，实现内生安全、主动安全的网络。

7.3 未来智慧光网络的架构演进

全球关于未来网络架构演进的研究一直没有停止过，事实上，网络架构一直朝着更好的方向不断演进。光网络作为业务网络的基础网络，也一直在随着业务和技术的演进而不断演进。

目前，未来网络再次成为业内研究和创新的热点。未来网络作为战略新兴产业的重要发展方向，将对全球智能制造、万物互联、国防军事等领域产生重大影响。预计到2030年，未来网络将支撑万亿级、人机物、全时空、安全、智能的连接和服务。

未来网络将具备的能力包括以下方面：支持超低时延、超高带宽、超大规模连接；实现网络、计算、存储一体化，具备多维资源统一调度的能力；实现空天地海一体化融合网络架构；SDN、NFV的弹性网络；实现意图网络、网络内生智能；具备内生安全、主动安全的网络。

1. 超低时延、超高带宽、超大规模的网络

随着5G网络的规模商用，5G网络具备的超低时延、超高带宽、超大规模连接的能力，将以AI、边缘计算、IoT为技术基础，实现智能应用与网络的深度融合。未来6G将使通信向空间发展，低空卫星通信成为未来6G争夺战的重要阵地。未来将构建天、地、人、海全连接时代，将具备比5G更低的时延、更高的带宽、更广及更大规模连接的能力。

2. 网络、计算、存储一体化

随着AR/VR、4K/8K高清视频、IoT、工业互联网、车联网等众多新型业务应用的出现，为了应对新业务的挑战，网络、计算与存储一体化融合正成为未来网络发展的重要趋势。一方面，并行计算、效用计算、高性能计算等技术逐步成熟，计算与网络基础设施融合已成为必然趋势，另一方面，随着技术的进步，存储设备的成本呈现快速下降的趋势，在网络中集成存储功能，利用存储换取带宽成为一种可行的设计思路。

3. SDN、NFV的弹性网络

当前，随着业务需求的变化，现有网络在数据传输、控制管理、流量调度、安全防护等方面的问题日益增多，传统的网络设计思路变得难于持续发展。SDN技术将数据平面与控制平面分离，使网络演进为可编程性的新型网络架构，数据转发和控制分离的特征有助于底层网络设施资源的抽象，从而以虚拟资源的形式支持上层应用与服务，实现更好的灵活性和可控性。NFV将虚拟化技术全面扩展到网络当中，支持专有物理网络设备与其上运行的网络功能的解耦，通过软件来实现网络功能，缩短了业务部署上线的时间，提升了运维的灵活性，提高了资源利用率，促进了新业务的创新。通过SDN、NFV技术的结合，提升了业务上线速度，实现了网络的高效灵活性、可编程性。

4. 空天地海一体化融合网络架构

当前，天地一体化融合网络涉及多项科学技术难题的攻关，包括卫星轨位和频谱的统筹规划、高速星间激光通信、卫星网络顶层体系结构、低轨卫星星间高效路由、星地移动切换协议、高中低异构卫星组网、基于软件定义的卫星资源管控、卫星网络安全防护等。同时，天地一体化信息网络能够与地面互联网、移动通信网络、固定光纤通信网络保持互联互通，该网络体系可以覆盖全球，为用户提供随时接入、按需接入的服务，同时保证网络环境的安全可信。

5. 意图网络、内生智能

基于意图的网络（IBN，Intent-Based Network）是指基于感知掌握的网络全局状态，运用深度学习和知识图谱等 AI 技术，分析、识别用户意图，将意图转译为相应的网络策略执行并持续闭环优化，最终达到网络服务满足用户意图的目的，而网络本身具有自进化能力。

6. 内生安全、主动安全的网络

当前网络的安全属性主要依赖位级加密技术和不同层级的安全协议“外挂”来实现。内生安全是指利用网络的内在因素获得网络的安全属性。未来网络将从网络构成的多层、多面同时内置安全属性。

7.3.1 国内外典型网络架构研究

国内外典型的网络架构包括：以 CCN/NDN 为代表的信息中心网络（ICN，Information Centre Networking）架构、面向移动性的网络架构、以 SOFIA 为代表的面向服务的网络架构，以及近年中国提出的网络 5.0 架构等。

1. 以 CCN/NDN 为代表的 ICN 架构

学术界提出网络以位置为中心演进到以信息为中心的架构——ICN 架构。ICN 架构的研究包括美国的 CCN、NDN，以及欧盟的 NetInf 等，其中 CCN、NDN 最具代表性。

CCN/NDN 的体系架构参考了传统的 IP 网络的沙漏模型，以内容块取代传统的 IP“细腰”，两者协议栈结构比较如图 7-10 所示。

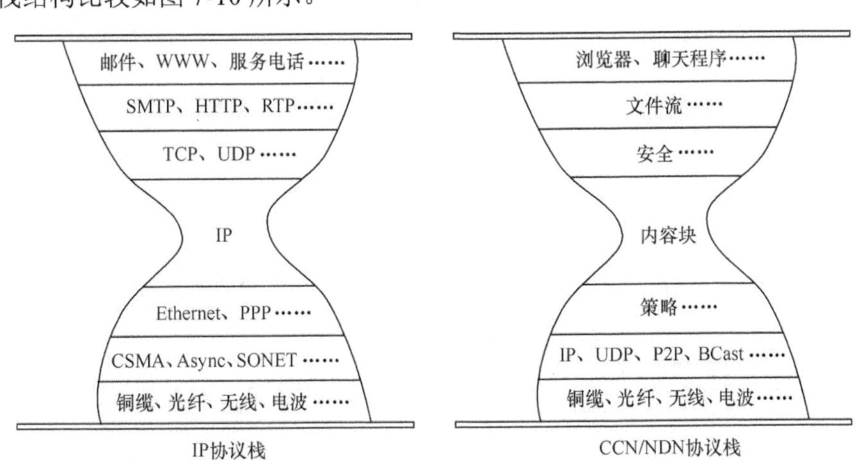

图 7-10 IP 协议栈与 CCN/NDN 协议栈结构比较

CCN/NDN 包含两种分组类型：兴趣分组和数据分组。数据分组除包含兴趣分组中的内容命名外，还包含安全签名和数据。CCN/NDN 的通信由数据请求者驱动。

CCN/NDN 采用分层的命名规则，实现身份和地址的解耦合，解决了 IP 地址的二义性。

CCN/NDN 的路由机制基于数据命名而不是传统的 IP 地址来进行路由和转发。这种机制可以解决 IPv4 网络中 IP 网络地址空间即将耗尽、NAT 穿越、移动性和可扩展性的地址管理问题。

2. 面向移动性的网络架构

移动性支持技术诞生于蜂窝移动通信网中，现在已发展成为互联网的基本特性。移动性的最终目标是要实现“5W（Whenever、Whoever、Wherever、Whatever、Whomever）”通信，即任何时间、任何人在任何地点用任何设备与任何人通信。

美国罗格斯大学的移动优先（Mobility First）网络项目是面向移动性网络架构的代表。面向移动性的网络架构的核心思想是：位置标识与身份标识分离；每个命名对象具有扁平的全局唯一的名字；采用全局命名解析服务完成位置标识与身份标识映射信息的注册、更新、查询；设计了广义存储感知路由、混合路由、分段传输路由等多种路由方式来应对未来网络的复杂多变场景。

3. 以 SOFIA 为代表的面向服务的网络架构

服务是信息通信网络的根本价值所在。SOFIA 是一种具有代表性的、面向服务的网络架构。

SOFIA 以服务标识为核心，形成集传输、存储和计算为一体的服务资源池，通过服务标识来驱动路由和数据传输。

SOFIA 还提供网络虚拟化功能、内生的安全机制和身份验证机制。

4. 网络 5.0 网络架构

针对算力与网络融合、产业互联网、移动业务承载、未来视频业务承载、HTC 等场景对数据网络提出的内生安全可信、网络确定性、资源感知和管控、网络可扩展性、移动性管理、算网融合、高通量新传输层、多语义标识、可运营新多播九大需求，网络 5.0 将“以网络为中心、能力内生”作为核心主旨，通过打造新型的 IP 网络体系，连通分散的计算、存储及网络资源，赋予网络安全可信、确定性传输、算网融合、差异化服务等在内的能力，构建一体化的 ICT 基础设施，网络 5.0 主旨如图 7-11 所示。

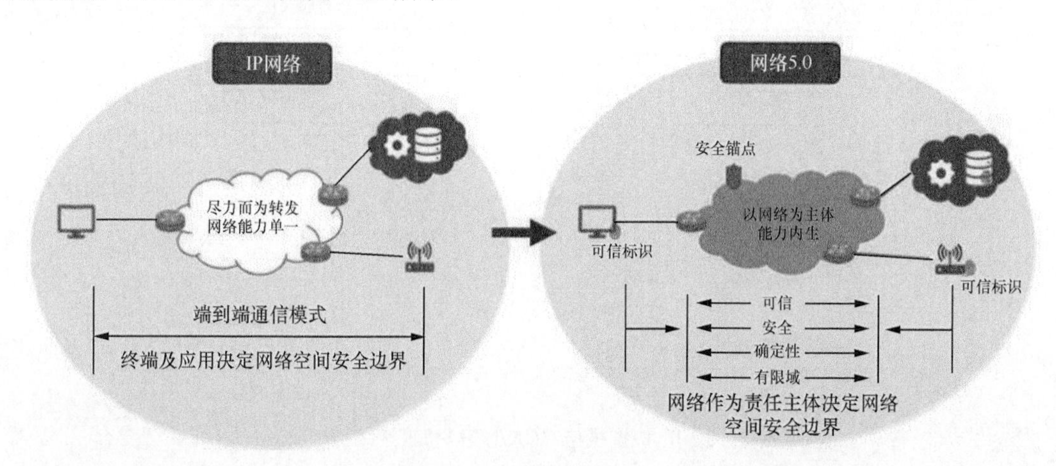

图 7-11　网络 5.0 主旨

网络 5.0 作为面向 2030 年的新一代网络架构，以现有的 IP 网络协议为基础，采取“分代目标、有限责任”的思路，围绕确定性、内生安全、可信、有限域 4 个方面的核心目标，开展网络能力的演进。

（1）确定性：在 IP 网络“尽力而为”的转发能力之外，提供包括确定性时延、确定性抖动、确定性路径在内的全方位确定性能力保障，以满足未来业务对网络质量的严苛要求。

（2）内生安全：通过协议内嵌的可验证的可信 ID，在网络设备上基于网络层协议实现网络级防御能力，通过内生于网络中的安全能力为终端提供网络安全服务。

（3）可信：通过网络安全锚点信任传递机制，将信任链扩展到整个网络空间中，实现内生安全网络的可信性，使网络安全由风险概率性向安全确定性转变，形成以网络为责任主体的网络空间治理机制。

（4）有限域：在网络异构互通的基础上，明确建立网络边界，实现有界网络的按需分化自治、域内各类能力的融合与输出，构建安全高效的 ICT 底层基础设施。

网络 5.0 协议以泛在全场景 IP（UIP，Ubiquitous Internet Protocol）为协议架构，通过多维度增加协议的能力与安全性，使能 IP 网络对泛在全场景的服务能力。

网络层采用可变长、结构化的网络地址，可同时满足海量通信主体的长地址需求及异构网络互联所需的短地址需求。

同时支持拓扑寻址、主机 ID 寻址、内容名字寻址、资源标识寻址等多种方式，以服务标识作为寻址依据，可以实现主机、用户、内容、计算资源与拓扑位置的解耦，还可以优化服务时延。

通过大规模确定性网络（LDN，Large-Scale Deterministic Network）使能技术，保证确定性时延和无拥塞分组丢失。

通过在不同安全域的网络元素内嵌安全技术、分布式账本去中心化技术等提升网络安全。

通过网络组织协议降低运营开销、运维操作复杂度，优化 QoS 和优化用户体验。

通过运营级优简多播协议，实现大网可运营的多播技术，提供更好的业务体验，在视频专网、大规模视频会议等应用中具有高效运维和可靠性保障。

国内外关于未来网络的研究的理论、方法和技术，已部分应用到未来光网络中，并将不断向前发展。下面将从智慧光网络的几个重要的方面进行阐述。

7.3.2　全光网络架构的演进

在需求侧拉动和供给侧技术创新推动两方面作用下，网络全光化已成为必然趋势。从需求侧来看，计算能力需求不断增长，微处理器从单核发展到数千核的 Tera 级计算；视频流量接近网络 2/3，视频业务成为网络带宽的第一驱动力，AR/VR/MR、HTC 业务将进一步加剧容量需求；AIoT、触觉互联网、工业互联网中高端机器的超强感知和反应需更大带宽和低时延、严格同步的连接。因此各类业务对网络链路的大带宽、交换节点的高容量、低时延 / 抖动、精准同步、确定性、高可用性等提出了刚性要求，而这些只有全光网才能满足。

通过供给侧的技术创新和应用实践，2021 年我国主要传输链路的光纤化趋近 100%，接入网的光纤化已超过93%，这标志着网络侧传输和接入的全光化接近尾声。网络干线传输交换节点的光化即将完成，正向城域接入网拓展，即全网光化正在迈向真正全光化的新阶段。

面向云网融合的全光网络架构如图7-12所示，支撑全光承载底座、云网协同和跨域协同、网络开放解耦三大核心需求。

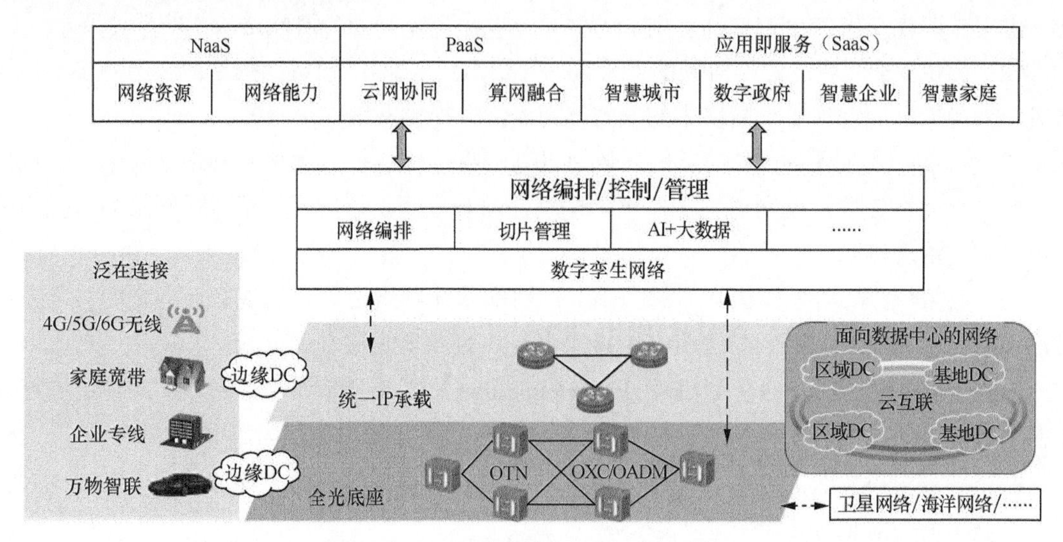

图7-12　面向云网融合的全光网络架构

1. 全光承载构建坚实底座

全光网的长期目标是成为像电插座一样的光插座。

（1）骨干网/城域网：由OXC/OADM构建全光底座，OTN可承载在OXC/OADM之上，提供波长级和子波长级业务的灵活调度。

（2）城域网/接入网：OTN与IP承载融合组网，支持泛在连接。

① 在网络接入侧，支持4G/5G/6G无线、光纤到家庭（10G/50G PON）、企业专线、万物智联等。光纤到家庭将进一步向FTTR、FTTD、光纤到终端（FTTT，Fiber to the Terminal）乃至光联万物方向不断发展。

② 全光链路侧：OTN/WDM向网络边沿不断延伸并引入小颗粒的光业务单元（OSU），使管道容器匹配业务颗粒度。

（3）与其他网络互联的底座。

① 支撑数据中心间的互联互通（DCI）：核心DC、区域DC等。

② 支撑与卫星网络、海洋网络等网络的互联互通。

2. 云网协同、跨域协同支撑NaaS

运用数字孪生技术将物理网络完整映射到数字世界，形成数字孪生网络，加上网络AI、大数据技术，物理网络与孪生网络智慧交互，成为光网络智慧的源泉。

通过统一的云网编排控制、IP+光的跨层协同，实现云网协同，支撑NaaS。

对于不同品质的业务采用差异化的切片方法。

（1）高品质业务：采用ODU/OSU硬切片，保证零抖动、零丢包和超低时延质量。

（2）高质量业务：采用软切片技术保障低时延。

（3）一般业务：尽力而为，以提升传输效率为主。

3. 网络开放解耦支撑网络互联互通

标准的南北向接口、软硬件分层开放解耦等，支撑不同厂家设备的互联互通，降低整个网络的建设和运维成本。光网络的开放是一个逐步深入的过程：从开放光链路系统到开放光交换节点，再到开放光功能块。

7.3.3 全光网络的技术趋势和挑战

智慧光网络向着更泛在连接、更高带宽、智慧内生、安全内生、云网算融合等高级智慧属性的自愈、自治的光网络目标演进的过程中，还面临着材料、器件工艺、理论极限、数学算法、方向选择、应用技术、组网技术、产业协同等方面的挑战，以及一些不确定性。我们提出全光网络的十大技术趋势和挑战，与产业界探讨。

1. 单波长 1Tbit/s 速率之后如何向更高速率演进？

自单波长 100Gbit/s 引入相干接收技术后，单波长速率提升依赖于调制格式、信号波特率、子载波复用数量 3 个维度的技术发展和使用的综合结果。尤其在长距离传输应用中，希望在传输距离和频谱效率方面获得综合优势，因此信号相位调制的阶数及子载波复用数量无法持续提升（如 400G 长距离传输，多采用 QPSK、8QAM、16QAM 调制，通过单载波或双子载波复用的方式来实现），高度依赖于 ADC/DAC 采样速率的提升。高速 ADC/DAC 器件受限于材料、工艺等因素，速率提升缓慢，难以跟上单波长速率提升的需求。业内自 2009 年出现单波长 100Gbit/s（当时采用 100G_PM-QPSK 调制格式和 64GS/s 采样速率的 ADC/DAC 器件），当前已出现单波长 1.2Tbit/s（采用 400G_PM-QPSK/1.2T PM-64QAM 调制格式和 280GS/s 采样速率的 ADC/DAC 器件），此期间单波长速率提升路线在调制格式、高速 ADC/DAC 速率、子载波复用数量方面“迂回”前行。未来商用系统单波长速率从 1Tbit/s 往 10Tbit/s 甚至更高速率发展，是依赖于相干接收技术之后“革命性”技术的出现持续提升单波长速率，还是单波长速率到达某个量级之后“停滞”发展，依赖于频谱扩展技术提升系统容量存在不确定性。

2. 如何扩展 C 波段之外可利用频谱，提升 B100Gbit/s DWDM 系统长距离传输系统容量？

单根光纤所能传输的光信号的容量取决于信号的频谱效率和可用频谱带宽，长期以来业内通过单波提速的方式来提升信号的频谱效率，从而提升 DWDM 系统的容量。如从 2.5Gbit/s、10Gbit/s DWDM 系统发展至 100Gbit/s DWDM 系统，由于信道间隔都是 50GHz，因此同等 WDM 数量下系统容量随着单波速率提升的倍数线性提升。但随着超 100Gbit/s 的部署，受香农极限的制约，在长距离传输应用场景下即使通过增加信号波特率的方式增加了单波速率，信号也会占用更多的频谱带宽，系统容量无法线性提升。因此需要通过增加可用频谱带宽的方式来提升系统容量，如对常规 C 波段或 L 波段扩展至 C++ 波段或 L++ 波段，当前 C 波段和 C+L 波段已走向商用。未来可在 C+L 波段之外继续向 S 波段、U 波段、E 波段进行扩展，从而进一步拓展频谱带宽。但对 DWDM 系统而言，通过频谱带宽的方式来提升系统容量的方式是个系统工程，受光源（激光器）波长范围扩展、合分波器、WSS光器件和光放大器谱宽的扩展等因素的制约，在工程应用中还需考虑系统非线性和运维复杂度的影响，因此从"C+L"波段扩展至"C+L+S+U+E"波段应用仍存在不小的挑战。

3. 超高速光传输编解码效率已接近香农极限，光信道算法如何进一步突破非线性难题？

当前相干接收机引入数字处理技术在电域处理色散补偿、PMD补偿及通过软判决对线路误码进行纠错，较好地提升了系统性能。但超高速光传输编解码效率已接近香农极限，通过增加FEC开销的比例已无法对纠错性能进行明显的改善，并且会导致线路速率提升。因此业内通过研究并引入PCS、时域混合调制等方式对信道性能进行改善。随着线路速率的提升和容量需求的增加，非线性包括SRS、SBR、克尔效应、XPM等对系统性能的影响会变得更为突出一些，这里需要产业界对相关算法进行更加深入的研究。一方面既要通过先进、精确的算法在电域进行补偿，另一方面需要考虑因算法复杂度提升对芯片制作工艺提出更高要求带来的可实现问题。

4. 常规EDFA噪声指数逼近3dB理论极限后如何发展？

目前基于掺铒光纤的EDFA应用已经非常成熟，但EDFA能否通过技术优化、挑战3.8dB的器件极限及3dB掺铒光纤量子理论极限是业内研究的热点。随着超高速DWDM系统的部署和应用（如单波400Gbit/s、1Tbit/s以上），对光放大器指标性能的优化日趋迫切。在超高速DWDM系统的应用中，基于常规EDFA放大方式的优化有两条路线，一条路线是采用分布式FRA降低噪声系数，分布式FRA曾经在早期的WDM系统有过应用，但由于运行、维护过程中的安全性问题，未进行广泛部署。近期随着分布式FRA集成OTDR改进成智能FRA，以及高阶拉曼光放大技术的研究，FRA在具备噪声系数、放大谱宽等优势的同时提升了工程应用的安全性，是未来在超高速DWDM系统应用部署的选项之一。另一条路线是研究新型光放大器（如相位敏感放大器）对噪声系数进行优化，相位敏感放大器对相位很敏感，它只对和泵浦光同相的光进行放大，而对其他的光不但没有放大作用，甚至会使它们衰减，因此，理论上可实现0dB的噪声系数。目前阶段相敏放大器相比现在广泛应用的EDFA，实现原理和构成的复杂度显著提高，传输容量方面相对较小，对于光信号也有要求，仍须进一步的研究和完善。

5. G.652光纤之后下一代主流光纤是什么？

迄今为止，非色散位移单模光纤（G.652）是我国在陆地干线光传输系统中使用最为广泛的光纤。随着超100Gbit/sWDM系统的部署，DWDM系统的传输性能受到功率和非线性两个方面的约束，超低损耗、大有效面积光纤（G.654E）应运而生。超低损耗可以延长系统的无电中继传输距离，大有效面积可提升入光纤功率并降低非线性效应的影响，直接提升系统OSNR。因此在超100Gbit/s时代，运营商希望在干线光传输链路逐步引入超低损耗、大有效面积光纤，提升系统无电中继传输距离，降低系统总体造价。此外，随着技术研究的深入和制造工艺的提升，基于SDM的MCF、模间复用的FMF、MC-FMF、基于OAM复用的光纤和空芯光纤的研究已在业内积极开展，相信未来无论是提升系统传输性能还是增加系统传输容量，均会获得新的突破。

6. 64 维及以上（128 维）ROADM/OXC 能否走向商用?

超大型 ROADM/OXC 节点由于光方向数量众多，而且通过增加本地上下话组数量以避免波长冲突的方式也对 WSS 维度需求提出了更高的需求。当前 ROADM/OXC 节点单个 WSS 最高维度达到 32 维，节点光方向和容量需求的增长预计将对 WSS 维度提出更高的需求。业内预计在 2023 年推出 64 维 WSS，更高维度如 128 维 WSS 受限于材料特性及光纤阵列和反射镜的规模，能否在插损、波长切换的速度、成本等方面达到预期目标，仍需要在材料、光学设计等方面取得进一步突破。

7. 光网络组网技术未来如何发展?

基于 ODU*k* 和 ROADM/OXC 技术，OTN 设备实现了光电两层混合组网。OTN 组网在城域和干线网络中由于业务种类、颗粒度、流向的不同而存在差异化。在城域网络中，当前支持 VC/ODU*k*/PKT 处理的混合板卡使得 OTN 设备较好地支持了多颗粒业务接入、调度和带宽复用，未来将采用 OSU 技术以统一容器的方式进行多业务承载，并支持向可编程及流量感知网络演进，增加网络的灵活性和柔性。在干线网络中采用 ROADM/OXC 技术构建立体化网络，使得网络节点在调度容量、灵活性及容量方面大幅提升。如何在光层和电层两个层面进行融合组网，如流量的协同、保护和恢复的协同、控制的协同，以及在大型 ROADM/OXC 区域网场景下加载 WSON 的波长恢复时间如何进一步优化，光路由算法如何进一步优化，网络规划如何综合网络的建设成本、可靠性和运维效率等因素获得最优解，均需要业内进行进一步的探索和研究。

8. 如何实现 AI、数字孪生技术与光网络的深度融合?

随着光网络大规模部署、覆盖不断往用户侧延伸、业务种类的日趋丰富，其超高速率、超大容量和超低时延特性为用户带来了前所未有的体验。但网络流量不断增加、网络规模持续扩大、用户对资源配置和可靠性的差异化需求、网络切片等新业务创新对光网络的规划、建设、维护和优化保障带来了巨大的挑战。由于光网络本身的系统性和复杂性、网络故障排查的高代价及昂贵的试验成本，网络的变动往往牵一发而动全身，新技术的引入和新产品的部署愈发困难。如何利用大数据、AI、数字孪生等技术构建智慧光网络，高效保障网络运维，实时优化网络资源，支撑性能劣化的前瞻防控，并助力业务创新将是未来光网络发展亟待解决的问题。面向光网络的“规、建、维、优”的具体需求，AI 知识泛化、训练学习梯度爆炸、数字孪生精准仿真、数据与模型的融合协同、智慧光网算力算法的优化设计，上述技术都需要有重大理论与方法的突破，并与光网络技术深度融合，支撑光网络的智慧属性。

9. InP、SiP 等芯片集成技术和光电混合封装技术后续如何演进?

传统的光电器件，由于具有较低的集成度和较高的功耗水平，很大程度上制约了光模块向小型化和低功耗的方向演进，也限制了系统绿色化和智能化的发展趋势。近年来，InP 基和硅基光子学、利用其高集成度的优势、有效地提升了系统的密度，成为 64G 波特率以内应用场景中主导性的两个技术应用平台，而传统的铌酸锂体材料或者二氧化硅平台，则由于其较大的尺寸限制了应用空间。在更高波特率的应用场景中，由于硅基平台带宽的限制，混合薄膜材料（如薄膜铌酸锂或者硅基铌酸锂薄膜等）及 InP 基高带宽集成技术则可能成为高速率下集成平台发展的技术趋势，它能更好地适应系统对于高带宽的技术需求。随着5G时代高带宽的计算、传输、存储的要求，以及硅光技术的成熟，如果将多个光电芯片与ASIC芯片封装在一起，则可以有效提高互连密度、降低功耗密度，也就是光电共封装的概念。光电共封装是一种将光电收发芯片与ASIC芯片封装在一个封装体内的技术。一种实现方式是利用2.5D封装，将光电收发芯片与ASIC芯片共同封装在一个载板上，互连密度较高、功耗更低；还有一种3D堆叠方式，是将ASIC芯片与硅光芯片、模拟电等芯片3D堆叠，可以实现最短的电互连、低损耗、最高的互连密度，具备比2.5D方案更低的功耗。然而光电共封装也面临一系列的难点，包括高密度光电载板工艺、高精度的光电芯片组装工艺、阵列光纤连接器的装置耐高温性等。无论是基于更高速率的新型集成材料，还是基于高速、高密度光电共封装技术均是当前的研究热点，它们将在未来光网络中扮演重要的角色。

10. 半导体制造进入3nm时代之后，光网络芯片制造工艺如何演进？

随着光网络设备功能的丰富、性能的提升及节能降耗的要求，光网络芯片的制造持续采用业内先进的工艺满足上述需求。以相干DSP芯片为例，2009年业内首个100Gbit/s DWDM系统采用65nm工艺，随后逐步采用40nm、28nm、14nm、7nm工艺持续进行提升，当前业内400Gbit/s及以上速率的DSP芯片已采用7nm工艺。与此同时，微电子工艺路线也在持续进行升级，在过去近10年，FinFET工艺代替了传统平面工艺，使得工艺制程可以根据摩尔定律的指引持续演进。IMEC模拟数据表明，3nm制程上FinFET晶体管性能将趋于饱和，沟道更好的控制、寄生电容和电阻问题能得到显著改善的环绕栅极（GAA）纳米片晶体管将应运而生。部分领先芯片制造厂商已分别宣布在3nm及2nm制程上放弃FinFET转而应用GAA，GAA制程芯片有望在2022年量产。未来10年GAA仍不是终点，革命性创新或将孕育新机遇。根据相关机构的研究，未来垂直堆叠圆柱体纳米线全包围栅场效应晶体管（CFET）、碳纳米管有望成为具有革命性的器件，起到节省面积、提高晶体管集成密度的作用，从而有望推动摩尔定律继续发展。

7.3.4 空天地海一体化网络架构的演进

未来网络将向空天地海一体化网络方向演进，新型全光网将成为这个一体化网络的坚实底座。

1. 空天地海一体化网络概述

空天地海一体化网络是指以地面网络为基础，以空间网络为延伸，覆盖太空、空中、陆地、海洋等自然空间，为天基（卫星通信网络）、空基（飞机、热气球、无人机等通信网络）、陆基（地面蜂窝网络）、海基（海洋水下无线通信、近海沿岸无线网络、海上船只/悬浮岛屿等构成的网络）等各种用户的活动提供信息保障的基础设施。

空天地海一体化网络将在安全可信的基础上实现全球覆盖、随遇接入、按需服务。空天地海一体化网络将打破海、陆、空、天各自独立的网络系统间数据共享的壁垒，空、天、地、海跨维度服务将成为未来全方位数字信息服务的主要形式，为国家安全、航空航天、环境监测、交通管理、教育医疗卫生、工农业、反恐、抗灾救险等领域提供重要的战略信息服务。

空天地海一体化网络将实现人、网、物、境的智联，最终实现深度连接、全息连接、泛

在连接基础之上的智慧连接，其中深度连接指触觉互联网，全息连接指全息通信，泛在连接指全地形、全空间的立体覆盖。

2. 空天地海一体化网络的架构

未来的空天地海一体化网络主要由空天光网络、陆地光网络和海底光网络组成，如图 7-13 所示。

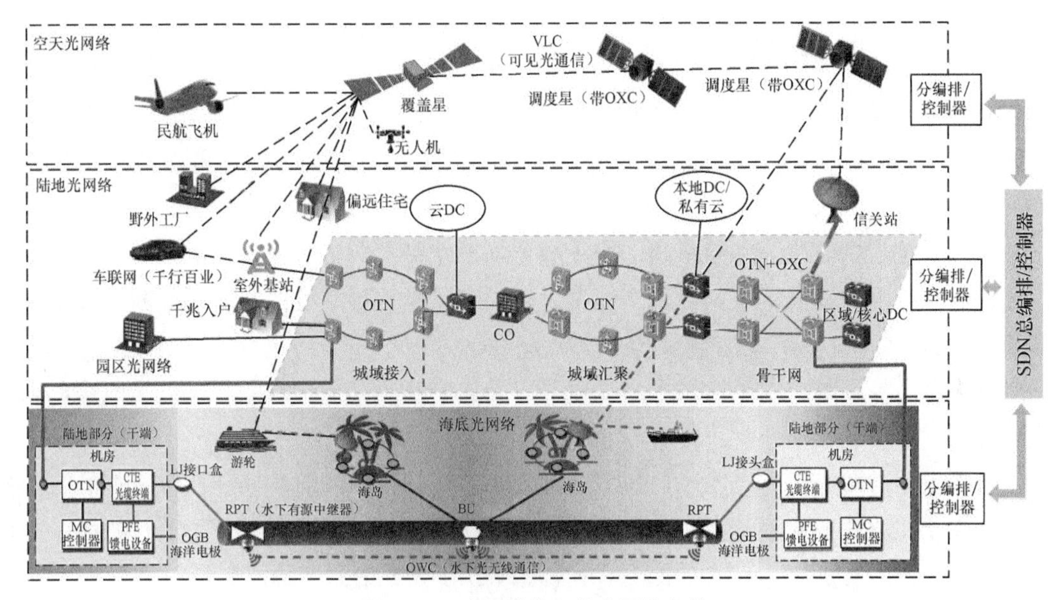

图 7-13　空天地海一体化网络架构

（1）空天光网络：主要由覆盖星、调度星等通过空间光通信实现互联互通，主要为民航飞机、无人机等提供导航、指挥控制等服务。

（2）空地光网络：通过卫星地面站实现与陆地光网络的通信。卫星通信网络通过陆地光网络实现与其他网络的互联互通。

（3）陆地光网络：主要由陆地的无线 / 有线接入网、城域网、骨干网及数据中心等构成，主要为无线基站、政企、家庭、万物互联终端等客户提供全光数字通信服务。陆地光网络通过海洋网络干端设备实现与海底光网络的通信。陆地光网络将成为空天地海一体化网络的底座。

（4）海底光网络：主要由 OTN 设备陆地干端设备、光缆终端（CTE，Cable Termination Equipment）、维护控制器（MC，Maintenance Controller）、PFE、陆地接头盒（LJ，Land Joint）、OGB、水下有源中继器（RPT，Repeater）、BU 等，通过光无线通信（OWC，Optical Wireless Communications）实现互联互通。

（5）跨域协同控制器：为了实现多维、异构、动态的一体化网络的高效协同运行和管理，一个可行的方案是设置一个总的 SDN 编排控制器，与空天网络、空地网络、陆地网络、海底网络的各分 SDN 编排控制器连接和互动，实现一体化网络的连接关系、接口协议、流量工程、全网算力、全网智能的调度和协同，达到全网效率最优。

3. 空天地海一体化网络的潜在关键技术

空天地海一体化网络的潜在关键技术包括基础共性技术、下一代超大容量的 SDM 光通信技术、大容量星－地空间传输技术、水下无线通信技术、新型 IP 网络技术、下一代无线通信技术（B5G/6G）、空天地海一体化通信及组网技术等。

在空天地海一体化网络中，各种网络技术在覆盖、速率、时延、吞吐量、可靠性、确定性等方面各有优势和短板，它们互为补充。

鉴于篇幅所限，下面仅简单地分析 SDM 光通信技术及 FSO 技术。

7.3.5 空分复用光通信技术

1. SDM 光通信技术

近年来，单模光纤传输系统容量已经达到了 100Tbit/s，并且传输容量距离乘积已超过 100Pbit/s·km。

由基于系统容量取决于并行空间的路径数量、系统带宽和谱效率之积的规律可知，在光通信带宽资源有限的情况下，实现超高速率、超大容量光传输系统的实质是不断提升空间并行度和系统的谱效率，有 3 种主要的技术实现路径。

路径 1 是高阶调制技术。该技术通过提升码元速率及码元调制阶数，尽可能地获取高的单位光带宽下的信号传输速率。

路径 2 是频谱超级信道技术。该技术通过减小信号频带间的保护间隔获取更多的有效传输信道，主要是采用超奈奎斯特 WDM 及信道扩展技术。从 C 波段扩展到 C+L 波段，再扩展到 C+L+S+U+E 全波段。信道扩展技术增加了 WDM 光通信系统的总容量。

路径 3 是引入空间维度的复用技术。SDM 技术为光纤传输系统提供了一个新的发展方向，有可能使系统容量增加一个数量级。SDM 技术被认为是继 WDM 技术之后光纤传输技术的又一次技术革命。

SDM 技术是通过增加纤芯或模式的空间利用率来进一步增加光纤的通信容量。目前，SDM 技术有 3 种增加空间信道的实现方法，分别是 MCF、FMF 及 MC-FM。

一个单方向的 SDM 光通信系统组成如图 7-14 所示。假定采用 5 芯 MCF。在发送端，5 路光信号输入到模式复用器处理后，耦合到 5 芯 MCF 传输，在光线路的合适位置设置 SDM 光放大器，重整恢复的光信号继续沿光线路传输；在接收端，5 路光信号经模式解复用器，再到 SDM 信号处理单元。

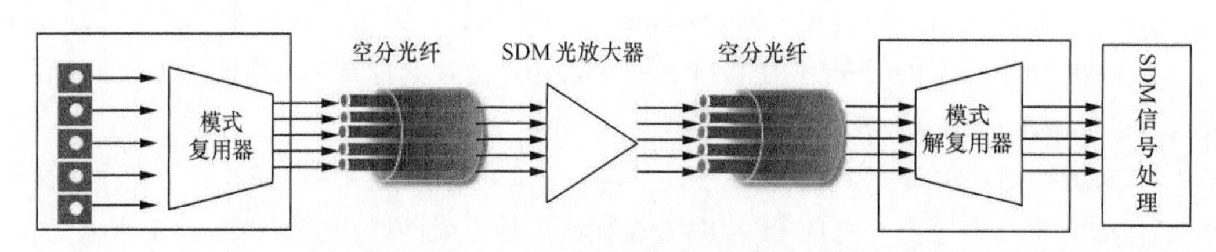

图 7-14　SDM 光通信系统组成

SDM 系统的研究面临不止于以下的挑战：低串扰、大容量 SDM 光纤；高密度、低串扰的 SDM 模式复用 / 模式解复用器；增益均衡的 SDM 放大器；较低复杂度的 SDM 数字信号处理器；大容量的 SDM 系统技术等。

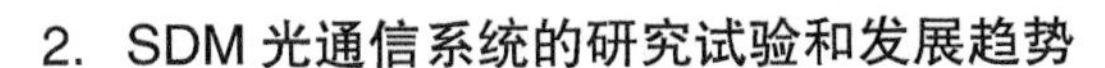

2. SDM 光通信系统的研究试验和发展趋势

近年来，世界各国科研机构都对 SDM 的相关技术开展了深入研究。

从 2015 年开始，武汉邮电科学研究院（烽火通信科技股份有限公司）开展了 SDM 光通信系统传输的实验。2015 年实现 3 模 200Tbit/s 超大容量模分复用及 WDM 光传输系统实验；2016 年完成 7 芯单模光纤 560Tbit/s 超大容量 SDM 及 WDM 光传输系统实验；2018 年基于自主研制的具有自主知识产权的核心光电器件和单模 19 芯光纤，实现了 1.06Pbit/s 超大容量 SDM 及 WDM 光传输系统实验。

2019 年，日本住友电工与拉奎拉大学合作，在意大利拉奎拉市的地下隧道铺设了包含 18 根 MCF 的 6.29km 光缆。现场测试表明，现实环境下该 SDM 具有较低的损耗和空间模式色散，这标志着 SDM 传输从实验室理想环境走向了更复杂的现场实时传输。2020 年，日本的一个 SDM 实验采用 38 芯 3 模的 MC-FMF、368 个载波、256QAM 调制，系统总速率达 10.66Pbit/s，传输距离达到 13km。2021 年，日本国家信息通信研究院采用标准 125μm 芯径的 4 芯光纤在 S 波段模拟了 3000km 的长距离传输，数据传输速率达到了 319Tbit/s。

可以预见，未来随着需求的牵引和技术的不断进步，SDM 技术将成为下一代超大容量光纤通信的重要解决方案。

7.3.6　空间光通信技术

1. FSO 技术

目前主要有 3 种通信方式：光纤通信、微波通信和卫星通信。

作为一种新的通信方式，FSO 也被称为无线光通信或自由空间光通信，不使用光纤等有线信道作为传输介质，而是使用激光作为信息载体，在包括大气层、外太空、水下在内的自由空间实现高速移动通信。

FSO 系统主要由编码器、调制驱动器、激光光源、调制器、发射机及其光学天线、光信道（太空或大气层或水下）、接收机及其光学天线、光电探测器、解调器、译码器等部分组成。一个单方向的 FSO 系统组成如图 7-15 所示。

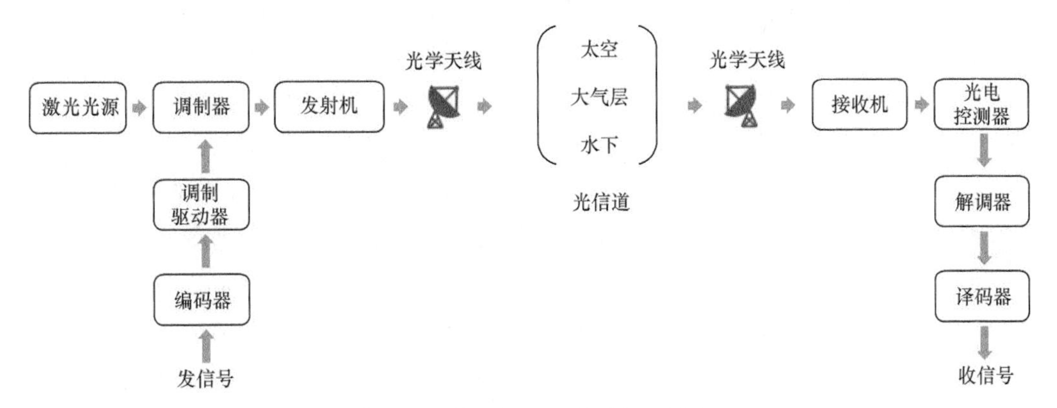

图 7-15　单方向 FSO 系统组成示意

从物理本质来看，FSO 的优势明显。相较于微波通信，FSO 的激光频率高，频带宽，潜在的通信容量大，通信速率可提高 3 ～ 5 个数量级；激光方向性强，能增加接收端的信号能量密度，为减少系统的功耗、重量和体积提供了条件；用作信息载体的激光光束量子角极小，抗电磁干扰能力强，不易被捕获，用于军事通信有极好的保密性；使用激光通信不需要申请无线信号频率使用许可。相较于光纤通信，FSO 机动灵活、施工简便、迅速、造价低。FSO 结合了光纤通信及微波通信的优势。

因 FSO 的独特优势，FSO 可应用于以下领域：5G 基站数据传输；卫星光通信；水下光通信；海岛等特殊地域宽带接入；军机编队抗干扰保密通信、舰艇编队抗干扰保密通信、车载抗干扰保密通信等。

FSO 的最大缺点是通信速率、质量受大气等传输媒介的影响。因此，FSO 的大规模实用化，应用于高难度、高性能的场景等还有很大的挑战。

2. FSO 的研究试验和发展趋势

德国是最早开展 FSO 研究的国家之一。2000 年德国的舰载激光通信实验开展了 FSO 实验：海军的多用途舰到岸边观察站间通信距离 24km，通信速率 150Mbit/s。2002 年 4 月，欧洲空间局（ESA，European Space Agency）也完成了被视作卫星光通信发展里程碑的星 - 地光链路实验。2013 年 11 月，德国空间中心开展了光通信链路快速演示项目，实现了旋风战斗机与地面站间的光通信，空地试验距离为 70km，速率为 1.25Gbit/s。2016 年 1 月，EAS 成功发射通信卫星 EDRS-A，该卫星可提供激光和 Ka 波段两种双向星间链路，星间传输速率可达 1.8Gbit/s。EDRS 计划是首个商业化运营的高速率空间激光通信系统，标志着空间激光通信已从技术演示转入应用阶段。2019 年 8 月，ESA 又发射了仅提供激光链路的 EDRS-C，并在 2020 年补充第三颗卫星“全球网（GlobleNet）”，从而实现全球数据中继服务。

美国和日本也不甘示弱。美国 2000 年 7 月首次发射卫星光终端 STRV-2，由于卫星终端未能捕获和跟踪地面终端的信标光束，通信试验没有成功。之后又相继开展了“海神 06”“海神 08”等 FSO 实验。2013 年，美国国家航空航天局（NASA）戈达德航天飞行中心发射了首个激光通信探路者任务“月球激光通信演示验证”。该任务完成月球 - 地球 622Mbit/s 下行速率和 20Mbit/s 上行速率激光通信实验，验证了天基激光通信系统的可行性及在发射和太空环境中的可生存性。日本早在 1999 年就开始了激光通信研究。2005 年 12 月，日本首次成功地与 ARTEMIS 卫星进行了双向激光通信实验。日本还制订了 FSO 的未来研究计划。

我国的 FSO 研究基本上与国际同步。以武汉大学激光通信实验室为例，2004 年研究出了 100Mbit/s 的激光通信样机；2008 年 6 月研制出 WDM 激光通信机系统，完成了 2.5Gbit/s 速率 16km 距离空间激光通信实验；2015 年在武汉东湖完成 2.5Gbit/s 移动船载激光通信试验；2016 年激光通信载荷搭载天宫二号发射升空，成功地与新疆南山光学地面站进行了高速激光通信试验，将天宫二号上多个科学载荷业务数据以 1.6Gbit/s 速率进行下传，创下我国卫星业务通信速率的新纪录；2019 年 12 月完成国内最高水平 100Gbit/s 速率 6.3km 距离相干激光通信试验；2020 年 10 月研制出 10Gbit/s 的车载激光通信设备并完成双向跑车实验等。

FSO 与地面网络的融合尤其是与 5G/B5G 网络的融合也成为近年的研究和投入方向。除

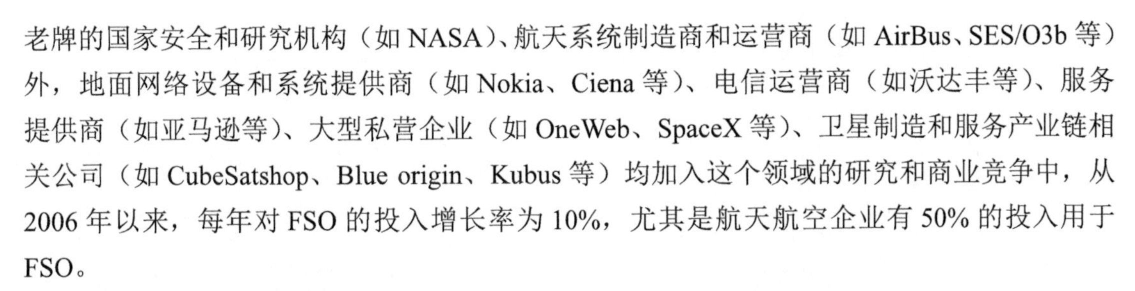

老牌的国家安全和研究机构（如 NASA）、航天系统制造商和运营商（如 AirBus、SES/O3b 等）外，地面网络设备和系统提供商（如 Nokia、Ciena 等）、电信运营商（如沃达丰等）、服务提供商（如亚马逊等）、大型私营企业（如 OneWeb、SpaceX 等）、卫星制造和服务产业链相关公司（如 CubeSatshop、Blue origin、Kubus 等）均加入这个领域的研究和商业竞争中，从 2006 年以来，每年对 FSO 的投入增长率为 10%，尤其是航天航空企业有 50% 的投入用于 FSO。

以卫星通信为代表的空间网络的发展，空间网络与地面网络形成了两大独立的通信网络。空间网络与地面网络具有极强的互补性。面向未来万物智联与全球广域覆盖的需求，呼唤催生空间网络与地面光纤通信、5G/B5G/6G 移动网络等网络融合的天地一体化信息网络。

空间通信在 5G/6G 环境下对地面网络形成补充，而 FSO 对空间通信形成补充和提升。FSO 必将成为整个“空天地海一体化”网络的重要环节。FSO 面临的挑战在于大气传播，需要光学、光子学和电子学等群体技术的突破。

参考文献

[1] 烽火通信科技股份有限公司. 智慧光网白皮书[R]. 2019.

[2] 余少华,何炜. 光纤通信技术发展综述[J]. 中国科学: 信息科学, 2020, 50(9): 1361-1376.

[3] 中国联合网络通信有限公司研究院. 中国联通CUBE-Net 3.0网络创新体系白皮书[R]. 2021.

[4] 中国电信集团公司. 云网融合2030技术白皮书[R]. 2020.

[5] 姚惠娟, 陆璐, 段晓东. 算力感知网络架构与关键技术[J]. 中兴通讯技术, 2021, 27(3): 7-11.

[6] IEEE Std 802.3-2018, IEEE Standard for Ethernet[S]. IEEE Computer Society, 2018.

[7] IEC. Communication Networks and Systems for Power Utility Automation-Part 90-12: Wide Area Network Engineering Guidelines. IEC TR6185-90-12[S]. Edition2.0, 2020.

[8] 中国移动通信有限公司. 中国移动切片分组网络(SPN)总体技术要求[S]. 2020.

[9] 赵亚军, 郁光辉, 徐汉青. 6G移动通信网络: 愿景、挑战与关键技术[J]. 中国科学: 信息科学, 2019, 49(8): 963-987.

[10] ZHANG F, ZHANG X, FARREL A, et al. RSVP-TE Signaling Extensions in Support of Flexi-Grid Dense Wavelength Division Multiplexing (DWDM) Networks[R]. RFC Editor, 2016.

[11] ZHANG X, ZHENG H, CASELLAS R, et al. GMPLS OSPF-TE Extensions in Support of Flexi-Grid Dense Wavelength Division Multiplexing (DWDM) Networks[R]. RFC Editor, 2018.

[12] VASSEUR J, ROUX J L. Path Computation Element (PCE) Communication Protocol (PCEP) [R]. RFC Editor, 2009.

[13] ZHANG X, MINEI I. Applicability of a Stateful Path Computation Element (PCE)[R]. RFC Editor, 2017.

[14] CRABBE E, MINEI I, MEDVED J, et al. Path Computation Element Communication Protocol (PCEP) Extensions for Stateful PCE[R]. RFC Editor, 2017.

[15] CRABBE E, MINEI I, SIVABALAN S, et al. Path Computation Element Communication Protocol (PCEP) Extensions for PCE-Initiated LSP Setup in a Stateful PCE Model[R]. RFC Editor, 2017.

[16] LI Z, PENG S, NEGI M, et al. Path Computation Element Communication Protocol (PCEP)

Procedures and Extensions for Using the PCE as a Central Controller (PCECC) of LSPs[R]. RFC Editor, 2021.

[17] LEE Y, CASELLAS R. The Path Computation Element Communication Protocol (PCEP) Extension for Wavelength Switched Optical Network (WSON) Routing and Wavelength Assignment (RWA)[R]. RFC Editor, 2020.

[18] SIVABALAN S, FILSFILS C, TANTSURA J, et al. Path Computation Element Communication Protocol (PCEP) Extensions for Segment Routing[R]. RFC Editor, 2019.

[19] DHODY D, LEE Y, CECCARELLI D. Applicability of the Path Computation Element (PCE) to the Abstraction and Control of TE Networks (ACTN)[R]. RFC Editor, 2019.

[20] 克拉伦斯·菲尔斯菲尔斯, 克里斯·米克尔森, 弗朗索瓦·克拉德, 等. SegmentRouting详解第二卷流量工程[M]. 北京: 人民邮电出版社, 2019.

[21] ITU-TFG-NET-2030-Sub-G1. Representative Use Cases and Key Network Requirements for Network2030[S]. 2020.

[22] 网络5.0产业和技术创新联盟. 网络5.0技术白皮书2.0[R]. 2021.

[23] 中国通信标准化协会. IP网络和光网络协同管控技术要求(草案)[S]. 2021.

[24] NICKOLLS J, DALLY W J. The GPU computing era[J]. IEEE Micro, 2010, 30(2): 56-69.

[25] 数据中心算力白皮书[R]. ODCC-2020-01008.

[26] FU Q X, SUN E C, MENG K, et al. Deep Q-learning for routing schemes in SDN-based data center networks[J]. IEEE Access, 2020, 8: 103491-103499.

[27] MNIH V, HEESS N, GRAVES A, et al. Recurrent models of visual attention[C]//Proceedings of the 27th International Conference on Neural Information Processing Systems. Massachusetts: MIT Press, 2014: 2204-2212.

[28] 邓远远, 沈炜. 基于注意力反馈机制的深度图像标注模型[J]. 浙江理工大学学报(自然科学版), 2019, 41(2): 208-216.

[29] BAHDANAU D, CHO K, BENGIO Y. Neural machine translation by jointly learning to align and translate[J]. arXiv Preprint, arXiv: 1409.0473, 2014.

[30] VASWANI A, SHAZEER N, PARMAR N, et al. Attention is all you Need[C]//31st Conference on Neural Information Processing Systems. USA, 2017.

[31] LI M L, YU S, YANG J, et al. Nonparameter nonlinear phase noise mitigation by using M-ary support vector machine for coherent optical systems[J]. IEEE Photonics Journal, 2013, 5(6): 7800312.

[32] BRIDLE J S. Alpha-nets: a recurrent “neural” network architecture with a hidden Markov model interpretation[J]. Speech Communication, 1990, 9(1): 83-92.

[33] IMT-2030(6G)推进组. 6G网络架构愿景与关键技术展望白皮书[R]. 2021.

[34] 云计算开源产业联盟. 云网融合发展白皮书[R]. 2019.

[35] 云计算开源产业联盟. 云网产业发展白皮书 第一部分: 云网络[R]. 2021.

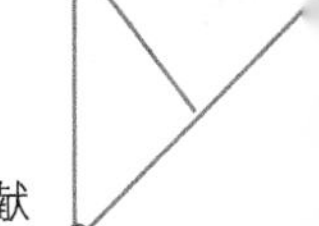

[36] ITU-T FG-NET-2030. Network 2030-A Bluepoint of Technology, Applications and Market Drivers Towards the Year 2030 and Beyond[R]. 2020.

[37] 中国移动通信有限公司研究院. 2030+网络架构展望白皮书[R]. 2020.

[38] 谢朝阳. 5G边缘云计算: 规划、实施、运维[M]. 北京: 电子工业出版社, 2020.

[39] 鞠卫国, 张云帆, 乔爱锋. SDN/NFV: 重构网络架构 建设未来网络[M]. 北京: 人民邮电出版社, 2017.

[40] 张晨.云数据中心网络与SDN: 技术架构与实现[M]. 北京: 机械工业出版社, 2018.

[41] 阿里云基础产品委员会. 云网络: 数字经济的连接[M]. 北京: 电子工业出版社, 2021.

[42] 边缘计算产业联盟(ECC)与网络5.0产业和技术创新联盟(N5A). 运营商边缘计算网络技术白皮书[R]. 2019.

[43] 林耘森箫, 毕军, 周禹, 等. 基于P4的可编程数据平面研究及其应用[J]. 计算机学报, 2019, 42(11): 2539-2560.

[44] 段宏, 郭昌华, 刘文钊. FlexE技术及其在5G承载网中的应用探析[J]. 邮电设计技术, 2020(3): 80-85.

[45] Network Functions Virtualisation (NFV) ETSI Industry Specification Group (ISG). Network Functions Virtualisation (NFV); Architectural Framework, ETSI GS NFV 002 V1.2.1 [R]. 2014.

[46] 中国通信标准化协会. 5G网络切片端到端总体技术要求(草案)[S]. 2021.

[47] 郑波, 杨伟, 李乐坚, 等. 中国联通骨干传送网扁平化组网研究[J]. 邮电设计技术, 2018(10): 62-67.

[48] 张成良. 全光网的发展与挑战[R]. 2021.

[49] NGOF. 波长交换光网络(WSON)2.0技术白皮书[R]. 2021.

[50] IMT-2020(5G)推进组. 5G承载网络架构和技术方案白皮书[S]. 2018.

[51] NGOF. 5G前传技术及应用白皮书[R]. 2020.

[52] ITU-T. GSTR-TN5G Transport Network Support of IMT-2020/5G[R]. 2018.

[53] NGOF. 面向云时代的高品质专线技术白皮书[R]. 2018.

[54] 工业互联网产业联盟. 工业光网白皮书[R]. 2020.

[55] 中国通信学会. 全球海底光缆工程技术前沿报告[R]. 2020.

[56] 赵鑫, 汤晓华, 汤瑞. 海洋光通信网络发展现状及趋势研究[J]. 信息通信技术与政策, 2020(4): 72-76.

[57] 余少华. 未来网络的一种新范式: 网络智能体和城市智能体(特邀)[J]. 光通信研究, 2018(6): 1-10.

[58] 兰巨龙, 胡宇翔, 张震. 未来网络体系与核心技术[M]. 北京: 人民邮电出版社, 2017.

[59] 中国信息与电子工程科技发展战略研究中心. 中国电子信息工程科技发展研究-未来网络专题[M]. 北京: 科学出版社, 2019.

[60] 黄韬, 霍如, 刘江, 等. 未来网络发展趋势与展望[J]. 中国科学: 信息科学, 2019, 49(8): 941-

948.

[61] 张平, 李文璟, 牛凯. 6G需求与愿景[M]. 北京: 人民邮电出版社, 2021.

[62] 尤晓虎, 王成祥, 黄杰, 等. 迈向6G无线网络: 愿景、使能技术和新范式转变[J]. 中国科学: 信息科学, 2021.

[63] 中国电信集团公司. 云网融合2030技术白皮书[R]. 2020.

[64] 陈亮, 余少华. 6G移动通信关键技术趋势初探(特邀)[J]. 光通信研究, 2019(5): 1-8, 51.

[65] CLEMM A, VEGA M T, RAVURI H K, et al. Toward truly immersive holographic-type communication: challenges and solutions[J]. IEEE Communications Magazine, 2020, 58(1): 93-99.

[66] 涂佳静, 李朝晖. 空分复用光纤研究综述[J]. 光学学报, 2021, 41(1): 0106003.

[67] 韦乐平. 全光网的十大发展趋势[R]. 2021中国光网络大会, 2021.

[68] 艾勇. 移动激光通信系统-6G通信的主战场[R]. 武汉光通信原创技术研讨会报告, 2021.

[69] ESTARÁN J, POINTURIER Y, BIGO S. FSO SpaceComm links and its integration with ground 5G networks[J]. OFC, 2019.

[70] 徐晖, 缪德山, 康绍莉, 等. 面向天地融合的卫星网络架构和传输关键技术[J]. 天地一体化信息网络, 2020, 1(2): 2-10.

[71] 夏明华, 朱又敏, 陈二虎, 等. 海洋通信的发展现状与时代挑战[J]. 中国科学: 信息科学, 2017, 47(6): 677-695.

[72] 吴军. 拥抱蓝色海洋-海洋网络立项报告[R]. 烽火通信科技股份有限公司, 2014.

[73] 吴军. 海陆空天地五位一体的信息网络基础设施研究[R]. 烽火通信科技股份有限公司, 2021.

[74] 吴军, 张俊. 长江智城智慧平台框架的规划与实践[J]. 智能科学与技术学报, 2021, 3(2): 211-217.

[75] WU J. Research on the framework of smart city operating system based on new ICTs[J]. American Journal of Artificial Intelligence, 2020, 4(1): 36.

[76] 中国移动通信有限公司研究院. 2030+网络架构白皮书(2020)[R]. 2020.

后记

不忘初心，砥砺前行

在2021年春节放假前的最后一天，我走进了公司副总裁范总的办公室，谈了我计划写光通信、网络演进方面图书的构想。我的想法恰好与范总的安排不谋而合，我们直接切入写作主题的讨论。1974年赵梓森院士带领武汉邮电科学研究院的科技人员拉出了中国的第一根实用化光纤，中国的光通信从南望山麓起步；2019年烽火率先提出“智慧光网”理念——超宽、泛在、开放、随需，发布了《智慧光网白皮书》；光网络和5G在2020年抗疫战斗中发挥了不可替代的重大作用。很快，我们将智慧光网络确定为编写主题。2021年2月20日确定了编写组核心成员。3月12日“选题”经出版社初审通过，编写工作正式启动。

本书主创人员的本职工作本身就很重，编写、审核工作大都在晚上、周末和节假日。本书的范围涉及光网络的过去、现在和未来，所以编写难度也特别大。为了达到预期的质量，主创人员反复讨论写作大纲，精益求精，个别章节甚至推倒重来。彰显“工匠精神”的说不完、数不清的动人故事，无须在这里一一叙说，但这将成为项目组每个成员共同的记忆。

功夫不负有心人，2021年10月，《智慧光网络：关键技术、应用实践和未来演进》终于完稿。我认为，本书的亮点体现在以下几个方面。

系统性：介绍了智慧光网络的技术、应用实践和未来演进，有较强的系统性。

理论性：提出智慧光网络的架构——三层三面四特征，吸取了业界的共识，但又不失独创性。

全面性：本书几乎涵盖了本领域的最新技术。预期的读者群覆盖运营商、科研人员、高校师生三类群体；应用实践内容对电信运营商、网络运营商的建设运营工程人员和高层管理者或有参考价值。

前瞻性：未来前瞻方面研究了包括6G承载、全息通信、触觉互联网、空天地海一体化网络等需求；定义了未来智慧光网络；研究了全光底座的架构、挑战和解决方案；研究了空天地海一体化网络架构演进和关键技术的发展趋势。

本书即将付梓，我要代表项目组感谢为此书的编著、审核、出版付出辛勤劳动的每一个人。

首先，感谢公司范志文副总裁，他既是本书的策划者、审核者，又是本书的编撰者，他抽出大量休息时间参与到该项目的每一个环节。也要感谢中信科集团和烽火通信公司领导们对本书编写的支持和指导。

其次，感谢本书的主创人员马俊、朱冰、邱晨、袁振涛、匡立伟、毕千筠、王志军和我自己。

正是这一群在光通信、数据通信、云计算、计算 / 存储、网络 AI 等方面的产品开发、技术研究、标准研究、市场开拓、产业规划方面的经历达 15 ～ 35 年的行业专家的扎实功底，成就了本书的系统性、理论性、全面性、实用性和前瞻性。

再次，感谢为本书提供原始素材，或参加评审，或参与编辑的人：曹云、刘骋、詹翊春、赵亮、王雅琴、董喜明、李玲、刘新峰、胡荣、刘剑华、韩震……

最后，还要感谢人民邮电出版社，以编辑部李强主任为代表的编辑对本书在立项、编审、出版过程中给予的指导、支持和帮助。

2021 年的政府工作报告中指出，我国“十四五”时期的主要任务是“加快数字化发展，打造数字经济新优势，协同推进数字产业化和产业数字化转型”，2021 年要“加大 5G 网络和千兆光网建设力度，丰富应用场景”。千兆光网就是本书中智慧光网络的范畴。我们对未来智慧光网络的期待如下。

“未来智慧光网络，是现阶段智慧光网络的升级，是具有更泛在连接、更高带宽、智慧内生、安全内生、云网算融合等高级智慧属性的自愈自治的光网络。”

“未来智慧光网络，是由太空和空地无线光通信网络、陆地光纤网络和海洋光纤网络互联而成的‘空天地海一体化’组网的基础网络设施，以满足未来网络全覆盖、全场景、全要素的智能连接的需求。”

未来智慧光网络将成为信息通信网络和数字经济发展的坚实底座。对此，我们坚信不疑。希望本书能为此目标添砖加瓦。

谨以此书献给光通信和整个信息通信行业的前辈、奋斗者和后继者！

吴军

2021 年 10 月